科学出版社"十三五"普通高等教育本科规划教材

试验优化设计与统计分析

（第二版）

主　编　杜双奎（西北农林科技大学）
副主编　杨海花（西北农林科技大学）
　　　　彭帮柱（华中农业大学）
　　　　马　玲（山西农业大学）
参　编（按姓氏笔画排序）
　　　　王丽英（西北农林科技大学）
　　　　王翠娜（吉林大学）
　　　　吴　昊（河南科技大学）
　　　　应瑞峰（南京林业大学）
　　　　张　莉（西北农林科技大学）
　　　　赵昌辉（吉林大学）
　　　　钟金锋（西南大学）
主　审　李志西（西北农林科技大学）

科学出版社
北　京

内 容 简 介

试验优化设计是以数理统计为基础，对试验进行优化设计与统计分析的科学方法，是科技工作者必备的基本技能。本书主要介绍了常用的试验优化设计与统计分析及其在生物工程、食品工程、化学工程等技术领域中的应用。全书共分 9 章，包括试验资料的统计描述、理论分布与抽样分布、统计假设检验与参数估计、方差分析、回归与相关、试验设计基础、正交试验设计、均匀试验设计、回归试验设计等。在系统介绍常用试验设计及其统计分析方法的同时，重点介绍了试验优化设计方法在工业生产与工程技术中的实际应用，介绍了 SPSS 软件在统计分析中的运用技巧，并列举了大量实例，做到理论联系实际，便于理解和自学。内容深入浅出，通俗易懂，可读性强。

本书可作为农业院校、轻工院校、商学院、水产学院、粮食学院等高等院校的食品科学与工程、发酵工程、生物工程、食品质量与安全以及化工等专业教学用书，也可用作相关专业的成人教育教材，以及科研人员、工程技术人员、管理人员和试验工作者的参考用书。

图书在版编目（CIP）数据

试验优化设计与统计分析 / 杜双奎主编. —2 版. —北京：科学出版社，2020.3

科学出版社"十三五"普通高等教育本科规划教材

ISBN 978-7-03-063562-4

Ⅰ. ①试… Ⅱ. ①杜… Ⅲ. ①试验设计—高等学校—教材 ②统计分析—高等学校—教材 Ⅳ. ①O212.6 ②O212.1

中国版本图书馆 CIP 数据核字（2019）第 272297 号

责任编辑：丛 楠 马程迪 / 责任校对：严 娜
责任印制：师艳茹 / 封面设计：铭轩堂

科学出版社 出版
北京东黄城根北街 16 号
邮政编码：100717
http://www.sciencep.com
北京九州迅驰传媒文化有限公司印刷
科学出版社发行 各地新华书店经销
*
2010 年 6 月第 一 版 开本：787 × 1092 1/16
2020 年 3 月第 二 版 印张：19 3/4
2025 年12月第七次印刷 字数：468 000

定价：79.80 元

第二版前言

为适应当前新时期下的教学改革需求，结合各高校课程大纲的调整以及读者的建议，我们对本书第一版进行了修订。

本次修订在不影响教材内容的科学性、系统性的基础上进行，体现了实用性和参考性，增添了多因素试验结果的方差分析、SPSS 软件在统计分析中的应用内容，删除 Excel 软件应用章节内容，丰富了回归设计内容。

本书共 9 章，由西北农林科技大学杜双奎教授担任主编，李志西教授担任主审。修订主体分工如下：第一章由张莉负责，第二章由赵昌辉负责，第三章由钟金锋负责，第四章由应瑞峰、王丽英负责，第五章由马玲负责，第六章由彭帮柱负责，第七章由杨海花负责，第八章由王翠娜负责，第九章由杜双奎负责，附表由吴昊负责，全书由杜双奎统稿。

在本书修订过程中，引用和参考了有关的国内外文献和专著，编者在此对原作者表示衷心的感谢，科学出版社、各参与院校的有关领导等对本书的出版给予了大力支持，谨此一并致谢。

虽尽力而为，但由于编写人员水平有限，书中不足之处在所难免，敬请各位专家、读者批评指正，以便修订完善。

编　者

2019 年 10 月 15 日

目　录

第1章 试验资料的统计描述

1.1 常用术语

1.1.1 总体与样本

根据研究目的确定的研究对象的全体称为总体（population）。其中，每个研究单位称为个体（individual）；依据一定方法从总体中抽取的部分个体组成的集合称为样本（sample）。例如，某饮料厂某班次生产饮料1000瓶，则这个班次所生产的1000瓶饮料全体就构成研究总体，每一瓶是一个个体；从该总体中抽取100瓶进行测试分析，那么100瓶就为一个研究样本。含有有限个个体的总体称为有限总体（finite population），如上述班次生产的饮料总体为有限总体。包含有无限多个个体的总体称为无限总体（infinite population），如在生物统计理论研究中服从正态分布的总体、服从 t 分布的总体，包含一切实数，属于无限总体。样本中所包含的个体数目称为样本容量或大小（sample size），用 n 表示，如上述的研究样本容量 $n=100$。通常把 $n<30$ 的样本称为小样本，$n\geqslant30$ 的样本称为大样本。

统计分析一般是通过样本来了解总体，然而通常能观测到的却是样本，这就需要通过样本来推断总体，这就是统计分析的基本特点。为了能可靠地由样本来推总体，要求样本对于总体具有一定的代表性。如何获取有代表性的样本？在实践中，只有采用随机抽样方法从总体中抽取样本，才能使其具有代表性。所谓随机抽样，就是指总体中的每一个个体都有同等的机会被抽取而组成样本。从总体中随机抽取的部分个体所构成的样本称为随机样本，然而样本毕竟只是总体的一部分，尽管具有一定的含量，也具有代表性，但通过样本来推断总体也不可能是百分之百的正确，虽然有很大的可靠性，但也有一定的错误率。

1.1.2 参数与统计量

由总体的全部观测值计算的特征数称为参数（parameter）。参数常用希腊字母表示，如用 μ 表示总体平均数，用 σ 表示总体标准差。由样本观测值计算的特征数称为统计量（statistic），常用拉丁字母表示，如用 $\bar{x}$ 表示样本平均数，用 S 表示样本标准差，用 R 表示极差。由于参数通常无法获得，因此总体参数常由相应的统计量来估计，如用 $\bar{x}$ 估计 μ，用 S 估计 σ 等。

1.1.3 准确性与精确性

准确性（accuracy）也称为准确度，指试验指标的观测值与其真值接近的程度。设某一试验指标的真值为 μ，观测值为 x，x 与 μ 相差的绝对值 $|x-\mu|$ 越小，则观测值 x 的准确性越高；反之则越低。精确性（precision）也称为精确度，指同一试验指标的重复观测值之间彼此接近的程度。若观测值彼此接近，即任意两个观测值 x_i、x_j 相差的绝对值 $|x_i-x_j|$ 越小，则观测值精确性越高；反之越低。准确性、精确性的意义如图1-1所示。

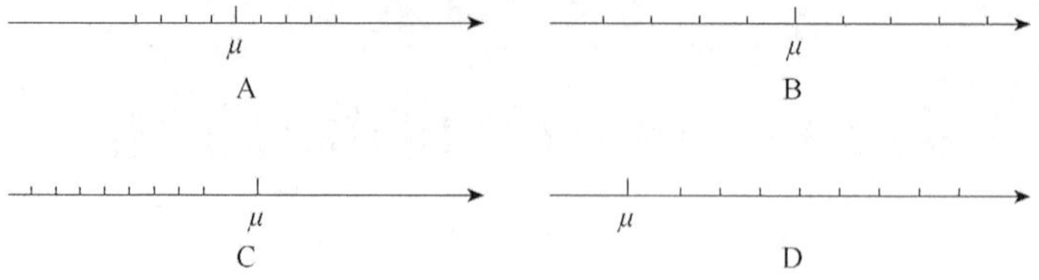

图 1-1　准确性与精确性示意图

图 1-1A 观测值集中于真值 μ 两侧，其准确性高、精确性也高；图 1-1B 观测值稀疏地分布于真值 μ 两侧，虽然其准确性高，但精确性低；图 1-1C 观测值密集于远离真值 μ 的一侧，其准确性低，精确性高；图 1-1D 观测值稀疏地分布于远离真值 μ 的一侧，其准确性、精确性都低。

1.1.4　随机误差与系统误差

在科学试验中，试验指标除受试验因素影响外，还会受到许多其他非试验因素干扰，从而产生误差。试验中出现的误差可分为随机误差（random error）与系统误差（systematic error）两类。随机误差也称为抽样误差（sampling error），这是由许多无法控制的内在的和外在的偶然因素所造成的。随机误差带有偶然性，在试验中，即使十分小心也难以消除，随机误差不可避免，但可减少，随机误差影响试验的精确性。统计上的试验误差通常指随机误差，这种误差越小，试验的精确性越高。系统误差也称为片面误差（lopsided error），这是由试验材料差异较大、试验周期较长、试验条件控制不一致、测量仪器不准、标准试剂标定不准等所引起。系统误差影响试验的准确性，它可以通过改进试验方法、正确设计试验来避免和消除。图 1-1C 和 D 所表示的情况，则是出现了系统误差的缘故。一般来说，只要试验工作细致，系统误差就可以克服。图 1-1A 表示克服了系统误差的影响，且随机误差较小，因而准确性、精确性高。

1.2　数据资料的分类与整理

由调查或试验得到的第一手数据资料称为原始资料。原始资料往往是零乱的，无规律性可循的。只有通过科学的统计整理和分析，才能发现其内在规律性。数据资料的整理是进一步统计分析的基础。数据资料按其性质的不同，一般可以分为数量资料和质量资料。

1.2.1　数据资料的分类

1. 数量资料

数量资料是指以测量、计量或计数方式获得的数据资料。数量资料又分为计量资料（连续性变数资料）和计数资料（间断性变数资料）两种。

1）计量资料　　计量资料是指用测量手段得到的数据资料，即用度、量、衡等计量工具直接测定的资料，这种资料的各个观测值不一定是整数，两个相邻的整数间可以有带小数的任何数值出现，其小数位数的多少由度量仪器或工具的精度而定。从理论上讲，观测值数据是连续性的。因此，计量资料也称为连续性变数资料，如食品中各种营养物质的含量、苹果的单果重量等。

2）计数资料　计数资料是指用计数方式得到的数据资料。在这类资料中，各个观测值只能以整数表示，在两个相邻整数间不可能有带小数的数值出现，各观测值是不连续的，因此该类资料也称为不连续性变数资料或间断性变数资料，如一箱苹果的腐烂果数、微生物的菌落个数等。

2. 质量资料

质量资料是指能观察到但不能直接测量的、只能用文字来描述其特征的资料，如食品颜色、风味、酒的风格等。这类资料本身不能直接用数值来表示，为统计分析方便，需对其观测结果做数量化处理，常用的方法有以下几种。

1）统计次数法　在一定的总体或样本中，根据某一质量性状的类别统计其次数，以次数作为质量性状的数据。例如，在研究批次产品合格数与次品数时，可以统计其合格与次品个数。这种由质量性状数量化得来的资料可视为次数资料。

2）评分法　对某一质量性状，因其类别不同分别给予评分。例如，分析面包的质量时，可以按照国际面包评分细则进行打分，综合评价面包质量。

3）分级法　将不同性状分成几级，分别统计不同级别的资料个数，从而进行次数资料分析。

4）秩次法　将各种处理按指标性状的好坏排序，即秩次，采用非参数检验的方法对秩次进行统计分析，这在食品感官评定过程中常用到。

5）化学分析法　对于某些质量指标，虽然用分级法、统计次数法也能得到数量资料，但得到的多数是计数资料；若借助化学分析手段即可得到计量资料。

除了以上几种方法外，也可以借助必要的先进仪器来评价质量指标，获得数量资料，如质构仪、色差仪、电子鼻、电子舌、质谱仪等。

1.2.2　数据资料的整理

根据数据资料中观测值的多少确定是否分组。当观测值较少（$n\leqslant30$）时，不必分组，可直接进行统计分析。当观测值较多（$n>30$）时，宜将观测值分成若干组，以便统计分析。将观测值分组后，制成次数分布表，即可了解资料的集中程度和变异情况。不同类型的资料，其整理方法略有不同。

1. 连续性变数资料的整理

连续性资料的整理，需要先确定全距、组数、组距、组限以及组中值，然后将全部观测值计数归组。下面以 100 听罐头的内容物质量资料为例来说明其整理的方法及步骤。

【例 1-1】 为分析某食品厂的罐头产品质量，随机抽取 100 听罐头样品，其净重测定结果见表 1-1，试整理成次数分布表。

表 1-1　100 听罐头样品的净重（g）

342.1	340.7	348.4	346.0	343.4	342.7	346.0	341.1	344.0	348.0
346.3	346.0	340.3	344.2	342.2	344.1	345.0	340.5	344.2	344.0
343.5	344.2	342.6	343.7	345.5	339.3	350.2	337.3	345.3	358.2
344.2	345.8	331.2	342.1	342.4	340.5	350.0	343.2	347.0	340.2
344.0	353.3	340.2	336.3	348.9	340.2	356.1	346.0	345.6	346.2

续表

340.6	339.7	342.3	352.8	342.6	350.3	348.5	344.0	350.0	335.1
340.3	338.2	345.5	345.6	349.0	336.7	342.0	338.4	343.9	343.7
341.1	347.1	342.5	350.0	343.5	345.6	345.0	348.6	344.2	341.1
346.8	350.2	339.9	346.6	339.9	344.3	346.2	338.0	341.1	347.3
347.2	339.8	344.4	347.2	341.0	341.0	343.3	342.3	339.5	343.0

（1）求全距。全距是资料中最大值与最小值之差，又称为极差（range），用 R 表示，即

$$R = max(x_i) - min(x_i)$$

式中，x_i 为观测值。

表 1-1 中，罐头样品最大净重为 358.2g，最小净重为 331.2g，因此

$$R = 358.2 - 331.2 = 27.0\text{g}$$

（2）确定组数。组数的多少要根据样本含量及资料的变动范围大小而定，一般以既简化资料又能反映资料的规律性为原则。组数要适当，不宜过多，也不宜过少。若分组过少，不能明显呈现出资料的规律性；但若分组过多，也会影响到资料的统计规律性，甚至会出现锯齿状的次数分布图。一般组数的确定可参考表 1-2。

表 1-2　样本含量与组数

样本含量（n）	组数	样本含量（n）	组数
10～100	7～10	200～500	12～17
100～200	9～12	500 以上	17～30

在本例中，n=100，根据表 1-2，确定组数为 9 组。

（3）确定组距。每组最大值与最小值之差称为组距（class interval），记为 i。分组时要求各组的组距相等。组距的大小由全距与组数确定，计算公式为

$$i = \text{全距/组数}$$

本例组距 i=27.0/9=3.0。

（4）确定组限及组中值。各组的最大值与最小值称为组限（class limit）。最小值称为下限（lower limit），最大值称为上限（upper limit）。每一组的中点值称为组中值（class value），它是该组的代表值。所以，组中值与组限、组距的关系如下：

组中值=（组下限+组上限）/2=组下限+组距/2=组上限−组距/2

由于相邻两组的组中值间的距离等于组距，因此当第一组的组中值确定以后，加上组距就是第二组的组中值，第二组的组中值加上组距就是第三组的组中值，依此类推。

组距确定后，首先要选定第一组的组中值。在分组时为了避免第一组中观察值过多，一般第一组的组中值以接近于或等于资料中的最小值为好。第一组组中值确定后，该组组限即可确定，其余各组的组中值和组限也可相继确定。注意，最末一组的上限应大于资料中的最大值。

如例 1-1 中，最小值为 331.2，第一组的组中值可取 331.0，因组距为 3.0，因此第一组的下限为

331.0−3.0/2=329.5

第一组的上限也就是第二组的下限，应为

$$329.5+3.0=332.5$$

第二组的上限也就是第三组的下限，应为

$$332.5+3.0=335.5$$

依此类推分组为 329.5～332.5，332.5～335.5，……

通常将上限略去，如第一组记为 329.5～，第二组记为 332.5～，……

（5）归组计数，制作次数分布表。将资料中的每一观测值逐一归组，统计每组内所包含的观测值个数，制作次数分布表。一般将正好等于前一组上限和后一组下限的数据归入后一组。

次数分布表不仅便于观察资料的规律性，而且可根据它绘成次数分布图并计算平均数、标准差等统计量。表 1-3 为 100 听罐头净重的次数分布表。

表 1-3　100 听罐头净重的次数分布

组限	组中值（x）	次数（f）	组限	组中值（x）	次数（f）
329.5～	331.0	1	344.5～	346.0	23
332.5～	334.0	1	347.5～	349.0	12
335.5～	337.0	6	350.5～	352.0	2
338.5～	340.0	21	353.5～	355.0	1
341.5～	343.0	32	356.5～	358.0	1

从表 1-3 中可以看出，100 听罐头的单听净重多数集中在 343.0g 左右，约占观测值总个数的 1/3，用它来描述罐头单听净重的平均水平，有较强的代表性。每听罐头净重小于 332.5g 及大于 356.5g 的为极少数。100 听罐头净重分布基本以 343.0g 为中心，向两边做递减对称分布。

（6）次数分布图。次数分布用图示表示就是次数分布图。次数分布图主要有直方图、折线图两种。次数分布图是以分组组中值为横坐标，次数为纵坐标绘制的。如图 1-2 和图 1-3 所示，由次数分布图明显看出 100 听罐头的净重分布情况以及平均净重量。

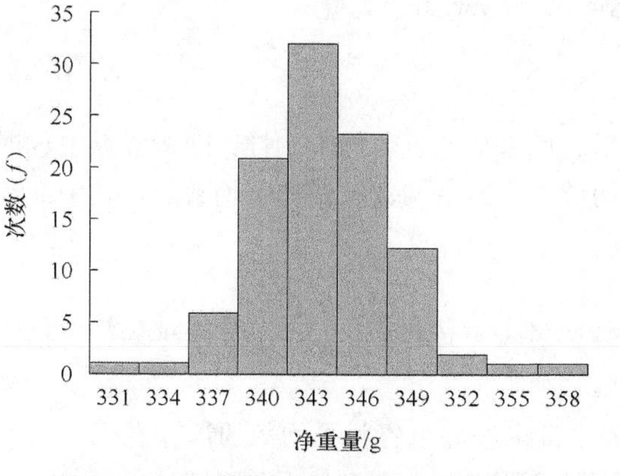

图 1-2　100 听罐头净重次数分布直方图

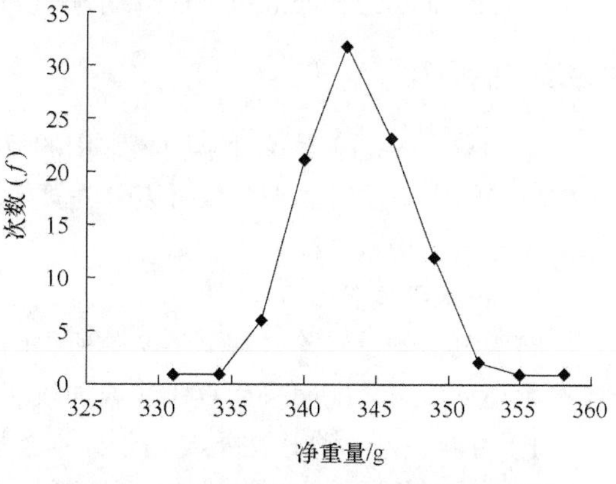

图 1-3　100 听罐头净重次数分布折线图

2. 间断性变数资料的整理

【例 1-2】 以 50 盒鲜枣每盒检出不合格枣数为资料来说明间断性资料的整理分析（表 1-4）。

表 1-4　50 盒鲜枣每盒检出不合格枣数

21	20	20	21	23	22	22	22	21	22
24	22	19	22	21	21	21	22	22	24
21	22	22	23	22	23	22	22	22	23
23	22	23	22	19	22	23	20	22	21
21	21	22	22	23	22	22	22	23	22

表 1-5　50 盒鲜枣不合格枣数次数分布表

不合格数	次数（f）
19	2
20	3
21	10
22	24
23	9
24	2
合计	50

有些计数资料，观测值较多，变异范围较大，若以每一观测值为一组，则组数太多，而每组内包含的观测值太少，资料的规律性不明显。对于这样的资料，可扩大为以几个相邻观测值为一组，适当减少组数，这样资料的规律性就较明显，对资料做进一步计算分析也比较方便。

从表 1-5 可以看出，86%盒的不合格枣数为 21～23 颗，仅有 8%盒的不合格枣数小于 19 颗或大于 24 颗。

1.3　数据资料的统计描述

通过数据资料的整理，得到次数分布表和次数分布图，可形象、直观地表现出资料的集中性和离散性。所谓集中性就是观测值在趋势上向某一中心聚集，或以某一数值为中心而分布的性质。所谓离散性则是观测值在趋势上分散的变异性质。统计特征数就是能够反映数据资料集中性、离散性等特征的统计量。

度量集中性（分布中心点）的统计特征数为平均数，包括算术平均数（arithmetic mean）、几何平均数（geometric mean）、调和平均数（harmonic mean）、中位数（median）和众数（mode）等。度量离散性（分布范围）的统计特征数为变异数，包括极差（range）、方差（variance）、标准差（standard deviation）和变异系数（coefficient of variation）等。

1.3.1　平均数

平均数（mean）是统计学中最常用的特征数，用来描述资料的集中性，即指资料中数据集中较多的中心位置。平均数可以分为算术平均数、几何平均数、调和平均数等。其中最常用的是算术平均数，简称平均数。

1．算术平均数

将观测值的总和除以观测值个数所得的商称为算术平均数，记为 $\bar{x}$，算术平均数可根据样本大小及分组情况而采用直接法或加权法计算。

1）直接法　　直接法主要用于样本含量较小且未经分组资料平均数的计算。

设 $\bar{x}$ 代表样本 x_1，x_2，…，x_n 这 n 个数据的算术平均数，则有如下关系式：

$$\bar{x}=\frac{x_1+x_2+\cdots+x_n}{n}=\frac{\sum_{i=1}^{n}x_i}{n}=\frac{1}{n}\sum_{i=1}^{n}x_i \tag{1-1}$$

式中，$\sum$为加和符号（summation）；$\sum_{i=1}^{n} x_i$ 为 $x_1 + x_2 + \cdots + x_n$ 的总和。在统计意义明确时，$\sum_{i=1}^{n} x_i$ 可以简写成 $\sum x$。

【例 1-3】 对某乳品厂生产的 10 袋小包装产品净重进行测定，结果为 50.0g、52.0g、53.5g、56.0g、58.5g、60.0g、48.0g、51.0g、50.5g、49.0g，求其平均数。

由于 $\sum x = 50.0 + 52.0 + 53.5 + 56.0 + 58.5 + 60.0 + 48.0 + 51.0 + 50.5 + 49.0 = 528.5$，$n=10$，所以算术平均数

$$\bar{x} = \frac{528.5}{10} = 52.85\text{g}$$

小包装产品的净重平均为 52.85g。

2）*加权法*　对于样本含量较大且已分组的资料，可以在次数分布表的基础上采用加权法计算平均数，计算公式为

$$\bar{x} = \frac{f_1 x_1 + f_2 x_2 + \cdots + f_k x_k}{f_1 + f_2 + \cdots + f_k} = \frac{\sum_{i=1}^{k}(f_i x_i)}{\sum_{i=1}^{k} f_i} = \frac{\sum(fx)}{\sum f} \tag{1-2}$$

式中，x_i 为第 i 组的组中值；f_i 为第 i 组的次数；k 为分组数。

由式（1-2）计算的平均数称为加权平均数（weighted mean）。f_i 是变量 x_i 所具有的“权”，即变量 x_i 所占的比重，也称为权重。因为

$$\sum_{i=1}^{k} f_i = f_1 + f_2 + \cdots + f_k = n$$

故

$$\bar{x} = \frac{1}{n}\sum_{i=1}^{k}(f_i x_i) = \frac{1}{n}\sum(fx)$$

根据表 1-1 资料计算 100 听罐头每听净重的加权平均数 $\bar{x}$，则

$$\bar{x} = \frac{\sum(fx)}{f} = \frac{331.0\times1 + 334.0\times1 + 337.0\times6 + \cdots + 358.0\times1}{100} = 343.66\text{g}$$

100 听罐头每听净重的加权平均数为 343.66g。

在试验统计中，习惯上将样本平均数用 $\bar{x}$ 表示，总体平均数用 μ 表示。

2. 几何平均数

当遇到计算平均增长率时，常常以几何平均数表示其平均值。设 G 为 x_1，x_2，…，x_n 这 n 个数据的几何平均数，则有

$$G = (x_1 x_2 x_3 \cdots x_n)^{\frac{1}{n}} \tag{1-3}$$

对式（1-3）取对数，即

$$\lg G = \frac{\lg x_1 + \lg x_2 + \cdots + \lg x_n}{n} = \frac{\sum \lg x}{n} \tag{1-4}$$

可见，几何平均数是变量对数的算术平均数的反对数值。

如果是一个分组数列时，则几何平均数可用下列公式计算：

$$G = (x_1^{f_1} x_2^{f_2} \cdots x_n^{f_n})^{\frac{1}{n}} \tag{1-5}$$

两边取对数，则 $\lg G=\frac{1}{n}\sum_{i=1} f_i \lg x_i$，其中 $n=\sum_{i=1}^{n} f_i$。

由式（1-5）计算的几何平均数称为加权几何平均数。

3. 调和平均数

计算平均速率时需用调和平均数，用 H 表示。

通常，先计算倒数平均数 $\frac{1}{H}$，即

$$\frac{1}{H}=\frac{1}{n}\sum\frac{1}{x} \tag{1-6}$$

那么，

$$H=\frac{n}{\sum\frac{1}{x}} \tag{1-7}$$

可见，调和平均数是变量倒数的算术平均数的倒数。

4. 中位数

中位数是指资料中的观测值由大到小依次排列后，居于中间位置的那个观测值。中位数也称为中数，记作 M_{d}。

中位数的计算比较方便。将资料数据按大小顺序排列，中位数在数列中的位次可用算式 $\frac{n+1}{2}$ 来确定，处于这一位次上的数就是中位数 M_{d}。如果资料中数据个数为偶数，则其中间两个数的算术平均数为中位数。

【例 1-4】 某食品生产小组共有 5 名工人，他们日生产的产品件数为（已排序）：18，20，23，25，26。则中位数的位次为 $(n+1)/2=(5+1)/2=3$，即第 3 名工人所完成的件数（23 件）是中位数。若现有第 6 名工人加入该小组，其日生产件数为 29 件，则 $(n+1)/2=(6+1)/2=3.5$，说明中位数在第 3 名和第 4 名工人所完成的件数之间，中位数取值为 $(23+25)/2=24$ 件。

如果是分组数列求中位数，可用式（1-8）计算：

$$M_{\mathrm{d}}=x_0+\frac{\frac{\sum f}{2}-S_{m-1}}{f_m}\cdot d \tag{1-8}$$

式中，M_{d} 为中位数；$\sum f$ 为次数总和；S_{m-1} 表示累积到中位数前一组的次数之和；f_m 为中位数的次数；d 为中位数的组距数值；x_0 为次数最多组的下限。

5. 众数

众数（M_0）是观测值中出现次数最多的那个数值，在次数分布图中，就是次数具有最大值所对应的那个数。众数也是表示数据集中的特征数，在对称分布的数据资料中，平均数、中位数和众数三者基本重合；在非对称的数据分布中，平均数、中位数和众数三者并不重合，分布越不对称，三者差别就越大。

1.3.2　变异数

用平均数作为样本资料的代表，其代表性强弱受样本资料中各观测值变异程度的影响。

如果各观测值变异小，则平均数对样本的代表性强；如果各观测值变异大，则平均数对样本的代表性弱。因而仅用平均数对一个资料的特征做统计描述是不全面的，还需引入一些表示资料中观测值变异程度大小的统计量。

1. 极差

极差是数据资料中最大值与最小值之差，是表示资料中各观测值离散程度大小最简便的统计量，记为 R。

$$R = max(x_1, x_2, \cdots, x_n) - min(x_1, x_2, \cdots, x_n) \tag{1-9}$$

极差越小，则表明数据资料中各观测值变异程度越小。但是，极差只利用了资料中的最大值和最小值，并不能准确表达资料中各观测值的变异程度，比较粗略。当资料很多而要求不高且又要迅速对资料的变异程度做出判断时，可以利用极差这个统计量。

2. 方差

为了准确地表示样本观测值的变异程度，人们首先会考虑到以平均数为标准，求出各个观测值与平均数的离差，即$x-\bar{x}$，也称为离均差，但离均差有正有负，其和理论上为零，即$\sum(x-\bar{x})=0$，因而不能表示出资料中所有观测值的总偏离程度。为了合理地计算出总变异程度，我们先将各个离均差平方，即（$x-\bar{x}$）^{2}，再求离均差平方和，即$\sum(x-\bar{x})^2$，简称平方和，记为 SS。

但离均差平方和常随样本大小而改变，为了消除样本大小的影响，用平方和除以样本大小 n，即用$\sum(x-\bar{x})^2/n$代表资料的变异程度。为了使所得的统计量是相应总体参数的无偏估计量，通常采用统计量$\sum(x-\bar{x})^2/(n-1)$表示资料的变异程度。统计量$\sum(x-\bar{x})^2/(n-1)$称为均方（mean square，MS），又称样本方差，记为 S^2，即

$$S^2 = \frac{\sum(x-\bar{x})^2}{n-1} \tag{1-10}$$

相应的总体参数称为总体方差，记为σ^2。对于有限总体而言，σ^2的计算公式为

$$\sigma^2 = \frac{\sum(x-\mu)^2}{N} \tag{1-11}$$

3. 标准差

对方差 S^2 开平方根即为标准差（standard deviation），记为 S，其单位与观测值度量单位相同。由样本资料计算标准差的定义公式为

$$S = \sqrt{\frac{\sum(x-\bar{x})^2}{n-1}} \tag{1-12}$$

这里 n–1 为自由度。若一个样本含有 n 个变数，从理论上说，n 个变数与 $\bar{x}$ 之差得到 n 个离均差，但是，其中 n–1 个是可以自由变动的，最后一个离均差受$\sum(x-\bar{x})=0$这一条件的限制而不得自由变动。例如，有 5 个变数，其中有 4 个离均差为–2、−1、1、2，则第 5 个离均差值等于 0。如果其中的前 4 个的离均差为–1、0、1、2，则第 5 个离均差只能等于 2，这样才能使离均差的总和等于 0。所以，这 5 个离均差中，只有 4 个能自由变动，即自由度就是$n-1=4$。通常，自由度等于样本变数的总个数减去计算过程中使用的条件数。在计算标准差时，条件只有一个，即$\sum(x-\bar{x})=0$，故自由度为$n-1$。如果计算其他统计数时，要是应用 2 个条件，自由度就为$n-2$，应用 k 个条件，则自由度为$n-k$。若样本很大时，可不用自由度，直接用 n

亦可。自由度用符号 df 表示。

由于

$$\begin{aligned}\sum(x-\bar{x})^2 &= \sum(x^2-2x\bar{x}+\bar{x}^2)\\ &= \sum x^2 - 2\bar{x}\sum x + n\bar{x}^2\\ &= \sum x^2 - 2\frac{\left(\sum x\right)^2}{n} + n\left(\frac{\sum x}{n}\right)^2\\ &= \sum x^2 - \frac{\left(\sum x\right)^2}{n}\end{aligned}$$

所以

$$S=\sqrt{\frac{\sum x^2-\frac{\left(\sum x\right)^2}{n}}{n-1}} \tag{1-13}$$

对于次数分布表中的资料，其标准差的计算公式如下

$$S=\sqrt{\frac{\sum f(x-\bar{x})^2}{\sum f-1}} \tag{1-14}$$

式中，f 为各组次数，x 为各组组中值。

相应的总体参数称为总体标准差，记为 σ。对于有限总体而言，σ 的计算公式为

$$\sigma=\sqrt{\frac{\sum(x-\mu)^2}{N}} \tag{1-15}$$

在统计学中，常用样本标准差 S 估计总体标准差 σ。

4. 变异系数

变异系数也是衡量数据变异程度的一个统计量。当比较两个或多个资料的变异程度时，仅用标准差也有一定的局限性。当利用标准差比较两个或多个样本的变异情况时，只限于单位相同且样本平均数彼此近似的情况。当单位不同且平均数差异很大时，欲比较其变异程度就不能采用标准差，而需要用标准差与平均数的比值来比较，这个比值称为变异系数，用符号 CV 表示。

$$\mathrm{CV}=\frac{S}{\bar{x}}\times100\% \tag{1-16}$$

式中，S 为标准差；$\bar{x}$ 为平均数。CV 是不带单位的数值，可以比较不同样本资料相对变异程度的大小。例如，表 1-6 为甲、乙两批罐头含脂率（%）的 $\bar{x}$、S 和 CV。如从标准差看，二者变异程度相同，但它们的 $\bar{x}$ 不同，基础不一样，计算 CV 后就可看出，甲批罐头的含脂率相对变异程度要大于乙批，即乙批罐头含脂率相对变异较小。

表 1-6　甲、乙两批罐头含脂率的变异度

项目	$\bar{x}$ /%	S /%	CV/ %
甲批	22.3	9.5	42.6
乙批	32.5	9.5	29.2

变异系数在统计分析中有重要用途。一般应同时列出 $\bar{x}$ 和 S，因为 CV 是由 S 和 $\bar{x}$ 计算的，CV 变大可由 S 变大或 $\bar{x}$ 变小或二者同时变化引起。

1.3.3　平均数和标准差的运算性质

1．平均数的运算性质

性质 1　变量和（差）的算术平均数等于变量算术平均数之和（差）。

设有变量 x 及 y，令 $z=x+y$，则 z 的算术平均数为

$$\bar{z}=\bar{x}+\bar{y}$$

同理，若 $z=x-y$，则有 $\bar{z}=\bar{x}-\bar{y}$。

性质 2　一个变量与一个常数 a 之和或差的平均数等于该变量的平均数加上或减去这个常数 a。

设有变量 x，令 $z=x\pm a$，则有 $\bar{z}=\bar{x}\pm a$

性质 3　一个变量乘以（或除以）一个不等于零的常数 a，其平均数等于该变量的平均数再乘以（或除以）常数 a。

设有变量 x，令 $z=ax$，则有 $\bar{z}=a\bar{x}$

性质 4　变量 x 对其平均数 $\bar{x}$ 的偏差和（离均差和）为零，即 $\sum_{i=1}^{n}(x-\bar{x})=0$

性质 5　样本各观测值与平均数之差的平方和为最小，即离均差平方和为最小。

设 a 为任意常数，则有 $\sum(x-a)^2 \geqslant \sum(x-\bar{x})^2$。

2．标准差的运算性质

性质 1　常数的标准差等于零。

性质 2　变量 x 加上或减去一个常数 a，各变数对 $\bar{x}$ 也将增加或减少一个常量 a，各变数对 $\bar{x}$ 的偏差保持不变，故标准差也保持不变。

设变量 x 的标准差为 σ_x，令 $z=x\pm a$，则有 $\sigma_z=\sigma_x$。

性质 3　两个独立变量和（或差）的方差等于各独立变量方差之和，令 $z=x+y$，则 $\sigma_z^2=\sigma_x^2+\sigma_y^2$，这个关系式称为方差的可加性原理，它可以推广到任意个相互独立的变量。

性质 4　当每个观测值乘以（或除以）一个不等于零的常数 a，则所得的标准差是原来标准差的 a 倍或 $1/a$。

设 $z=ax$，则标准差 $\sigma_z=\sqrt{\dfrac{\sum(ax-a\bar{x})^2}{n}}=\sqrt{\dfrac{a^2\sum(x-\bar{x})^2}{n}}=a\sqrt{\dfrac{\sum(x-\bar{x})^2}{n}}=a\sigma_x$

性质 5　标准差的大小，受资料中每个观测值的影响，如观测值间变异大，求得的标准差也大，反之则小。

1.4　SPSS 软件在基本统计量运算中的应用

【例 1-5】 某医师对 40 名人员的血红蛋白值进行测定，结果见表 1-7，试按性别、年龄做基本描述统计分析。

表 1-7　40 名人员的血红蛋白值测定结果

编号	性别	年龄	血红蛋白	编号	性别	年龄	血红蛋白
1	女	18	12.83	21	女	16	11.36
2	男	16	15.50	22	男	16	12.78
3	女	18	12.25	23	男	18	15.09
4	女	17	10.06	24	女	18	8.67
5	男	16	10.88	25	女	17	8.56
6	男	18	9.65	26	女	18	12.56
7	女	16	8.36	27	女	17	11.56
8	男	18	11.66	28	男	16	14.67
9	女	18	8.54	29	男	16	7.88
10	女	17	7.78	30	男	18	12.35
11	男	18	13.66	31	男	16	13.65
12	男	18	10.57	32	女	16	9.87
13	男	16	12.56	33	女	18	10.09
14	女	17	9.87	34	女	18	12.55
15	女	17	8.99	35	男	18	16.04
16	女	17	11.35	36	男	18	13.78
17	男	17	14.65	37	男	17	11.67
18	男	17	12.40	38	男	17	10.98
19	女	16	8.05	39	女	16	8.78
20	男	18	14.03	40	男	16	11.35

1. 基本步骤

（1）按数据输入格式要求输入试验资料，如图 1-4 所示。

图 1-4　个案汇总

（2）点击“分析→报告→个案汇总”（图 1-4），进入“个案汇总”子对话框，选入“血红蛋白”为“变量”，选入“性别”“年龄”为“分组变量”（图 1-5）。

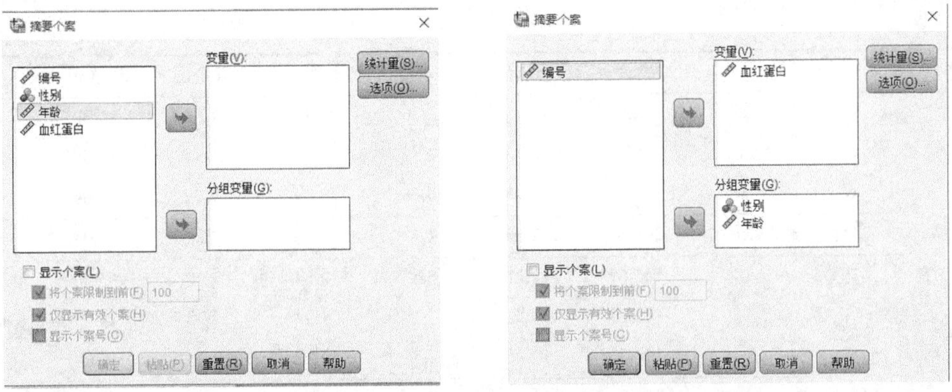

图 1-5　“个案汇总”子对话框

（3）点击“统计量”，选择要计算的基本统计量，如图 1-6 所示，选定后点击“继续”返回上一对话框。

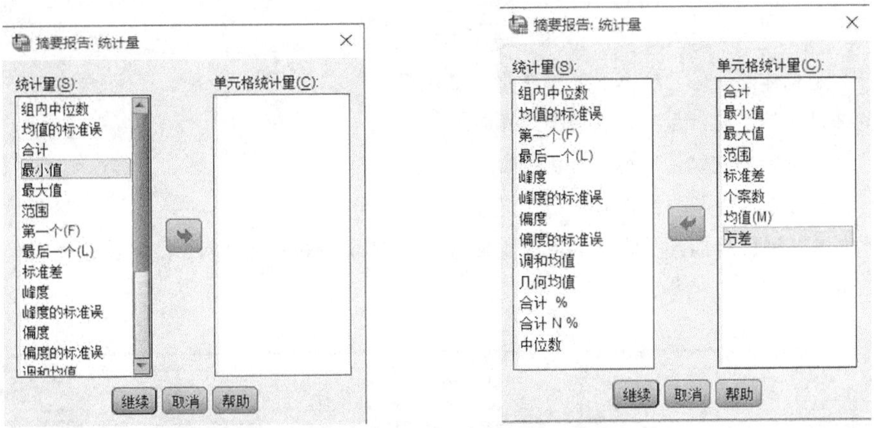

图 1-6　基本描述统计量的选择窗口

（4）点击“确定”，输出统计结果。统计结果整理见表 1-8。

2. 结果分析

由表 1-8 可以看出男、女性别在不同年龄段的血红蛋白基本统计结果。例如，女性 16 岁的血红蛋白平均值为 9.28，方差为 1.82，标准差 1.35，极差 3.31；男性 16 岁的血红蛋白平均值为 12.41，方差为 5.76，标准差 2.40，极差 7.62。也可以看出，40 人的血红蛋白平均值为 11.45，方差为 5.16，标准差为 2.27，极差为 8.26。其中女性 19 人，血红蛋白平均值为 10.11，方差为 2.89，标准差为 1.70，极差为 5.05；男性 21 人，血红蛋白平均值为 12.66，方差为 4.23，标准差为 2.06，极差为 8.16。

表 1-8　血红蛋白的基本描述统计结果

性别	年龄	N	合计	均值	方差	标准差	极小值	极大值	全距
女	16	5	46.42	9.28	1.82	1.35	8.05	11.36	3.31
	17	7	68.17	9.74	1.97	1.40	7.78	11.56	3.78
	18	7	77.49	11.07	3.67	1.92	8.54	12.83	4.29
	总计	19	192.08	10.11	2.89	1.70	7.78	12.83	5.05

续表

性别	年龄	N	合计	均值	方差	标准差	极小值	极大值	全距
男	16	8	99.27	12.41	5.76	2.40	7.88	15.50	7.62
	17	4	49.70	12.43	2.54	1.59	10.98	14.65	3.67
	18	9	116.83	12.98	4.38	2.09	9.65	16.04	6.39
	总计	21	265.80	12.66	4.23	2.06	7.88	16.04	8.16
合计	16	13	145.69	11.21	6.47	2.54	7.88	15.50	7.62
	17	11	117.87	10.72	3.78	1.94	7.78	14.65	6.87
	18	16	194.32	12.15	4.76	2.18	8.54	16.04	7.50
	总计	40	457.88	11.45	5.16	2.27	7.78	16.04	8.26

如果数据资料不需要分组进行描述统计分析，也可采用 SPSS 软件分析中的描述统计分析功能完成分析。

习　　题

1. 什么是总体、个体、样本、样本含量、随机样本？
2. 什么是参数、统计量？二者有何关系？
3. 什么是试验的准确性与精确性？
4. 什么是随机误差与系统误差？
5. 下表为某种食品抽样所分析的蛋白质含量（单位：g/100mL）资料，试将其整理成次数分布表，并绘制直方图。

13.4	13.8	14.4	14.8	14.4	13.9	13.0	12.8	12.5	12.3
10.1	11.1	14.7	12.0	12.0	12.1	13.0	13.4	12.7	14.0
13.5	13.5	13.2	12.8	16.3	15.0	11.2	10.5	10.5	13.4
10.1	11.6	12.7	12.6	13.2	11.8	14.7	15.6	10.9	14.1
12.8	12.8	13.3	14.1	14.5	15.2	15.3	14.2	13.7	12.3
12.3	11.9	13.6	10.8	11.4	12.9	14.6	12.1	11.6	11.5
13.1	13.9	12.5	12.4	13.1	11.5	12.2	12.8	9.5	12.0
15.7	14.7	14.0	13.9	14.1	12.5	12.7	12.4	11.6	10.7
11.8	12.1	12.2	11.1	12.9	12.7	11.1	14.2	14.9	13.0
12.6	13.5	13.5	11.3	15.1	11.0	11.7	12.4	13.8	12.4

注：第一组下限取为 9.1，组距 i=0.7

6. 统计中常用的平均数有几种？何谓算术平均数？算术平均数有哪些基本性质？
7. 标准差、变异系数的意义是什么？标准差有哪些特性？

第 2 章　理论分布与抽样分布

2.1　理 论 分 布

2.1.1　正态分布

正态分布又称为高斯分布，是一种最常见、最重要的连续型随机变量的概率分布。自然现象中有许多变量是服从或近似服从正态分布的，如食品中各种成分的含量、有害物质的残留量、瓶装食品的重量、分析测定过程中的随机误差等。许多统计分析方法都是以正态分布为基础的。此外，还有不少随机变量的概率分布在一定条件下以正态分布为其极限分布。因此在统计学中，正态分布无论在理论研究上还是实际应用中，均占有十分重要的地位。

1．正态分布的定义

若连续型随机变量 x 的概率密度函数是

$$f(x)=\frac{1}{\sigma\sqrt{2\pi}}\mathrm{e}^{-\frac{(x-\mu)^2}{2\sigma^2}} \tag{2-1}$$

式中，μ为平均数，σ^2为方差，则称随机变量 x 服从参数为μ、σ^2的正态分布，记作 $x\sim N(\mu,\sigma^2)$。

相应的概率分布函数为

$$\begin{aligned}F(x)&=\int_{-\infty}^{x}f(t)\mathrm{d}t=\int_{-\infty}^{x}\frac{1}{\sigma\sqrt{2\pi}}\mathrm{e}^{-\frac{(t-\mu)^2}{2\sigma^2}}\mathrm{d}t\\&=\frac{1}{\sigma\sqrt{2\pi}}\int_{-\infty}^{x}\mathrm{e}^{-\frac{(t-\mu)^2}{2\sigma^2}}\mathrm{d}t\end{aligned} \tag{2-2}$$

正态分布概率密度函数曲线如图 2-1 所示。

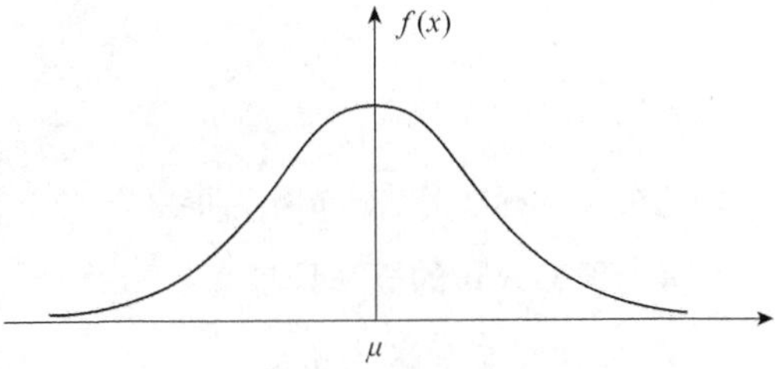

图 2-1　正态分布概率密度函数曲线

2．正态分布的性质

（1）正态分布概率密度函数曲线是单峰、对称的悬钟形曲线，对称轴为 $x=\mu$。

（2）$f(x)$是非负函数，以 x 轴为渐近线，分布从$-\infty$至$+\infty$；当 $x\to\pm\infty$，函数 $f(x)$ 趋近于零，曲线接近于 x 轴，x 轴为该曲线的渐近线。

（3）$f(x)$ 在 $x=\mu$ 处达到极大值，$f(\mu)=\frac{1}{\sigma\sqrt{2\pi}}$。

（4）曲线在 $x=\mu\pm\sigma$ 处各有一个拐点，即曲线在（$-\infty$，$\mu-\sigma$）和（$\mu+\sigma$，$+\infty$）区间上是下凸的，在［$\mu-\sigma$，$\mu+\sigma$］区间内是上凸的。

（5）正态分布曲线是以参数μ和σ不同而表现为一系列曲线。μ和σ是正态分布的两个重要参数，决定着正态分布曲线的位置和形状。

μ是位置参数，如图 2-2 所示。当σ恒定时，μ越大，则曲线沿 x 轴越向右移动；反之，

μ 越小，曲线沿 x 轴越向左移动。

σ 是形状参数，如图 2-3 所示。当 μ 恒定时，σ 越大，表示 x 的取值越分散，曲线越“胖”；σ 越小，x 的取值越集中在 μ 附近，曲线越“瘦”。

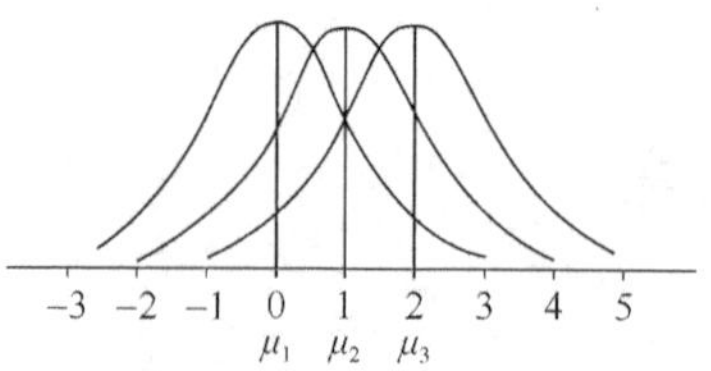

图 2-2　σ 相同而 μ 不同的 3 个正态分布比较

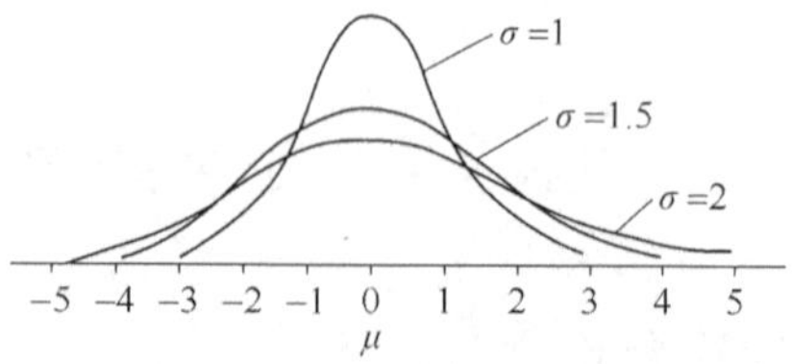

图 2-3　μ 相同而 σ 不同的 3 个正态分布比较

3. 标准正态分布

正态分布是依赖于参数 μ 和 σ^2（或 σ）的一簇分布，正态分布曲线的位置及形状随 μ 和 σ^2 的不同而不同。这给研究具体的正态总体带来困难，通常将一般的 $N(\mu, \sigma^2)$ 转换为 $\mu=0$、$\sigma^2=1$ 的正态分布。

当 $\mu=0$、$\sigma^2=1$ 时，称随机变量 x 服从标准正态分布（standard normal distribution），记作 $x \sim N(0, 1)$，此时，其概率密度函数用 $\varphi(x)$ 表示。

$$\varphi(x)=\frac{1}{\sqrt{2\pi}}\mathrm{e}^{-\frac{x^2}{2}} \tag{2-3}$$

相应的概率分布函数为

$$\Phi(x)=\frac{1}{\sqrt{2\pi}}\int_{-\infty}^{x}\mathrm{e}^{-\frac{x^2}{2}}\mathrm{d}t \tag{2-4}$$

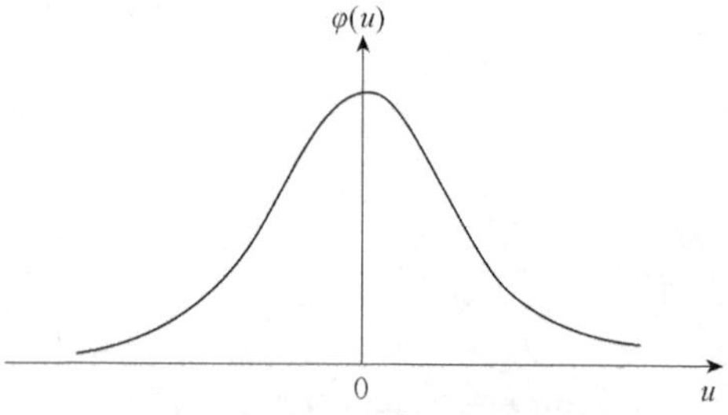

图 2-4　标准正态分布密度曲线

标准正态分布密度曲线如图 2-4 所示。

对于任何一个服从正态分布 $N(\mu, \sigma^2)$ 的随机变量 x，都可以通过标准化变换

$$u=\frac{x-\mu}{\sigma} \tag{2-5}$$

将其变换为服从标准正态分布的随机变量 u。u 称为标准正态变量或标准正态离差（standard normal deviate）。

4. 正态分布的概率计算

1）标准正态分布的概率计算　　标准正态分布函数 $\Phi(x)=\frac{1}{\sqrt{2\pi}}\int_{-\infty}^{x}\mathrm{e}^{-\frac{x^2}{2}}\mathrm{d}t$ 在实际工作中应用十分广泛。为了简化概率计算，人们编制了标准正态分布函数 $\Phi(x)$ 的数值表，见附表 1，表中给出了自变量为非负值的函数值，当自变量为负值时，可利用 $\Phi(-x)=1-\Phi(x)$ 关系来计算。

若 $x \sim N(0, 1)$，对于任意 $a<b$ 有

$$P(a \leqslant x \leqslant b)=\int_{a}^{b}\frac{1}{\sqrt{2\pi}}\mathrm{e}^{-\frac{t^2}{2}}\mathrm{d}t=\Phi(b)-\Phi(a) \tag{2-6}$$

【例 2-1】 设 $x \sim N(0, 1)$，求① $P(0.4<x<1.45)$；② $P(x<-1.64)$；③ $P(x>1.27)$。

（1）$P(0.4<x<1.45)=\Phi(1.45)-\Phi(0.4)=0.9265-0.6554=0.2711$

（2）$P(x<-1.64)=\Phi(-1.64)=1-\Phi(1.64)=1-0.9495=0.0505$

（3）$P(x>1.27)=1-P(x\leqslant 1.27)=1-\Phi(1.27)=1-0.8980=0.1020$

关于标准正态分布，以下几种概率应当注意：

$$P(-1\leqslant u<1)=0.6826$$
$$P(-2\leqslant u<2)=0.9545$$
$$P(-3\leqslant u<3)=0.9973$$
$$P(-1.96\leqslant u<1.96)=0.95$$
$$P(-2.58\leqslant u<2.58)=0.99$$

标准正态分布的 3 个常用概率如图 2-5 所示。

2）一般正态分布的概率计算　若随机变量 x 服从正态分布 $N(\mu,\ \sigma^2)$，则 x 的取值落在任意区间 $[x_1,\ x_2)$ 的概率，记作 $P(x_1\leqslant x<x_2)$，等于图 2-6 中阴影部分的面积，即

$$P(x_1\leqslant x<x_2)=\frac{1}{\sigma\sqrt{2\pi}}\int_{x_1}^{x_2}\mathrm{e}^{-\frac{(x-\mu)^2}{2\sigma^2}}\mathrm{d}x \tag{2-7}$$

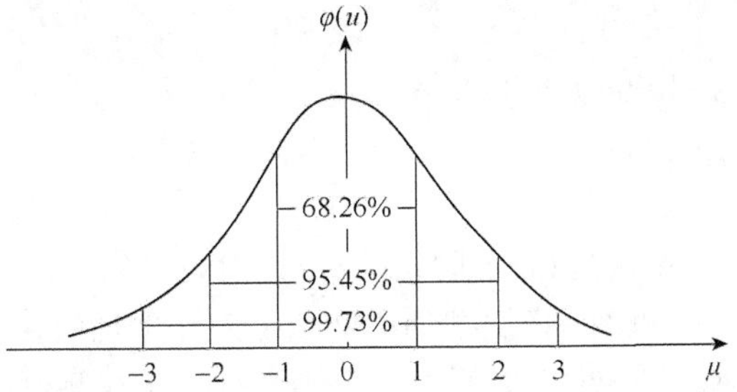

图 2-5　标准正态分布的 3 个常用概率

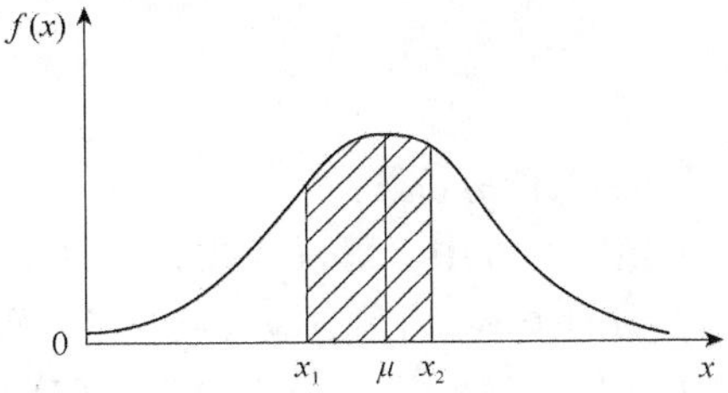

图 2-6　正态分布的概率

对式（2-7）作变换 $u=\dfrac{x-\mu}{\sigma}$，得 $\mathrm{d}x=\sigma\mathrm{d}u$，故有

$$P(x_1\leqslant x<x_2)=\frac{1}{\sigma\sqrt{2\pi}}\int_{x_1}^{x_2}\mathrm{e}^{-\frac{(x-\mu)^2}{2\sigma^2}}\mathrm{d}u=\frac{1}{\sigma\sqrt{2\pi}}\int_{(x_1-\mu)/\sigma}^{(x_2-\mu)/\sigma}\mathrm{e}^{-\frac{1}{2}u^2}\sigma\mathrm{d}u$$
$$=\frac{1}{\sqrt{2\pi}}\int_{u_1}^{u_2}\mathrm{e}^{-\frac{1}{2}u^2}\mathrm{d}u=\Phi(u_2)-\Phi(u_1)$$

式中，$u_1=\dfrac{x_1-\mu}{\sigma},u_2=\dfrac{x_2-\mu}{\sigma}$。

这表明服从正态分布 $N(\mu,\ \sigma^2)$ 的随机变量 x 在 $[x_1,\ x_2)$ 区间的概率，等于服从标准正态分布的随机变量 u 在 $\left[\dfrac{x_1-\mu}{\sigma},\dfrac{x_2-\mu}{\sigma}\right)$ 区间概率。因此，计算一般正态分布的概率时，只要将区间的上下限做适当变换（标准化），就可用查标准正态分布概率表的方法求得概率。

【例 2-2】 设 $x\sim N(5.5,\ 1.2^2)$，求：① $P(3.5<x<6.8)$；② $P(x>2.75)$。

（1）$P(3.5<x<6.8)=\Phi\left(\dfrac{6.8-5.5}{1.2}\right)-\Phi\left(\dfrac{3.5-5.5}{1.2}\right)$

$$=\Phi(1.08)-\Phi(-1.67)$$
$$=\Phi(1.08)-1+\Phi(1.67)$$
$$=0.8599-1+0.9525=0.8124$$

（2）$P(x>2.75)=1-P(x<2.75)=1-\Phi\left(\dfrac{2.75-5.5}{1.2}\right)=1-\Phi(-2.29)=1-0.0110=0.9890$

关于一般正态分布，以下几个概率（即随机变量 x 落在 μ 加减不同倍数 σ 区间的概率）是经常用到的（图 2-7）。

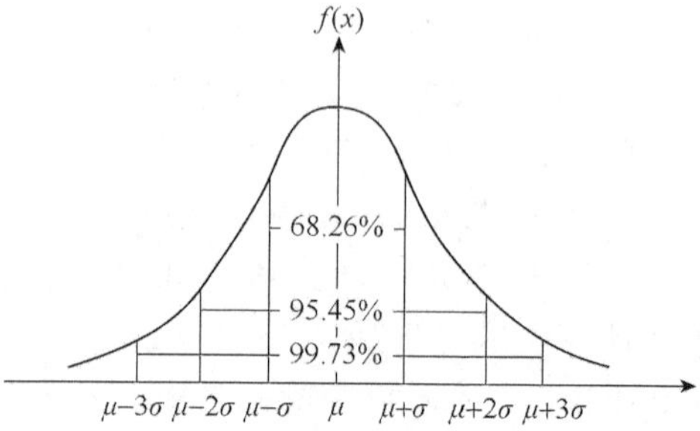

图 2-7　正态分布的 3 个常用概率

$$P(\mu-\sigma\leqslant x<\mu+\sigma)=0.6826$$
$$P(\mu-2\sigma\leqslant x<\mu+2\sigma)=0.9545$$
$$P(\mu-3\sigma\leqslant x<\mu+3\sigma)=0.9973$$
$$P(\mu-1.96\sigma\leqslant x<\mu+1.96\sigma)=0.95$$
$$P(\mu-2.58\sigma\leqslant x<\mu+2.58\sigma)=0.99$$

5. 双侧分位数

生物统计中，不仅要注意随机变量 x 落在平均数加减不同倍数标准差区间（$\mu-k\sigma$, $\mu+k\sigma$）的概率，而且更应关心 x 落在此区间之外的概率。我们把随机变量 x 落在平均数 μ 加减不同倍数标准差 σ 区间之外的概率称为双侧概率（两尾概率），记作 α。对应于双侧概率可以求得随机变量 x 小于 $\mu-k\sigma$ 或大于 $\mu+k\sigma$ 的概率，称为单侧概率（一尾概率），记作 $\alpha/2$。例如，x 落在（$\mu-1.96\sigma$, $\mu+1.96\sigma$）之外的双侧概率为 0.05，而单侧概率为 0.025。即

$$P(x<\mu-1.96\sigma)=P(x>\mu+1.96\sigma)=0.025$$

双侧概率与单侧概率如图 2-8 所示。x 落在（$\mu-2.58\sigma$, $\mu+2.58\sigma$）之外的双侧概率为 0.01，而单侧概率 $P(x<\mu-2.58\sigma)=P(x>\mu+2.58\sigma)=0.005$。

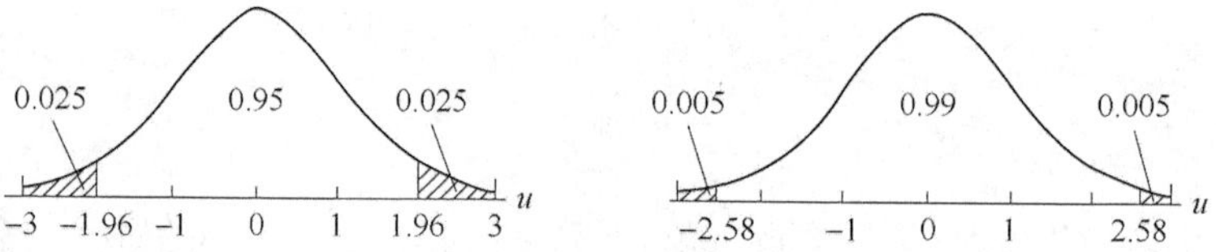

图 2-8　双侧概率与单侧概率

附表 2 给出了满足 $P(|u|>u_\alpha)=\alpha$ 的双侧分位 u_α 的数值。因此，只要已知双侧概率 α 的值，由附表 2 就可直接查出对应的双侧分位数 u_α。数理统计分析中常用的双侧分位数有 $u_{0.10}=1.645$，$u_{0.05}=1.960$，$u_{0.01}=2.576$。

2.1.2　二项分布

在科学研究中，随机变量具有离散性质时，常常用到二项分布，二项分布是离散型随机变量最基本的概率分布。

1. 二项分布的意义及性质

在某些总体中，只存在非此即彼的两种结果，“此”和“彼”是对立事件，如种子发芽与不发芽，产品的合格与不合格等。有时虽然在实际上并不只是“此”“彼”两种情况，但在一定意义上可以看作只有“此”“彼”两种结果。例如，某厂生产的产品有合格和各种类型的不合格，则就合格与否而言，仍为非此即彼的对立事件，这种由非此即彼事件构成的总体，称为二项总体（binomial population）。

如果“此”事件的概率为 p，“彼”事件的概率为 q，则有：

$$p+q=1$$
$$q=1-p \tag{2-8}$$

如果我们每次独立地从总体抽取 n 个个体，“此”事件的出现将可能有 0，1，2，…，n 件，共有 $n+1$ 种情况。这 $n+1$ 种情况的概率将组成一个分布，称为二项概率分布，或简称二项分布。例如，抽取 5 听罐头进行检查，将有 5 听全合格、1 听不合格 4 听合格、2 听不合格 3 听合格、…、5 听全不合格共 6 种情况。每种情况有其相应的概率，它们组成的分布就是 $n=5$ 时合格品的二项分布。

设随机变量 x 所有可能取值为零和正整数：0，1，2，…，n，且有

$$P(x=k)=P_n(k)=C_n^k p^k q^{n-k} \quad (k=0，1，2，…，n) \tag{2-9}$$

式中，$p>0$，$q>0$，$p+q=1$，则称随机变量 x 服从参数为 n 和 p 的二项分布（binomial distribution），记为 $x\sim B(n，p)$。

显然，二项分布是一种间断性随机变量的概率分布。参数 n 称为离散参数，只能取正整数；p 是连续参数，它能取 0 与 1 之间的任何数值（q 由 p 确定，故不是另一个独立参数）。

容易验证，二项分布具有概率分布的一切性质，即

（1）$P(x=k)=P_n(k)\geqslant 0 \quad (k=0，1，…，n)$

（2）二项分布的概率之和等于 1，即

$$\sum_{k=0}^{n} C_n^k p^k q^{n-k}=(q+p)^n=1 \tag{2-10}$$

（3）$P(x\leqslant m)=P_n(k\leqslant m)=\sum_{k=0}^{m} C_n^k p^k q^{n-k}$ （2-11）

（4）$P(x\geqslant m)=P_n(k\geqslant m)=\sum_{k=m}^{n} C_n^k p^k q^{n-k}$ （2-12）

（5）$P(m_1\leqslant x\leqslant m_2)=P_n(m_1\leqslant k\leqslant m_2)=\sum_{k=m_1}^{m_2} C_n^k p^k q^{n-k} \ (m_1<m_2)$ （2-13）

二项分布由 n 和 p 两个参数决定。

（1）当 p 值较小且 n 不大时，分布是偏倚的。但随着 n 的增大，分布逐渐趋于对称，如图 2-9 所示。

（2）当 p 值趋于 0.5 时，分布趋于对称，如图 2-10 所示。

（3）对于固定的 n 及 p，当 k 增加时，$P_n(k)$ 先随之增加并达到某极大值，以后又下降。

此外，在 n 较大，np、nq 较接近时，二项分布接近于正态分布；当 $n\to\infty$时，二项分布

的极限分布是正态分布。

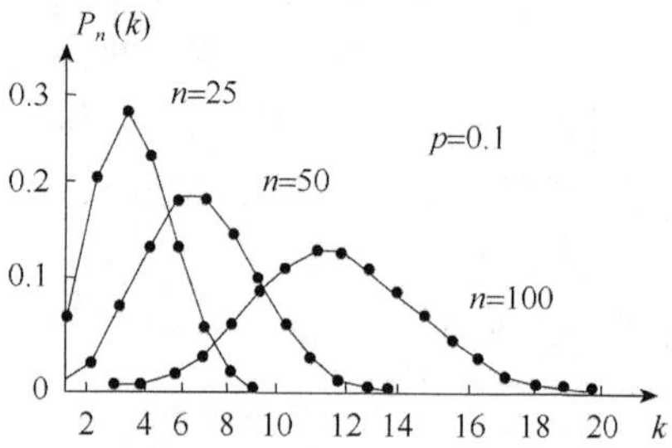

图 2-9　n 值不同的二项分布比较

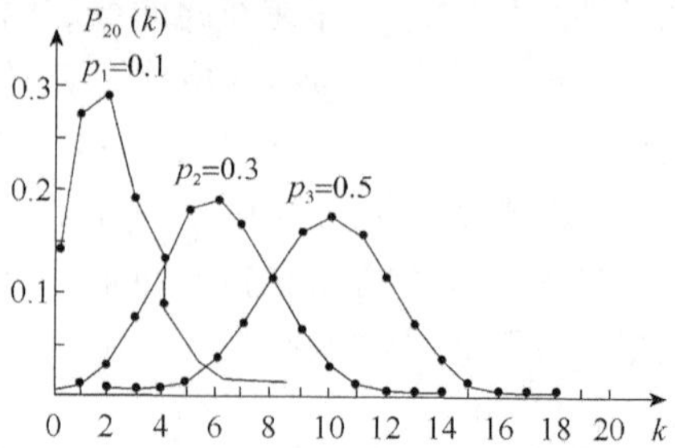

图 2-10　p 值不同的二项分布比较

2. 二项分布的应用条件

二项分布是一个重要的离散型数据资料分布，对其使用是有一定条件的。

（1）各观察单位只具有互相对立的一种结果，如阳性或阴性，生存或死亡等，属于二项分类资料。

（2）已知发生某事件的概率为 p，其对立事件的概率则为 $1-p=q$，实际中要求 p 是从大量观察中获得的比较稳定的数值。

（3）n 个观察单位的观察结果互相独立，即每个观察单位的观察结果不会影响到其他观察单位的观察结果。

3. 二项分布的平均数与标准差

前面已经指出二项分布由两个参数 n 和 p 决定。统计学证明，服从二项分布 $B(n, p)$ 的随机变量的平均数μ、标准差σ与参数 n、p 有如下关系。

当试验结果以事件 A 发生的次数 k 表示时

$$\mu = np \tag{2-14}$$

$$\sigma = \sqrt{npq} \tag{2-15}$$

当试验结果以事件 A 发生的频率 $\frac{k}{n}$ 表示时

$$\mu_p = p \tag{2-16}$$

$$\sigma_p = \sqrt{\frac{pq}{n}} \tag{2-17}$$

σ_p称为总体百分率标准误，当 p 未知时，常以样本百分率 $\hat{p}$ 来估计。此时式（2-17）改写为

$$S_p = \sqrt{\frac{\hat{p}\hat{q}}{n}} \quad (\hat{q} = 1 - \hat{p}) \tag{2-18}$$

式中，S_p称为样本百分率标准误。

2.1.3　泊松分布

泊松分布（Poisson's distribution）是一种用来描述和分析随机发生在单位空间或时间里的稀有事件的概率分布。所谓稀有事件即小概率事件。要观察到这类事件，样本含量 n 必须很大。在实际研究中，服从泊松分布的随机事件也是常见的，如在一定时期内一个特定机器的堵塞次数，每升饮水中的大肠杆菌数，计数器小方格中的血细胞数，肉制品中的毛发数等，

都是服从泊松分布的。

1．泊松分布的意义

若随机变量 x（$x=k$）只取零和正整数值 0，1，2，…，n，且其概率分布为

$$P(x=k)=\frac{\lambda^k}{k!}e^{-\lambda} \quad (k=0，1，…，n) \tag{2-19}$$

式中，$\lambda>0$；e=2.7182……是自然对数的底数，则称 x 服从参数为 λ 的泊松分布，记为 $x\sim P(\lambda)$。

泊松分布作为一种离散型随机变量的概率分布有一个重要的特征，就是它的平均数和方差相等，都等于常数 λ，即 $\mu=\sigma^2=\lambda$。利用这一特征，可以初步判断一个离散型随机变量是否服从泊松分布。

λ 是泊松分布所依赖的唯一参数。λ 值越小分布越偏倚，随着 λ 的增大，分布趋于对称（图 2-11）。当 λ=20 时分布接近于正态分布；当 λ=50 时，可以认为泊松分布呈正态分布。所以在实际工作中，当 $\lambda\geqslant$20 时就可以用正态分布来近似地处理泊松分布的问题。

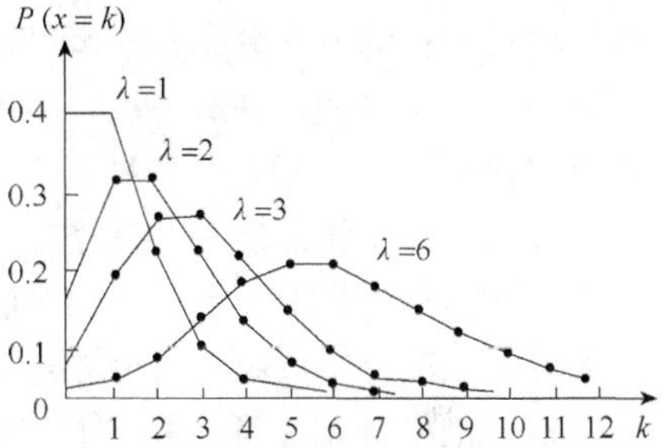

图 2-11　不同 λ 的泊松分布

2．泊松分布的概率计算

由式（2-19）可知，泊松分布的概率计算依赖于参数 λ 的确定，只要参数 λ 确定了，把 k=0，1，2……代入式（2-19）即可求得各项的概率。但是在大多数服从泊松分布的实例中，分布参数 λ 往往是未知的，只能从所观察的随机样本中计算出相应的样本平均数作为 λ 的估计值，将其代替式（2-19）中的 λ，计算出 k=0，1，2……时的各项概率。

【例 2-3】　为监测饮用水的污染情况，现检验某社区每毫升饮用水中细菌数，共得 400 个记录，如表 2-1 所示。

表 2-1　某社区每毫升饮用水中细菌数测试记录

1mL 水中细菌数	0	1	2	≥3	合计
次数（f）	243	120	31	6	400

试分析饮用水中细菌数的分布是否服从泊松分布。若服从，按泊松分布计算每毫升水中细菌数的概率及理论次数并将次数分布与泊松分布作直观比较。

经计算得每毫升水中平均细菌数 $\bar{x}$=0.500，方差 S^2=0.496。两者很接近，故可认为每毫升水中细菌数服从泊松分布。以 $\bar{x}$=0.500 代替式（2-19）中的 λ，得

$$P(x=k)=\frac{0.5^k}{k!}e^{-0.5} \quad (k=0，1，2……)$$

计算结果如表 2-2 所示。

表 2-2　细菌数的分布

1mL 水中细菌数	0	1	2	≥3	合计
实际次数	243	120	31	6	400
频率	0.6075	0.3000	0.0775	0.0150	1.00
概率	0.6065	0.3033	0.0758	0.0144	1.00
理论次数	242.60	121.32	30.32	5.76	400

可见细菌数的频率分布与 λ=0.5 的泊松分布是相当吻合的，进一步说明用泊松分布来描述单位容积中细菌数的分布是适宜的。

应当注意，二项分布的应用条件也是泊松分布的应用条件。例如，二项分布要求 n 次试验是相互独立的，这也是泊松分布的要求。然而一些具有传染性的罕见疾病的发病数，因为首例发生之后可成为传染源，会影响到后续病例的发生，所以不符合泊松分布的应用条件。对于在单位时间、单位面积或单位容积内，所观察的事件由于某些原因分布不是随机的，如细菌在牛奶中成集存在时，也不呈泊松分布。

前面讨论的 3 个重要的概率分布中，前一个属连续型随机变量的概率分布，后两个属离散型随机变量的概率分布，三者间的关系如下。

对于二项分布，在 $n\to\infty$、$p\to 0$ 且 $np=\lambda$（较小常数）情况下，二项分布趋于泊松分布，且以泊松分布为极限。在这种场合，泊松分布中的参数 λ 用二项分布的 np 代之；在 $n\to\infty$，$p\to 0.5$ 时，二项分布趋于正态分布。在这种场合，正态分布中的μ、σ^2用二项分布的 np、npq 代之。在实际计算中，当 $p<0.1$ 且 n 很大时，二项分布可由泊松分布近似；当 $p>0.1$ 且 n 很大时，二项分布可由正态分布近似。

对于泊松分布，当 $\lambda\to\infty$ 时，泊松分布以正态分布为极限。在实际计算中，当$\lambda\geq 20$ 时，用泊松分布中的 λ 代替正态分布中的 μ 及 σ^2，即可由后者对前者进行近似计算。

2.2　抽 样 分 布

2.2.1　抽样分布的意义

统计分析的一个重要问题是研究总体和从总体抽取的样本二者之间的关系。假定有一台罐装机填装了 6 罐果酱，每罐果酱净重（单位：g）分别为 284，287，285，285，286，283，那么 $\bar{x}=285\text{g}$ ，$S=1.414\text{g}$ 。从统计学观点来看，每个观察值是总体中的一个个体，在理论上我们可以重复做第二、三乃至无数次试验，相当于从总体抽取第二、三乃至无数个随机样本。这个关系可用图 2-12 表示。

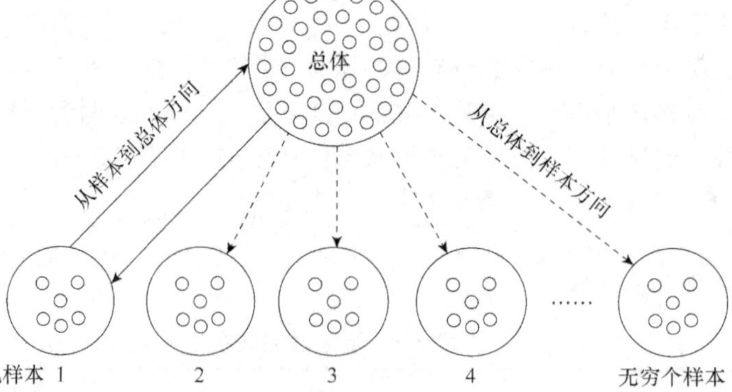

图 2-12　总体与样本的关系示意图

总体与样本的关系可以从两个方向讨论：一是从总体到样本，即从一般到特殊方向，如上述 6 听果酱是该机无数次装填中的一个样本。研究这个关系的目的是要了解从总体到样本抽取无数或全部所有样本，研究样本分布情况及统计量，即抽样分布（sampling distribution）；二是从样本到总体方向，即从特殊到一般方向。研究这个关系就是要从一个样本或一系列样本所得试验结果去推断原总体分布与特征，即统计推断（statistical inference）。统计推断是以总体分布和样本抽样分布的理论关系为基础的。为了能正确地利用样本去推断总体，并能正确地理解统计推断的结论，需对样本的抽样分布有所了解。

假如从一个总体按一定的样本容量随机抽取全部所有可能的样本，由这些样本计算的统计量如 $\bar{x}$、S^2 等必然形成一种分布，这个分布称为该统计量的随机抽样分布，简称抽样分布。假定总体内仅有少数个体，即有限总体，那么从总体中抽出的所有样本的数目可用公式 $A=N^n$ 计算，N 为总体的个体数目，n 为抽出的样本容量。例如，$N=3$，$n=2$，则有 $A=3^2=9$ 个所有样本；$n=10$，则有 $3^{10}=59049$ 个所有样本。从这些所有可能的样本计算统计数（如 $\bar{x}$），然后将其列成次数分布，这个分布就称为该总体样本 $\bar{x}$ 的抽样分布。

2.2.2　统计量的抽样分布

1. 样本平均数的分布

由总体随机抽样（random sampling）的方法可分为返置抽样和不返置抽样两种。返置抽样是指每次抽出一个个体，个体分析完成后，这个个体返置回原总体；而不返置抽样是指每次抽出的个体不返置回原总体。对于无限总体，返置与否都可保证各个体被抽到的机会相等。对于有限总体，就应该采取返置抽样，否则各个体被抽到的机会就不相等。

设有一个总体 X，总体平均数为 μ，方差为 σ^2，总体中各变量为 x，将此总体称为原总体。现从这个总体中随机抽取含量为 n 的样本，样本平均数记为 $\bar{x}$。可以设想，从原总体中可抽出很多甚至无穷多个含量为 n 的样本。由这些样本获得的平均数有大有小，与原总体平均数 μ 之间表现出不同程度的差异。这种差异是由随机抽样造成的，称为抽样误差（sampling error）。显然，样本平均数也是一个随机变量，其概率分布称为样本平均数的抽样分布。由样本平均数 $\bar{x}$ 构成的总体称为样本平均数的抽样总体，其平均数和标准差分别记为 $\mu_{\bar{x}}$ 和 $\sigma_{\bar{x}}$。$\sigma_{\bar{x}}$ 是样本平均数抽样总体的标准差，简称标准误（standard error），它表示平均数抽样误差的大小。统计学上已证明 $\bar{x}$ 总体的两个参数 $\mu_{\bar{x}}$ 和 $\sigma_{\bar{x}}^2$ 与 X 总体的两个参数 μ 和 σ^2 有如下关系：

$$\mu_{\bar{x}}=\mu,\quad \sigma_{\bar{x}}^2=\frac{\sigma^2}{n},\quad \sigma_{\bar{x}}=\frac{\sigma}{\sqrt{n}} \tag{2-20}$$

可以看出，样本平均数抽样总体的平均值具有与原总体相同的平均值，而方差是总体方差的 $1/n$。

x 变量与 $\bar{x}$ 变量概率分布间的关系可由下列两个定理说明。

若 n 个独立观察值 X_1，X_2，…，X_n 是来自具有参数（μ，σ^2）的正态分布总体 X，则样本平均数 $\bar{x}=\frac{1}{n}\sum_{i=1}^{n}x_i$ 的分布是具有参数为（μ，$\frac{\sigma^2}{n}$）的正态分布，即 $\bar{x}\sim N(\mu,\frac{\sigma^2}{n})$。

由中心极限定理可以证明，无论总体 X 是什么分布，是连续型的还是离散型的，如果总体的平均值 μ 和 σ^2 都存在，当样本容量足够大时（$n\geqslant 30$），样本平均数 $\bar{x}$ 的分布总是趋近于 N（μ，$\frac{\sigma^2}{n}$）分布。若 X 的分布不很偏倚，在 $n>20$ 时，$\bar{x}$ 的分布就近似于正态分布。

因此

$$u=\frac{\overline{x}-\mu}{\sigma/\sqrt{n}}$$

服从均值为 0，方差为 1 的正态分布。

【例 2-4】 某果品库库存一批苹果，其虫害率（%）μ=4.73，σ=2.63，试问样本容量为 n=30 时，随机抽样得到样本的平均虫害率（%）$\overline{x}\leqslant 4.37$ 的概率是多少？

由样本平均数抽样分布理论可知，$\mu_{\overline{x}}=\mu=4.73,\ \sigma_{\overline{x}}=\sigma/\sqrt{n}=2.63/\sqrt{30}=0.480$

$$u=\frac{\overline{x}-\mu}{\sigma/\sqrt{n}}=\frac{4.37-4.73}{0.480}=-0.75$$

即 $P(\overline{x}\leqslant 4.37)=P(u\leqslant -0.75)$

查附表 1，P（u≤−0.75）=0.2266，即抽得样本的平均虫害率不大于 4.37% 的概率为 22.66%。

均数标准误（平均数抽样总体的标准差）$\sigma_{\overline{x}}=\sigma/\sqrt{n}$ 的大小反映样本平均数 $\overline{x}$ 抽样误差的大小，即精确性的高低。标准误大，说明各样本平均数 $\overline{x}$ 间差异程度大，样本平均数的精确性低。反之，$\sigma_{\overline{x}}$ 小，说明 $\overline{x}$ 间的差异程度小，样本平均数的精确性高。$\sigma_{\overline{x}}$ 的大小与原总体标准差 σ 成正比，与样本含量 n 的平方根成反比。从某特定总体抽样，因为 σ 是一常数，所以只有增大样本含量才能降低样本平均数 $\overline{x}$ 的抽样误差。

在实际工作中，总体标准差 σ 往往是未知的，因而无法求得 $\sigma_{\overline{x}}$。此时，可用样本标准差 S 估计 σ。于是，以 $S/\sqrt{n}$ 估计 $\sigma_{\overline{x}}$，记作 $S_{\overline{x}}$。$S_{\overline{x}}$ 为样本标准误或均数标准误，是平均数抽样误差的估计值。若样本中各观察值为 x_1，x_2，…，x_n，则

$$S_{\overline{x}}=\frac{S}{\sqrt{n}}=\sqrt{\frac{\sum(x-\overline{x})^2}{n(n-1)}}=\sqrt{\frac{\sum x^2-\left(\sum x\right)^2/n}{n(n-1)}} \tag{2-21}$$

应注意，样本标准差与样本标准误是既有联系又有区别的两个统计量。二者的区别在于样本标准差 S 是反映样本中各变数 x_1，x_2，…，x_n 变异程度大小的一个指标，它的大小说明了 $\overline{x}$ 对该样本代表性的强弱。样本标准误 $S_{\overline{x}}$ 是样本平均数 $\overline{x}_1$，$\overline{x}_2$，…，$\overline{x}_k$ 的标准差，它是 $\overline{x}$ 抽样误差的估计值，其大小说明了样本间变异程度的大小及 $\overline{x}$ 精确性的高低。

对于大样本资料，常将样本标准差 S 与样本平均数配合使用，记为 $\overline{x}\pm S$，用以说明所考察性状或指标的优良性与稳定性。对于小样本资料，常将样本标准误 $S_{\overline{x}}$ 与样本平均数 $\overline{x}$ 配合使用，记为 $\overline{x}\pm S_{\overline{x}}$，用以表示所考察性状或指标的优良性与抽样误差的大小。

一般来讲，从正态总体抽取的样本，无论样本容量大或小，其样本平均数 $\overline{x}$ 的抽样分布必呈正态分布，具有平均数 $\mu_{\overline{x}}=\mu$、方差 $\sigma_{\overline{x}}^2=\sigma^2/n$，而 $\sigma_{\overline{x}}^2$ 以样本容量增大而降低。样本平均数的分布一般记为 N（μ，σ^2/n）。倘若总体不是正态分布，但有一定的 σ^2 和平均数 μ，在样本容量 n 增大时（n≥30），从总体中抽出的样本 $\overline{x}$ 的抽样分布亦必趋近于正态分布，平均数、方差分别为 μ、σ^2/n。这就是前面所说的中心极限定理。

2. 样本平均数差数的分布

假如有两个总体，各具有平均数和标准差，分别为 μ_1、σ_1 和 μ_2、σ_2。从第一个总体中随机抽取 n_1 个 x_1 观察值，同时独立地从第二个总体中随机抽取 n_2 个 x_2 观察值，这样可计算出各自样本的平均数和标准差分别为 $\overline{x}_1$、S_1 和 $\overline{x}_2$、S_2。

如果两个总体是正态分布的，由统计理论可以推导出其样本平均数差数（$\overline{x}_1-\overline{x}_2$）服从正

态分布，其平均数和标准差为

$$\mu_{\bar{x}_1-\bar{x}_2}=\mu_1-\mu_2 \qquad \sigma_{\bar{x}_1-\bar{x}_2}=\sqrt{\frac{\sigma_1^2}{n_1}+\frac{\sigma_2^2}{n_2}} \tag{2-22}$$

所以

$$u=\frac{(\bar{x}_1-\bar{x}_2)-(\mu_1-\mu_2)}{\sqrt{\frac{\sigma_1^2}{n_1}+\frac{\sigma_2^2}{n_2}}}\sim N(0,1) \tag{2-23}$$

若两个样本来自非正态总体，由中心极限定理可知，在样本容量 n_1、n_2 相当大时（≥30），则样本平均数差数 $\bar{x}_1-\bar{x}_2$ 也趋近于参数为式（2-22）的正态分布。

样本平均数差数的分布具有以下特征。

（1）如果两个总体各呈正态分布，则其样本平均数差数（$\bar{x}_1-\bar{x}_2$）遵循正态分布规律，无论样本容量大小，都有 $N(\mu_{\bar{x}_1-\bar{x}_2},\sigma^2_{\bar{x}_1-\bar{x}_2})$。

（2）两个样本平均数差数分布的平均数必等于两个总体平均数之差：$\mu_{\bar{x}_1-\bar{x}_2}=\mu_1-\mu_2$。

（3）两个独立的样本平均数差数分布的方差等于两个总体样本平均数方差之和，即

$$\sigma^2_{\bar{x}_1-\bar{x}_2}=\sigma^2_{\bar{x}_1}+\sigma^2_{\bar{x}_2}=\frac{\sigma^2}{n_1}+\frac{\sigma^2}{n_2} \tag{2-24}$$

当 σ_1^2 与 σ_2^2 未知时，通常用 S_1^2 与 S_2^2 分别来估计 σ_1^2 与 σ_2^2，于是 $\sigma_{\bar{x}_1-\bar{x}_2}$ 用 $\sqrt{\frac{S_1^2}{n_1}+\frac{S_2^2}{n_2}}$ 估计，记为

$$S_{\bar{x}_1-\bar{x}_2}=\sqrt{\frac{S_1^2}{n_1}+\frac{S_2^2}{n_2}} \tag{2-25}$$

称 $S_{\bar{x}_1-\bar{x}_2}$ 为均数差数标准误。

式（2-25）中的 S_1^2、S_2^2 分别是样本含量为 n_1、n_2 的两个样本方差。如果它们所估计的各自总体方差 σ_1^2 与 σ_2^2 相等，即 $\sigma_1^2=\sigma_2^2=\sigma^2$，那么 S_1^2 与 S_2^2 都是 σ^2 的估计值，这时应将 S_1^2 与 S_2^2 的加权平均值 S_p^2 作为 σ^2 估计值。在假设 $\sigma_1^2=\sigma_2^2=\sigma^2$ 的条件下有

$$S_p^2=\frac{S_1^2\cdot df_1+S_2^2\cdot df_2}{df_1+df_2}=\frac{SS_1+SS_2}{(n_1-1)+(n_2-1)}=\frac{\sum(x_1-\bar{x}_1)^2+\sum(x_2-\bar{x}_2)^2}{n_1+n_2-2} \tag{2-26}$$

于是

$$S_{\bar{x}_1-\bar{x}_2}=\sqrt{\left(\frac{1}{n_1}+\frac{1}{n_2}\right)S_p^2}$$

3. *t* 分布

由样本平均数的抽样分布性质可知，样本平均数 $\bar{x}$ 的分布趋向正态分布，即 $\bar{x}\sim N(\mu,\sigma^2_{\bar{x}})$，其中 $\sigma_{\bar{x}}=\frac{\sigma}{\sqrt{n}}$，那么 $u=\frac{\bar{x}-\mu}{\sigma/\sqrt{n}}\sim N(0,1)$。

当 σ^2 未知，样本容量 $n<30$ 时，若以样本方差 S^2 估计总体方差 σ^2 时，则 $\frac{(\bar{x}-\mu)}{S/\sqrt{n}}$ 不再服从标准正态分布，而服从自由度 $df=n-1$ 的 t 分布（t-distribution）。即

$$t=\frac{\overline{x}-\mu}{S_{\overline{x}}}\sim t(df) \quad (2\text{-}27)$$

式中，$S_{\overline{x}}$为样本平均数的标准误。

$$S_{\overline{x}}=\frac{S}{\sqrt{n}} \quad (2\text{-}28)$$

式中，S为样本标准差，n为样本容量。

t分布是1908年英国统计学家W. S. Gosset（1876～1937）首先提出的，又称学生氏分布。1926年由R. A. Fisher（1890～1962）加以完善，概率密度函数为

$$f(t)=\frac{1}{\sqrt{\pi df}}\frac{\Gamma[(df+1)/2]}{\Gamma(df/2)}\left(1+\frac{t^2}{df}\right)^{-\frac{df+1}{2}} \quad (2\text{-}29)$$

式中，$-\infty<t<+\infty$，$df=n-1$为自由度。

t分布的平均数和标准差为

$$\mu_t=0 \quad (df>1)$$

$$\sigma_t=\sqrt{\frac{df}{df-2}} \quad (df>2) \quad (2\text{-}30)$$

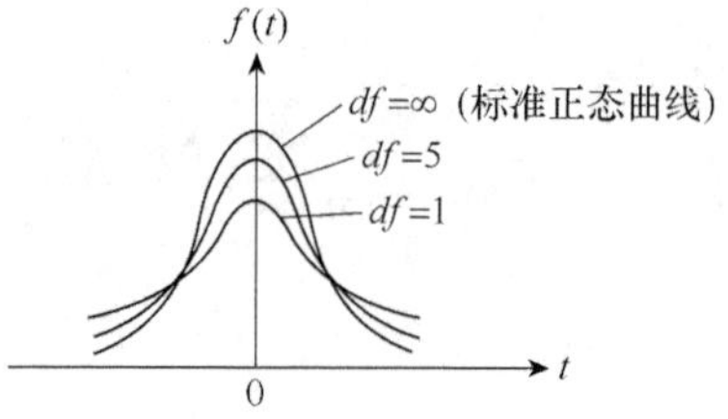

图 2-13　不同自由度的t分布曲线

t分布密度曲线如图2-13所示，其特点如下。

（1）t分布受自由度制约，每一个自由度有一条t分布密度曲线。

（2）t分布密度曲线以t=0纵轴为对称轴，左右对称，且在t=0时，分布密度函数取得最大值。

（3）与标准正态分布曲线相比，t分布曲线顶部略低，两尾部稍高而平。df越小这种趋势越明显；df越大，t分布越趋近于标准正态分布。当$n>30$时，t分布与标准正态分布的区别很小；$n>100$时，t分布基本与标准正态分布相同；$n\to\infty$时，t分布与标准正态分布完全一致。

t分布的概率分布函数为

$$F(t)=P(T<t)=\int_{-\infty}^{t}f(t)\mathrm{d}t \quad (T\text{为}t\text{的任意随机变数}) \quad (2\text{-}31)$$

所以t分布曲线右尾从t_1到∞的面积（概率）为$1-F_{t(df)}$，两尾面积则为2（$1-F_{t(df)}$）。例如，df=3时，P（$t<3.182$）=0.975，故右边（$3.182<t<+\infty$）一尾面积为1−0.975=0.025；由于t分布左右对称，故左边一尾（$-\infty<t<-3.182$）的面积也是0.025。因而两尾面积为2（1−0.975）=0.05。

和正态概率分布函数一样，t分布的概率分布函数也可查表，见附表3。当df=15时，查附表3得两尾概率等于0.05的临界t值为2.131，其意义是

$$P(-\infty<t<-2.131)=P(2.131<t<+\infty)=0.025$$

$$P(-\infty<t<-2.131)+P(2.131<t<+\infty)=0.05$$

由附表3可知，当概率P一定时，随着df的增加，临界t值在减小；当$df=\infty$时，临界t值与标准正态分布的临界u值相等。

4.　χ^2分布

由正态分布理论可知，正态标准离差$u\sim N$（0，1）。假定由该总体中随机抽取样本，样本容量为n，样本值为u_1，u_2，…，u_n，则随机变量

$$\chi^2 = u_1^2 + u_2^2 + \cdots + u_n^2 = \sum_{i=1}^{n} u_i^2 \tag{2-32}$$

服从自由度为 $df=n-1$ 的 χ^2 分布，记为 $\chi^2 \sim \chi^2(df)$。χ^2 分布是刻画正态变量二次型的一个重要分布。χ^2 分布的曲线如图 2-14 所示。

χ^2 分布取决于自由度 df，即每个不同的自由度下都有一个相应的 χ^2 分布曲线。χ^2 分布是非对称的，分布总是在 $\chi^2=0$ 的右边。χ^2 的偏斜度随自由度的增加而渐渐地趋向于正态分布，当 $n\to\infty$ 时，则 χ^2 分布趋于正态分布，附表 4 列出了相应自由度下的 χ^2 一尾（右尾）概率。

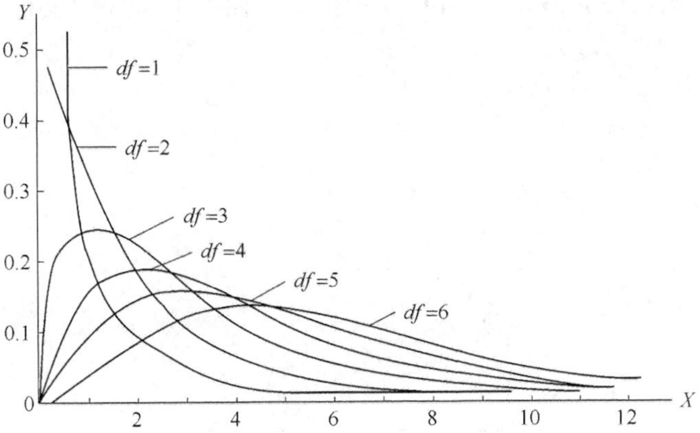

图 2-14　不同自由度下 χ^2 分布曲线

由于样本方差 $S^2 = \sum(x_i - \bar{x})^2/(n-1)$，那么 $\sum(x_i - \bar{x})^2 = (n-1)S^2$。从正态离差 u 的定义可知，$u_i = \dfrac{(x_i - \bar{x})}{\sigma}$，故 χ^2 又可表示为

$$\chi^2 = \sum_{i=1}^{n} \frac{(x_i - \bar{x})^2}{\sigma^2} = \frac{(n-1)S^2}{\sigma^2} \tag{2-33}$$

式中，n 为样本容量，所以式（2-33）可用于比较样本方差与总体方差的关系。

5. *F* 分布

设 x_1，x_2，…，x_{n_1} 为来自正态总体 N（a_1，σ_1^2）的一个随机样本，样本方差为 S_1^2，z_1，z_2，…，z_{n_2} 为来自正态总体 N（a_2，σ_2^2）的一个随机样本，样本方差为 S_2^2，且这两个样本相互独立，则统计量

$$F = \frac{S_1^2/\sigma_1^2}{S_2^2/\sigma_2^2} \sim F(n_1-1, n_2-1) \tag{2-34}$$

即 $\dfrac{S_1^2/\sigma_1^2}{S_2^2/\sigma_2^2}$ 服从第一自由度为 $df_1=n_1-1$，第二自由度为 $df_2=n_2-1$ 的 F 分布。

当 $\sigma_1^2 = \sigma_2^2$ 或样本来自同一正态总体时，则

$$F = \frac{S_1^2}{S_2^2} \sim F(n_1-1, n_2-1) \tag{2-35}$$

F 值是自由度 $df_1=$（n_1-1）的样本方差 S_1^2 与自由度 $df_2=$（n_2-1）的样本方差 S_2^2 的比值，式（2-35）可用于比较两个样本方差的关系。在给定 df_1 和 df_2 下进行一系列抽样，就可得到

一系列的 F 值，它们服从 F 分布。统计理论研究证明，F 分布是具有平均数 $\mu_F=1$ 和取值区间为［0，∞］的一组曲线，而某一特定曲线的形状则仅取决于参数 df_1 和 df_2。F 分布密度曲线是随自由度 df_1、df_2 的变化而变化的一簇偏态曲线，其形状随着 df_1 和 df_2 增大逐渐趋于对称，如图 2-15 所示。

F 分布下一定区间的概率可以从已制成的统计表中查出。附表 5 是各种 df_1 和 df_2 下右尾概率 $\alpha=0.05$ 和 $\alpha=0.01$ 时的临界 F 值（一尾概率表，用于方差分析）。若 $df_1=3$，$df_2=12$，$F_{0.05(3,12)}=3.49$，$F_{0.01(3,12)}=5.95$，即表示如以 $df_1=3$（$n_1=4$），$df_2=12$（$n_2=13$）在一正态总体中进行连续抽样，则所得 F 值大于 3.49 的仅有 5%，而大于 5.95 的仅有 1%。

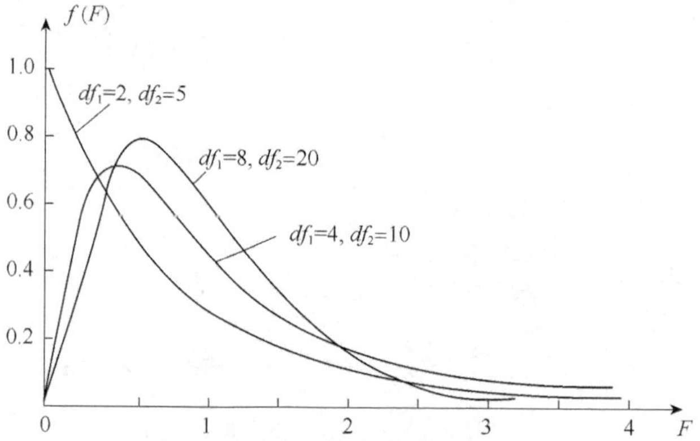

图 2-15　F 分布曲线

习　题

1．什么是正态分布、标准正态分布？正态分布的概率密度曲线有何特点？

2．已知随机变量 u 服从 N（0，1），求 P（$u<-1.4$），P（$u\geqslant1.49$），P（$|u|\geqslant2.58$），P（$-1.21\leqslant u<0.45$）。

3．已知随机变量 u 服从 N（0，1），求下列各式的 u_α。

（1）$P(u<-u_\alpha)+P(u\geqslant u_\alpha)=0.1$

（2）$P(-u_\alpha\leqslant u<u_\alpha)=0.95$

4．设 $x\sim N(70,\ 10^2)$，试求 $P(x<62)$，$P(x\geqslant72)$，$P(68\leqslant x<74)$。

5．什么是二项分布？如何计算二项分布的平均数、方差和标准差？

6．什么是泊松分布？其平均数、方差有何特征？

7．什么是抽样分布？样本平均数抽样总体与原总体的两个参数间有何联系？

8．什么是标准误？标准误与标准差有何联系与区别？

9．在标准正态分布中，查表计算：①两尾概率为 1%时，区间临界值。②$-3\leqslant u\leqslant3$ 时，所在区间的概率。

第 3 章　统计假设检验与参数估计

统计推断（statistical inference）是根据样本抽样分布规律和概率理论，由样本结果去推断总体特征。它主要包括假设检验（test of hypothesis）和参数估计（parametric estimation）两部分内容。

假设检验又称显著性检验（test of significance）。目前，常用的显著性检验方法有 u 检验、t 检验、F 检验和χ^2检验等。尽管这些检验方法的用途及使用条件不同，但其检验的基本原理是相同的。

参数估计有点估计（point estimation）和区间估计（interval estimation）两种。直接用某样本统计量去估计相应总体参数，这种参数估计方法称为点估计。例如，以样本平均数 $\bar{x}$ 估计总体平均数 μ，用样本方差 S^2 估计总体方差σ^2等。但由于样本是由总体中抽出的部分个体构成的，受抽样误差的影响，不同的样本所求得的 $\bar{x}$ 、S^2 不同。因此，很难判断用哪个样本统计量更能代表相应的总体参数。因此，合理的方法是在一定概率下，结合抽样误差大小，估计出参数可能出现的一个范围（区间），使绝大多数该参数的点估计值都包含在这个区间内。这种估计参数的方法称为参数的区间估计，所给出的这个区间称为置信区间（confidence interval）。区间的上、下限分别称为置信上、下限，一般用 L_1 表示置信下限，L_2 表示置信上限。保证参数在置信区间内的概率称为置信度或置信概率（confidence probability），以 $p=1-\alpha$ 表示。

各种参数的区间估计计算方法有所不同，但基本原理是一致的，都是运用样本统计量的抽样分布来计算相应参数置信区间的上、下限。

3.1　假设检验的概念及基本思想

3.1.1　假设检验的概念

【例 3-1】 某乳品厂包装车间用一台自动包装机包装奶粉，额定标准为每袋净重 454g，根据长期经验已知所装奶粉的净重服从正态分布，标准差是 12g。某天开工后随机抽测 9 袋，其净重量分别为（单位：g）：452、459、470、475、443、464、463、467、465。试分析此包装机是否工作正常。

如果以μ表示所装奶粉净重平均值，则上述问题的实质是要判断“$\mu=454$”，还是“$\mu\neq 454$”。

【例 3-2】 对某地 50 户样本家庭做调查，得样本家庭的人均收入数据后，问是否可以认为该地居民家庭的人均收入服从正态分布。

如果以$\Phi(x)$表示人均收入的分布函数，而以$F(x)$表示正态分布的分布函数，则例 3-2 实质上就是要判断“$\Phi(x)=F(x)$”还是“$\Phi(x)\neq F(x)$”。

以上两例的“$\mu=454$”“$\mu\neq 454$”“$\Phi(x)=F(x)$”“$\Phi(x)\neq F(x)$”等都是关于总体分

布的一种假设，在数理统计中，根据样本提供的信息对某个关于总体分布假设的正确性做出判断的过程称为假设检验。如果所要判断的假设仅涉及总体分布的参数或数字特征，则称为参数检验，否则称为非参数检验。例 3-1 就是参数检验问题，而例 3-2 则是非参数检验问题。

3.1.2　假设检验的基本思想

小概率事件实际不可能性原理是统计学上进行假设检验（显著性检验）的基本依据。在统计学上，把小概率事件在一次试验中看成实际不可能发生的事件称为小概率事件实际不可能性原理，亦称为小概率原理。下面通过例子介绍假设检验的基本思想。

某人拿着装有 100 个乒乓球的袋子，并说“袋中的球 99 个是白色的而只有 1 个是黑色的”。如果另有一人从袋中任意摸一下，竟摸出一个球是黑色的，这个人自然会对拿袋子人的说法产生怀疑。因为摸球人自然会有这样的思考过程：如果这 100 个球中确实只有 1 个黑球，则从袋中任取一球刚好是黑球的可能性很小，概率只有 1%。因此，当拿袋子人的说法正确时，从袋中任取一球正好是黑球几乎是不可能的。如果确实任取一球正好是黑球，可以推断“99 个是白色的而只有 1 个是黑色的”说法是不真实的。现在摸球人竟然拿到黑球，他就不能不怀疑拿袋子人的说法。这就是一个简单的假设检验问题，所要检验的假设是“100 个球中有一个黑球”，像这样的假设检验问题在我们的日常生活、科学研究中都是经常要遇到的。

一般做出统计判断的主要依据及推断的思想可概括如下。

1）*判断的依据——小概率原理*　　我们已经知道，随机事件的特点是在一次试验中事件的发生与否无法确定，而在大量的试验中，事件的发生是有一定的规律性的——这就是事件发生的概率。由于事件的概率不同，在实际处理时所持的态度也不同。譬如说平常乘公共汽车发生重大事故的概率是很小的，我们在一次外出时，实际上是把乘坐公共汽车发生重大事故当成不可能事件。这就是小概率事件在一次试验中被实际上认为是不可能发生的，这种推断原理称为小概率原理。在日常生活中这似乎已成常识问题，可是在科学上却是作为显著性检验决策时的依据。显著性检验是以小概率原理为基础进行的，小概率原理也称作实际推断原理。

2）*推理的思想方法*　　当对总体所做的某一假设成立时，事件 A 是一个小概率事件，则按实际推断原理在一次试验中事件 A 几乎是不可能发生的，即小概率事件实际不可能性原理。现在进行一次试验，如果在这次试验中事件 A 竟然发生了，则按实际推断原理这是不合理的，从而怀疑原来所作假设的正确性，于是否定原来假设，如果这一试验中事件 A 没有发生，则没有发生不合理的现象，这时没有理由怀疑原来假设的正确性。这就是假设检验方法的基本思想。

3.1.3　假设检验的基本步骤

在例 3-1 中，要判断的是“$\mu=454$”，还是“$\mu \neq 454$”。这里的“$\mu=454$”，还是“$\mu \neq 454$”就是对总体均值所做的两个假设。由于包装机在正常工作情况下受到各种随机因素的影响，因此即使在正常情况下所包装的奶粉净重也不会都等于 454g。所以，只有当试验结果表明奶粉净重与 454g 有显著差别时，我们才能认为“$\mu \neq 454$”，否则应认为“$\mu=454$”。在假设检验这一数理统计方法中，通常就将“$\mu=454$”确定为原假设，并记作 H_0，而“$\mu \neq 454$”则确定为备择假设，记作 H_A，在检验时先看 H_0 是否成立，当 H_0 不成立时考虑接受 H_A，所谓备择假设就是一旦否定原假设 H_0 时我们才接受的结论。

对例 3-1 提出假设，

$$H_0: \mu = 454$$
$$H_A: \mu \neq 454$$

根据长期经验，已知所装奶粉的净重服从正态分布，当 H_0 成立时，所装奶粉净重 $X \sim N(454, 12^2)$。从中抽取容量为 9 个的样本 x_1，x_2，…，x_9，这时，由样本平均数的抽样分布理论可以推知 $\bar{x} \sim N(454, 12^2/9)$，那么

$$u_0 = \frac{\bar{x} - 454}{12/\sqrt{9}} \sim N(0,1)$$

这里，预先取定一个较小的正数α，由正态分布表可查得某一数值 u_α，使

$$P\{|u| \geqslant u_\alpha\} = \alpha$$

式中，α一般取 0.01、0.05 或 0.10。例如，取α=0.05，则 $u_\alpha = u_{0.05} = 1.96$，这时“$|u| \geqslant 1.96$”发生的概率仅为 0.05。根据例 3-1 所给抽样数据可计算 $\bar{x} = 462$，从而有

$$u_0 = \frac{462 - 454}{12/\sqrt{9}} = 2.0$$

这时 $|u_0| = 2.0 \geqslant 1.96$，在一次试验中，小概率事件“$|u| \geqslant 1.96$”发生了，于是按小概率原理，我们应拒绝 H_0，而接受 H_A，即认为包装机工作已处于非正常状态。

在上面分析检验过程中，预先给定的数值α是确定一个事件为小概率事件的标准，称α为检验水平，亦称为显著水平（significance level），在科学研究中，常取α=0.05 或α=0.01。根据 α 值确定的统计量值 u_α 称为临界值。此外，在上述分析过程中，当$|u| \geqslant u_\alpha$ 时我们就做出拒绝原假设 H_0 的判断，因此$(-\infty, -u_\alpha) \cup (u_\alpha, +\infty)$称为拒绝域或否定域，通常记为$|u| \geqslant u_\alpha$。

假设检验时选用的显著水平，除α=0.05 和α=0.01 为常用外，也可选 α=0.10 或 α=0.001 等。到底选哪个显著水平，应根据试验的要求或试验结论的重要性而定。如果试验中难以控制的因素较多，试验误差可能较大，则α值取大些；反之，如试验耗费较大，对精确度的要求较高，不容许反复，或者试验结论的应用事关重大，则α值应该选小一些。显著水平α对假设检验的结论是有直接影响的。

通过以上分析，统计假设检验的基本步骤可归纳如下。

（1）对试验样本所在总体作假设，提出原假设 H_0 和备择假设 H_A。如假设$\mu_1 = \mu_2$ 或 $\mu_1 - \mu_2 = 0$，这种假设称为无效假设（null hypothesis）、原假设、零假设，记作 H_0：$\mu_1 = \mu_2$ 或 $\mu_1 - \mu_2 = 0$。无效假设是被检验的假设，通过检验可能被接受，也可能被否定。提出 H_0：$\mu_1 = \mu_2$ 或$\mu_1 - \mu_2 = 0$ 的同时，相应地提出对应假设，称为备择假设（alternative hypothesis），记作 H_A，备择假设是在无效假设被否定时准备接受的假设。

（2）在无效假设成立的前提下，构造合适的统计量，分析所得统计量的抽样分布。

（3）根据样本观测值计算统计量值。

（4）选取显著水平α，查相应的临界值。

（5）将统计量值与临界值比较，当统计量值落入拒绝域时，拒绝 H_0 而接受 H_A，否则接受 H_0。

以上步骤是一般假设检验的基本步骤，在以后讨论的有关问题中，所不同的是根据已知

选取不同的统计量和相应的拒绝域。

3.1.4 假设检验中的两类错误

统计假设检验是根据“小概率事件实际不可能性原理”来否定或接受无效假设的，所以无论是接受还是否定无效假设，都没有 100%的把握。也就是说，在检验无效假设时可能犯两类错误。

（1）小概率事件在一次试验中几乎不可能发生，但却不是绝对不能发生的，因而在 H_0 成立时，所确定的小概率事件还是有可能出现的，这时我们却由于小概率事件的出现而拒绝了 H_0，这就犯了一种错误——“弃真”错误，这种“弃真”错误称为第一类错误，也叫 Ⅰ 型错误（type Ⅰ error）。在前面抽球一例中，也可能确实袋中只有一个黑球并恰好就被我们摸到了，但我们却因此而否定袋中只有一个黑球这种真实的情况，这时就犯了第一类错误，由于这种情况出现的可能性只有 1%，故犯这类错误的概率只有 1%。一般在小概率事件 A 发生时才拒绝 H_0，因而犯第一类错误的概率也就等于 H_0 正确时 A 出现的概率 α，所以第一类错误也称 α 错误，犯第一类错误的概率为 α。

（2）在 H_0 不正确（即 H_A 正确）时，小概率事件 A 在一次试验中也不见得就一定会出现，这时我们却因一次试验中小概率事件 A 不出现而错误地认为 H_0 可以接受，这同样是一种错误——“取伪”错误，这种“取伪”错误称为第二类错误，也叫 Ⅱ 型错误（type Ⅱ error）。通常把犯第二类错误的概率记为 β，所以第二类错误也称 β 错误。

我们是基于“小概率事件实际不可能性原理”来否定 H_0，但在一次试验中小概率事件并不是绝对不会发生的。如果我们抽得一个样本，它虽然来自与 H_0 对应的抽样总体，但计算所得的统计量却落入了否定域中，因而否定了 H_0，于是犯了 Ⅰ 型错误，但犯这类错误的概率不会超过 α。

Ⅱ 型错误发生的原因可以用图 3-1 来说明。图中左边曲线是 H_0：$\mu=\mu_0$ 为真时，$\bar{x}$ 的分布密度曲线；右边曲线是 H_A：$\mu\neq\mu_0$ 为真时，$\bar{x}$ 的分布密度曲线。两条曲线的分布往往会有相互叠加。有时我们从 $\mu\neq\mu_0$ 抽样总体中抽取一个 $\bar{x}$ 恰恰在 H_0 成立时的接受域内（如图中斜线阴影部分），这样，实际是从 $\mu-\mu_0\neq 0$ 总体抽的样本，经显著性检验却不能否定 H_0，因而犯了 Ⅱ 型错误，犯 Ⅱ 型错误的概率用 β 表示。Ⅱ 型错误概率 β 值的大小较难确切估计，它只有与特定的 H_A 结合起来才有意义。一般与显著水平 α、原总体的标准差 σ、样本含量 n 及相互比较的总体平均数 μ 等因素有关。在其他因素确定时，α 值越小，β 值越大；反之，α 值越大，β 值越小；样本含量 n 及 $\mu-\mu_0$ 越大、σ 越小，β 值越小。

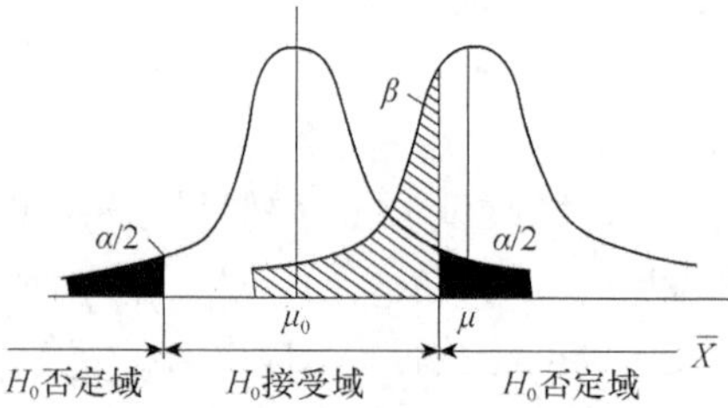

图 3-1　两类错误示意图

由于 β 值的大小与 α 值的大小有关，因此在选用检验的显著水平时应考虑到犯 Ⅰ、Ⅱ 型错误所产生后果严重性的大小，还应考虑到试验的难易及试验结果的重要程度。若一个试验耗费大，可靠性要求高，不允许反复，那么 α 值应取小些；当一个试验结论的使用事关重大，容易产生严重后果，如药物的毒性试验，α 值亦应取小些。对于一些试验条件不易控制，试验误差较大的试验，可将 α 值放宽到 0.1，甚至放宽到 0.25。

在减小 α 值时，为了减小犯 Ⅱ 型错误的概率，可适当增大样本含量。因为增大样本含量

可使 $\bar{x}$ 分布的方差 σ^2/n 变小，使图 3-1 左右两曲线变得比较“高”“瘦”，叠加部分减少，即 β 值变小。我们的愿望是 α 值不越过某个给定值，如在 α=0.05 或 α=0.01 的前提下，β 值越小越好。因为在具体问题中，μ 和 σ 相对不变，所以 β 值的大小主要取决于样本含量的大小。

综上所述，关于两类错误可总结如下。

（1）样本容量 n 固定时，提高显著水平，即 α 值变小，犯Ⅱ型错误的机会（β 值）增大。

（2）在 n 和 α 已定的情况下，真实总体的平均数 μ 与假设平均数 μ_0 之差越大，则犯Ⅱ型错误的概率 β 值越小。

（3）要同时降低两类错误概率，需采用较低 α 值，同时适当增加样本容量 n，或适当减小总体方差 σ^2，或两者兼有之。

（4）如果显著水平 α 已固定，则改进试验技术和增加样本容量可以有效地降低犯Ⅱ型错误的概率。

3.2　一个正态总体的假设检验

3.2.1　单个样本平均数的假设检验

单个样本平均数的假设检验实质是检验某一样本 $\bar{x}$ 所属总体平均数 μ 和某一指定的总体平均数 μ_0 的关系。

1）总体 σ^2 已知，检验 H_0：$\mu=\mu_0$，H_A：$\mu\neq\mu_0$（μ_0 是已知平均数）　例 3-1 就是这种情况，由例 3-1 的分析可知，当 H_0 成立时有统计量

$$u=\frac{\bar{x}-\mu_0}{\sigma/\sqrt{n}}\sim N(0,1)$$

对于给定的显著水平 α，由正态分布数值表可得临界值 u_α，使 $P\{|u|\geqslant u_\alpha\}=\alpha$，再由样本观测值计算出 u 值，当 $|u|\geqslant u_\alpha$ 时，就拒绝 H_0 而接受 H_A，即拒绝域为 $|u|\geqslant u_\alpha$，如图 3-2 所示；当 $|u|<u_\alpha$ 时，则接受 H_0。

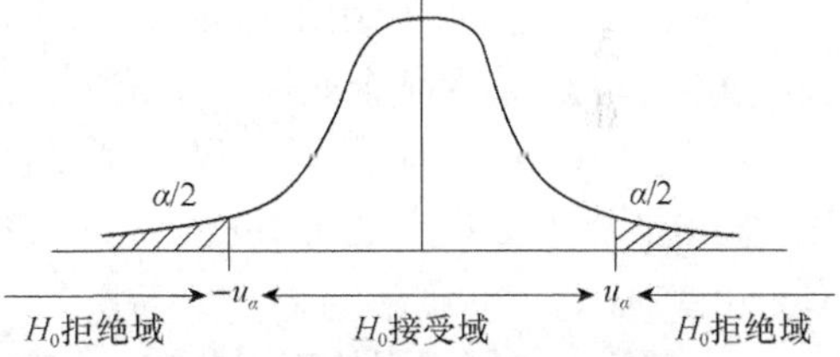

图 3-2　u 检验的接受域与拒绝域

由于这一检验使用的是一个服从正态分布的 u 统计量，因此称其为 u 检验（u-test）法。u 检验法，就是在假设检验中利用标准正态分布来进行统计量的概率计算的检验方法。由样本平均数抽样分布理论可知，样本资料服从正态分布 N（μ，σ^2），并且总体方差 σ^2 为已知；或总体方差 σ^2 虽未知，但样本平均数 $\bar{x}$ 来自于一个大样本（$n\geqslant30$）时，可以用 u 检验法来分析。

【例 3-3】 某种食品糖含量在正常情况下服从正态分布 N（4.55，0.108^2），现随机抽取 5 次样品，糖含量（%）分别为 4.38、4.45、4.47、4.52、4.50，假如标准差没有变化，在显著水平 α=0.05 下所生产食品的平均糖含量是否有显著变化。

由题意知，样本服从正态分布，并且总体方差已知 $\sigma^2=0.108^2$，符合 u 检验的应用条件，其检验步骤如下。

（1）提出假设。原假设 H_0：$\mu=\mu_0$=4.55；备择假设 H_A：$\mu\neq\mu_0$=4.55。

（2）根据已知构造合适统计量，计算统计量值。

当 H_0 成立时，统计量 $u=\dfrac{\overline{x}-\mu}{\sigma/\sqrt{n}}\sim N(0,1)$，由样本观测值求得 $\overline{x}=4.464$，所以

$$u_0=\frac{\overline{x}-\mu}{\sigma/\sqrt{n}}=\frac{\overline{x}-\mu_0}{\sigma/\sqrt{n}}=\frac{4.464-4.55}{0.108/\sqrt{5}}=-1.78$$

（3）由显著水平 α 查相应临界值。对显著水平 $\alpha=0.05$，查得临界值 $u_{0.05}=1.96$。

（4）统计推断。因 $|u_0|=1.78<1.96$，表明 $P>0.05$，接受 H_0，可以认为这种食品的平均糖含量没有发生显著变化。

2）σ^2 未知，检验 H_0：$\mu=\mu_0$，H_A：$\mu\neq\mu_0$（μ_0 是已知平均数）　在 σ^2 未知，且 $n<30$ 时，不能使用 u 检验法，但可以用样本方差 S^2 来估计 σ^2，考虑构造统计量 t，即

$$t=\frac{\overline{x}-\mu_0}{\sqrt{S^2/n}}$$

当 H_0 成立时，t 服从自由度为（$n-1$）的 t 分布，即 $t\sim t(n-1)$。于是，对显著性水平 α，由 t 分布临界值表附表 3 查得临界值 $t_{\alpha(df)}$，使 $P\{|t|\geqslant t_{\alpha(n-1)}\}=\alpha$。

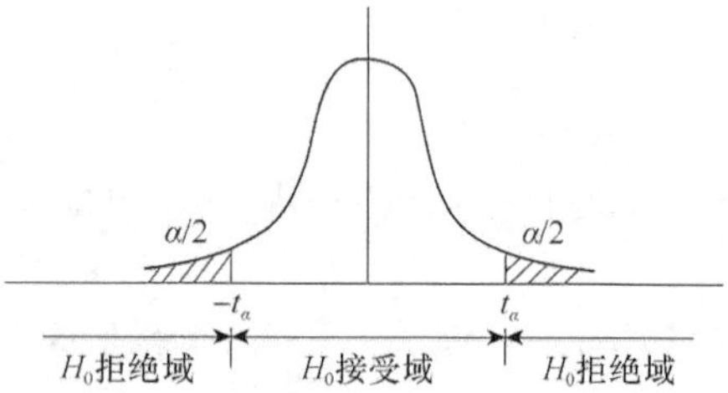

图 3-3　t 检验的接受域与拒绝域

在假设检验时，由样本观测值计算出相应 t 值，当计算的 $|t|\geqslant t_{\alpha(n-1)}$ 时，则表明其属于随机误差的概率小于规定的显著水平 α，因此可否定原假设，拒绝域为 $|t|\geqslant t_{\alpha(n-1)}$，如图 3-3 所示；反之，若 $|t|<t_{\alpha(n-1)}$，则接受原假设 H_0。

由于这一检验所构造的是统计量 t，按 t 分布进行的假设检验，因此称为 t 检验（t-test）。t 检验是利用 t 分布来进行统计量的概率计算的假设检验方法，它主要应用于总体方差 σ^2 未知的小样本（$n<30$）资料。

【例 3-4】 某食品企业生产山楂片，根据长期生产积累的资料可知，山楂片厚度服从正态分布，均值为 1.30mm。如果从某批次的产品中任抽 10 片测量其厚度，其样本均值为 1.46mm，样本标准差为 0.16mm，试分析该批次生产的山楂片平均厚度是否与往日一样（$\alpha=0.05$）。

由题意知，样本服从正态分布，但总体方差未知，且为小样本资料，符合 t 检验的应用条件，所以采用 t 检验法，其检验步骤如下。

（1）提出假设。原假设 H_0：$\mu=\mu_0=1.30$；备择假设 H_1：$\mu\neq\mu_0=1.30$。

（2）根据已知构造合适统计量，计算统计量值。当 H_0 成立时，统计量 $t=\dfrac{\overline{x}-\mu}{S/\sqrt{n}}\sim t(df)$，由已知样本 $\overline{x}=1.46$，$S=0.16$，计算相应的 t 统计量值。

$$t_0=\frac{\overline{x}-\mu}{S/\sqrt{n}}=\frac{\overline{x}-\mu_0}{S/\sqrt{n}}=\frac{1.46-1.30}{0.16/\sqrt{10}}=\frac{0.16}{0.05}=3.200$$

（3）由显著水平 α 查 t 临界值。对显著水平 $\alpha=0.05$，查附表 3 得临界值 $t_{0.05(9)}=2.262$。

（4）由样本统计量值与临界值比较，做出统计推断。因 $|t_0|=3.200>2.262$，表明 $P<0.05$，故有理由拒绝 H_0 而接受 H_A，可以认为该批次生产的山楂片的平均厚度显著高于往日的。

3.2.2　单个样本方差的假设检验

单个样本方差的假设检验实质是检验样本所在总体方差与已知总体方差的关系，即 H_0：$\sigma^2=\sigma_0^2$，H_A：$\sigma^2 \neq \sigma_0^2$（σ_0^2是已知数）。

由于样本方差 S^2 是σ^2的无偏估计量，因此由式（2-33）可以构造统计量

$$\chi^2=\frac{(n-1)S^2}{\sigma_0^2}$$

当 H_0 成立时，总体方差为σ_0^2，$\chi^2 \sim \chi^2(n-1)$。因为当 S^2 远大于σ_0^2或远小于σ_0^2时，H_0 都是值得怀疑的，所以对于显著水平α，由χ^2分布临界值表可查得临界值 $\chi^2_{\frac{\alpha}{2}(n-1)}$ 和 $\chi^2_{1-\frac{\alpha}{2}(n-1)}$，使得 $P\left\{\chi^2 \leqslant \chi^2_{\frac{\alpha}{2}(n-1)}\right\}=\frac{\alpha}{2}$，$P\left\{\chi^2 \geqslant \chi^2_{1-\frac{\alpha}{2}(n-1)}\right\}=1-\frac{\alpha}{2}$，再由样本观测值算得相应的$\chi^2$值，当 $\chi^2 \leqslant \chi^2_{\frac{\alpha}{2}(n-1)}$ 或 $\chi^2 \geqslant \chi^2_{1-\frac{\alpha}{2}(n-1)}$ 时就拒绝 H_0 而接受 H_A，即拒绝域为 $\chi^2 \leqslant \chi^2_{\frac{\alpha}{2}(n-1)}$ 和 $\chi^2 \geqslant \chi^2_{1-\frac{\alpha}{2}(n-1)}$。当 $\chi^2_{\frac{\alpha}{2}(n-1)}<\chi^2<\chi^2_{1-\frac{\alpha}{2}(n-1)}$ 时，则接受 H_0。

由于这一检验方法使用的是一个服从χ^2分布的χ^2统计量，故通常称为χ^2检验。

【例 3-5】 据长期生产的统计资料可知，某企业酿造的食醋中醋酸含量服从正态分布，标准差为 0.48。现从产品中随意抽查 20 次，测定其醋酸含量后求得样本标准差为 0.67，试判断醋酸波动性是否较以前有显著变化（$\alpha=0.05$）。

检验 H_0：$\sigma^2=0.48^2$，H_A：$\sigma^2 \neq 0.48^2$。

当 H_0 成立时，统计量

$$\chi^2=\frac{(20-1)S^2}{0.48^2} \sim \chi^2(19)$$

对显著水平 0.05，由附表 4 查得临界值 $\chi^2_{0.975(19)}=8.907$，$\chi^2_{0.025(19)}=32.852$，而$\chi^2$值为

$$\chi_0^2=\frac{19\times 0.67^2}{0.48^2}=37.019$$

因 χ_0^2=37.019>32.852，故拒绝 H_0 而接受 H_A，认为醋酸含量波动性有显著变化。

3.2.3　单边检验

在实际中，我们常常会遇到这样的问题，即需要检验总体均值是否超过某个值，总体方差是否小于某个值等。

【例 3-6】 某名优绿茶含水量标准要求不超过 5.5%。现有一批该绿茶，从中随机抽出 8 个样品测定，其含水量平均为 $\bar{x}$=5.6%、标准差 S=0.3%。问该批绿茶的含水量是否超标？

本例中总体方差σ^2未知，且为小样本资料，符合 t 检验条件；此外，我们关心的是该批茶的含水量是否超标（>5.5%），所以应采用单边检验。

（1）提出假设。H_0：$\mu \leqslant \mu_0=5.5\%$，即该批茶叶含水量不超标，符合标准；$H_A$：$\mu>\mu_0$，即该批茶叶含水量超标。

（2）根据已知条件，构造统计量，由样本值计算统计量值

$$S_{\bar{x}} = \frac{S}{\sqrt{n}} = \frac{0.003}{\sqrt{8}} = 0.001$$

$$t = \frac{\bar{x} - \mu_0}{S_{\bar{x}}} = \frac{0.056 - 0.055}{0.001} = 1.000$$

$$df = n - 1 = 7$$

（3）由显著水平 α 查临界值。在 $\alpha = 0.05$ 时查单边检验（一尾检验）临界值。自由度 $df=n-1=7$，查得临界 t 值 $t_{0.05(7)(一尾)}=t_{0.1(7)(两尾)}=1.895$。

（4）统计推断。由于实际$|t|=1.000<t_{0.05(7)(一尾)}=1.895$，表明 $P>0.05$，应接受 H_0，可以认为该批茶叶的含水量是符合标准的。

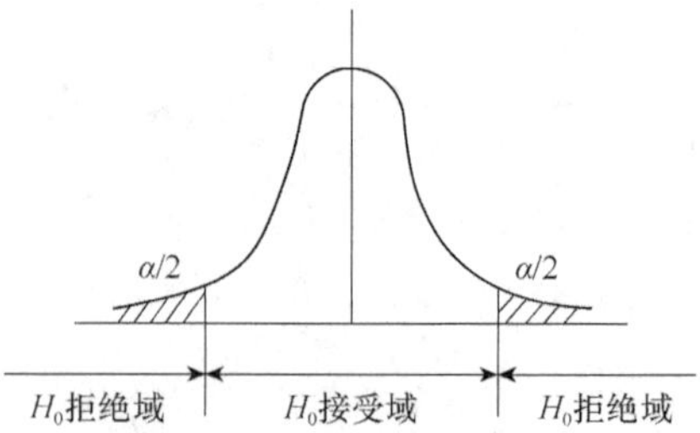

图 3-4　双边检验

由以上分析可以看出，对应于无效假设 H_0：$\mu=\mu_0$ 的备择假设为 H_A：$\mu \neq \mu_0$。它实际上包含了 $\mu<\mu_0$ 和 $\mu>\mu_0$ 这两种情况，因而这种检验有两个拒绝域，分别位于 $\bar{x}$ 分布曲线的两侧，故称为双边检验（图 3-4），或叫双尾检验（two-tailed test）。双边检验的目的在于判断 μ 与 μ_0 有无差异，而不考虑 μ 与 μ_0 谁大谁小，把 $\mu<\mu_0$ 和 $\mu>\mu_0$ 合为一种结果。这种检验中运用的显著水平 α 也被平分在两尾，各占有 $\frac{\alpha}{2}$，称为两尾概率。

双边检验在试验实践中被广泛应用，但是在有些情况下双边检验不一定符合实际需要。例如，国家食醋标准规定酿造醋的醋酸含量应在 3.5%以上（μ_0），如果进行抽样检验，则抽出的样本平均数 $\bar{x} \geqslant \mu_0$ 时，无论大多少，该批食醋都是合格产品。但若 $\bar{x}<\mu_0$ 时，却有可能是一批不合格产品。因此，对这样的问题，我们关心的是 $\bar{x}$ 所在总体平均数 μ 是否小于已知总体平均数 μ_0（即产品是否不合格）。此时无效假设应为 H_0：$\mu \geqslant \mu_0$（产品合格），备择假设则为 H_A：$\mu<\mu_0$（产品不合格）。这样，就只有一个拒绝域，并且位于 $\bar{x}$ 分布曲线的左尾，显著水平 α 也集中在左尾。又如，国家规定粮谷类原料酿造的白酒中甲醇含量不得超过 0.6g/L（μ_0）。在抽样检验中，当样本平均数 $\bar{x} \leqslant \mu_0$ 时，无论小多少，均应判定该批白酒为合格品。而当 $\bar{x}>\mu_0$ 时，则可能为不合格产品。在这样的问题中，我们希望了解的是 μ 是否大于 μ_0。因此，无效假设仍应为 H_0：$\mu \leqslant \mu_0$，备择假设则为 H_A：$\mu>\mu_0$。此时，只有一个拒绝域，但位于 $\bar{x}$ 分布曲线的右尾。这类拒绝域位于 $\bar{x}$ 分布曲线某一尾的统计假设检验称为单边检验（图 3-5），也称为一尾检验（one-tailed test）。

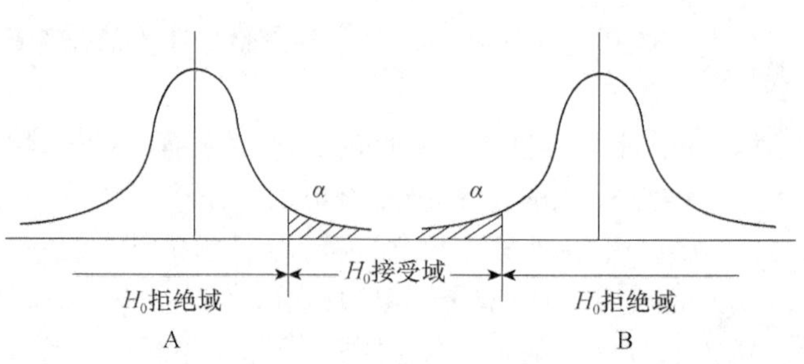

图 3-5　单边检验

A. 右侧检验，H_0：$\mu \leqslant \mu_0$，H_A：$\mu>\mu_0$；B. 左侧检验，H_0：$\mu \geqslant \mu_0$，H_A：$\mu<\mu_0$

实际研究分析中选用双边检验还是单边检验应根据专业的要求来确定。通常情况下，不考虑 μ 与 μ_0 谁大谁小，仅是为了检验 μ 与 μ_0 是否有差异，应用双边检验；如果凭借一定的专业知识和经验，推测 μ 不会小于 μ_0 时，为了检验 μ 是否大于 μ_0，应用单边检验；反之，为了检验 μ 是否小于 μ_0，仍采用单边检验。

3.3　两个正态总体的假设检验

在实际工作中常常会遇到比较两个总体参数的问题，如比较两地区的收入水平、比较两种加工工艺的优劣、比较两个处理的效果差异等。

3.3.1　样本平均数之差的假设检验

1. 成组资料平均数的假设检验

成组资料平均数的假设检验，即非配对设计两样本平均数的差异显著性检验。所谓成组设计（非配对设计），是指当一个试验只有两个处理时，可将试验单元完全随机地分成两组，各组的单元数亦即重复数可以相等，也可以不等，然后对两组试验单元各自独立地随机施加一个处理。这种试验设计为处理数 k=2 的完全随机化设计，所得到的试验资料为成组资料。成组设计数据资料的一般形式见表 3-1。成组资料的特点是两组数据相互独立，各组数据的个数可以相等，也可以不等。

表 3-1　成组设计（非配对设计）资料的一般形式

处理	观测值（x_{ij}）				样本容量（n_i）	样本平均数	总体平均数	总体方差
1	x_{11}	x_{12}	…	x_{1n_1}	n_1	$\overline{x}_1=\sum x_{1j}/n_1$	μ_1	σ_1^2
2	x_{21}	x_{22}	…	x_{2n_2}	n_2	$\overline{x}_2=\sum x_{2j}/n_2$	μ_2	σ_2^2

（1）当 σ_1^2 和 σ_2^2 已知，检验 H_0：$\mu_1=\mu_2$，H_A：$\mu_1\neq\mu_2$。

由两样本平均数差数抽样分布理论可知

$$u=\frac{(\overline{x}_1-\overline{x}_2)-(\mu_1-\mu_2)}{\sqrt{\dfrac{\sigma_1^2}{n_1}+\dfrac{\sigma_2^2}{n_2}}}\sim N(0,1)$$

因此，当 H_0 成立时，统计量

$$u=\frac{\overline{x}_1-\overline{x}_2}{\sqrt{\dfrac{\sigma_1^2}{n_1}+\dfrac{\sigma_2^2}{n_2}}}\sim N(0,1) \tag{3-1}$$

对于给定的显著水平 α，由附表 2 查临界值 u_α，拒绝域为 $|u|\geqslant u_\alpha$。

（2）当 σ_1^2 和 σ_2^2 未知，但已知 $\sigma_1^2=\sigma_2^2$，要检验 H_0：$\mu_1=\mu_2$，H_A：$\mu_1\neq\mu_2$。

由于 σ_1^2 和 σ_2^2 未知，故不能用 u 检验，但在已知 $\sigma_1^2=\sigma_2^2$ 的条件下，由抽样分布理论知

$$t=\frac{(\overline{x}_1-\overline{x}_2)-(\mu_1-\mu_2)}{\sqrt{S_p^2\left(\dfrac{1}{n_1}+\dfrac{1}{n_2}\right)}}\sim t(n_1+n_2-2)$$

因此，当 H_0 成立时，统计量

$$t_0=\frac{\bar{x}_1-\bar{x}_2}{\sqrt{S_p^2\left(\frac{1}{n_1}+\frac{1}{n_2}\right)}}\sim t(n_1+n_2-2) \tag{3-2}$$

式中，S_p^2 为加权样本方差，即

$$S_p^2=\frac{(n_1-1)S_1^2+(n_2-1)S_2^2}{n_1+n_2-2} \tag{3-3}$$

对于显著水平 α，由 t 分布临界值表（附表 3）查临界值 $t_{\alpha(n_1+n_1-2)}$，拒绝域为 $|t|\geqslant t_{\alpha(n_1+n_2-2)}$。

【例 3-7】 现有两种茶多糖提取工艺，分别采用两种工艺进行数次茶多糖提取，测定其粗提物中的茶多糖含量，结果见表 3-2。试分析两种工艺粗提物中茶多糖含量有无显著差异。

表 3-2　两种工艺粗提物中茶多糖含量测定结果

醇沉淀法 x_1	27.52	27.78	28.03	28.88	28.75	27.94
超滤法 x_2	29.32	28.15	28.00	28.58	29.00	

（1）建立假设，提出无效假设与备择假设。

H_0：$\mu_1=\mu_2$，两种工艺粗提物中茶多糖含量无显著差异；H_A：$\mu_1\neq\mu_2$。

（2）构造统计量。在 H_0 成立时，统计量

$$t_0=\frac{\bar{x}_1-\bar{x}_2}{\sqrt{S_p^2\left(\frac{1}{n_1}+\frac{1}{n_2}\right)}}\sim t(df)$$

（3）由样本观察值计算统计量值。

$$\bar{x}_1=28.15，\ \bar{x}_2=28.61，\ S_1^2=0.297，\ S_2^2=0.310$$

因两个样本的容量不等，所以加权样本方差 $S_p^2=\frac{5\times0.297+4\times0.310}{6+5-2}=0.303$，那么，

$$t_0=\frac{\bar{x}_1-\bar{x}_2}{\sqrt{S_p^2\left(\frac{1}{6}+\frac{1}{5}\right)}}=\frac{28.15-28.61}{\sqrt{0.303\left(\frac{1}{6}+\frac{1}{5}\right)}}=\frac{-0.46}{0.333}=-1.380$$

$$df=(n_1-1)+(n_2-1)=(6-1)+(5-1)=9$$

（4）统计推断。对显著水平 α=0.05，查得 $t_{0.05(9)}$=2.262，因 $|t_0|$=1.380<2.262，表明 $P>0.05$，接受 H_0，可认为两种工艺的粗提物中茶多糖含量无显著差异。

【例 3-8】 调查甲乙两个葡萄品种的含糖量，甲品种测定 150 个果穗得平均含糖量（%）$\bar{x}_1$=15，标准差（%）S_1=5.5；乙品种测定 100 个果穗得平均含糖量（%）$\bar{x}_2$=13，标准差（%）S_2=5.2。试分析这两个品种的含糖量有无显著差异。

两个样本均为大样本，虽然两个样本所属总体的方差未知，可用样本的均方 S_1^2 和 S_2^2 分别估计其总体的方差 σ_1^2 和 σ_2^2，直接进行 u 检验。由于并不知道甲、乙两品种含糖量哪个高哪个低，故采用双边检验。

（1）提出假设。H_0：$\mu_1=\mu_2$，即甲、乙两个葡萄品种含糖量相同；H_A：$\mu_1\neq\mu_2$，即甲、

乙两个葡萄品种含糖量不同。

（2）构造统计量，计算统计量值。

$$S_{\bar{x}_1-\bar{x}_2}=\sqrt{\frac{S_1^2}{n_1}+\frac{S_2^2}{n_2}}=\sqrt{\frac{5.5^2}{150}+\frac{5.2^2}{100}}=0.687$$

$$u=\frac{\bar{x}_1-\bar{x}_2}{S_{\bar{x}_1-\bar{x}_2}}=\frac{15-13}{0.687}=2.911$$

（3）统计推断。由于$|u|=2.911>u_{0.01}=2.58$，表明 $P<0.01$，故否定 H_0，接受 H_A，可认为甲、乙两个葡萄品种的含糖量差异极显著，甲品种的含糖量明显高于乙品种。

2. 成对资料平均数的假设检验

成对资料平均数的假设检验，即配对设计两样本平均数的差异显著性检验。前边的非配对设计，设计时要求试验单元尽可能一致。如果试验单元变异较大，如试验动物的年龄、体重相差较大，采用上述方法就有可能使处理效应受到系统误差的影响而降低试验的准确性与精确性。为了消除试验单元不一致对试验结果的影响，正确地估计处理效应，减少系统误差，降低试验误差，提高试验的准确性与精确性，可以利用局部控制原则，采用配对设计。配对设计是指先根据配对的要求将试验单元两两配对，然后将配对的两个试验单元随机地分配到两个处理组中。配对的要求是，配对的两个试验单元的初始条件尽量一致，不同对之间的试验单元初始条件允许有差异，每一对就是试验处理的一个重复。配对试验加强了配对处理间的试验控制（非处理条件高度一致），使处理间可比性增强，试验误差降低，因而试验精度较高。

成对资料与成组资料相比，成对资料中的两个处理间的数据不是相互独立的，而是存在某种联系。成对设计试验资料的一般形式见表 3-3。

表 3-3　成对设计试验资料的一般形式

处理	观测值 x_{ij}				样本平均数	总体平均数	总体方差
1	x_{11}	x_{12}	…	x_{1n}	$\bar{x}_1=\sum x_{1j}/n$	μ_1	σ_1^2
2	x_{21}	x_{22}	…	x_{2n}	$\bar{x}_2=\sum x_{2j}/n$	μ_2	σ_2^2
$d_j=x_{1j}-x_{2j}$	d_1	d_2	…	d_n	$\bar{d}=\bar{x}_1-\bar{x}_2$	$\mu_d=\mu_1-\mu_2$	

由表 3-3 可以看出，成对设计中两个处理的观测值一一对应，即(x_{11},x_{21})，(x_{12},x_{22})，…，(x_{1n},x_{2n})。那么，每对观测值之间的差数为 $d_j=x_{1j}-x_{2j}$（$j=1, 2, 3, \cdots, n$），差数 d_1，d_2，…，d_n组成容量为 n 的差数样本，差数样本的平均数为

$$\bar{d}=\frac{\sum d_j}{n}$$

差数均数标准误为

$$S_{\bar{d}}=\frac{S_d}{\sqrt{n}}=\sqrt{\frac{\sum(d_j-\bar{d})^2}{n(n-1)}}=\sqrt{\frac{\sum d_j^2-\left(\sum d_j\right)^2/n}{n(n-1)}} \tag{3-4}$$

统计量 $t=\dfrac{\bar{d}-\mu_d}{S_{\bar{d}}}\sim t(df)$，$df=n-1$。

在无效假设 H_0：$\mu_1=\mu_2$ 成立的条件下，即 H_0：$\mu_d=0$ 时，有

$$t=\frac{\bar{d}}{S_{\bar{d}}} \tag{3-5}$$

根据式（3-4）和式（3-5）即可对成对资料平均数的差异性进行检验。

【例 3-9】 为研究电渗处理对草莓果实中钙离子含量的影响，选用 10 个不同草莓品种进行电渗处理与对照处理对比试验，结果见表 3-4。试分析电渗处理对草莓钙离子含量是否有显著影响。

表 3-4 电渗处理对草莓钙离子含量的影响

品种编号	1	2	3	4	5	6	7	8	9	10
电渗处理 x_1/ mg	22.23	23.42	23.25	21.38	24.45	22.42	24.37	21.75	19.82	22.56
对照 x_2/ mg	18.04	20.32	19.64	16.38	21.37	20.43	18.45	20.04	17.38	18.42
差数 $d_j=x_1-x_2$	4.19	3.10	3.61	5.00	3.08	1.99	5.92	1.71	2.44	4.14

本例每个品种实施一对处理，所以试验资料为成对资料。

（1）建立假设。H_0：$\mu_d=0$，即电渗处理后草莓钙离子含量与对照的钙离子含量无显著差异，也就是说电渗处理对草莓钙离子含量无影响；H_A：$\mu_d\neq 0$。

（2）计算统计量值。

$$\bar{d}=\frac{\sum d_i}{n}=\frac{35.18}{10}=3.518$$

$$S_{\bar{d}}=\frac{S_d}{\sqrt{n}}=\sqrt{\frac{\sum(d-\bar{d})^2}{n(n-1)}}=\sqrt{\frac{\sum d^2-\left(\sum d\right)^2/n}{n(n-1)}}$$

$$=\sqrt{\frac{139.7084-35.18^2/10}{10(10-1)}}$$

$$=0.4209$$

$$t=\frac{\bar{d}}{S_{\bar{d}}}=\frac{3.518}{0.4209}=8.358$$

$$df=n-1=10-1=9$$

（3）查临界 t 值，做统计推断。由于 $df=9$，查临界 t 值得 $t_{0.01(9)}=3.250$。因为$|t|=8.358>t_{0.01(9)}=3.250$，表明 $P<0.01$，否定 H_0，接受 H_A，表明电渗处理后草莓钙离子含量与对照的钙离子含量差异极显著，即电渗处理极显著提高了草莓钙离子含量。

一般来说，相对于成组设计，配对设计能够提高试验的精确性。配对内的误差是相同的且是随机的；配对间的误差不同，但它们是独立的，可分离出来，为系统误差。

在进行两样本平均数差异显著性检验时，亦有双边与单边检验之分。关于单边检验，只要注意问题的性质、备择假设 H_A 的建立和临界值的查取就行，具体计算与双边检验相同。

3.3.2 样本方差之比的假设检验

样本方差之比的假设检验实质是检验两个样本所在总体方差之比 σ_1^2/σ_2^2 是否等于 1 的问题，这相当于检验 σ_1^2 是否等于 σ_2^2。

μ_1和μ_2未知，检验H_0：$\sigma_1^2=\sigma_2^2$，H_A：$\sigma_1^2\neq\sigma_2^2$。考虑到S_1^2和S_2^2分别是总体方差σ_1^2和σ_2^2的无偏估计量，所以只要比较S_1^2和S_2^2即可。由F分布可知，当H_0成立时，统计量F的取值应集中在 1 附近，而F值远大于 1 或远小于 1 的可能性都是很小的，所以拒绝域应设在两边。在构造统计量F时，把取值较大的样本方差（记为$S_{大}^2$）作为分子，把取值较小的样本方差（记为$S_{小}^2$）作为分母，相应于分子的样本容量记为$n_{大}$，相应于分母的样本容量记为$n_{小}$，则统计量

$$F=\frac{S_{大}^2}{S_{小}^2}\sim F(n_{大}-1,\ n_{小}-1)\tag{3-6}$$

对于显著水平α，由F分布临界值表（附表 5）查得临界值F_α，满足$P\{F>F_{\alpha/2}\}=\alpha/2$，由样本算得$F$值，若$F>F_{\alpha/2}$，则拒绝$H_0$而接受$H_A$。

【例 3-10】 甲、乙两人分析同一试样，测定结果见表 3-5。假如分析结果服从正态分布，试分析在显著水平 0.05 下，甲、乙两人分析结果的方差是否有显著差异。

表 3-5　甲、乙两人的测定结果

甲 x_1	95.6	94.9	96.2	95.1	95.8	96.3	96.0
乙 x_2	93.3	95.1	94.1	95.1	95.6	94.0	

（1）提出假设。H_0：$\sigma_{甲}^2=\sigma_{乙}^2$，$H_A$：$\sigma_{甲}^2\neq\sigma_{乙}^2$。

（2）构造统计量，计算统计量值。

由样本值可算得$S_{甲}^2=0.287$，$S_{乙}^2=0.755$，而$n_{甲}=7$，$n_{乙}=6$。构造统计量$F=\frac{S_{大}^2}{S_{小}^2}=\frac{S_{乙}^2}{S_{甲}^2}=\frac{0.755}{0.287}=2.631$。

（3）查临界值，做统计推断。对显著水平$\alpha=0.05$，查F分布表得临界值$F_{0.05(5,6)(两尾)}=F_{0.025(5,6)}=5.99$，由于$F=2.631<5.99$，表明$P>0.05$，接受$H_0$，可以认为甲乙两人分析结果的方差无显著差异。

【例 3-11】 用两种不同的方法对某食品指标分析，第一种方法分析 8 次，第二种方法分析 9 次，方差分别为$S_1^2=0.0564$和$S_2^2=0.0278$。假使两种方法分析结果服从正态分布，问是否可以认为第二种方法比第一种方法精确度高（α=0.05）。

分析精确度越高，分析指标差异越小，从而方差亦小，所以要检验的假设是

$$H_0:\ \sigma_1^2\leqslant\sigma_2^2,\ H_A:\ \sigma_1^2>\sigma_2^2$$

构造统计量$F=\frac{S_1^2/\sigma_1^2}{S_2^2/\sigma_2^2}$。

在H_0成立时，$F_0=\frac{S_1^2/\sigma_1^2}{S_2^2/\sigma_2^2}=\frac{S_1^2}{S_2^2}\sim F(7,8)$。于是对于$\alpha$=0.05，由$F$分布临界值表查得临界值$F_{\alpha(7,8)}=F_{0.05(7,8)}=3.50$，而统计量$F_0$=0.0546/0.0278=1.96。

由于$F_0=1.96<3.50$，表明$P>0.05$，接受H_0，不能认为第二种方法分析精度高于第一种方法。

正态总体参数检验一览表见表 3-6。

表 3-6　正态总体参数检验一览表

	条件	H_0	H_1	检验统计量	拒绝 H_0
一个正态总体有关参数假设检验	σ^2 已知	$\mu \leqslant \mu_0$	$\mu > \mu_0$	$u=\dfrac{\bar{x}-\mu_0}{\sqrt{\dfrac{\sigma^2}{n}}}$	$u_0 > u_{2\alpha}$
		$\mu = \mu_0$	$\mu \neq \mu_0$		$\lvert u_0 \rvert > u_{\alpha}$
		$\mu \geqslant \mu_0$	$\mu < \mu_0$		$u_0 < -u_{2\alpha}$
	σ^2 未知	$\mu \leqslant \mu_0$	$\mu > \mu_0$	$t=\dfrac{\bar{x}-\mu_0}{\sqrt{\dfrac{S^2}{n}}}$	$t_0 > t_{2\alpha(n-1)}$
		$\mu = \mu_0$	$\mu \neq \mu_0$		$\lvert t_0 \rvert > t_{\alpha(n-1)}$
		$\mu \geqslant \mu_0$	$\mu < \mu_0$		$t_0 < -t_{2\alpha(n-1)}$
	μ 已知	$\sigma^2 \leqslant \sigma_0^2$	$\sigma^2 > \sigma_0^2$	$\chi^2=\dfrac{(n-1)s^2}{\sigma_0^2}$	$\chi_0^2 > \chi^2_{\alpha(n-1)}$
		$\sigma^2 = \sigma_0^2$	$\sigma^2 \neq \sigma_0^2$		$\chi_0^2 > \chi^2_{\frac{\alpha}{2}(n-1)}$ 或 $\chi_0^2 < \chi^2_{1-\frac{\alpha}{2}(n-1)}$
		$\sigma^2 \geqslant \sigma_0^2$	$\sigma^2 < \sigma_0^2$		$\chi_0^2 < \chi^2_{1-\alpha(n-1)}$
两个正态总体有关参数假设检验	σ_1^2、σ_2^2 已知	$\mu_1 \leqslant \mu_2$	$\mu_1 > \mu_2$	$u=\dfrac{\bar{x}-\bar{y}}{\sqrt{\dfrac{\sigma_1^2}{n_1}+\dfrac{\sigma_2^2}{n_2}}}$	$u_0 > u_{2\alpha}$
		$\mu_1 = \mu_2$	$\mu_1 \neq \mu_2$		$\lvert u_0 \rvert > u_{\alpha}$
		$\mu_1 \geqslant \mu_2$	$\mu_1 < \mu_2$		$u_0 < -u_{2\alpha}$
	σ_1^2、σ_2^2 未知但相等	$\mu_1 \leqslant \mu_2$	$\mu_1 > \mu_2$	$t=\dfrac{\bar{x}-\bar{y}}{S_p\sqrt{\dfrac{1}{n_1}+\dfrac{1}{n_2}}}$	$t_0 > t_{2\alpha(n_1+n_2-2)}$
		$\mu_1 = \mu_2$	$\mu_1 \neq \mu_2$		$\lvert t_0 \rvert > t_{\alpha(n_1+n_1-2)}$
		$\mu_1 \geqslant \mu_2$	$\mu_1 < \mu_2$	$S_p=\sqrt{\dfrac{(n_1-1)S_1^2+(n_2-1)S_2^2}{n_1+n_2-2}}$	$t_0 < -t_{2\alpha(n_1+n_2-2)}$
	σ_1^2、σ_2^2 未知且不相等	$\mu_1 \leqslant \mu_2$	$\mu_1 > \mu_2$	$t^*=\dfrac{\bar{x}-\bar{y}}{\sqrt{\dfrac{S_1^2}{n_1}+\dfrac{S_2^2}{n_2}}}$	$t_0^* > t_{2\alpha(n_1+n_2-2)}$
		$\mu_1 = \mu_2$	$\mu_1 \neq \mu_2$		$\lvert t_0^* \rvert > t_{\alpha(n_1+n_2-2)}$
		$\mu_1 \geqslant \mu_2$	$\mu_1 < \mu_2$		$t_0^* < -t_{2\alpha(n_1+n_2-2)}$
	μ_1、μ_2 未知	$\sigma_1^2 \leqslant \sigma_2^2$	$\sigma_1^2 > \sigma_2^2$	$F=\dfrac{s_1^2}{s_2^2}$	$F_0 > F_{\alpha(n_1-1,n_2-1)}$
		$\sigma_1^2 = \sigma_2^2$	$\sigma_1^2 \neq \sigma_2^2$		$F_0 > \dfrac{1}{F_{\frac{\alpha}{2}(n_1-1,n_2-1)}}$ 或 $F_0 < \dfrac{1}{F_{1-\frac{\alpha}{2}(n_1-1,n_2-1)}}$
		$\sigma_1^2 \geqslant \sigma_2^2$	$\sigma_1^2 < \sigma_2^2$		$F_0 < \dfrac{1}{F_{\alpha(n_1-1,n_2-1)}}$

* 为近似 t 检验

3.4　二项百分率的假设检验

在科研或生产实践中，有些试验结果是用百分率（数）来表示的。例如，抽查一批产品的合格率，检查贮藏一段时间后食品的变质率，统计一批产品的一级品率等。这些百分率实际上是由二项次数 x 转换成的，其总体服从二项分布，故称为二项百分率数据。对于二项百分率数据的假设检验，从理论上讲，应按二项分布进行，即先由二项式（$p+q$）^{n} 展开式中与样本百分率 $\hat{p}$ 对应项求出百分率的概率，再将此概率与显著水平 α 相比较，从而做出统计推断。检验方法比较精确，但计算较麻烦，所以常用正态近似法来代替。由二项分布理论可知，如果样本容量较大，p 不很小，np 和 nq 均大于 5 时，二项分布接近于正态分布，此时的样本百分率

$\hat{p} \sim N(\mu_p, \sigma_p^2)$。因此，可将二项百分率资料做正态分布处理，从而做近似 u 检验（表 3-7）。

表 3-7　适用于正态近似法的二项样本的条件

$\hat{p}$（样本百分率）	$n\hat{p}$（样本次数 x）	n（样本容量）
＜0.5	≥15	≥30
＜0.4	≥20	≥50
＜0.3	≥24	≥80
＜0.2	≥40	≥200
＜0.1	≥60	≥600
＜0.05	≥70	≥1400

3.4.1　单个样本百分率的假设检验

单个样本百分率的假设检验实质是检验一个样本百分率 $\hat{p}$ 与某一已知的总体理论百分率 p_0 的差异显著性。

由二项分布理论可知，二项百分率的总体均值 $\mu_p = p$，方差 $\sigma_p^2 = \dfrac{pq}{n} = \dfrac{p(1-p)}{n}$，标准差 $\sigma_p = \sqrt{\dfrac{pq}{n}} = \sqrt{\dfrac{p(1-p)}{n}}$。在 $n \geqslant 30$，$np > 5$、$nq > 5$ 时，有

$$\hat{p} \sim N(\mu_p, \sigma_p^2) = N\left(p, \frac{p(1-p)}{n}\right)$$

根据标准化公式可得

$$u = \frac{\hat{p} - \mu_p}{\sigma_p} = \frac{\hat{p} - p}{\sqrt{\dfrac{p(1-p)}{n}}} \sim N(0,1)$$

在 H_0：$p = p_0$，有

$$u = \frac{\hat{p} - p_0}{\sqrt{\dfrac{p_0(1-p_0)}{n}}} \tag{3-7}$$

其中，百分率的标准误

$$\sigma_p = \sqrt{\frac{p_0(1-p_0)}{n}} \tag{3-8}$$

利用式（3-7）和式（3-8）可对单个样本百分率进行检验。

【例 3-12】 某微生物制品的企业标准为有害微生物不超过 1%（p_0），现从一批产品中随机抽出 500 件（n），发现有害微生物超标的产品有 7 件（x）。分析该批产品是否合格。

本例关心的是该批产品中有害微生物是否超标，属于单边检验。

（1）提出假设。H_0：$p \leqslant p_0 = 1\%$，即该批产品的有害微生物百分率未超企业标准，产品为合格；H_A：$p > p_0$。

（2）根据已知条件，构造统计量，计算统计量值。

$$\hat{p} = \frac{x}{n} = \frac{7}{500} = 0.014$$

$$\sigma_p = \sqrt{\frac{p_0(1-p_0)}{n}} = \sqrt{\frac{0.01\times(1-0.01)}{500}} = 0.00445$$

$$u_0 = \frac{\hat{p}-p_0}{\sigma_p} = \frac{0.014-0.01}{0.00445} = 0.899$$

（3）由显著水平 α，查一尾临界值。由一尾概率 α=0.05 查附表 2 得临界值$u_{0.05(一尾)}$=$u_{0.1(两尾)}$=1.64。

（4）统计推断。由于$|u_0|$=0.899<$u_{0.05(一尾)}$=1.64，表明 p>0.05，接受 H_0，认为该批产品有害微生物百分率未超过企业标准，为合格产品。

当二项分布资料用次数 x 表示时，如果满足表 3-7，则次数 $x \sim N(\mu_x, \sigma_x^2)$，其中总体平均数$\mu_x = np$，标准差 $\sigma_x = \sqrt{npq} = \sqrt{np(1-p)}$，所以

$$u = \frac{x-\mu_x}{\sigma_x} = \frac{x-np}{\sqrt{np(1-p)}} \sim N(0,1)$$

在 H_0：$p = p_0$ 下，有

$$u = \frac{x-np_0}{\sqrt{np_0(1-p_0)}} \tag{3-9}$$

其中，次数标准误为

$$\sigma_x = \sqrt{np_0(1-p_0)} \tag{3-10}$$

所以可以直接由式（3-9）和式（3-10）对二项次数 x 做假设检验。

对本例分析，$x = 7$，np_0=500×0.01=5，则

$$\sigma_x = \sqrt{np_0(1-p_0)} = \sqrt{500\times0.01\times(1-0.01)} = 2.2249$$

$$u_0 = \frac{x-np_0}{\sigma_x} = \frac{7-5}{2.2249} = 0.899$$

分析结果与二项百分率一致。

3.4.2 两个样本百分率的假设检验

由两个样本百分率 $\hat{p}_1 = \frac{x_1}{n_1}$ 和 $\hat{p}_2 = \frac{x_2}{n_2}$ 的差异去推断它们所在总体百分率 p_1 和 p_2 是否存在差异，即检验无效假设 H_0：$p_1 = p_2$，亦采用 u 检验法。

由统计理论可知，在两个样本容量 n_1 和 n_2 均较大（≥30），n_1p_1、n_1q_1 和 n_2p_2、n_2q_2 都大于 5 时，两样本百分率的差数 $\hat{p}_1-\hat{p}_2$ 近似服从正态分布 $N(\mu_{\hat{p}_1-\hat{p}_2}, \sigma^2_{\hat{p}_1-\hat{p}_2}) = N\left(p_1-p_2, \frac{p_1q_1}{n_1}+\frac{p_2q_2}{n_2}\right)$。因而有

$$u = \frac{(\hat{p}_1-\hat{p}_2)-(p_1-p_2)}{\sigma_{p_1-p_2}} \sim N(0,1)$$

在 H_0：$p_1 = p_2$ 下，有

$$u = \frac{(\hat{p}_1-\hat{p}_2)}{\sigma_{p_1-p_2}} \tag{3-11}$$

$\sigma_{p_1-p_2}$ 称为样本百分率差数的标准误，可由式（3-12）计算

$$\sigma_{p_1-p_2}=\sqrt{\frac{p_1q_1}{n_1}+\frac{p_2q_2}{n_2}}=\sqrt{\frac{p_1(1-p_1)}{n_1}+\frac{p_2(1-p_2)}{n_2}} \tag{3-12}$$

在 H_0：$p_1=p_2=p$ 下，有

$$\sigma_{p_1-p_2}=\sqrt{p(1-p)\left(\frac{1}{n_1}+\frac{1}{n_2}\right)}$$

当总体百分率 p 未知时，由两个样本百分率的加权平均数 $\overline{p}$ 来估计总体百分率 p。

$$\overline{p}=\frac{x_1+x_2}{n_1+n_2}\text{，}\quad \overline{q}=1-\overline{p}$$

于是由样本可求得两样本百分率差数的标准误为

$$S_{\hat{p}_1-\hat{p}_2}=\sqrt{\overline{p}(1-\overline{p})\left(\frac{1}{n_1}+\frac{1}{n_2}\right)} \tag{3-13}$$

【例 3-13】 在小包装贮藏葡萄试验中，装入塑料袋不加保鲜片的葡萄 385 粒（n_1），一个月后发现有 25 粒（x_1）葡萄腐烂；装入塑料袋并加保鲜片的葡萄 598 粒（n_2），一个月后发现腐烂葡萄 20 粒（x_2）。试分析两种贮藏方式的葡萄腐烂率是否有显著差异。

（1）提出假设。H_0：$p_1=p_2$，即两种贮藏方式的葡萄腐烂率没有显著差异；H_A：$p_1\neq p_2$。

（2）根据样本已知，计算统计量值。

$$\hat{p}_1=\frac{x_1}{n_1}=\frac{25}{385}=0.0649\text{，}\quad \hat{p}_2=\frac{x_2}{n_2}=\frac{20}{598}=0.0334$$

$$\overline{p}=\frac{x_1+x_2}{n_1+n_2}=\frac{25+20}{385+598}=0.0458$$

$$S_{\hat{p}_1-\hat{p}_2}=\sqrt{\overline{p}(1-\overline{p})\left(\frac{1}{n_1}+\frac{1}{n_2}\right)}=\sqrt{0.0458\times(1-0.0458)\left(\frac{1}{385}+\frac{1}{598}\right)}=0.0137$$

$$u_0=\frac{\hat{p}_1-\hat{p}_2}{S_{\hat{p}_1\ \hat{p}_2}}=\frac{0.0649-0.0334}{0.0137}=2.299$$

（3）由显著水平 α 查临界值。当 α=0.05 和 α=0.01 查附表 2 得临界 u 值 $u_{0.05}$=1.96，$u_{0.01}$=2.58。

（4）做统计推断。由于 1.96<|u_0|<2.58，表明 0.01<p<0.05，应否定 H_0，接受 H_A，认为两种贮藏方式的葡萄腐烂率存在显著差异，加保鲜片有利于葡萄的贮藏保鲜。

3.5　参数估计

3.5.1　点估计

点估计是利用样本数据计算统计量数值，从而估计其总体的相应参数。

设 θ 是总体 X 的未知参数，用来自总体 X 的样本（X_1，X_2，…，X_n）构造一个适当的统计量 $\hat{\theta}=\hat{\theta}$（$X_1$，$X_2$，…，$X_n$）去估计未知参数 θ，这就是对未知参数 θ 的点估计。将样本统计量值直接作为总体相应参数的估计值称为点估计。例如，以样本平均数 $\overline{x}$ 估计总体平均数 μ，用样本方差 S^2 估计总体方差 σ^2 等。但点估计只给出了未知参数估计值的大小，没有考虑抽样误差的影响，也没有指出估计的可靠程度。

3.5.2　区间估计

点估计值是一个单一数值，但它究竟和真值θ相差多少，这就需要估计其误差。对于未知参数θ，除了求出它们的点估计$\hat{\theta}$外，还希望估计出一个范围，并希望知道这个范围包含参数θ真值的可靠程度，这种范围常用区间的形式给出。区间估计是在一定概率保证下给出总体参数的可能范围，所给出的可能范围称为置信区间（confidence interval），区间的上、下限称为置信上、下限，一般用L_1表示置信下限，L_2表示置信上限。给出的概率称为置信度或置信概率（confidence probability），以$p=1-\alpha$表示。各种参数的区间估计计算方法有所不同，但基本原理是一致的，都是运用样本统计量的抽样分布来计算相应参数置信区间的上、下限。

1. 正态总体平均值的区间估计

1）单个总体的σ^2已知，求μ的置信区间　　设x为服从$N(\mu,\sigma^2)$的随机变量，$\bar{x}=\frac{1}{n}\sum_{i=1}^{n}x_i$是$\mu$的一个点估计，可以证明$\bar{x}\sim N\left(\mu,\ \frac{\sigma^2}{n}\right)$，从而

$$u=\frac{\bar{x}-\mu}{\sqrt{\sigma^2/n}}\sim N(0,1) \tag{3-14}$$

于是，对于给定的置信度$1-\alpha$，可查正态分布表（附表2）求得临界值u_α，满足$P\{|u|>u_\alpha\}=\alpha$，所以有$P\{|u|\leqslant u_\alpha\}=1-\alpha$，即

$$P\left\{\left|\frac{\bar{x}-\mu}{\sqrt{\sigma^2/n}}\right|\leqslant u_\alpha\right\}=1-\alpha$$

由此推得

$$P\left\{\bar{x}-u_\alpha\sqrt{\frac{\sigma^2}{n}}\leqslant\mu\leqslant\bar{x}+u_\alpha\sqrt{\frac{\sigma^2}{n}}\right\}=1-\alpha \tag{3-15}$$

即μ的置信度为$1-\alpha$的置信区间为

$$\left[\bar{x}-u_\alpha\sqrt{\frac{\sigma^2}{n}},\ \bar{x}+u_\alpha\sqrt{\frac{\sigma^2}{n}}\right] \tag{3-16}$$

常用的置信度有三种：0.99、0.95、0.90，与它们相对应的临界值分别为$u_{0.01}=2.58$，$u_{0.05}=1.96$，$u_{0.10}=1.64$。显然置信度越大，置信区间越宽。

【例3-14】 某企业生产玉米膨化产品，从长期实践知道产品含水量x服从正态分布。从某批次产品中随机抽测9次，得水分含量（%）为3.12，3.10，2.85，2.97，3.02，3.07，2.99，2.87，3.19。如果已知该批次产品含水量的方差为0.01，求该批次产品含水量均值μ的95%置信区间。

由样品观测值可求得$\bar{x}=3.02$，对给定的置信度$1-\alpha=0.95$得$\alpha=0.05$，于是查正态分布数值表可得临界值$u_{0.05}=1.96$，所以μ的95%置信区间为$[3.02-1.96\sqrt{0.01/9},\ 3.02+1.96\sqrt{0.01/9}]$，即［2.955，3.085］。

这里需要强调，区间［2.955，3.085］是μ的95%置信区间，确切含义如前面所解释的那样，“在这样一些具体的区间中，大约有100（$1-\alpha$）%是包含住θ真值的”，而不是指它包

含μ的可能性为 95%。因为μ是客观存在的定值，它要么在（2.955，3.085）中，要么不在其中，也就是说（2.955，3.085）包含μ的概率不是 1 就是 0，而不会是 95%。因此，最好不要写成 $P\{2.955 \leqslant \mu \leqslant 3.085\} = 0.95$，以免造成误解。

由上面的讨论可以看出，当样本容量 n 越大时，$u_\alpha \sigma / \sqrt{n}$ 越小，计算得到的置信区间越小，估计效果越好。因此，为提高区间估计精度，可以提高样本容量 n。

2）单个总体的σ^2 未知，求μ的置信区间　在总体σ^2 未知的情况下，以样本方差 S^2 来估计σ^2。由 t 分布可以证明，有

$$t = \frac{\overline{x} - \mu}{\sqrt{S^2 / n}} \sim t(n-1) \tag{3-17}$$

于是，对于给定的置信度 $1-\alpha$，由 t 分布临界值表，可查得临界值 $t_{\alpha(n-1)}$，满足

$$P\{|t| \geqslant t_{\alpha(n-1)}\} = \alpha$$

从而有

$$P\{-t_{\alpha(n-1)} \leqslant t \leqslant t_{\alpha(n-1)}\} = 1 - \alpha$$

即

$$P\left\{-t_{\alpha(n-1)} \leqslant \frac{\overline{x} - \mu}{\sqrt{S^2 / n}} \leqslant t_{\alpha(n-1)}\right\} = 1 - \alpha$$

由此可得

$$P\left\{\overline{x} - t_{\alpha(n-1)} \cdot \sqrt{S^2 / n} \leqslant \mu \leqslant \overline{x} + t_{\alpha(n-1)} \cdot \sqrt{S^2 / n}\right\} = 1 - \alpha \tag{3-18}$$

故μ的置信度为 $1-\alpha$ 的置信区间是

$$\left[\overline{x} - t_{\alpha(n-1)}\sqrt{\frac{S^2}{n}},\ \overline{x} + t_{\alpha(n-1)}\sqrt{\frac{S^2}{n}}\right] \tag{3-19}$$

3）两个总体的σ_1^2和σ_2^2已知，求两个正态总体均值之差的置信区间　由抽样分布理论可知，$(\overline{x} - \overline{y}) \sim N\left(\mu_1 - \mu_2,\ \frac{\sigma_1^2}{n_1} + \frac{\sigma_2^2}{n_2}\right)$，从而有

$$u = \frac{(\overline{x} - \overline{y}) - (\mu_1 - \mu_2)}{\sqrt{\frac{\sigma_1^2}{n_1} + \frac{\sigma_2^2}{n_2}}} \sim N(0,1) \tag{3-20}$$

对于给定的置信度 $1-\alpha$，查正态分布数值表得临界值 u_α，使 $P\{|u| \geqslant u_\alpha\} = \alpha$，从而

$$P\{-u_\alpha \leqslant u \leqslant u_\alpha\} = 1 - \alpha$$

即

$$P\left\{-u_\alpha \leqslant \frac{(\overline{x} - \overline{y}) - (\mu_1 - \mu_2)}{\sqrt{\frac{\sigma_1^2}{n_1} + \frac{\sigma_2^2}{n_2}}} \leqslant u_\alpha\right\} = 1 - \alpha$$

由此即可推得 $\mu_1 - \mu_2$ 的置信度为 $1-\alpha$ 的置信区间为

$$\left[(\overline{x} - \overline{y}) - u_\alpha\sqrt{\frac{\sigma_1^2}{n_1} + \frac{\sigma_2^2}{n_2}},\ (\overline{x} - \overline{y}) + u_\alpha\sqrt{\frac{\sigma_1^2}{n_1} + \frac{\sigma_2^2}{n_2}}\right] \tag{3-21}$$

【例 3-15】 为考察加工工艺改进前后粉条断裂强度的变化，分别从加工工艺改进前后的

粉条样品中抽取样本进行测试，样本容量分别为 n_1=80，n_2=70，$\bar{x}=5.32$，$\bar{y}=5.76$。假定加工工艺改进前后粉条断裂强度分别服从正态分布，其方差分别为 2.18^2 和 1.76^2，试估计加工工艺改进前后粉条平均断裂强度之差的置信度为95%的置信区间。

对置信度 $1-\alpha$=0.95，查临界值 u_α=1.96，所以

$$u_\alpha\sqrt{\frac{\sigma_1^2}{n_1}+\frac{\sigma_2^2}{n_2}}=1.96\sqrt{\frac{2.18^2}{80}+\frac{1.76^2}{70}}=0.63$$

故置信度为95%的置信区间为（5.32−5.76−0.63，5.32−5.76+0.63），即（−1.07，0.19）。

4）两个总体的 σ_1^2 和 σ_2^2 未知，但 $\sigma_1^2=\sigma_2^2=\sigma^2$，求两个正态总体均值之差的置信区间　如果考虑以样本方差来估计总体方差，由于 $\sigma_1^2=\sigma_2^2=\sigma^2$，因此可以用 S_1^2 来估计 σ^2，也可以用 S_2^2 来估计 σ^2。但是为了充分利用两个样本所包含的关于 σ^2 的信息，通常计算加权方差 S_p^2 来估计 σ^2。

$$S_p^2=\frac{(n_1-1)S_1^2+(n_2-1)S_2^2}{n_1+n_2-2} \tag{3-22}$$

可以证明

$$t=\frac{(\bar{x}-\bar{y})-(\mu_1-\mu_2)}{\sqrt{S_p^2\left(\frac{1}{n_1}+\frac{1}{n_2}\right)}}\sim t(n_1+n_2-2) \tag{3-23}$$

于是，对于置信度 $1-\alpha$，查 t 分布临界值表得临界值 $t_{\alpha(n_1+n_2-2)}$，使 $P\{-t_{\alpha(n_1+n_2-2)}\leqslant t\leqslant t_{\alpha(n_1+n_2-2)}\}=1-\alpha$，由此不难推得 $\mu_1-\mu_2$ 的置信度为 $1-\alpha$ 的置信区间是

$$\left[(\bar{x}-\bar{y})-t_{\alpha(n_1+n_2-2)}\sqrt{S_p^2\left(\frac{1}{n_1}+\frac{1}{n_2}\right)},\ (\bar{x}-\bar{y})+t_{\alpha(n_1+n_2-2)}\sqrt{S_p^2\left(\frac{1}{n_1}+\frac{1}{n_2}\right)}\right] \tag{3-24}$$

2. 非正态总体的区间估计

由中心极限定理可知，不管总体分布如何，只要样本容量 n 足够大（一般要求 $n\geqslant 30$），即可以认为样本均值近似地服从正态分布。所以可以类似于正态总体的情况，对总体均值做区间估计，而在方差未知时可以用 S^2 来代替 σ^2。仿照正态总体的情况，不难推得总体均值 μ 的置信度 $1-\alpha$ 的置信区间为

$$\left[\bar{x}-u_a\sqrt{S^2/n},\ \bar{x}+u_a\sqrt{S^2/n}\right] \tag{3-25}$$

正态总体平均数的区间估计一览表见表3-8。

表3-8　正态总体平均数的区间估计一览表

待估参数	条件	统计量	待估参数的 $1-\alpha$ 置信限	
			下 L_1	上 L_2
μ	σ^2 已知	$u=\frac{\bar{x}-\mu}{\sqrt{\frac{\sigma^2}{n}}}$	$\bar{x}-u_\alpha\frac{\sigma}{\sqrt{n}}$	$\bar{x}+u_\alpha\frac{\sigma}{\sqrt{n}}$
	σ^2 未知	$t=\frac{\bar{x}-\mu}{\sqrt{\frac{S^2}{n}}}$	$\bar{x}-t_{\alpha(df)}\frac{S}{\sqrt{n}}$	$\bar{x}+t_{\alpha(df)}\frac{S}{\sqrt{n}}$

续表

待估参数	条件	统计量	待估参数的 1−α 置信限	
			下 L_1	上 L_2
$\mu_1-\mu_2$	σ_1^2、σ_2^2 已知	$u=\frac{(\bar{x}-\bar{y})-(\mu_1-\mu_2)}{\sigma_{\bar{x}-\bar{y}}}$，$\sigma_{\bar{x}-\bar{y}}=\sqrt{\frac{\sigma_1^2}{n_1}+\frac{\sigma_2^2}{n_2}}$	$(\bar{x}-\bar{y})-u_\alpha\sigma_{\bar{x}-\bar{y}}$	$(\bar{x}-\bar{y})+u_\alpha\sigma_{\bar{x}-\bar{y}}$
	σ_1^2、σ_1^2 未知，n_1、$n_2 \geqslant 50$	$u=\frac{(\bar{x}-\bar{y})-(\mu_1-\mu_2)}{S_{\bar{x}-\bar{y}}}$，$S_{\bar{x}-\bar{y}}=\sqrt{\frac{S_1^2}{n_1}+\frac{S_2^2}{n_2}}$	$(\bar{x}-\bar{y})-u_\alpha S_{\bar{x}-\bar{y}}$	$(\bar{x}-\bar{y})+u_\alpha S_{\bar{x}-\bar{y}}$
	σ_1^2、σ_2^2 未知但相等	$t=\frac{(\bar{x}-\bar{y})-(\mu_1-\mu_2)}{S_{\bar{x}-\bar{y}}}$ $S_w=S_w\sqrt{\frac{1}{n_1}+\frac{2}{n_2}}$，$S_w=\sqrt{\frac{(n_1-1)\ S_1^2+(n_2-1)\ S_2^2}{n_1+n_2-2}}$	$(\bar{x}-\bar{y})-t_{\alpha(df)}S_{\bar{x}-\bar{y}}$	$(\bar{x}-\bar{y})+t_{\alpha(df)}S_{\bar{x}-\bar{y}}$

3.6　SPSS 软件在统计假设检验中的应用

3.6.1　单个样本平均数的假设检验

【例 3-16】 某食品厂生产风味鱼片软罐头，用自动包装机包装，其包装质量服从正态分布，每包的标准质量为 300g，为检验包装机工作是否正常，某日抽查了 10 包软罐头，测定结果（单位：g）为 309g，302g，298g，289g，311g，310g，306g，305g，292g，298g，试分析自动包装机该日工作是否正常。

1．操作步骤

（1）输入数据。按数据格式要求输入试验数据资料，如图 3-6 所示。

（2）点击“分析→比较平均值→单样本 T 检验”（图 3-6），即可打开“单样本 T 检验”主对话框，如图 3-7 所示。

图 3-6　SPSS 数据编辑窗口

（3）选择待检验的变量“净质量”到“检验变量”，在“检验值”输入框中输入总体均值 300，如图 3-7 所示。单击“选项”按钮，打开“单样本 T 检验：选项”对话框，如图 3-8 所示，设置检验时的置信度，完成对“净质量”对应变量数据将进行均值检验的参数设置。通常检验置信度为 90%、95%、99%。本例检验置信度设置为 95%，单击“继续”返回“单样本 T 检验”对话框。

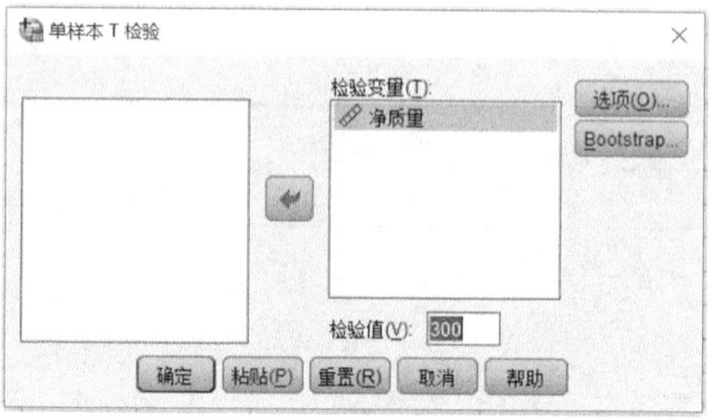

图 3-7　“单样本 T 检验”对话框

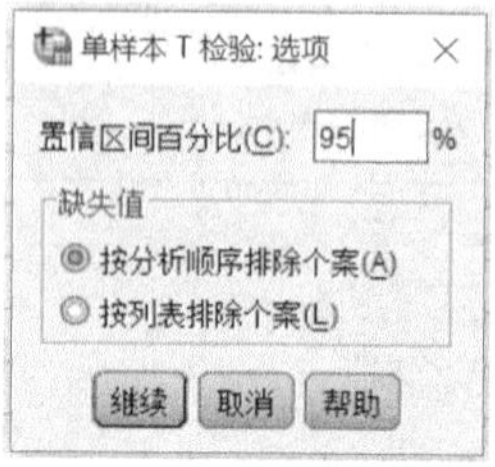

图 3-8　“选项”窗口

（4）单击“确定”完成统计检验分析。对 SPSS 软件单样本平均数 t 检验分析输出结果整理，见表 3-9 和表 3-10。

表 3-9　10 包软罐头净质量的基本统计结果

	样本数	平均数	标准差	均数标准误
净质量	10	302.0	7.60	2.40

表 3-10　10 包软罐头净质量平均数的 t 检验结果

	t	df	双侧检验显著性概率	均数差值	差值 95%的置信区间	
					下限	上限
净质量	0.832	9	0.427	2.00	−3.44	7.44

2. 结果分析

由表 3-9 可以看出，10 包风味鱼片软罐头净质量的平均数为 302.0，标准差为 7.60，标准误为 2.40。由表 3-10 可以看出，t 值为 0.832，自由度 df 为 9，双尾检验概率 P 值为 0.427，样本均数与总体平均数之差为 2.00，样品平均数的差值 95%置信区间是［−3.44，7.44］，即罐装质量在［300−3.44，300+7.44］区间，估计可信度为 95%。

由自由度 df=9、显著水平 α=0.05 查附表 3，得临界 t 值 $t_{0.05(9)}$=2.262。由于实得 $|t|$= 0.832＜$t_{0.05(9)}$，故 P＞0.05，应接受 H_0，说明该包装机工作正常。也可以直接由表 3-10 中的双尾检验 P 值来推断。由于本例的 P=0.427＞0.05，因此接受 H_0，同样可以推断出该日包装机工作是正常的。

3.6.2　两个样本平均数的假设检验

两个样本平均数的假设检验实际上也就是检验两个处理的效应是否一样。检验方法因试验设计或调查取样方式的不同而分为成组资料和成对资料两类。

1. 成组资料平均数的假设检验

【例 3-17】 对市场销售的大米饴糖和玉米饴糖进行抽检，测定其还原糖含量（%），结果见表 3-11，试分析两种饴糖的还原糖含量有无显著差异。

表 3-11　市场销售的两种饴糖中还原糖含量测定结果（%）

大米饴糖	37.5	38.2	37.0	36.9	37.8	
玉米饴糖	36.8	38.9	37.9	36.2	37.2	35.9

1）操作步骤

（1）将表 3-11 中的测定结果按数据输入格式要求输入到 SPSS 数据编辑窗口中（图 3-9），其中类别 1 代表大米饴糖，类别 2 代表玉米饴糖。

（2）点击“分析→比较平均值→独立样本 T 检验”，如图 3-9 所示，即可打开“独立样本 T 检验”对话框，如图 3-10 所示。

图 3-9　成组 t 检验 SPSS 数据编辑窗口

（3）将“还原糖含量”选入“检验变量”框中作为检验变量。将“类别”选入“分组变量”框中作为分组变量，如图 3-10 所示。单击“定义组”，打开“定义组”对话框，在“组 1”后的框中输入“1”，并在“组 2”后的框中输入“2”，单击“继续”返回，如图 3-11 所示。

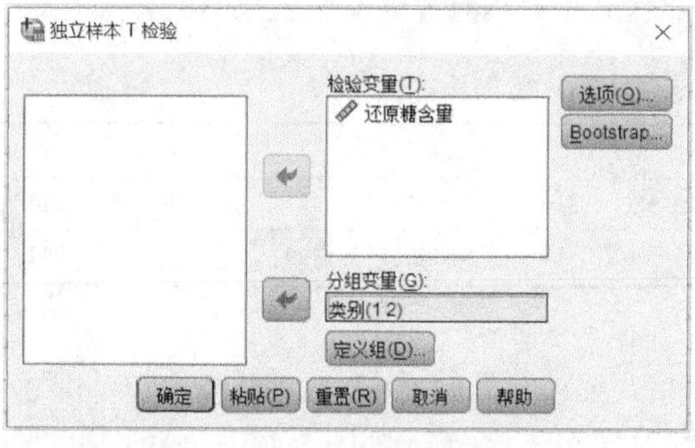

图 3-10　“独立样本 T 检验”对话框

图 3-11　“选项”窗口

（4）单击“确定”完成分析，整理输出结果见表 3-12 和表 3-13。

表 3-12　两种饴糖中还原糖含量的基本统计结果

饴糖种类	样本数	平均数	标准差	均数标准误
大米饴糖	5	37.48	0.5450	0.2437
玉米饴糖	6	37.15	1.1149	0.4552

表 3-13　成组资料 *t* 检验结果

	Levene 方差齐性检验		等均值假设的 t 检验						
	F	显著性概率	t	自由度	双侧显著性概率	均数差值	差值标准误	差值 95%的置信区间 下限	差值 95%的置信区间 上限
假设方差相等	2.054	0.186	0.601	9	0.563	0.33	0.549	−0.912	1.572
假设方差不等			0.639	7.5	0.542	0.33	0.516	−0.874	1.534

2）结果分析　由表 3-12 可以看出，两种饴糖中还原糖含量的基本统计结果，主要包括观测数个数、平均数、标准差和均数标准误。

表 3-13 是成组资料样本平均数 t 检验结果，“假设方差相等”行是假设方差相等时进行的检验，“假设方差不等”行是假设方差不等时进行的检验。方差是否齐性采用 Levene 方差齐性检验，由结果可以看出 F=2.054，P=0.186，概率 P 值大于 0.05，可以认为两个样本所在总体方差是相等的，所以采纳“假设方差相等”行的 t 检验结果。

由表 3-13 中“假设方差相等”行的 t 检验结果可以看出，t=0.601，df= 9，双尾检验 P=0.563，两样本之间的平均数差值为 0.33，差值标准误为 0.549，平均数差值的 95%置信区间为［−0.912，1.572］。由于差异检验的 P=0.563＞0.05，因此表明两种饴糖中还原糖含量没有显著差异。

当然也可采用查 t 临界值进行比较做出统计推断。由自由度 df=9、显著水平 α=0.05 查表得 $t_{0.05(9)}$=2.262，由于实得 $|t|$= 0.601＜$t_{0.05(9)}$，故 P＞0.05，应接受 H_0，说明两种饴糖中还原糖含量没有显著差异。

2. 成对资料平均数的假设检验

【例 3-18】 某保健食品公司研制了一种新型减肥食品，用 10 只成龄大鼠进行动物试验，试验结果见表 3-14，试检验该减肥保健食品是否具有显著减肥效果。

表 3-14　成龄大鼠试验前后体重（g）

编号	1	2	3	4	5	6	7	8	9	10
试验前	331	325	295	324	320	323	335	320	316	349
试验后	328	324	299	329	315	328	329	307	311	340

1）操作步骤

（1）将表 3-14 中测定结果按数据格式要求输入到 SPSS 数据编辑窗口（图 3-12）。

（2）点击“分析→比较平均值→配对样本 T 检验”，如图 3-12 所示，即可打开“配对样本 T 检验”主对话框。

（3）将“试验前”“试验后”选入“成对变量”框中，如图 3-13 所示。

图 3-12　成对 t 检验 SPSS 数据编辑窗口

（4）单击“选项”按钮，打开“配对样本 T 检验：选项”对话框，设置检验时采用的置信度，如图 3-14 所示，单击“继续”返回“配对样本 T 检验”对话框。

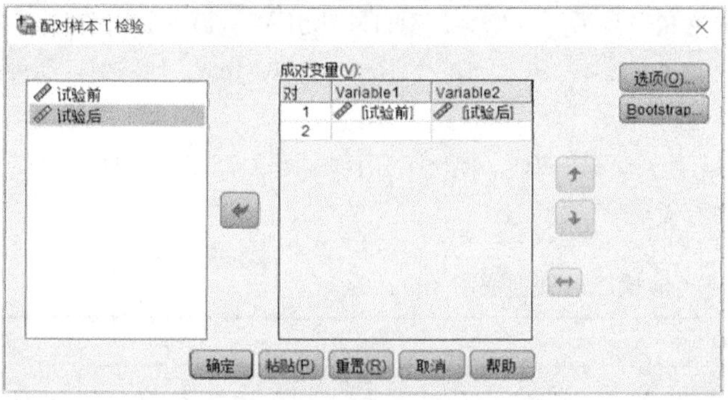

图 3-13　“配对样本 T 检验”对话框

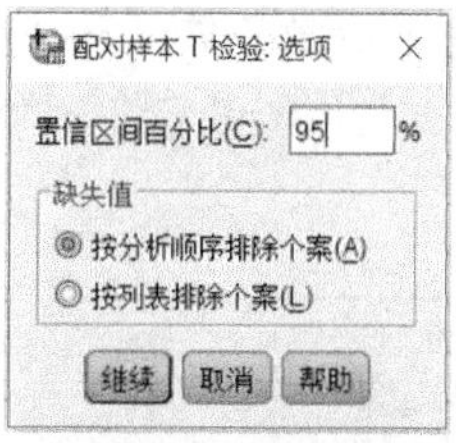

图 3-14　“选项”窗口

（5）单击“确定”完成统计分析，整理输出结果如表 3-15 和表 3-16 所示。

表 3-15　试验前后大鼠体重的基本统计结果

组别	样本数	平均数	标准差	均数标准误
试验前	10	323.80	13.879	4.389
试验后	10	321.00	12.526	3.961

表 3-16　成对样本均值 t 检验结果

	配对差异					t	自由度	双侧显著性概率
	均值	标准差	均数标准误	差值 95%的置信区间				
				下限	上限			
试验前–试验后	2.800	6.088	1.925	−1.555	7.155	1.454	9	0.180

2）结果分析　由表 3-15 可以看出试验前后的基本统计结果，包括样本数、平均数、标准差和标准误。由表 3-16 可以看出，大鼠试验前体重与试验后体重之差所组成的差值样本

平均值、标准差、标准误分别为 2.800、6.088、1.925，95%置信区间为［−1.555，7.155］。成对检验结果 t =1.454，两尾差异检验的 P=0.180＞0.05，表明试验前后大鼠体重平均值不存在显著差异。

由自由度 df = 9 和显著水平 α = 0.05，查附表 3，得 $t_{0.05(9)}$=2.262。由于实得 $|t|$= 1.454＜$t_{0.05(9)}$，故 P＞0.05，应接受 H_0，表明试验前后大鼠体重平均值不存在显著差异，可以认为该减肥保健食品并无显著减肥效果。

习　题

1. 什么是统计假设检验？其基本步骤是什么？

2. 在假设检验中，什么情况下采用双尾检验，什么情况下采用一尾检验？

3. 什么是 u 检验和 t 检验？各在什么条件下应用？

4. 在统计假设检验中，什么是第一类错误、第二类错误？如何控制？

5. 什么是参数估计？有哪几种？其区别是什么？

6. 已知某梨品种在原产地的平均含糖量为 12.4%，标准差为 1.7%。引来栽种，抽样测定其 50 个果实，得平均含糖量为 13.1%，问引来后这一品种的含糖量是否有所增高？

7. 关中地区小麦良种的蛋白质含量平均为 μ_0=14.5%，现自外地引入一高产品种，在 8 个小区种植，得其蛋白质含量（%）为 15.6、17.6、13.4、15.1、12.7、16.8、15.9、14.6，问新引入品种的蛋白质含量与当地良种有无显著差异？

8. 某天然产物开发研究所采用两种方法提取山楂可溶性固形物，提取率试验结果如下表，试分析两种方法的山楂可溶性固形物提取率有无显著差异。

山楂可溶性固形物提取率（g/100g）

传统法	45.5	44.3	43.7	42.7	45.8	44.5
超声波法	47.6	48.2	46.3	47.9	45.5	

第4章 方差分析

方差分析（analysis of variance，ANOVA）是科学研究中分析试验数据的重要方法，具有十分广泛的应用。本章在重点介绍方差分析基本思想、基本步骤的基础上，对单因素、双因素以及多因素试验资料的方差分析过程进行讨论。对于多因素试验资料，其方差分析计算复杂、烦琐，可借助统计软件进行分析。

4.1 概 述

4.1.1 方差分析的必要性

第3章讨论的 t 检验法适用于单个样本平均数与总体平均数以及两个样本平均数间的差异显著性检验，但是在生产和科学研究中经常会遇到比较多个处理优劣的问题，即需进行多个平均数间的差异显著性检验。这时，t 检验法就不再适用，原因如下。

（1）检验过程烦琐。例如，某试验包含5个处理，采用 t 检验法要进行 $C_5^2=10$ 次两两平均数的差异显著性检验；若有 k 个处理，则要做 $k(k-1)/2$ 次类似的检验，这样的检验程序非常烦琐。

（2）无统一的试验误差，误差估计的精确性和检验的灵敏性低。对同一试验的多个处理进行比较时，应该有一个统一的试验误差的估计值。若用 t 检验法做两两比较，由于每次比较需计算一个 $S_{\bar{x}_1-\bar{x}_2}$，故各次比较误差的估计不统一，同时没有充分利用资料所提供的信息而使误差估计的精确性降低，从而降低检验的灵敏性。例如，某试验有5个处理，每个处理重复6次，共有30个观测值。进行 t 检验时，每次只能利用两个处理共12个观测值估计试验误差，误差自由度为 $2\times(6-1)=10$；若利用整个试验的30个观测值估计试验误差，显然估计的精确性高，且误差自由度为 $5\times(6-1)=25$。可见，在用 t 检验法进行检验时，估计误差的精确性低，误差自由度小，使检验的灵敏性降低，容易掩盖差异的显著性。

（3）推断的可靠性低，检验的Ⅰ型错误率大。即使利用资料所提供的全部信息估计了试验误差，若用 t 检验法进行多个处理平均数间的差异显著性检验，由于没有考虑相互比较的两个平均数的秩次问题，因而会增大犯Ⅰ型错误的概率，降低推断的可靠性。譬如在两两比较中 α 取0.05，那么45次比较的结论都正确的概率为 0.95^{45}，至少做出一次错误结论的概率为 $1-0.95^{45}=0.9006$，已不再是 $\alpha=0.05$，这时的检验结果已很不可靠。

由于上述原因，多个平均数的差异显著性检验不宜用 t 检验，需采用方差分析法。

方差分析是由英国统计学家 R. A. Fisher 于1923年提出的，它主要用来检验两个以上样本平均值差异的显著程度，由此判断样本究竟是否来自具有同一均值的总体。

4.1.2 方差分析的基本思想

方差分析的基本思想就是根据数据资料的设计类型，把试验数据的总波动分解为两部分，一部分反映由试验因素水平变化引起的波动，另一部分反映由试验误差引起的波动。即把数据的总偏差平方和 SS_T 分解为反映必然性的各个因素的偏差平方和（SS_A，SS_B，……）与反映偶然性的偏差平方和（SS_e），随后计算其平均偏差平方和，即方差 S^2（均方 MS），随后将因素方差 $MS_{因素}$ 与误差方差 MS_e 进行比较，借助 F 检验法检验原假设 H_0：$\mu_1=\mu_2=$……以判断因素对试验结果的影响是否显著。

4.2 单因素试验方差分析

4.2.1 方差分析的前提条件

单因素试验的方差分析建立在下述假设的基础上。

（1）在每一水平上试验结果是一个随机变量 x_{ij}（i 为第 i 个水平，j 为第 j 次试验），且服从正态分布。x_{i1}，x_{i2}，…，x_{in} 是第 i 个水平的正态总体中抽取的一个简单随机样本，样本容量为 n。

（2）所有 k 个不同水平对应的 k 个正态总体的方差是相等的，具有方差齐性，$x_{ij}\sim N(\mu_i,\sigma^2)$。

（3）k 个总体是相互独立的，样本与样本之间也是相互独立的。要检验的假设是

$$H_0：\mu_1=\mu_2=\cdots=\mu_k$$

$$H_A：\mu_i 不全相等（i=1，2，\cdots，k）$$

若拒绝 H_0，则认为至少有两个水平之间的差异是显著的，因素 A 对试验结果有显著影响；反之，若接受 H_0，则认为因素 A 对试验结果无显著影响，试验结果在各水平之间的不同仅仅是由随机因素引起的。

4.2.2 方差分析的原理与步骤

方差分析有很多类型，无论简单与否，其基本原理与步骤是相同的。下面结合单因素试验结果的方差分析介绍其原理与方法。

1. 线性模型与基本假定

为了讨论方便，我们给出单因素方差分析问题的一般提法。假设试验所考察的因素有 k 个水平（处理）：A_1，A_2，…，A_i，…，A_k，每个处理上重复进行 n 次试验，共有 nk 个观测值，试验数据模式如表 4-1 所示。

表 4-1 单因素试验数据模式

水平	观测值						合计 $x_{i.}$	平均 $\bar{x}_{i.}$
	1	2	…	j	…	n		
A_1	x_{11}	x_{12}	…	x_{1j}	…	x_{1n}	$x_{1.}$	$\bar{x}_{1.}$
A_2	x_{21}	x_{22}	…	x_{2j}	…	x_{2n}	$x_{2.}$	$\bar{x}_{2.}$
⋮	⋮	⋮		⋮		⋮	⋮	⋮
A_i	x_{i1}	x_{i2}	…	x_{ij}	…	x_{in}	$x_{i.}$	$\bar{x}_{i.}$
⋮	⋮	⋮		⋮		⋮	⋮	⋮
A_k	x_{k1}	x_{k2}	…	x_{kj}	…	x_{kn}	$x_{k.}$	$\bar{x}_{k.}$
合计							$x_{..}$	$\bar{x}_{..}$

表中x_{ij}表示第i个处理的第j个观测值(i=1,2,…,k;j=1,2,…,n);$x_{..}=\sum_{i=1}^{k}\sum_{j=1}^{n}x_{ij}=\sum_{i=1}^{k}x_{i.}$表示全部观测值总和;$\overline{x}_{..}=\sum_{i=1}^{k}\sum_{j=1}^{n}x_{ij}/kn=x_{..}/kn$表示全部观测值的总平均数;$x_{i.}=\sum_{j=1}^{n}x_{ij}$表示第$i$个处理的$n$个观测值之和;$\overline{x}_{i.}=\sum_{j=1}^{n}x_{ij}/n=x_{i.}/n$表示第$i$个处理的平均数。$x_{ij}$可以分解为

$$x_{ij}=\mu_i+\varepsilon_{ij} \tag{4-1}$$

式中,μ_i表示第i个处理观测值总体的平均数。为了看出各处理的影响大小,将μ_i再进行分解,令

$$\mu=\frac{1}{k}\sum_{i=1}^{k}\mu_i \tag{4-2}$$

$$\alpha_i=\mu_i-\mu \tag{4-3}$$

则

$$x_{ij}=\mu+\alpha_i+\varepsilon_{ij} \tag{4-4}$$

式中,μ表示全部试验观测值总体的平均数,α_i是第i个处理的效应(treatment effects),表示处理i对试验结果产生的影响,显然有

$$\sum_{i=1}^{k}\alpha_i=0 \tag{4-5}$$

式(4-4)中,ε_{ij}是试验误差,相互独立,且服从正态分布$N(0,\sigma^2)$。

式(4-4)称为单因素试验的线性模型(linear model),亦称数学模型。在这个模型中x_{ij}表示为总平均数μ、处理效应α_i、试验误差ε_{ij}之和。由ε_{ij}相互独立且服从正态分布$N(0,\sigma^2)$,可知,各处理A_i(i=1,2,…,k)所属总体亦具正态性,即服从正态分布$N(\mu_i,\sigma^2)$。尽管各总体的均数μ_i可以不等或相等,但σ^2必须是相等的。所以,单因素试验的数学模型可归纳为效应的可加性(additivity)、分布的正态性(normality)、方差的同质性(homogeneity)。这就是进行方差分析的前提或基本假定。

2. 单因素试验方差分析的基本步骤

1)*偏差平方和的分解* 在表4-1中,反映全部观测值总变异的总平方和(total sum of squares)是各观测值x_{ij}与总平均数$\overline{x}_{..}$的离均差平方和,用SS_T表示,它反映了全部观测值间的总波动情况。

$$SS_T=\sum_{i=1}^{k}\sum_{j=1}^{n}(x_{ij}-\overline{x}_{..})^2 \tag{4-6}$$

现将式(4-6)进行分解:

$$\begin{aligned}\sum_{i=1}^{k}\sum_{j=1}^{n}(x_{ij}-\overline{x}_{..})^2&=\sum_{i=1}^{k}\sum_{j=1}^{n}[(\overline{x}_{i.}-\overline{x}_{..})+(x_{ij}-\overline{x}_{i.})]^2\\&=\sum_{i=1}^{k}\sum_{j=1}^{n}[(\overline{x}_{i.}-\overline{x}_{..})^2+2(\overline{x}_{i.}-\overline{x}_{..})(x_{ij}-\overline{x}_{i.})+(x_{ij}-\overline{x}_{i.})^2]\\&=n\sum_{i=1}^{k}(\overline{x}_{i.}-\overline{x}_{..})^2+2\sum_{i=1}^{k}\left[(\overline{x}_{i.}-\overline{x}_{..})\sum_{j=1}^{n}(x_{ij}-\overline{x}_{i.})\right]+\sum_{i=1}^{k}\sum_{j=1}^{n}(x_{ij}-\overline{x}_{i.})^2\end{aligned}$$

由于

$$\sum_{j=1}^{n}(x_{ij}-\overline{x}_{i.})=0$$

因此

$$\sum_{i=1}^{k}\sum_{j=1}^{n}(x_{ij}-\overline{x}_{..})^2=n\sum_{i=1}^{k}(\overline{x}_{i.}-\overline{x}_{..})^2+\sum_{i=1}^{k}\sum_{j=1}^{n}(x_{ij}-\overline{x}_{i.})^2 \tag{4-7}$$

式中，$n\sum\limits_{i=1}^{k}(\overline{x}_{i.}-\overline{x}_{..})^2$ 为各处理平均数 $\overline{x}_{i.}$ 与总平均数 $\overline{x}_{..}$ 的离均差平方和与重复数 n 的乘积，反映了重复 n 次的处理间变异，称为处理间平方和（treatment sum of squares），记为 SS_t，即

$$SS_t=n\sum_{i=1}^{k}(\overline{x}_{i.}-\overline{x}_{..})^2$$

式（4-7）中，$\sum\limits_{i=1}^{k}\sum\limits_{j=1}^{n}(\overline{x}_{ij}-\overline{x}_{i.})^2$ 为各处理内离均差平方和之和，反映了各处理内的变异即误差引起的，称为处理内平方和或误差平方和（residual or error sum of squares），记为 SS_e，即

$$SS_e=\sum_{i=1}^{k}\sum_{j=1}^{n}(\overline{x}_{ij}-\overline{x}_{i.})^2$$

于是有

$$SS_T=SS_t+SS_e \tag{4-8}$$

式（4-7）和式（4-8）是单因素试验结果总平方和、处理间平方和、处理内平方和的关系式。所以，我们就将总的偏差平方和分解成组间偏差平方和与组内偏差平方和。

在实际应用中，为了计算简便，常用下列简便算法求得 SS_T、SS_t 和 SS_e。

$$\begin{aligned} SS_T&=\sum_{i=1}^{k}\sum_{j=1}^{n}x_{ij}^2-C\\ SS_t&=\frac{1}{n}\sum_{i=1}^{k}x_{i.}^2-C\\ SS_e&=SS_T-SS_t \end{aligned} \tag{4-9}$$

式中，$C=x_{..}^2/(kn)$，为矫正数。

2）自由度分解　偏差平方和的大小，与计算求和的数据项数有关，为了比较 SS_t 与 SS_e 的大小，应消除求和项数的影响，比较它们的平均值，即方差。从数学理论推导知道，SS_t 与 SS_e 的平均值，不是把 SS_t 与 SS_e 分别除以相应的参与求和的项数，而应除以各自由度。下边分别讨论 SS_T、SS_t 与 SS_e 各自对应的自由度 df_T、df_t 和 df_e。

在计算总平方和 SS_T 时，观测值要受 $\sum\limits_{i=1}^{k}\sum\limits_{j=1}^{n}(x_{ij}-\overline{x}_{..})=0$ 这一条件的约束，所以总自由度等于资料中观测值的总个数减 1，即 $kn-1$。总自由度记为 df_T，即 $df_T=kn-1$。

在计算处理间平方和 SS_t 时，各处理均数 $\overline{x}_{i.}$ 要受 $\sum\limits_{i=1}^{k}(\overline{x}_{i.}-\overline{x}_{..})=0$ 这一条件的约束，所以处理间自由度为处理数减 1，即 $k-1$。处理间自由度记为 df_t，即 $df_t=k-1$。

在计算处理内平方和 SS_e 时，要受 k 个条件的约束，即 $\sum\limits_{j=1}^{n}(x_{ij}-\overline{x}_{i.})=0$（$i$=1，2，…，$k$），所以处理内自由度为所有观测值的总个数减 k，即 $kn-k$。处理内自由度记为 df_e，即 $df_e=kn-k=k(n-1)$。

显然有

$$df_T = df_t + df_e \quad （4\text{-}10）$$

式（4-10）称为自由度分解公式。

综合以上分析得

$$\begin{aligned} df_T &= kn-1 \\ df_t &= k-1 \\ df_e &= df_T - df_t \end{aligned} \quad （4\text{-}11）$$

3）计算方差（平均偏差平方和） 由方差计算公式可求出 SS_T、SS_t 与 SS_e 对应的方差。

$$MS_T = SS_T/df_T \qquad MS_t = SS_t/df_t \qquad MS_e = SS_e/df_e \quad （4\text{-}12）$$

SS_T、SS_t 和 SS_e 分别称为总方差、组间方差和组内方差。

4）构造 F 统计量，进行显著性检验 若 H_0 为真，即 $\mu_1 = \mu_2 = \cdots = \mu_k$，则所有样本可以看作来自同一正态总体 $N(\mu, \sigma^2)$。因此，SS_T/（$kn-1$）、SS_t/（$k-1$）、SS_e/（$kn-k$）都是总体方差 σ^2 的无偏估计值，所以比值

$$F = \frac{SS_t/(k-1)}{SS_e/(kn-k)} = \frac{MS_t}{MS_e} \quad （4\text{-}13）$$

应接近于 1。如果 F 值比 1 大得多，即 MS_t 明显大于 MS_e，有理由认为假设 H_0 不成立。表明 SS_t 中不仅包括随机误差，而且包含因素 A 的水平变动引起的数据波动，即因素 A 对试验结果影响显著。这种通过比较方差大小来判断原假设 H_0 是否成立的方法，就是方差分析名称的由来。

现在问题是 F 值大到多大，认为试验结果的差异主要是由因素水平的改变引起的，小到多少，认为试验结果的差异主要是由试验误差引起的，这就需要一个比较标准。事实上，当原假设 H_0 成立时，SS_t、SS_e 分别是自由度为 $k-1$、k（$n-1$）的 χ^2 变量，从而统计量 F 服从自由度 $df_1=k-1$，$df_1=k$（$n-1$）的 F 分布。于是对于给定的显著水平 α，可查表得出临界值 F_α，将由样本值算得的 F 值 F_0 与 F_α 比较，若 $F_0 > F_\alpha$，则否定原假设 H_0，即认为因素 A 对试验结果有显著影响；若 $F_0 \leqslant F_\alpha$，则接受原假设 H_0，即认为因素 A 对试验结果无显著影响。

对于显著水平 α 的选取，视具体情况而定，通常取 $\alpha=0.01$ 和 $\alpha=0.05$，从 F 分布表上查出 $F_{0.01}$ 和 $F_{0.05}$。若 $F_0 > F_{0.01}$，表明 $P < 0.01$，判定因素 A 的水平变动对试验结果的影响极显著，在 F 值的右上方标记"**"；$F_{0.05} < F_0 \leqslant F_{0.01}$，表明 $0.01 < P < 0.05$，判定因素 A 的影响显著，在 F 值的右上方标记"*"；若 $F_0 \leqslant F_{0.05}$，表明 $P > 0.05$，则判定因素 A 的影响为不显著，不作标记或标记"ns"。

5）列出方差分析表 由以上讨论可知，方差分析的步骤基本上就是假设检验的步骤，特殊的只是检验用的统计量是由两个方差之比构成的，具体进行方差分析时，主要是计算这两个方差。由于计算过程较烦琐，一般把计算结果列成方差分析表，其格式如表 4-2 所示。

表 4-2 方差分析表

变异来源（方差来源）	偏差平方和	自由度	方差（均方）	F	F_α	显著性
因素 A（组间）	SS_t	$k-1$	$MS_t=SS_t/df_t$	$F=MS_t/MS_e$	（查表）	
误差 e（组内）	SS_e	k（$n-1$）	$MS_e=SS_e/df_e$			
总和	SS_T	$kn-1$				

4.2.3 单因素试验方差分析实例

【例 4-1】 在以淀粉为原料生产葡萄糖的过程中，残留有许多糖蜜可作为生产酱色的原料。在生产酱色之前应尽可能彻底除杂以保证酱色质量，为此对除杂方法进行选择。在试验中选用 5 种不同的除杂方法，每种方法做 4 次试验，即试验重复 4 次，结果见表 4-3。试判断不同除杂方法的除杂效果是否有显著差异。

表 4-3 不同除杂方法的除杂量（g/kg）

除杂方法（A_i）	除杂量（x_{ij}）				平均值（$\bar{x}_i$）
A_1	25.6	24.4	25.0	25.9	25.225
A_2	27.8	27.0	27.0	28.0	27.450
A_3	27.0	27.7	27.5	25.9	27.025
A_4	29.0	27.3	27.5	29.9	28.425
A_5	20.6	21.2	22.0	21.2	21.250

（1）提出假设。原假设 H_0：$\mu_1=\mu_2=\cdots=\mu_5$，表明 5 种除杂方法的除杂效果相同；备择假设 H_A：5 种除杂方法的除杂效果不全相同。

（2）计算偏差平方和及自由度。由已知数据资料可以看出，处理数 $k=5$，每个处理的重复数 n=4，共有 20 个观测数据，所以

$$x_{..}=\sum_{i=1}^{k}\sum_{j=1}^{n}x_{ij}=517.5$$

修正项

$$C=\frac{1}{kn}x_{..}^2=\frac{1}{20}\times 517.5^2=13390.3125$$

$$Q_T=\sum_{i=1}^{5}\sum_{j=1}^{4}x_{ij}^2=(25.6^2+24.4^2+\cdots+21.2^2)=13528.51$$

总偏差平方和

$$SS_T=Q_T-C=13528.51-13390.3125=138.1975$$

总自由度

$$df_T=kn-1=20-1=19$$

$$Q_t=\frac{1}{4}\sum_{i=1}^{5}x_{i.}^2=\frac{1}{4}(100.9^2+109.8^2+\cdots+85.0^2)=13518.7875$$

处理间偏差平方和，即因素平方和

$$SS_t=Q_t-C=13518.7875-13390.3125=128.475$$

处理间自由度

$$df_t=k-1=5-1=4$$

处理内偏差平方和，即误差平方和

$$SS_e=SS_T-SS_t=138.1975-128.475=9.7225$$

误差自由度

$$df_e=kn-k=20-5=15 \text{ 或 } df_e=df_T-df_t=19-4=15$$

（3）计算方差。

处理间方差

$$MS_t = SS_t / df_t = 128.475 / 4 = 32.1188$$

处理内方差

$$MS_e = SS_e / df_e = 9.7225 / 15 = 0.6482$$

（4）列方差分析表。

以上计算结果可以在表4-4中进行，通常简化方差分析表为表4-5。

表4-4 方差分析表

变异来源	偏差平方和	自由度	均方	F	F_α	显著性
处理间	SS_t=128.475	df_t=4	MS_t=32.1188	F_0=49.55	$F_{0.05(4,15)}$=3.06，$F_{0.01(4,15)}$=4.89	**
处理内	SS_e=9.7225	df_e=15	MS_e=0.6482			
总和	SS_T=138.1975	df_T=19				

表4-5 简化的方差分析表

变异来源	偏差平方和	自由度	均方	F	F_α	显著性
因素 A	128.475	4	32.1188	49.55	$F_{0.05(4,15)}$=3.06，$F_{0.01(4,15)}$=4.89	**
误差 e	9.7225	15	0.6482			
总和	138.1975	19				

由于计算的 F_0=49.55＞$F_{0.01(4,15)}$，故拒绝 H_0，即不同除杂方法的除杂效果有极显著差异。根据方差的计算性质可知，在试验观察数据较大时，为简化计算，可用式 $x'_{ij} = \dfrac{x_{ij} - \alpha}{b} (b \neq 0)$ 对原数据做线性变换，用 x'_{ij} 进行方差分析，其分析结果与原始数据分析结果相同。

4.2.4 多重比较

方差分析检验是整体性检验，检验结果显著或极显著，否定了无效假设 H_0，只能表明试验结果的总变异主要来源于处理间的变异或因素水平变化引起的变异，试验中处理平均数间存在显著或极显著差异，但并不意味着每两个处理平均数间的差异都是显著或极显著的，也不能具体说明哪些处理平均数间有显著或极显著差异，哪些差异不显著。因此，有必要进行两两处理平均数间的比较，以判断两两处理平均数间的差异是否显著。

统计学上把多个平均数两两间的相互比较称为多重比较（multiple comparisons）。多重比较的方法很多，目前常用的有最小显著差数法（least significant difference，LSD 法）和最小显著极差法（least significant ranges，LSR 法），现分别给予介绍。

1. 最小显著差数法

LSD 法是多重比较中最基本的方法。它是两个样本平均数相比较在多样本试验中的应用，所以最小显著差数法实质就是 t 检验法。在多个平均数比较时，任何两个平均数比较会牵连到其他平均数，从而降低了显著水平，容易做出错误的判断。所以在应用 LSD 法做多重比较时，必须在 F 检验显著的前提下进行。

LSD 法的步骤如下。

第一步，先计算样本平均数差数标准误 $S_{\overline{x}_{i.}-\overline{x}_{j.}}$。

$$S_{\overline{x}_{i.}-\overline{x}_{j.}}=\sqrt{\frac{2MS_e}{n}} \tag{4-14}$$

式中，MS_e 为 F 检验中的误差均方（方差），n 为各处理的重复数。

第二步，计算出显著水平为 α 的最小显著差数 LSD_α。由 t 检验可知

$$t=\frac{\overline{x}_{i.}-\overline{x}_{j.}}{S_{\overline{x}_{i.}-\overline{x}_{j.}}}$$

在误差自由度 df_e 下，查显著水平为 α 时的临界值 $t_{\alpha(df_e)}$。若 $\overline{x}_{i.}$、$\overline{x}_{j.}$ 有显著差异，那么

$$|\overline{x}_{i.}-\overline{x}_{j.}|>t_{\alpha(df_e)}S_{\overline{x}_{i.}-\overline{x}_{j.}}$$

所以，误差自由度为 df_e，显著水平为 α 时的最小显著差数 LSD 为

$$\text{LSD}_\alpha=t_{\alpha(df_e)}S_{\overline{x}_{i.}-\overline{x}_{j.}} \tag{4-15}$$

当显著水平 α =0.05 和 α =0.01 时，由 t 值表中查出 $t_{0.05(df_e)}$ 和 $t_{0.01(df_e)}$，代入式（4-16）计算，

$$\text{LSD}_{0.05}=t_{0.05(df_e)}S_{\overline{x}_{i.}-\overline{x}_{j.}} \tag{4-16}$$

$$\text{LSD}_{0.01}=t_{0.01(df_e)}S_{\overline{x}_{i.}-\overline{x}_{j.}} \tag{4-17}$$

任何两处理平均数的差数大于 $\text{LSD}_{0.05}$ 时，表明差异显著；大于 $\text{LSD}_{0.01}$，表明差异极显著。

由例 4-1 资料可得

$$S_{\overline{x}_{i.}-\overline{x}_{j.}}=\sqrt{2MS_e/n}=\sqrt{2\times0.65/4}=0.570$$

当误差自由度 df_e=15 时，查双尾临界 t 值得

$$t_{0.05(df_e)}=t_{0.05(15)}=2.131$$

$$t_{0.01(df_e)}=t_{0.01(15)}=2.947$$

所以，在显著水平为 0.05 与 0.01 时的最小显著差数为

$$\text{LSD}_{0.05}=t_{0.05(df_e)}S_{\overline{x}_{i.}-\overline{x}_{j.}}=2.131\times0.570=1.21$$

$$\text{LSD}_{0.01}=t_{0.01(df_e)}S_{\overline{x}_{i.}-\overline{x}_{j.}}=2.947\times0.570=1.68$$

第三步，各处理平均数的比较。

将表 4-6 中各个处理平均数间的差数分别与 $\text{LSD}_{0.05}$、$\text{LSD}_{0.01}$ 比较。小于 $\text{LSD}_{0.05}$ 者不显著，不标记符号或标记“ns”，表明两个平均数没有显著差异性；介于 $\text{LSD}_{0.05}$ 与 $\text{LSD}_{0.01}$ 之间者显著，在差数的右上方标记“*”，表明两个平均数有显著差异；大于 $\text{LSD}_{0.01}$ 者极显著，在差数的右上方标记“**”，表明两个平均数有极显著差异。对于例 4-1 各处理进行多重比较，结果见表 4-6。

表 4-6　5 种除杂方法除杂效果多重比较结果（LSD 法）

除杂方法	$\overline{x}_{i.}$	$\overline{x}_{i.}-21.3$	$\overline{x}_{i.}-25.2$	$\overline{x}_{i.}-27.0$	$\overline{x}_{i.}-27.5$
A_4	28.4	7.1**	3.2**	1.4*	0.9
A_2	27.5	6.2**	2.3**	0.5	
A_3	27.0	5.7**	1.8**		
A_1	25.2	3.9**			
A_5	21.3				

由表 4-6 可以看出，除 A_4 与 A_2、A_2 与 A_3 差异不显著外，其余方法之间的差异达到显著或极显著水平。A_4 处理的除杂效果最好，A_5 效果最差。

LSD 法的应用说明如下。

（1）LSD 法实质上就是 t 检验法。它是根据两个样本平均数差数（$k=2$）的抽样分布提出的。但是，由于 LSD 法是利用 F 检验中的误差自由度 df_e 查临界值 t 值，利用误差均方 MS_e 计算均数差数标准误 $S_{\bar{x}_{i.}-\bar{x}_{j.}}$，因而 LSD 法又不同于每次利用两组数据进行多个平均数两两比较的 t 检验法。

（2）LSD 法更适用于各处理组与对照组比较而处理组间不进行比较的分析。

对于多个处理平均数所有可能的两两比较，LSD 法的优点在于方法比较简便，克服一般检验法所具有的某些缺点，但是由于没有考虑相互比较的处理平均数依数值大小排列上的秩次，故仍有推断可靠性低、犯Ⅰ型错误概率增大的问题。为了克服此弊病，统计学家提出了最小显著极差法（LSR 法）。

2. 最小显著极差法

LSR 法的特点是把平均数的差数看成平均数的极差，根据极差范围内所包含的处理数（称为秩次距）k 的不同而采用不同的检验尺度，以克服 LSD 法的不足。在显著水平 α 上依秩次距 k 的不同而采用的不同的检验尺度称为最小显著极差 LSR。

例如，有 10 个 $\bar{x}$ 要相互比较，先将 10 个 $\bar{x}$ 依其数值大小顺次排列，两极端平均数的差数（极差）的显著性，由其差数是否大于秩次距 k=10 时的最小显著极差来决定（≥为显著，<为不显著）；而后是秩次距 k=9 的平均数的差数显著性，则由差数是否大于 k=9 时的最小显著极差决定……直到任何两个相邻平均数的差数的显著性由这些差数是否大于秩次距 k=2 时的最小显著极差决定为止。因此，有 k 个平均数相互比较，就有 k–1 种秩次距（k，k–1，k–2，…，2），因而需求得 k–1 个最小显著极差 $\text{LSR}_{\alpha,k}$，分别作为判断具有相应秩次距平均数的差数是否显著的标准。

LSR 法克服了 LSD 法的不足，但检验计算的工作量有所增加。常用的 LSR 法有 q 检验法（q-test，SNK 法）和新复极差法两种（SSR 法，Duncan 法）。

1）*q* 检验法　q 检验法是 1949 年由 Tukey 提出的。此法是以统计量 q 的概率分布为基础的。q 值由式（4-18）求得

$$q = R / S_{\bar{x}} \tag{4-18}$$

式中，R 为极差，$S_{\bar{x}} = \sqrt{MS_e / n}$ 为标准误，其分布依赖于误差自由度 df_e 及秩次距 k。

利用 q 检验法进行多重比较时，为了简便起见，直接将极差 R 与 $q_{\alpha(df_e,\ k)}S_{\bar{x}}$ 比较，从而做出统计推断。$q_{\alpha(df_e,\ k)}S_{\bar{x}}$ 称为 α 水平上的最小显著极差。

$$\text{LSR}_{\alpha,\ k} = q_{\alpha(df_e,\ k)}S_{\bar{x}} \tag{4-19}$$

其中

$$S_{\bar{x}} = \sqrt{MS_e / n} \tag{4-20}$$

当显著水平 α=0.05 和 α=0.01 时，由附表 6（q 值表）中根据自由度 df_e 及秩次距 k 查出 $q_{0.05(df_e,\ k)}$ 和 $q_{0.01(df_e,\ k)}$，求得 LSR。

$$\text{LSR}_{0.05,k} = q_{0.05(df_e,k)}S_{\bar{x}}$$

$$\text{LSR}_{0.01,k} = q_{0.01(df_e,k)}S_{\bar{x}}$$

利用 q 检验法进行多重比较时，其步骤如下。

（1）列出平均数多重比较表。

（2）由自由度 df_e、秩次距 k 查临界 q 值，计算最小显著极差 $LSR_{0.05,k}$，$LSR_{0.01,k}$。

（3）将平均数多重比较表中的各差数与相应的最小显著极差 $LSR_{0.05,k}$，$LSR_{0.01,k}$ 比较，做出统计推断。

因为 MS_e=0.65，故标准误 $S_{\bar{x}}$ 为

$$S_{\bar{x}} = \sqrt{MS_e / n} = \sqrt{0.65/4} = 0.403$$

根据 df_e=15，k=2、3、4、5，由附表 6 查出 α=0.05、α=0.01 水平下临界 q 值，乘以标准误 $S_{\bar{x}}$，求得各个最小显著极差，结果见表 4-7。

对于例 4-1，各处理平均数 q 法多重比较结果见表 4-8。在表 4-8 中，差数 0.9、0.5、1.8、3.9 的秩次距为 2；差数 1.4、2.3、5.7 的秩次距为 3；差数 3.2、6.2 的秩次距为 4；7.1 的秩次距为 5。

表 4-7　q 值与 LSR 值

df_e	秩次距 k	$q_{0.05}$	$q_{0.01}$	$LSR_{0.05}$	$LSR_{0.01}$
15	2	3.01	4.17	1.21	1.68
	3	3.67	4.84	1.48	1.95
	4	4.08	5.25	1.64	2.12
	5	4.37	5.56	1.76	2.24

表 4-8　5 种除杂方法除杂效果多重比较结果（q 法）

除杂方法	$\bar{x}_{i.}$	$\bar{x}_{i.}-21.3$	$\bar{x}_{i.}-25.2$	$\bar{x}_{i.}-27.0$	$\bar{x}_{i.}-27.5$
A_4	28.4	7.1**	3.2**	1.4	0.9
A_2	27.5	6.2**	2.3**	0.5	
A_3	27.0	5.7**	1.8**		
A_1	25.2	3.9**			
A_5	21.3				

将表 4-8 中的均数差数与表 4-7 中相应秩次距 k 下的 LSR 值比较，检验结果标记见表 4-8。检验结果表明，A_4、A_2、A_3 三者之间差异不显著，其余两两均数间差异极显著。

随着秩次距的增加，检验尺度 LSR 值也在增加，从而可以有效地控制犯 I 型错误的概率。

2）*新复极差法*　新复极差法是由邓肯（Duncan）于 1955 年提出，又称 Duncan 法，此法也称 SSR 法（shortest significant range）。

新复极差法与 q 检验法的检验步骤相同，唯一不同的是计算最小显著极差时需查 SSR 表（附表 7）而不是查 q 值表。最小显著极差计算公式为

$$LSR_{\alpha,k} = SSR_{\alpha(df_e,k)} S_{\bar{x}} \tag{4-21}$$

$$S_{\bar{x}} = \sqrt{MS_e / n}$$

根据显著水平 α、误差自由度 df_e、秩次距 k，由 SSR 表查得的临界 $SSR_{\alpha(df_e,k)}$。α=0.05

和 α=0.01 水平下的最小显著极差为

$$LSR_{0.05,k} = SSR_{0.05(df_e,k)} S_{\bar{x}}$$

$$LSR_{0.01,k} = SSR_{0.01(df_e,k)} S_{\bar{x}}$$

对于例 4-1 分析，$S_{\bar{x}}$=0.403，根据 df_e=15，k=2、3、4、5，由附表 7 查出临界 $SSR_{0.05(15,k)}$ 和 $SSR_{0.01(15,k)}$值，乘以 $S_{\bar{x}}$，求得各最小显著极差，见表 4-9。多重比较结果见表 4-10，检验结果为 A_4 与 A_2、A_2 与 A_3 差异不显著，其余方法之间的差异达到显著或极显著水平。

表 4-9 SSR 值与 LSR 值

df_e	秩次距 k	$SSR_{0.05}$	$SSR_{0.01}$	$LSR_{0.05}$	$LSR_{0.01}$
15	2	3.01	4.17	1.21	1.68
	3	3.16	4.37	1.27	1.76
	4	3.25	4.50	1.31	1.81
	5	3.31	4.58	1.33	1.85

表 4-10 5 种除杂方法除杂效果多重比较结果（SSR 法）

除杂方法	$\bar{x}_{i.}$	$\bar{x}_{i.}-21.3$	$\bar{x}_{i.}-25.2$	$\bar{x}_{i.}-27.0$	$\bar{x}_{i.}-27.5$
A_4	28.4	7.1**	3.2**	1.4*	0.9
A_2	27.5	6.2**	2.3**	0.5	
A_3	27.0	5.7**	1.8**		
A_1	25.2	3.9**			
A_5	21.3				

多重比较分析时，当各处理重复数不等时，为简便起见，无论 LSD 法还是 LSR 法，可用式（4-22）计算出各处理的平均重复数 n_0，以代替计算 $S_{\bar{x}_1-\bar{x}_2}$ 或 $S_{\bar{x}}$ 时所需的 n。

$$n_0 = \frac{1}{k-1}\left(\sum n_i - \frac{\sum n_i^2}{\sum n_i}\right) \tag{4-22}$$

式中，k 为试验的处理数，n_i（i=1，2，…，k）为第 i 处理的重复数。

3. 多重比较方法的选择

以上介绍的三种多重比较方法，其检验尺度关系如下：

LSD 法≤新复极差法≤q 检验法

当秩次距 k=2 时，取等号，三种方法检验尺度一致；秩次距 k≥3 时，取小于号。在多重比较中，LSD 法的尺度最小，q 检验法尺度最大，新复极差法尺度居中。一般来讲，一个试验资料，究竟采用哪一种多重比较方法，主要应根据否定一个正确的 H_0 和接受一个不正确的 H_0 的相对重要性来决定。对于试验结论事关重大或有严格要求的，用 q 检验法较为妥当。在生物试验中，由于试验误差较大，常采用新复极差法。

4. 多重比较结果的表示

常用的表示方法有两种。

1）三角形法 此法是将多重比较结果直接标记在平均数多重比较表上，如表 4-6 和表 4-8 所示。此法的优点是简便直观，缺点是占用篇幅较大。

2）标记字母法　此法是先将各处理平均数由大到小自上而下排列；然后在最大平均数后标记字母 a，并将该平均数与以下各平均数依次相比，凡差异不显著标记同一字母，直到某一个与其差异显著的平均数标记字母 b；再以标有字母 b 的平均数为标准，与上方比它大的各个平均数比较，凡差异不显著的一律再加标 b，直至显著为止；再以标记有字母 b 的最大平均数为标准，与下面各未标记字母的平均数相比，凡差异不显著，继续标记字母 b，直至某一个与其差异显著的平均数标记 c……如此重复下去，直至最小一个平均数被标记比较完毕为止。这样，各平均数间凡有一个相同字母的即为差异不显著，凡无相同字母的即为差异显著。这种表示占篇幅小，在科技文献中常见。

对于例 4-1，多重比较结果用字母标记见表 4-11。

表 4-11　5 种除杂方法除杂效果的多重比较结果（SSR 法）

除杂方法	$\bar{x}_{i.}$	差异显著性	
		0.05	0.01
A_4	28.4	a	A
A_2	27.5	ab	A
A_3	27.0	b	A
A_1	25.2	c	B
A_5	21.3	d	C

由表 4-11 可以看出，在 α=0.05 水平下，A_4 与 A_2、A_2 与 A_3 均数间差异不显著，其余均数差异显著；在 α=0.01 水平下，A_4、A_2、A_3 三者均数间差异不显著，其余差异显著。

4.2.5　各处理重复数不等的方差分析

1．偏差平方和与自由度的分解

设试验处理数为 k，若各处理重复数分别为 n_1，n_2，…，n_k，那么试验观测值总数为 $N=\sum_{i=1}^{k} n_i$，则

$$
\begin{aligned}
&C = x_{..}^2 / N \\
&SS_T = \sum\sum x_{ij}^2 - C \\
&SS_t = \sum (x_{i.}^2 / n_i) - C \\
&SS_e = SS_T - SS_t \\
&df_T = N-1 \\
&df_t = k-1 \\
&df_e = df_T - df_t
\end{aligned}
\tag{4-23}
$$

2．多重比较

因为各处理重复数不等，所以先计算出平均重复数 n_0 来代替标准误 $S_{\bar{x}}=\sqrt{MS_e/n}$ 中的 n，即

$$n_0 = \frac{1}{k-1}\left(\sum n_i - \frac{\sum n_i^2}{\sum n_i}\right)$$

【例 4-2】 在食品质量检查中，对 4 种不同品牌腊肉的酸价进行了随机抽样检测，结果见表 4-12，试分析 4 种不同品牌腊肉的酸价有无差异。

表 4-12 4 种品牌腊肉酸价的检测结果

品牌（A_i）	酸价（x_{ij}）								$x_{i.}$	$\bar{x}_{i.}$	n_i
A_1	1.6	1.5	2.0	1.9	1.3	1.0	1.2	1.4	11.9	1.49	8
A_2	1.7	1.9	2.0	2.5	2.7	1.8			12.6	2.10	6
A_3	0.9	1.0	1.3	1.1	1.9	1.6	1.5		9.3	1.33	7
A_4	1.8	2.0	1.7	2.1	1.5	2.5	2.2		13.8	1.97	7
合计									47.6		28

本例处理数 k=4，各处理重复数不等。其方差分析如下：

修正项 $C=x_{..}^2/(kn)=47.6^2/28=80.92$。

（1）计算各项偏差平方和与自由度。

$$SS_T=\sum\sum x_{ij}^2-C=(1.6^2+1.5^2+\cdots+2.5^2+2.2^2)-80.9200$$
$$=5.8800$$
$$SS_t=\sum(x_{i.}^2/n_i)-C$$
$$=(11.9^2/8+12.6^2/6+9.3^2/7+13.8^2/7)-C$$
$$=2.8027$$
$$SS_e=SS_T-SS_t=3.0773$$
$$df_T=N-1=28-1=27$$
$$df_t=k-1=4-1=3$$
$$df_e=df_T-df_t=27-3=24$$

（2）列出方差分析表，进行 F 检验，见表 4-13。

表 4-13 4 个品牌腊肉酸价方差分析表

变异来源	平方和	自由度	均方	F	显著性
品牌间	2.8027	3	0.9342	7.287	**
误差 e	3.0773	24	0.1282		
总变异	5.8800	27			

查临界 F 值，$F_{0.05(3,24)}=3.01$，$F_{0.01(3,24)}=4.72$，因为品牌间 F 值为 F_0=7.287＞$F_{0.01(3,24)}$，故 P＜0.01，表明 4 个品牌腊肉的酸价有极显著差异。

（3）各处理（品牌）平均数的多重比较。

因为各处理重复数不等，应先计算出平均重复数 n_0，即

$$n_0=\frac{1}{k-1}\left(\sum n_i-\frac{\sum n_i^2}{\sum n_i}\right)=\frac{1}{4-1}\left(28-\frac{8^2+6^2+7^2+7^2}{28}\right)=6.9762$$

那么，标准误为

$$S_{\bar{x}} = \sqrt{MS_e / n_0} = \sqrt{0.1282 / 6.9762} = 0.1356$$

根据 df_e=24，秩次距 k =2，3，4，从附表 6 中查出 α=0.05 与 α=0.01 的临界 q 值，计算最小显著极差，所得结果列于表 4-14。

表 4-14　q 值与 LSR 值

df_e	秩次距 k	$q_{0.05}$	$q_{0.01}$	$LSR_{0.05}$	$LSR_{0.01}$
	2	2.92	3.96	0.396	0.537
24	3	3.53	4.55	0.479	0.617
	4	3.90	4.91	0.529	0.666

由表 4-15 多重比较结果表明，A_2与 A_4、A_1与 A_3在 5%水平上差异不显著，但 A_2、A_4与 A_1、A_3在 5%水平上差异显著，即 A_2、A_4的酸价高于 A_1、A_3；A_2、A_4、A_1在 1%上差异不显著，但 A_2、A_4与 A_3差异显著，A_1与 A_3在 1%上差异不显著。

表 4-15　4 个种品牌腊肉酸价多重比较（q 法）

品牌	$\bar{x}_{i.}$	差异显著性	
		α=0.05	α=0.01
A_2	2.10	a	A
A_4	1.97	a	A
A_1	1.49	b	AB
A_3	1.33	b	B

4.3　双因素试验方差分析

在科研和生产实践中，常常需要同时研究两个或两个以上因素对试验结果的影响。例如，研究不同浸提温度和浸提时间对茶叶有效成分提取率的影响，杀菌温度和时间对杀菌效果的影响等，这就要对两个试验因素进行方差分析。对于双因素试验的方差分析，基本思想和方法与单因素试验方法分析相似，前提条件仍然是要满足独立、方差齐性、正态。不同的是在双因素试验中，因素之间有可能存在交互作用对试验结果产生影响。按照是否有重复试验，双因素试验方差分析又分为无重复和有重复两种，下面分别给予介绍。

4.3.1　双因素无重复试验方差分析

某试验要同时考察因素 A 和 B 对试验结果的影响，因素 A 取 A_1，A_2，…，A_a共 a 个水平，因素 B 取 $B_1, B_2, \cdots, B_b$共 b 个水平。A 和 B 两因素的每个水平搭配 A_i $B_j(i=1, 2, \cdots, a;\ j=1, 2, \cdots, b)$ 各进行一次独立试验，共进行 $n=a\times b$ 次试验，试验数据为 x_{ij}（i=1，2，…a；j=1，2，…，b），n 个试验数据如表 4-16 所示。

表 4-16　双因素无重复试验数据及计算表

因素 A	因素 B						$x_{i.}$	$\overline{x}_{i.}$
	B_1	B_2	…	B_j	…	B_b		
A_1	x_{11}	x_{12}	…	x_{1j}	…	x_{1b}	$x_{1.}$	$\overline{x}_{1.}$
A_2	x_{21}	x_{22}	…	x_{2j}	…	x_{2b}	$x_{2.}$	$\overline{x}_{2.}$
⋮	⋮	⋮		⋮		⋮	⋮	⋮
A_i	x_{i1}	x_{i2}	…	x_{ij}	…	x_{ib}	$x_{i.}$	$\overline{x}_{i.}$
⋮	⋮	⋮		⋮		⋮	⋮	⋮
A_a	x_{a1}	X_{a2}	…	x_{aj}	…	x_{ab}	$x_{a.}$	$\overline{x}_{a.}$
$x_{\cdot j}$	$x_{\cdot 1}$	$x_{\cdot 2}$	…	$x_{\cdot j}$	…	$x_{\cdot b}$	$x_{..}$	
$\overline{x}_{\cdot j}$	$\overline{x}_{\cdot 1}$	$\overline{x}_{\cdot 2}$	…	$\overline{x}_{\cdot j}$	…	$\overline{x}_{\cdot b}$		$\overline{x}_{..}$

表中

$$x_{i.}=\sum_{j=1}^{b}x_{ij}\ \ (i=1,\ 2,\cdots,\ a),\quad \overline{x}_{i.}=\frac{1}{b}x_{i.}$$

$$x_{\cdot j}=\sum_{i=1}^{a}x_{ij}\ \ (j=1,\ 2,\cdots,\ b),\quad \overline{x}_{\cdot j}=\frac{1}{a}x_{\cdot j}$$

$$x_{..}=\sum_{i=1}^{a}\sum_{j=1}^{b}x_{ij},\quad \overline{x}_{..}=\frac{1}{ab}x_{..}=\frac{1}{n}x_{..}$$

要求检验 A、B 两因素对试验结果有无显著影响，即检验假设 H_{01}：因素 A 对试验结果无显著影响；H_{02}：因素 B 对试验结果无显著影响。

1. 双因素无重复试验方差分析基本步骤

1）*偏差平方和的分解*　　为了构造检验用的统计量，仿照单因素方差分析方法，先对偏差平方和进行分解。

$$\begin{aligned}SS_T&=\sum_{i=1}^{a}\sum_{j=1}^{b}(x_{ij}-\overline{x}_{..})^2\\&=\sum_{i=1}^{a}\sum_{j=1}^{b}[(x_{ij}-\overline{x}_{i.}-\overline{x}_{\cdot j}+\overline{x}_{..})+(\overline{x}_{i.}-\overline{x}_{..})+(\overline{x}_{\cdot j}-\overline{x}_{..})]^2\\&=\sum_{i=1}^{a}\sum_{j=1}^{b}(x_{ij}-\overline{x}_{i.}-\overline{x}_{\cdot j}+\overline{x}_{..})^2+\sum_{i=1}^{a}\sum_{j=1}^{b}(\overline{x}_{i.}-\overline{x}_{..})^2+\sum_{i=1}^{a}\sum_{j=1}^{b}(\overline{x}_{\cdot j}-\overline{x}_{..})^2\\&\quad+2\sum_{i=1}^{a}\sum_{j=1}^{b}(x_{ij}-\overline{x}_{i.}-\overline{x}_{\cdot j}+\overline{x}_{..})(\overline{x}_{i.}-\overline{x}_{..})+2\sum_{i=1}^{a}\sum_{j=1}^{b}(x_{ij}-\overline{x}_{i.}-\overline{x}_{\cdot j}+\overline{x}_{..})(\overline{x}_{\cdot j}-\overline{x}_{..})\\&\quad+2\sum_{i=1}^{a}\sum_{j=1}^{b}(\overline{x}_{i.}-\overline{x}_{..})(\overline{x}_{\cdot j}-\overline{x}_{..})\end{aligned}$$

不难证明后三项交叉积和为 0，例如：

$$\sum_{i=1}^{a}\sum_{j=1}^{b}(x_{ij}-\overline{x}_{i.}-\overline{x}_{.j}+\overline{x}_{..})(\overline{x}_{i.}-\overline{x}_{..})$$
$$=\sum_{i=1}^{a}[(\overline{x}_{i.}-\overline{x}_{..})\sum_{j=1}^{b}(x_{ij}-\overline{x}_{i.}-\overline{x}_{.j}+\overline{x}_{..})]$$
$$=\sum_{i=1}^{a}\{(\overline{x}_{i.}-\overline{x}_{..})\sum_{j=1}^{b}[(x_{ij}-\overline{x}_{i.})-(\overline{x}_{.j}-\overline{x}_{..})]\}$$
$$=\sum_{i=1}^{a}\{(\overline{x}_{i.}-\overline{x}_{..})\cdot[\sum_{j=1}^{b}(x_{ij}-\overline{x}_{i.})-\sum_{j=1}^{b}(\overline{x}_{.j}-\overline{x}_{..})]\}$$
$$=0$$

所以有

$$\begin{aligned}SS_T&=\sum_{i=1}^{a}\sum_{j=1}^{b}(\overline{x}_{i.}-\overline{x}_{..})^2+\sum_{i=1}^{a}\sum_{j=1}^{b}(\overline{x}_{.j}-\overline{x}_{..})^2+\sum_{i=1}^{a}\sum_{j=1}^{b}(x_{ij}-\overline{x}_{i.}-\overline{x}_{.j}+\overline{x}_{..})^2\\&=b\sum_{i=1}^{a}(\overline{x}_{i.}-\overline{x}_{..})^2+a\sum_{j=1}^{b}(\overline{x}_{.j}-\overline{x}_{..})^2+\sum_{i=1}^{a}\sum_{j=1}^{b}(x_{ij}-\overline{x}_{i.}-\overline{x}_{.j}+\overline{x}_{..})^2\end{aligned}\tag{4-24}$$

令

$$SS_A=b\sum_{i=1}^{a}(\overline{x}_{i.}-\overline{x}_{..})^2\tag{4-25}$$

SS_A 为因素 A 各水平间，即各行间的偏差平方和，反映了因素 A 对试验结果的影响；

令

$$SS_B=a\sum_{j=1}^{b}(\overline{x}_{.j}-\overline{x}_{..})^2\tag{4-26}$$

SS_B 为因素 B 各水平间，即各列间的偏差平方和，反映了因素 B 对试验结果的影响；

令

$$SS_e=\sum_{i=1}^{a}\sum_{j=1}^{b}(x_{ij}-\overline{x}_{i.}-\overline{x}_{.j}+\overline{x}_{..})^2\tag{4-27}$$

SS_e 为误差偏差平方和，反映了试验误差对试验结果的影响大小。

于是式（4-24）可记为

$$SS_T=SS_A+SS_B+SS_e\tag{4-28}$$

可以推出偏差平方和的简化计算公式为

$$\begin{aligned}SS_T&=\sum_{i=1}^{a}\sum_{j=1}^{b}(x_{ij}-\overline{x}_{..})^2\\&=\sum_{i=1}^{a}\sum_{j=1}^{b}(x_{ij}^2-2x_{ij}\overline{x}_{..}+\overline{x}_{..}^2)\\&=\sum_{i=1}^{a}\sum_{j=1}^{b}x_{ij}^2-2(\sum_{i=1}^{a}\sum_{j=1}^{b}x_{ij})\overline{x}_{..}+ab\overline{x}_{..}^2\\&=\sum_{i=1}^{a}\sum_{j=1}^{b}x_{ij}^2-2n\overline{x}_{..}^2+\overline{x}_{..}^2\\&=\sum_{i=1}^{a}\sum_{j=1}^{b}x_{ij}^2-\frac{1}{n}\cdot x_{..}^2=Q_T-C\end{aligned}\tag{4-29}$$

$$
\begin{aligned}
SS_A &= b\sum_{i=1}^{a}(\overline{x}_{i.}-\overline{x}_{..})^2 \\
&= b\sum_{i=1}^{a}(\overline{x}_{i.}^2-2\overline{x}_{i.}\overline{x}_{..}+\overline{x}_{..}^2) \\
&= b\sum_{i=1}^{a}x_{i.}^2-2b\overline{x}_{..}\sum_{i=1}^{a}\overline{x}_{i.}+ab\overline{x}_{..}^2 \\
&= \frac{1}{b}\sum_{i=1}^{a}x_{i.}^2-\frac{1}{n}x_{..}^2=Q_A-C
\end{aligned}
\tag{4-30}
$$

$$
\begin{aligned}
SS_B &= a\sum_{j=1}^{b}(\overline{x}_{.j}-\overline{x}_{..})^2 \\
&= a\sum_{j=1}^{b}(\overline{x}_{.j}^2-2\overline{x}_{.j}\overline{x}_{..}+\overline{x}_{..}^2) \\
&= a\sum_{j=1}^{b}x_{.j}^2-2a\overline{x}_{..}\sum_{j=1}^{b}\overline{x}_{.j}+ab\overline{x}_{..}^2 \\
&= \frac{1}{a}\sum_{j=1}^{b}x_{.j}^2-\frac{1}{n}x_{..}^2=Q_B-C
\end{aligned}
\tag{4-31}
$$

$$SS_e=SS_T-SS_A-SS_B=Q_T-Q_A-Q_B+C \tag{4-32}$$

式中，$C=\frac{1}{n}x_{..}^2$。

2）计算自由度

SS_T 的自由度

$$df_T=ab-1=n-1$$

SS_A 的自由度

$$df_A=a-1 \tag{4-33}$$

SS_B 的自由度

$$df_B=b-1$$

SS_e 的自由度

$$df_e=df_T-df_A-df_B=(a-1)(b-1)$$

3）计算方差　将各偏差平方和除以相应的自由度，可求得各行间、各列间和误差的方差。

行间方差

$$MS_A=SS_A/df_A=\frac{SS_A}{a-1}$$

列间方差

$$MS_B=SS_B/df_B=\frac{SS_B}{b-1} \tag{4-34}$$

误差方差

$$MS_e=SS_e/df_e=\frac{SS_e}{(a-1)(b-1)}$$

4）显著性检验　若假设 H_{01} 为真时，则统计量

$$F_A=\frac{MS_A}{MS_e}=\frac{SS_A/(a-1)}{SS_e/[(a-1)(b-1)]} \tag{4-35}$$

服从自由度为［$a-1$,（$a-1$）（$b-1$）］的 F 分布；假设 H_{02} 为真时，则统计量

$$F_B = \frac{MS_B}{MS_e} = \frac{SS_B/(b-1)}{SS_e/[(a-1)(b-1)]} \tag{4-36}$$

服从自由度为［$b-1$,（$a-1$）（$b-1$）］的 F 分布。因此，利用 F_A 与 F_B 就可以分别对因素 A 和 B 作用的显著性进行检验。对于给定的显著水平 α，在相应自由度下查出 $F_{\alpha(df_A,\ df_e)}$ 和 $F_{\alpha(df_B,\ df_e)}$，若 $F_A > F_{\alpha(df_A,\ df_e)}$，则拒绝 H_{01}，反之，则接受 H_{01}；若 $F_B > F_{\alpha(df_B,\ df_e)}$，则拒绝 H_{02}，反之，则接受 H_{02}。

5）列出方差分析表　　根据上述计算，列出方差分析表，如表 4-17 所示。

表 4-17　双因素无重复试验方差分析表

变异来源	偏差平方和	自由度	均方	F	F_α	显著性
因素 A	SS_A	$df_A = a-1$	$MS_A = SS_A/(a-1)$	$F_A = \frac{MS_A}{MS_e}$	（查表）	
因素 B	SS_B	$df_B = b-1$	$MS_B = SS_B/(b-1)$	$F_B = \frac{MS_B}{MS_e}$		
误差 e	SS_e	$df_e = (a-1)(b-1)$	$MS_e = SS_e/[(a-1)(b-1)]$			
总和	SS_T	$df_T = n-1$				

2. 双因素无重复试验方差分析实例

【例 4-3】 酿造厂有化验员三人，担任发酵曲质量的检验（数据越大，质量越好）。每天从发酵曲中抽样一次进行检验，连续 10 天的检验结果见表 4-18。试分析三名化验员的化验技术以及每天发酵曲的质量有无显著差异。

表 4-18　试验数据及计算表

化验员	日期										$x_{i.}$
	B_1	B_2	B_3	B_4	B_5	B_6	B_7	B_8	B_9	B_{10}	
A_1	10.1	4.7	3.1	3.0	7.8	8.2	7.8	6.0	4.9	3.4	59.0
A_2	10.0	4.9	3.1	3.2	7.8	8.2	7.7	6.2	5.1	3.4	59.6
A_3	10.2	4.8	3.0	3.1	7.8	8.4	7.9	6.1	5.0	3.3	59.6
$x_{.j}$	30.3	14.4	9.2	9.3	23.4	24.8	23.4	18.3	15.0	10.1	$x_{..}$=178.2

（1）提出统计假设。H_{01}：因素 A（化验员）对试验结果无显著影响；H_{02}：因素 B（日期）对试验结果无显著影响。

（2）计算各偏差平方和。由表 4-18 中数据可求得

$$C = \frac{x_{..}^2}{n} = \frac{178.2^2}{3\times 10} = 1058.508$$

$$Q_T = \sum_{i=1}^{3}\sum_{j=1}^{10} x_{ij}^2 = 10.1^2 + 4.7^2 + \cdots + 3.3^2 = 1223.04$$

$$SS_T = Q_T - C = 1223.04 - 1058.508 = 164.532$$

$$Q_A = \frac{1}{10}\sum_{i=1}^{3} x_{i.}^2 = \frac{1}{10}(59.0^2 + 59.6^2 + 59.6^2) = 1058.532$$

$$SS_A = Q_A - C = 1058.532 - 1058.508 = 0.024$$

$$Q_B = \frac{1}{3}\sum_{j=1}^{10} x_{\cdot j}^2 = \frac{1}{3}(30.3^2 + 14.4^2 + \cdots + 10.1^2) = 1222.88$$

$$SS_B = Q_B - C = 1222.88 - 1058.508 = 164.372$$

$$SS_e = SS_T - SS_A - SS_B = 164.532 - 0.024 - 164.372 = 0.136$$

（3）计算自由度和方差。

$$df_A = a - 1 = 2 \qquad df_B = b - 1 = 9 \qquad df_e = (a-1)(b-1) = 18$$

$$MS_A = SS_A / df_A = 0.024/2 = 0.012$$

$$MS_B = SS_B / df_B = 164.372/9 = 18.264$$

$$MS_e = SS_e / df_e = 0.136/18 = 0.00756$$

（4）构造 F 统计量，计算 F 值。

$$F_A = \frac{MS_A}{MS_e} = \frac{0.012}{0.00756} = 1.587$$

$$F_B = \frac{MS_B}{MS_e} = \frac{18.264}{0.00756} = 2415.873$$

（5）列出方差分析表。根据上述计算，列出方差分析表，如表 4-19 所示。

表 4-19 方差分析表

变异来源	偏差平方和	自由度	均方	F	F_α	显著性
因素 A	0.024	2	0.012	1.587	$F_{0.05(2,18)}=3.55$	
因素 B	164.372	9	18.264	2415.873	$F_{0.01(9,18)}=3.60$	**
误差 e	0.136	18	0.00756			
总和	164.532	29				

由于 $F_A = 1.587 < F_{0.05(2,18)} = 3.55$，故认为因素 A 对试验结果无显著影响，即 3 名化验员的分析技术水平无显著差异。

由于 $F_B = 2415.873 > F_{0.01(9,18)} = 3.60$，故认为因素 B 对试验结果有极显著影响，即不同时间发酵曲的质量有极显著差异。

（6）多重比较分析。在双因素无重复观测值试验中，A 因素每一水平的重复数恰为 B 因素的水平数 b，故 A 因素的标准误为 $S_{\bar{x}_{i.}} = \sqrt{MS_e / b}$；同理，$B$ 因素的标准误为 $S_{\bar{x}_{.j}} = \sqrt{MS_e / a}$。

对例 4-3 分析，a=3，MS_e=0.00756，故

$$S_{\bar{x}_{.j}} = \sqrt{MS_e / a} = \sqrt{0.00756/3} = 0.0502$$

根据 df_e=18，秩次距 k=2，3，…，10，查临界 q 值，计算最小显著极差 LSR，见表 4-20。

表 4-20 q 值与 LSR 值

df_e	秩次距 k	$q_{0.05}$	$q_{0.01}$	$LSR_{0.05}$	$LSR_{0.01}$
	2	2.97	4.07	0.15	0.20
18	3	3.61	4.70	0.18	0.24
	4	4.00	5.09	0.20	0.26

续表

df_e	秩次距 k	$q_{0.05}$	$q_{0.01}$	$LSR_{0.05}$	$LSR_{0.01}$
18	5	4.28	5.38	0.21	0.27
	6	4.49	5.60	0.23	0.28
	7	4.67	5.79	0.23	0.29
	8	4.82	5.94	0.24	0.30
	9	4.96	6.08	0.25	0.31
	10	5.07	6.20	0.25	0.31

B 因素各水平均值多重比较结果见表 4-21 和表 4-22。

表 4-21　多重比较结果（q 法）

处理	$\bar{x}_{\cdot j}$	$\bar{x}_{\cdot j}-3.07$	$\bar{x}_{\cdot j}-3.10$	$\bar{x}_{\cdot j}-3.37$	$\bar{x}_{\cdot j}-4.80$	$\bar{x}_{\cdot j}-5.00$	$\bar{x}_{\cdot j}-6.10$	$\bar{x}_{\cdot j}-7.80$	$\bar{x}_{\cdot j}-7.80$	$\bar{x}_{\cdot j}-8.27$
B_1	10.10	7.03**	7.00**	6.73**	5.30**	5.10**	4.00**	2.30**	2.30**	1.83**
B_6	8.27	5.20**	5.17**	4.90**	3.47**	3.27**	2.17**	0.47**	0.47**	
B_5	7.80	4.73**	4.70**	4.43**	3.00**	2.80**	1.70**	0.00		
B_7	7.80	4.73**	4.70**	4.43**	3.00**	2.80**	1.70**			
B_8	6.10	3.03**	3.00**	2.73**	1.30**	1.10**				
B_9	5.00	1.93**	1.90**	1.63**	0.20*					
B_2	4.80	1.73**	1.70**	1.43**						
B_{10}	3.37	0.30**	0.27**							
B_4	3.10	0.03								
B_3	3.07									

表 4-22　多重比较结果

处理	均值 $\bar{x}_{\cdot j}$	5%水平	1%水平
B_1	10.10	a	A
B_6	8.27	b	B
B_5	7.80	c	C
B_7	7.80	c	C
B_8	6.10	d	D
B_9	5.00	e	E
B_2	4.80	f	E
B_{10}	3.37	g	F
B_4	3.10	h	G
B_3	3.07	h	G

由表 4-22 可以看出，除 B_5 与 B_7、B_4 与 B_3 差异不显著，B_2 与 B_9 差异显著外，其余处理间的均值差异极显著，发酵曲的质量最高的是 B_1，最低的是 B_3 和 B_4。

4.3.2　双因素等重复试验方差分析

在进行两个因素或多个因素的试验时，除了要研究每一个因素对试验指标的影响（即主效应）外，往往更希望知道因素之间的交互作用对试验指标的影响情况。例如，通过研究环境温度、湿度、光照、气体成分等环境条件对导致食品腐烂变质的酶和微生物活动的影响有无交互作用，对有效控制酶和微生物活动，保持食品质量有着重要意义。

两个因素无重复观测值试验只适用于两个因素间无交互作用的情况。若两因素间有交互作用，则每个水平组合中只设一个试验单位的试验设计是不正确的或不完善的。这是因为：

①在这种情况下，SS_e、df_e 实际上是 A、B 两因素交互作用平方和与自由度，所算得的 MS_e 是交互作用均方，主要反映由交互作用所引起的变异；②若仍按前述方法进行方差分析，由于误差均方值变大（包含交互作用在内），有可能掩盖试验因素的显著性，从而增大犯Ⅱ型错误的概率；③每个水平组合只有一个观测值，无法估计真正的试验误差，因而不可能对因素的交互作用进行研究。

1. 交互作用

在多因素试验中，某些因素对指标的影响往往是互相制约、互相联系的。即在试验中不仅因素起作用，而且因素间有时联合起来也起作用，称这种联合作用为交互作用。

例如，某农场对 4 块大豆试验田做施肥试验。每块田以不同的方式施以磷肥和氮肥，其产量如表 4-23 所示。

表 4-23 磷肥和氮肥对大豆产量的作用

处理	P_1=0	P_2=4	P_2-P_1
N_1=0	400	450	50
N_2=6	430	560	130
N_2-N_1	30	110	

可以看出，当施氮肥和不施氮肥时，亩施 4kg 纯磷后的增产数量是不同的；当施磷肥和不施磷肥时，亩施 6kg 纯氮后的增产数量也是不同的。若氮肥、磷肥单独作用时增产为 50kg、30kg。但同时施加氮肥和磷肥时，其增产效果并不是 50+30=80kg，而是增产 560−400=160kg，多增加的 80kg 则为氮肥、磷肥交互作用的效果。

2. 双因素等重复试验的方差分析

1）问题的一般提法　某试验因素 A 取 A_1, A_2, …, A_a 共 a 个水平，因素 B 取 B_1, B_2, …, B_b 共 b 个水平。A 和 B 的每种水平搭配 A_iB_j（i=1，2，…，a；j=1，2，…，b）各进行 r 次重复试验，共进行 $n=a\times b\times r$ 次试验，有 n 个试验数据 $x_{ijk}(i=1, 2, \cdots, a;\ j=1, 2, \cdots b;\ k=1, 2, \cdots, r)$，如表 4-24 所示。

表 4-24 双因素等重复试验数据及计算表

因素 A	因素 B						和 $x_{i..}$	平均 $\bar{x}_{i..}$
	B_1	B_2	…	B_j	…	B_b		
A_1	x_{111} x_{112} ⋮ x_{11r}	x_{121} x_{122} ⋮ x_{12r}	… … …	x_{1j1} x_{1j2} ⋮ x_{1jr}	… … …	x_{1b1} x_{1b2} ⋮ x_{1br}	$x_{1..}$	$\bar{x}_{1..}$
A_2	x_{211} x_{212} ⋮ x_{21r}	x_{221} x_{222} ⋮ x_{22r}	… … …	x_{2j1} x_{2j2} ⋮ x_{2jr}	… … …	x_{2b1} x_{2b2} ⋮ x_{2br}	$x_{2..}$	$\bar{x}_{2..}$
⋮	⋮	⋮		⋮		⋮	⋮	⋮
A_i	x_{i11} x_{i12} ⋮ x_{i1r}	x_{i21} x_{i22} ⋮ x_{i2r}	… … …	x_{ij1} x_{ij2} ⋮ x_{ijr}	… … …	x_{ib1} x_{ib2} ⋮ x_{ibr}	$x_{i..}$	$\bar{x}_{i..}$
⋮	⋮	⋮		⋮		⋮	⋮	⋮

续表

因素 A	因素 B						和 $x_{i\cdot\cdot}$	平均 $\overline{x}_{i\cdot\cdot}$
	B_1	B_2	…	B_j	…	B_b		
A_a	x_{a11} x_{a12} ⋮ x_{a1r}	x_{a21} x_{a22} ⋮ x_{a2r}	… … …	x_{aj1} x_{aj2} ⋮ x_{ajr}	 … …	x_{ab1} x_{ab2} ⋮ x_{abr}	$x_{a\cdot\cdot}$	$\overline{x}_{a\cdot\cdot}$
和 $x_{\cdot j\cdot}$	$x_{\cdot 1\cdot}$	$x_{\cdot 2\cdot}$	…	$x_{\cdot j\cdot}$	…	$x_{\cdot b\cdot}$	$x_{\cdots}$	
平均 $\overline{x}_{\cdot j\cdot}$	$\overline{x}_{\cdot 1\cdot}$	$\overline{x}_{\cdot 2\cdot}$	…	$\overline{x}_{\cdot j\cdot}$	…	$\overline{x}_{\cdot b\cdot}$		$\overline{x}_{\cdots}$

表中

$$x_{i\cdot\cdot}=\sum_{j=1}^{b}\sum_{k=1}^{r}x_{ijk} \qquad \overline{x}_{i\cdot\cdot}=\frac{1}{br}x_{i\cdot\cdot}$$

$$x_{\cdot j\cdot}=\sum_{i=1}^{a}\sum_{k=1}^{r}x_{ijk} \qquad \overline{x}_{\cdot j\cdot}=\frac{1}{ar}x_{\cdot j\cdot}$$

$$x_{\cdots}=\sum_{i=1}^{a}\sum_{j=1}^{b}\sum_{k=1}^{r}x_{ijk} \qquad \overline{x}_{\cdots}=\frac{1}{abr}x_{\cdots}=\frac{1}{n}x_{\cdots}$$

要求检验 A、B 主效应及其交互作用 $A\times B$ 对试验结果是否有显著影响，即检验假设 H_{01}：因素 A 无显著影响；H_{02}：因素 B 无显著影响；H_{03}：交互作用 $A\times B$ 无显著影响。

2）双因素等重复试验方差分析步骤

（1）总偏差平方和的分解。

$$\begin{aligned}SS_T&=\sum_{i=1}^{a}\sum_{j=1}^{b}\sum_{k=1}^{r}(x_{ijk}-\overline{x}_{\cdots})^2\\&=\sum_{i=1}^{a}\sum_{j=1}^{b}\sum_{k=1}^{r}[(x_{ijk}-\overline{x}_{ij\cdot})+(\overline{x}_{i\cdot\cdot}-\overline{x}_{\cdots})+(\overline{x}_{\cdot j\cdot}-\overline{x}_{\cdots})+(\overline{x}_{ij\cdot}-\overline{x}_{i\cdot\cdot}-\overline{x}_{\cdot j\cdot}+\overline{x}_{\cdots})]^2\\&=\sum_{i=1}^{a}\sum_{j=1}^{b}\sum_{k=1}^{r}(x_{ijk}-\overline{x}_{ij\cdot})^2+br\sum_{i=1}^{a}(\overline{x}_{i\cdot\cdot}-\overline{x}_{\cdots})^2+ar\sum_{j=1}^{b}(\overline{x}_{\cdot j\cdot}-\overline{x}_{\cdots})^2\\&\quad+r\sum_{i=1}^{a}\sum_{j=1}^{b}(\overline{x}_{ij\cdot}-\overline{x}_{i\cdot\cdot}-\overline{x}_{\cdot j\cdot}+\overline{x}_{\cdots})^2\end{aligned} \tag{4-37}$$

式（4-37）右端第一项为误差平方和 SS_e，反映了重复试验时的误差对试验结果的影响；第二项为因素 A 各水平之间的偏差平方和 SS_A，反映了因素 A 对试验结果的影响；第三项为因素 B 各水平间的偏差平方和 SS_B，反映了因素 B 对试验结果的影响；第四项为因素 A、B 交互作用的偏差平方和 $SS_{A\times B}$，反映了 A 和 B 的交互作用对试验结果的影响。于是式（4-37）可记为

$$SS_T=SS_A+SS_B+SS_e+SS_{A\times B} \tag{4-38}$$

可推出偏差平方和的简化计算公式为

$$\begin{aligned}SS_T&=\sum_{i=1}^{a}\sum_{j=1}^{b}\sum_{k=1}^{r}(x_{ijk}-\overline{x}_{\cdots})^2\\&=\sum_{i=1}^{a}\sum_{j=1}^{b}\sum_{k=1}^{r}x_{ijk}^2-\frac{1}{n}x_{\cdots}^2\\&=Q_T-C\end{aligned} \tag{4-39}$$

$$SS_A = br\sum_{i=1}^{a}(\overline{x}_{i..} - \overline{x}_{...})^2 = \frac{1}{br}\sum_{i=1}^{a}x_{i..}^2 - \frac{1}{n}x_{...}^2 = Q_A - C \tag{4-40}$$

$$SS_B = ar\sum_{j=1}^{b}(\overline{x}_{.j.} - \overline{x}_{...})^2 = \frac{1}{ar}\sum_{j=1}^{b}x_{.j.}^2 - \frac{1}{n}x_{...}^2 = Q_B - C \tag{4-41}$$

$$SS_e = \sum_{i=1}^{a}\sum_{j=1}^{b}\left[\sum_{k=1}^{r}(x_{ijk} - \overline{x}_{ij.})^2\right] = \sum_{i=1}^{a}\sum_{j=1}^{b}\sum_{k=1}^{r}x_{ijk}^2 - \frac{1}{r}\sum_{i=1}^{a}\sum_{j=1}^{b}\left(\sum_{k=1}^{r}x_{ijk}\right)^2 = Q_T - W \tag{4-42}$$

$$SS_{A\times B} = SS_T - SS_A - SS_B - SS_e \tag{4-43}$$

式中，$C = \frac{1}{n}x_{...}^2$，$W = \frac{1}{r}\sum_{i=1}^{a}\sum_{j=1}^{b}\left(\sum_{k=1}^{r}x_{ijk}\right)^2$。

（2）计算自由度和方差。

SS_T 的自由度

$$df_T = n-1$$

SS_A 的自由度

$$df_A = a-1$$

SS_B 的自由度

$$df_B = b-1$$

$SS_{A\times B}$ 的自由度

$$df_{A\times B} = (a-1)(b-1)$$

SS_e 的自由度

$$df_e = ab(r-1)$$

$$df_T = df_A + df_B + df_{A\times B} + df_e \tag{4-44}$$

各因素及其交互作用的方差为

$$\begin{aligned} MS_A &= SS_A / df_A = SS_A / (a-1) \\ MS_B &= SS_B / f_B = SS_B / (b-1) \\ MS_{A\times B} &= SS_{A\times B} / df_{A\times B} = SS_{A\times B} / [(a-1)(b-1)] \\ MS_e &= SS_e / df_e = SS_e / [ab(r-1)] \end{aligned} \tag{4-45}$$

（3）构造 F 统计量，进行显著性检验。

当 H_{01} 为真时，则统计量

$$F_A = \frac{MS_A}{MS_e} = \frac{SS_A/df_A}{SS_e/df_e} \sim F(df_A,\ df_e)$$

假设 H_{02} 为真时，有

$$F_B = \frac{MS_B}{MS_e} = \frac{SS_B/df_B}{SS_e/df_e} \sim F(df_B, df_e)$$

假设 H_{03} 为真时，有

$$F_{A\times B} = \frac{MS_{A\times B}}{MS_e} = \frac{SS_{A\times B}/df_{A\times B}}{SS_e/df_e} \sim F(df_{A\times B}, df_e)$$

因此，对于给定的显著水平 α，在相应自由度下查 F 分布表得出 $F_{\alpha(df_A, df_e)}$、$F_{\alpha(df_B, df_e)}$ 和 $F_{\alpha(df_{A\times B}, df_e)}$。若 $F_A > F_{\alpha(df_A, df_e)}$，则拒绝 H_{01}，反之，则接受 H_{01}；若 $F_B > F_{\alpha(df_B, df_e)}$，则拒绝 H_{02}，反之，则接受 H_{02}；若 $F_{A\times B} > F_{\alpha(df_{A\times B}, df_e)}$，则拒绝 H_{03}，反之，则接受 H_{03}。

（4）列方差分析表。根据上述计算，列出方差分析表，如表 4-25 所示。

表 4-25　双因素等重复试验方差分析表

变异来源	偏差平方和	自由度	均方	F	F_α	显著性
因素 A	SS_A	$df_A = a-1$	$MS_A = SS_A/(a-1)$	$F_A = \frac{MS_A}{MS_e}$	（查表）	
因素 B	SS_B	$df_B = b-1$	$MS_B = SS_B/(b-1)$	$F_B = \frac{MS_B}{MS_e}$		
$A\times B$	$SS_{A\times B}$	$df_{A\times B} = (a-1)(b-1)$	$MS_{A\times B} = SS_{A\times B}/[(a-1)(b-1)]$	$F_{A\times B} = \frac{MS_{A\times B}}{MS_e}$		
误差 e	SS_e	$df_e = ab(r-1)$	$MS_e = SS_e/[ab(r-1)]$			
总和	SS_T	$df_T = n-1$				

3. 双因素等重复试验方差分析实例

【例 4-4】 用 4 种温度（A_1，A_2，A_3，A_4）和 3 种压力（B_1，B_2，B_3）组成试验方案，产品得率资料如表 4-26 所示。试分析温度和压力以及它们的交互作用对产品得率有无显著影响（α=0.05）。

表 4-26　试验数据及计算表

温度 A	压力 B									$x_{i..}$	$\bar{x}_{i..}$
	B_1			B_2			B_3				
A_1	52	43	39	41	47	53	49	38	42	404	44.89
A_2	48	37	39	50	41	30	36	48	47	376	41.78
A_3	34	42	38	36	39	44	37	40	32	342	38.00
A_4	45	58	42	44	46	60	43	56	41	435	48.33
$x_{.j.}$		517			531			509		1557	
$\bar{x}_{.j.}$		43.08			44.25			42.42			43.25

（1）计算各因素偏差平方和。

$$C = \frac{1}{n}x_{...}^2 = \frac{1557^2}{36} = 67340.25$$

$$Q_T = \sum_{i=1}^{4}\sum_{j=1}^{3}\sum_{k=1}^{3} x_{ijk}^2 = 69047$$

$$SS_T = Q_T - C = 69047 - 67340.25 = 1706.75$$

$$Q_A = \frac{1}{3\times 3}\sum_{i=1}^{4} x_{i..}^2 = \frac{1}{9}(404^2 + 376^2 + 342^2 + 435^2) = 67864.56$$

$$SS_A = Q_A - C = 67864.56 - 67340.25 = 524.31$$

$$Q_B = \frac{1}{4\times 3}\sum_{j=1}^{3} x_{.j.}^2 = \frac{1}{12}(517^2 + 531^2 + 509^2) = 67360.92$$

$$SS_B = Q_B - C = 67360.92 - 67340.25 = 20.67$$

$$W = \frac{1}{3}\sum_{i=1}^{4}\sum_{j=1}^{3} x_{ij.}^2 = \frac{1}{3}(134^2 + 141^2 + \cdots + 140^2) = 67939.67$$

$$SS_e = Q_T - W = 69047 - 67939.67 = 1107.33$$

$$SS_{A\times B} = SS_T - SS_A - SS_B - SS_e = 54.44$$

（2）计算自由度和方差。

$$df_T = 36 - 1 = 35 \quad df_A = 4 - 1 = 3 \quad df_B = 3 - 1 = 2$$

$$df_{A\times B} = (4-1)(3-1) = 6 \quad df_e = 4\times 3\times (3-1) = 24$$

$$MS_A = SS_A / df_A = 524.31/3 = 174.77$$

$$MS_B = SS_B / df_B = 20.67/2 = 10.34$$

$$MS_{A\times B} = SS_{A\times B} / df_{A\times B} = 54.44/6 = 9.073$$

$$MS_e = SS_e / df_e = 1107.33/24 = 46.14$$

（3）构造 F 统计量。

$$F_A = \frac{MS_A}{MS_e} = \frac{174.77}{46.14} = 3.788$$

$$F_B = \frac{MS_B}{MS_e} = \frac{10.34}{46.14} = 0.224$$

$$F_{A\times B} = \frac{MS_{A\times B}}{MS_e} = \frac{9.073}{46.14} = 0.197$$

（4）列方差分析表。根据上述计算，列出方差分析表，见表4-27。

表 4-27　方差分析表

变异来源	偏差平方和	自由度	均方	F	F_α	显著性
温度 A	524.31	3	174.77	3.788	$F_{0.05(3,24)} = 3.01$	*
压力 B	20.67	2	10.34	0.224	$F_{0.01(3,24)} = 4.72$	
$A\times B$	54.44	6	9.073	0.197	$F_{0.05(2,24)} = 3.40$	
误差 e	1107.33	24	46.14		$F_{0.05(6,24)} = 2.51$	
总和	1706.75	35				

由于 $F_{0.05(3,24)}=3.01 < F_A=3.788 < F_{0.01(3,24)}=4.72$，因此 $0.01 < P < 0.05$，表明因素 A 对试验结果有显著影响。

由于 $F_B=0.224 < F_{0.05(2,24)}=3.40$；$F_{A\times B}=0.197 < F_{0.05(6,24)}=2.51$，因此 $P>0.05$，表明因素 B 及交互作用 $A\times B$ 对试验结果无显著影响。

4.4 多因素试验方差分析

双因素试验的方差分析方法可以推广到多因素情况，这里以三因素试验为例来说明多因素方差分析过程。在三因素完全等重复试验中，试验因素分别为 A、B、C，其中因素 A 有 a 个水平 A_1，A_2，…，A_a，因素 B 有 b 个水平 B_1，B_2，…，B_b，因素 C 有 c 个水平 C_1，C_2，…，C_c，三个因素的处理组合有 abc 个，每个水平组合各重复 r 次试验，共进行 $n=abcr$ 次试验，试验数据为 x_{ijkl}，$i=1$，2，…，a；$j=1$，2，…，b；$k=1$，2，…，c；$l=1$，2，…，r。数据资料如表 4-28 所示。

表 4-28 三因素等重复试验资料表

A_i	B_j	C_k	重复				和 $x_{ijk.}$
A_1	B_1	C_1	x_{1111}	x_{1112}	…	x_{111r}	$x_{111.}$
		C_2	x_{1121}	x_{1122}	…	x_{112r}	$x_{112.}$
		⋮	⋮	⋮		⋮	⋮
		C_c	x_{11c1}	x_{11c2}	…	x_{11cr}	$x_{11c.}$
	⋮	⋮	⋮	⋮		⋮	⋮
	B_b	C_1	x_{1b11}	x_{1b12}	…	x_{1b1r}	$x_{1b1.}$
		C_2	x_{1b21}	x_{1b22}	…	x_{1b2r}	$x_{1b2.}$
		⋮	⋮	⋮		⋮	⋮
		C_c	x_{1bc1}	x_{1bc2}	…	x_{1bcr}	$x_{1bc.}$
A_2	B_1	C_1	x_{2111}	x_{2112}	…	x_{211r}	$x_{211.}$
		C_2	x_{2121}	x_{2122}	…	x_{212r}	$x_{212.}$
		⋮	⋮	⋮		⋮	⋮
		C_c	x_{21c1}	x_{21c2}	…	x_{21cr}	$x_{21c.}$
	⋮	⋮	⋮	⋮		⋮	⋮
	B_b	C_1	x_{2b11}	x_{2b12}	…	x_{2b1r}	$x_{2b1.}$
		C_2	x_{2b21}	x_{2b22}	…	x_{2b2r}	$x_{2b2.}$
		⋮	⋮	⋮		⋮	⋮
		C_c	x_{2bc1}	x_{2bc2}	…	x_{2bcr}	$x_{2bc.}$
⋮	⋮	⋮	⋮	⋮		⋮	⋮
A_i	B_1	C_1	x_{i111}	x_{i112}	…	x_{i11r}	$x_{i11.}$
		C_2	x_{i121}	x_{i122}	…	x_{i12r}	$x_{i12.}$
		⋮	⋮	⋮		⋮	⋮
		C_c	x_{i1c1}	x_{i1c2}	…	x_{i1cr}	$x_{i1c.}$
	⋮	⋮	⋮	⋮		⋮	⋮
	B_b	C_1	x_{ib11}	x_{ib12}	…	x_{ib1r}	$x_{ib1.}$
		C_2	x_{ib21}	x_{ib22}	…	x_{ib2r}	$x_{ib2.}$
		⋮	⋮	⋮		⋮	⋮
		C_c	x_{ibc1}	x_{ibc2}	…	x_{ibcr}	$x_{ibc.}$
⋮	⋮	⋮	⋮	⋮		⋮	⋮

续表

A_i	B_j	C_k	重复				和 $x_{ijk.}$
A_a	B_1	C_1	x_{a111}	x_{a112}	$\cdots$	x_{a11r}	$x_{a11.}$
		C_2	x_{a121}	x_{a122}	$\cdots$	x_{a12r}	$x_{a12.}$
		$\vdots$	$\vdots$	$\vdots$		$\vdots$	$\vdots$
		C_c	x_{a1c1}	x_{a1c2}	$\cdots$	x_{a1cr}	$x_{a1c.}$
	$\vdots$	$\vdots$	$\vdots$	$\vdots$		$\vdots$	$\vdots$
	B_b	C_1	x_{ab11}	x_{ab12}	$\cdots$	x_{ab1r}	$x_{ab1.}$
		C_2	x_{ab21}	x_{ab22}	$\cdots$	x_{ab2r}	$x_{ab2.}$
		$\vdots$	$\vdots$	$\vdots$		$\vdots$	$\vdots$
		C_c	x_{abc1}	x_{abc2}	$\cdots$	x_{abcr}	$x_{abc.}$
							$x_{....}$

其中

总和与总平均

$$x_{....}=\sum_{i=1}^{a}\sum_{j=1}^{b}\sum_{k=1}^{c}\sum_{l=1}^{r}x_{ijkl}\qquad \overline{x}_{....}=\frac{x_{....}}{abcr}$$

A_i的和与平均

$$x_{i...}=\sum_{j=1}^{b}\sum_{k=1}^{c}\sum_{l=1}^{r}x_{ijkl}\qquad \overline{x}_{i...}=\frac{x_{i...}}{bcr}$$

B_j的和与平均

$$x_{\cdot j\cdot\cdot}=\sum_{i=1}^{a}\sum_{k=1}^{c}\sum_{l=1}^{r}x_{ijkl}\qquad \overline{x}_{\cdot j\cdot\cdot}=\frac{x_{\cdot j\cdot\cdot}}{acr}$$

C_k的和与平均

$$x_{\cdot\cdot k\cdot}=\sum_{i=1}^{a}\sum_{j=1}^{b}\sum_{l=1}^{r}x_{ijkl}\qquad \overline{x}_{\cdot\cdot k\cdot}=\frac{x_{\cdot\cdot k\cdot}}{abr}$$

A_iB_j的和与平均

$$x_{ij..}=\sum_{k=1}^{c}\sum_{l=1}^{r}x_{ijkl}\qquad \overline{x}_{ij..}=\frac{x_{ij..}}{cr}$$

A_iC_k的和与平均

$$x_{i.k.}=\sum_{j=1}^{b}\sum_{l=1}^{r}x_{ijkl}\qquad \overline{x}_{i.k.}=\frac{x_{i.k.}}{br}$$

B_jC_k的和与平均

$$x_{\cdot jk\cdot}=\sum_{i=1}^{a}\sum_{l=1}^{r}x_{ijkl}\qquad \overline{x}_{\cdot jk\cdot}=\frac{x_{\cdot jk\cdot}}{ar}$$

$A_iB_jC_k$的和与平均

$$x_{ijk.}=\sum_{l=1}^{r}x_{ijkl}\qquad \overline{x}_{ijk.}=\frac{x_{ijk.}}{r}$$

在实际计算中用 A_iB_j 的和列为 AB 双向表，用 A_iC_k 的和列为 AC 双向表，用 B_jC_k 的和列为 BC 双向表进行分析计算。

4.4.1　多因素试验方差分析基本步骤

1. 偏差平方和与自由度的剖析

1）偏差平方和分解　　由推导分析，总偏差平方和可分解为

$$SS_T = SS_A + SS_B + SS_C + SS_{A\times B} + SS_{A\times C} + SS_{B\times C} + SS_{A\times B\times C} + SS_e \tag{4-46}$$

式中，SS_A、SS_B、SS_C 分别为因素 A、B、C 的平方和，反映各因素水平变动引起的变异，即各因素的主效应影响；$SS_{A\times B}$、$SS_{A\times C}$、$SS_{B\times C}$ 为三个因素 A、B、C 两两因素间的交互效应引起的平方和，反映了两两因素水平搭配作用对试验结果的影响，即一级交互效应的影响；$SS_{A\times B\times C}$ 为三个因素 A、B、C 的交互效应引起的平方和，即二级交互效应的影响。

各偏差平方和的简化计算如下。

修正项

$$C = \frac{1}{n}\left(\sum_{i=1}^{a}\sum_{j=1}^{b}\sum_{k=1}^{c}\sum_{l=1}^{r} x_{ijkl}\right)^2 = \frac{1}{abcr}x_{....}^2$$

总偏差平方和

$$SS_T = \sum_{i=1}^{a}\sum_{j=1}^{b}\sum_{k=1}^{c}\sum_{l=1}^{r}(x_{ijkl} - \bar{x}_{....})^2 = \sum_{i=1}^{a}\sum_{j=1}^{b}\sum_{k=1}^{c}\sum_{l=1}^{r} x_{ijkl}^2 - C \tag{4-47}$$

A 的偏差平方和

$$SS_A = \sum_{i=1}^{a}\sum_{j=1}^{b}\sum_{k=1}^{c}\sum_{l=1}^{r}(\bar{x}_{i...} - \bar{x}_{....})^2 = \frac{1}{bcr}\sum_{i=1}^{a} x_{i...}^2 - C \tag{4-48}$$

B 的偏差平方和

$$SS_B = \sum_{i=1}^{a}\sum_{j=1}^{b}\sum_{k=1}^{c}\sum_{l=1}^{r}(\bar{x}_{.j..} - \bar{x}_{....})^2 = \frac{1}{acr}\sum_{j=1}^{b} x_{.j..}^2 - C \tag{4-49}$$

C 的偏差平方和

$$SS_C = \sum_{i=1}^{a}\sum_{j=1}^{b}\sum_{k=1}^{c}\sum_{l=1}^{r}(\bar{x}_{..k.} - \bar{x}_{....})^2 = \frac{1}{abr}\sum_{k=1}^{c} x_{..k.}^2 - C \tag{4-50}$$

A_iB_j 的偏差平方和

$$SS_{AB} = \sum_{i=1}^{a}\sum_{j=1}^{b}\sum_{k=1}^{c}\sum_{l=1}^{r}(\bar{x}_{ij..} - \bar{x}_{....})^2 = \frac{1}{cr}\sum_{i=1}^{a}\sum_{j=1}^{b} x_{ij..}^2 - C \tag{4-51}$$

所以 $A\times B$ 交互效应的偏差平方和

$$SS_{A\times B} = \sum_{i=1}^{a}\sum_{j=1}^{b}\sum_{k=1}^{c}\sum_{l=1}^{r}(\bar{x}_{ij..} - \bar{x}_{i...} - \bar{x}_{.j..} + \bar{x}_{....})^2 = SS_{AB} - SS_A - SS_B \tag{4-52}$$

同理

$$SS_{A\times C} = SS_{AC} - SS_A - SS_C,\quad SS_{B\times C} = SS_{BC} - SS_B - SS_C \tag{4-53}$$

$A_iB_jC_k$ 组合的偏差平方和

$$SS_{ABC} = \sum_{i=1}^{a}\sum_{j=1}^{b}\sum_{k=1}^{c}\sum_{l=1}^{r}(\bar{x}_{ijk.} - \bar{x}_{....})^2 = \frac{1}{r}\sum_{i=1}^{a}\sum_{j=1}^{b}\sum_{k=1}^{c} x_{ijk.}^2 - C \tag{4-54}$$

所以 $A\times B\times C$ 交互效应的偏差平方和

$$SS_{A\times B\times C}=SS_{ABC}-SS_A-SS_B-SS_C-SS_{A\times B}-SS_{A\times C}-SS_{B\times C} \tag{4-55}$$

误差平方和

$$SS_e=\sum_{i=1}^{a}\sum_{j=1}^{b}\sum_{k=1}^{c}\sum_{l=1}^{r}(x_{ijkl}-\overline{x}_{ijk.})^2=SS_T-SS_{ABC} \tag{4-56}$$

2）自由度分解

SS_T的自由度

$$df_T=n-1$$

SS_A的自由度

$$df_A=a-1$$

SS_B的自由度

$$df_B=b-1$$

SS_C的自由度

$$df_C=c-1$$

$SS_{A\times B}$的自由度

$$df_{A\times B}=(a-1)(b-1)$$

$SS_{A\times C}$的自由度

$$df_{A\times C}=(a-1)(c-1)$$

$SS_{B\times C}$的自由度

$$df_{B\times C}=(b-1)(c-1)$$

$SS_{A\times B\times C}$的自由度

$$df_{A\times B\times C}=(a-1)(b-1)(c-1)$$

SS_e的自由度

$$df_e=abc(r-1)$$

2. 均方计算

由均方定义，各因素及其交互作用的均方为

$$MS_A=\frac{SS_A}{df_A}=\frac{SS_A}{(a-1)},\quad MS_B=\frac{SS_B}{df_B}=\frac{SS_B}{(b-1)},\quad MS_C=\frac{SS_C}{df_C}=\frac{SS_C}{(c-1)}$$

$$MS_{A\times B}=\frac{SS_{A\times B}}{df_{A\times B}}=\frac{SS_{A\times B}}{(a-1)(b-1)},MS_{A\times C}=\frac{SS_{A\times C}}{df_{A\times C}}=\frac{SS_{A\times C}}{(a-1)(c-1)},MS_{B\times C}=\frac{SS_{B\times C}}{df_{B\times C}}=\frac{SS_{B\times C}}{(b-1)(c-1)}$$

$$MS_{A\times B\times C}=\frac{SS_{A\times B\times C}}{df_{A\times B\times C}}=\frac{SS_{A\times B\times C}}{(a-1)(b-1)(c-1)}$$

$$MS_e=\frac{SS_e}{df_e}=\frac{SS_e}{abc(r-1)} \tag{4-57}$$

3. 列方差分析表，做显著性检验

根据上述计算，列方差分析表，格式如表4-29所示。

表 4-29　三因素完全随机等重复试验方差分析表

变异来源	平方和	自由度	均方	F	显著性
因素 A	SS_A	$a-1$	MS_A	$F_A=\frac{MS_A}{MS_e}$	
因素 B	SS_B	$b-1$	MS_B	$F_B=\frac{MS_B}{MS_e}$	
因素 C	SS_C	$c-1$	MS_C	$F_C=\frac{MS_C}{MS_e}$	
$A\times B$	$SS_{A\times B}$	$(a-1)(b-1)$	$MS_{A\times B}$	$F_{A\times B}=\frac{MS_{A\times B}}{MS_e}$	
$A\times C$	$SS_{A\times C}$	$(a-1)(c-1)$	$MS_{A\times C}$	$F_{A\times C}=\frac{MS_{A\times C}}{MS_e}$	
$B\times C$	$SS_{B\times C}$	$(b-1)(c-1)$	$MS_{B\times C}$	$F_{B\times C}=\frac{MS_{B\times C}}{MS_e}$	
$A\times B\times C$	$SS_{A\times B\times C}$	$(a-1)(b-1)(c-1)$	$MS_{A\times B\times C}$	$F_{A\times B\times C}=\frac{MS_{A\times B\times C}}{MS_e}$	
误差 e	SS_e	$abc(r-1)$	MS_e		
总和	SS_T	$abcr-1$			

经 F 检验若显著，用 SSR 法或 q 法进行各处理均数的多重比较时，A 因素各水平的重复数为 bcr，故 A 因素各水平的标准误（记为 $S_{\bar{x}_{i\ldots}}$）的计算公式为 $S_{\bar{x}_{i\ldots}}=\sqrt{MS_e/bcr}$；同理，$B$ 因素各水平的标准误为 $S_{\bar{x}_{.j..}}=\sqrt{MS_e/acr}$，$C$ 因素各水平的标准误为 $S_{\bar{x}_{..k.}}=\sqrt{MS_e/abr}$；$AB$ 各组合重复数为 cr，其标准误为 $S_{\bar{x}_{ij..}}=\sqrt{MS_e/cr}$，同理可计算 AC、BC 各组合的标准误分别为 $\sqrt{MS_e/br}$、$\sqrt{MS_e/ar}$；ABC 各组合重复数为 r，故其标准误为 $\sqrt{MS_e/r}$。

4.4.2　多因素试验方差分析实例

【例 4-5】 某种水果发酵饮料的香气评分与工艺参数因素 A（A_1、A_2）、因素 B（B_1、B_2）、因素 C（C_1、C_2、C_3）有关，每个处理组合重复 3 次试验，试验结果见表 4-30，试做方差分析。

表 4-30　水果发酵饮料香气评分试验结果

处理			重复 1	重复 2	重复 3	和 $x_{ijk.}$
A_1	B_1	C_1	12	14	13	39
		C_2	12	11	11	34
		C_3	10	9	9	28
	B_2	C_1	10	9	9	28
		C_2	9	9	8	26
		C_3	6	6	7	19

续表

处理			重复			和 $x_{ijk.}$
			1	2	3	
A_2	B_1	C_1	3	2	4	9
		C_2	4	3	4	11
		C_3	7	6	7	20
	B_2	C_1	2	2	3	7
		C_2	3	4	5	12
		C_3	5	7	7	19
			83	82	87	252

为方便分析，首先计算各因素偏差平方和，将数据整理成 *AB*、*AC*、*BC* 双向表，结果如表 4-31 所示。

表 4-31　双因素双向表

（1）*AB* 双向表（$x_{ij..}$）

	B_1	B_2	$x_{i...}$
A_1	1 1	73	174
A_2	40	38	78
$x_{.j..}$	141	111	252

（2）*AC* 双向表（$x_{i.k.}$）

	C_1	C_2	C_3	$x_{i...}$
A_1	67	60	47	174
A_2	16	23	39	78
$x_{..k.}$	83	83	86	252

（3）*BC* 双向表（$x_{.jk.}$）

	C_1	C_2	C_3	$x_{.j..}$
B_1	48	45	48	141
B_2	35	38	38	111
$x_{..k.}$	83	83	86	252

根据式（4-47）～式（4-56）计算偏差平方和。

$$C=\frac{1}{abcr}x_{....}^2=\frac{252^2}{2\times2\times3\times3}=1764.00$$

$$SS_T=\sum_{i=1}^{a}\sum_{j=1}^{b}\sum_{k=1}^{c}\sum_{l=1}^{r}x_{ijkl}^2-C=12^2+14^2+13^2+\cdots+7^2-C=396.00$$

$$SS_A=\frac{1}{bcr}\sum_{i=1}^{a}x_{i...}^2-C=\frac{1}{2\times3\times3}(174^2+78^2)-C=256.00$$

$$SS_B=\frac{1}{acr}\sum_{j=1}^{b}x_{.j..}^2-C=\frac{1}{2\times3\times3}(141^2+111^2)-C=25.00$$

$$SS_C=\frac{1}{abr}\sum_{k=1}^{c}x_{..k.}^2-C=\frac{1}{2\times2\times3}(83^2+83^2+86^2)-C=0.50$$

AB 的偏差平方和

$$SS_{AB}=\frac{1}{cr}\sum_{i=1}^{a}\sum_{j=1}^{b}x_{ij..}^2-C=\frac{1}{3\times3}(101^2+73^2+40^2+38^2)-C=299.78$$

所以 $A\times B$ 交互效应的平方和

$$SS_{A\times B}=SS_{AB}-SS_A-SS_B=299.78-256.00-25.00=18.78$$

同理可计算

$$SS_{A\times C}=\frac{1}{2\times 3}(67^2+60^2+\cdots+39^2)-C-256.00-0.50=80.17$$

$$SS_{B\times C}=\frac{1}{2\times 3}(48^2+45^2+\cdots+38^2)-C-25.00-0.50=1.50$$

ABC 组合（处理）的平方和

$$SS_{ABC}=\frac{1}{r}\sum_{i=1}^{a}\sum_{j=1}^{b}\sum_{k=1}^{c}x_{ijk.}^2-C=\frac{1}{3}(39^2+34^2+\cdots+19^2)-C=382.00$$

所以 $A\times B\times C$ 交互效应的平方和

$$\begin{aligned}SS_{A\times B\times C}&=SS_{ABC}-SS_A-SS_B-SS_C-SS_{A\times B}-SS_{A\times C}-SS_{B\times C}\\&=382.00-256.00-25.00-0.50-18.78-80.17-1.50=0.05\end{aligned}$$

误差平方和

$$SS_e=SS_T-SS_{ABC}=396.00-382.00=14.00$$

由上述计算，方差分析结果如表 4-32 所示。

表 4-32　水果发酵饮料香气评分试验结果方差分析表

变异来源	平方和	自由度	均方	F	显著性
A	256.00	1	256.00	441.38	**
B	25.00	1	25.00	43.10	**
C	0.50	2	0.25	0.43	
$A\times B$	18.78	1	18.78	32.38	**
$A\times C$	80.17	2	40.08	69.10	**
$B\times C$	1.50	2	0.75	1.29	
$A\times B\times C$	0.05	2	0.03	0.05	
误差 e	14.00	24	0.58		
总变异	396.00	35			

注：$F_{0.05(1,24)}=4.26$，$F_{0.01(1,24)}=7.82$，$F_{0.05(2,24)}=3.40$，$F_{0.01(2,24)}=5.61$

方差分析表明，因素 A、因素 B、$A\times B$ 交互作用、$A\times C$ 交互作用对发酵饮料香气评分结果有极显著影响，因素 C、$B\times C$ 交互作用、$A\times B\times C$ 交互作用的影响不显著，优化组合条件为 $A_1B_1C_1$。进一步多重比较参见有关统计书籍。

多因素全面试验的优点在于不仅分析主效应，还可分析各种交互作用的影响；另外试验结论较全面、可靠。然而，多因素试验随着试验因素及其水平的增多，处理数急剧增大，不但分析麻烦，而且使试验误差难以控制。所以，一般要求处理数不超过 20 个。如果在试验前，根据以往的经验，已知多因素高级交互效应可以忽略不计时，那么在每个水平组合下只需做一次试验即可，否则每个水平组合至少要重复 2 次试验。通常对于多因素试验，可以考虑采用部分析因试验（如正交试验、均匀试验等），也可考虑用组合试验设计、旋转试验设计等。

由以上讨论分析可以看出，多因素试验方差分析的计算工作量随着因素、水平的增多而增大，所以可借助譬如 SAS、SPSS、Minitab 等统计软件上的一般线性模型模块（GLM）来完成分析。

4.5 数 据 转 换

试验资料进行方差分析时需要满足基本前提或基本假定。如果在方差分析前发现有某些异常的观测值、处理或单位组，只要不属于研究对象本身的原因，在不影响分析正确性的条件下应加以删除。但是，有些资料就其性质来说不符合方差分析的基本假定。其中最常见的一种情况是处理平均数和均方有一定关系［如二项分布资料，平均数 $\mu=np$，均方 $\sigma^2=np(1-p)$；泊松分布资料的平均数与方差相等］。对这类资料不能直接进行方差分析，而应考虑采用非参数方法分析或进行适当数据转换（transformation of data）后再进行方差分析。这里介绍几种常用的数据转换方法。

4.5.1 平方根转换

平方根转换（square root transformation）适用于各组均方与其平均数之间有某种比例关系的资料，尤其适用于总体呈泊松分布的资料。转换的方法是求出原数据的平方根 $\sqrt{x}$。若原观测值中有为 0 的数或多数观测值小于 10，则把原数据变换成 $\sqrt{x+1}$，对于稳定均方，使方差符合同质性的作用更加明显。变换也有利于满足效应可加性和正态性的要求。

4.5.2 对数转换

对数转换（logarithmic transformation）是在各组数据的标准差或全距与其平均数大体成比例，或者效应为相乘性或非相加性时，将原数据变换为对数（lg$x$ 或 ln$x$）后，可以使方差变成比较一致而且使效应由相乘性变成相加性。

如果原数据包括 0，可以采用 lg（x+1）变换的方法。

一般而言，对数转换对于削弱大变数的作用要比平方根转换更强。例如，变数 1、10、100 做平方根转换是 1、3.16、10，做对数转换则是 0、1、2。

4.5.3 反正弦转换

反正弦转换（arcsine transformation）也称角度转换。此法适用于如发病率、感染率、病死率、受胎率等服从二项分布的资料。转换的方法是求出每个原数据（用百分数或小数表示）的反正弦 $\arcsin\sqrt{p}$，转换后的数值是以度为单位的角度。二项分布的特点是其方差与平均数有着函数关系，这种关系表现在，当平均数接近极端值（即接近于 0 和 100%）时，方差趋向于较小；而平均数处于中间数值附近（50%左右）时，方差趋向于较大。把数据变成角度以后，接近于 0 和 100%的数值变异程度变大，因此使方差较为增大，这样有利于满足方差同质性的要求。通常若数据资料中的百分数为 30%～70%时，可以不必转换，直接进行方差分析。

应当注意的是，在对转换后的数据进行方差分析时，若经检验差异显著，则进行平均数的多重比较时应用转换后的数据进行计算，但在解释分析最终结果时，应还原为原来的数值。

【例 4-6】 表 4-33 为甲、乙、丙三个地区乳牛隐性乳房炎阳性率资料，试对资料进行方差分析。

表 4-33 三地区乳牛隐性乳房炎阳性率（%）

地区	阳性率						
甲	94.3	64.1	47.7	43.6	50.4	80.5	57.8
乙	26.7	9.4	42.1	30.6	40.9	18.6	40.9
丙	18.0	35.0	20.7	31.6	26.8	11.4	19.7

这是一个服从二项分布的阳性率资料，且有低于 30%和高于 70%的，应先对阳性率资料做反正弦转换，转换结果见表 4-34。

表 4-34 表 4-33 资料的反正弦转换值

地区	$x=\arcsin\sqrt{p}$				$x_{i.}$	$\bar{x}_{i.}$	还原/%
甲	76.19	53.19	43.68	41.32	372.89	53.27	64.2
	45.23	63.79	49.49				
乙	31.11	17.85	40.45	33.58	228.06	32.58	29.0
	39.76	25.55	39.76				
丙	25.10	36.27	27.06	34.20	199.89	28.56	22.8
	31.18	19.73	26.35				
合计					800.84		

注：百分数做反正弦转换 Excel 计算公式为 $y=\text{ASIN}\left(\sqrt{\frac{p}{100}}\right)\times 180\Big/\pi$

对表 4-34 数据进行方差分析，结果见表 4-35。

表 4-35 表 4-34 资料的方差分析

变异来源	偏差平方和	自由度	均方	F	显著性
地区间	2461.8228	2	1230.9114	14.03	**
误差 e	1579.4927	18	87.7500		
总和	4041.3155	20			

F 检验结果表明，各地区间乳牛隐性乳房炎阳性率差异极显著，进一步做多重比较。因 $S_{\bar{x}}=\sqrt{87.7500/7}=3.54$，$df_e=18$，所以 SSR 值、LSR 值见表 4-36。多重比较结果见表 4-37。

表 4-36 SSR 值与 LSR 值

df_e	秩次距 k	$SSR_{0.05}$	$SSR_{0.01}$	$LSR_{0.05}$	$LSR_{0.01}$
18	2	2.97	4.07	10.51	14.41
	3	3.12	4.27	11.04	15.12

表 4-37 表 4-34 资料平均数多重比较结果（SSR 法）

地区	平均数 $\bar{x}_{i.}$	$\bar{x}_{i.}-28.56$	$\bar{x}_{i.}-32.58$
甲	53.27	24.71^{**}	20.69^{**}
乙	32.58	4.02	
丙	28.56		

对最终结论做解释时，应将各组平均数还原为阳性率，如表 4-37 中平均数 53.27 根据 $P=(\sin x)^2$，还原为 64.2%；均数 32.58 还原为 29.0%；均数 28.56 还原为 22.8%。但由变换过的数据所算出的方差或标准差不宜再换回原来的数据。检验结果表明，甲地区乳牛隐性乳房炎阳性率极显著高于丙地区和乙地区，乙地区与丙地区阳性率差异不显著。

以上介绍了三种数据转换常用方法。对于一般非连续性的数据，最好在方差分析前先检查各处理平均数与相应处理内均方是否存在相关性和各处理均方间的变异是否较大。如果存在相关性，或者变异较大，则应考虑对数据进行变换。有时要确定适当的转换方法并不容易，可事先在试验中选取几个平均数为大、中、小的处理试验做转换。哪种方法能使处理平均数与其均方的相关性最小，哪种方法就是最合适的转换方法。另外，还有一些别的转换方法可以考虑。例如，当各处理标准差与其平均数的平方成比例时，可进行倒数转换（reciprocal transformation）；对于一些分布明显偏态的二项分布资料，进行 $x=(\arcsin\sqrt{p})^{1/2}$ 的转换，可使 x 呈良好的正态分布。

4.6　SPSS 软件在方差分析中的应用

4.6.1　单因素试验方差分析

【例 4-7】 以例 4-1 为例，采用 SPSS 软件完成单因素方差分析。

1. 操作步骤

（1）打开 SPSS 软件，在“变量视图”中定义变量，即“除杂方法”和“除杂量”，如图 4-1 所示。

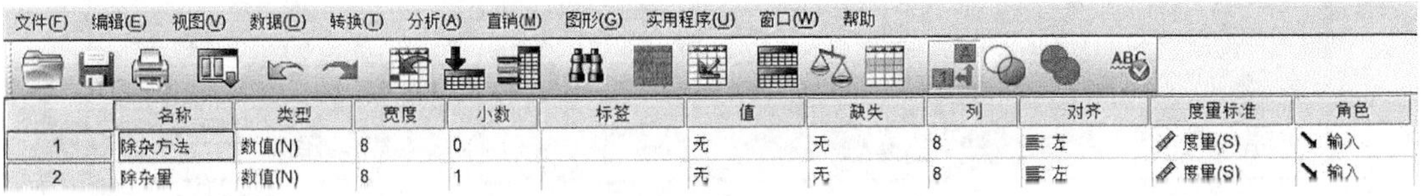

图 4-1　定义变量

（2）输入数据。按格式要求输入数据，如图 4-2 所示。

（3）点击“分析→比较均值→单因素 ANOVA”，进入“单因素方差分析”主对话框，如图 4-2 和图 4-3 所示。

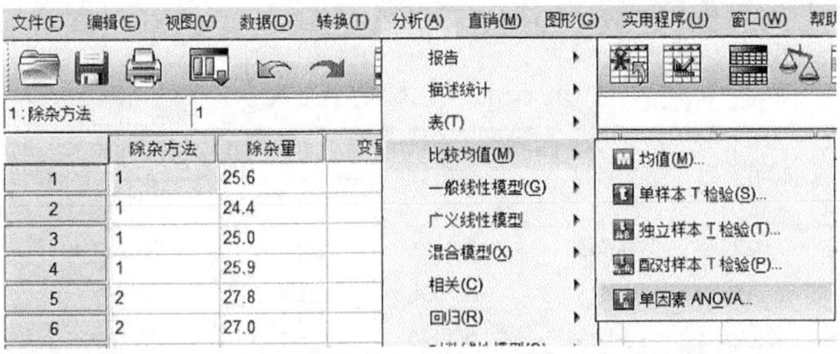

图 4-2　SPSS 软件单因素分析数据输入编辑窗口

（4）将变量名“除杂量”选入“因变量列表”，“除杂方法”选入“因子”内，如图 4-3 所示。

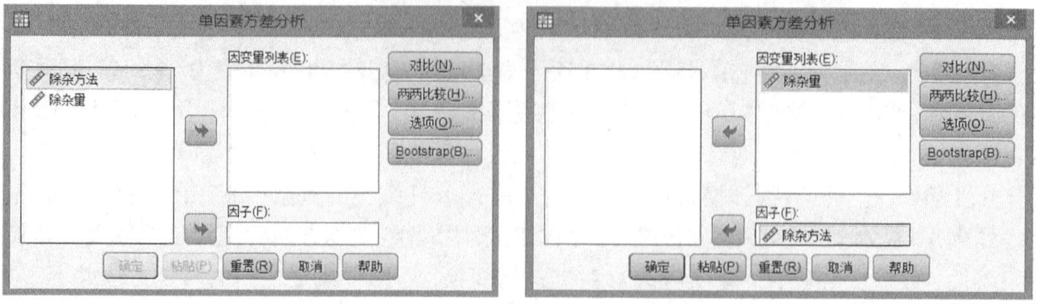

图 4-3 “单因素方差分析”主对话框

（5）点击“两两比较”按钮，打开“两两比较”对话框，进行多重比较方法的设置。本例选择“LSD”“Duncan”方法，差异检验时显著水平 α 默认为 0.05，也可选择 0.01，然后单击“继续”返回，如图 4-4 所示。

（6）点击图 4-3“选项”按钮，打开“选项”对话框，如图 4-5 所示。选择“描述性”和“方差同质性检验”，然后点击“继续”按钮返回。

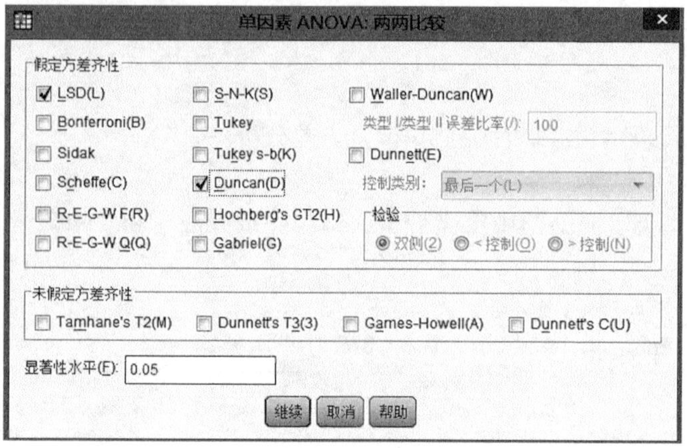

图 4-4 “两两比较”对话框

图 4-5 “选项”对话框

（7）点击“确定”完成单因素试验数据的方差分析。整理统计结果见表 4-38～表 4-41。

2. 结果分析

表 4-38 是 5 种除杂方法除杂量的统计表，包括测量次数、平均数、标准差和标准误、均值的 95%置信区间、最小值和最大值。

表 4-38　基本统计结果

除杂方法	N	均值	标准差	标准误	均值的 95%置信区间		最小值	最大值
					下限	上限		
A_1	4	25.225	0.6652	0.3326	24.167	26.283	24.4	25.9
A_2	4	27.450	0.5260	0.2630	26.613	28.287	27.0	28.0
A_3	4	27.025	0.8057	0.4029	25.743	28.307	25.9	27.7
A_4	4	28.425	1.2420	0.6210	26.449	30.401	27.3	29.9
A_5	4	21.250	0.5745	0.2872	20.336	22.164	20.6	22.0
总数	20	25.875	2.6970	0.6031	24.613	27.137	20.6	29.9

表 4-39 为单因素方差分析表，其中“组间”为因素 A，“组内”为误差 e，“F”为 F 值。由于实际计算的差异显著性概率为 0.000，小于 0.01，表明 5 种除杂方法的除杂量即除杂效果有极显著差异。

表 4-39 方差分析

变异来源	平方和	自由度	均方	F	显著性概率
组间	128.475	4	32.119	49.553	0.000
组内	9.723	15	0.648		
总和	138.197	19			

在 F 值和自由度已知的情况下，通过比较 F 值判断差异的显著性。由 $df_1=4$，$df_2=15$ 和显著水平 $\alpha=0.01$ 查附表得临界 F 值 $F_{0.01(4,\ 15)}=4.89$。由于计算得到的 $F=49.553>F_{0.01(4,\ 15)}$，故 $P<0.01$，应拒绝 H_0，接受 H_A，说明 5 种除杂方法的除杂量有极显著差异。

表 4-40 为 LSD 法多重比较检验结果。“均值差”一列对应数据的右上角有“*”的表示该数据对应的两组均值之间有显著差异。由表 4-40 可以看出，除第 2 种和第 3 种、第 2 种和第 4 种除杂方法间差异不显著外，其余除杂方法间两两存在显著差异。

表 4-40 LSD 法多重比较结果

（I）除杂方法	（J）除杂方法	均值差（I–J）	显著性概率
1	2	−2.2250*	0.001
	3	−1.8000*	0.006
	4	−3.2000*	0.000
	5	3.9750*	0.000
2	1	2.2250*	0.001
	3	0.4250	0.467
	4	−0.9750	0.107
	5	6.2000*	0.000
3	1	1.8000*	0.006
	2	−0.4250	0.467
	4	−1.4000*	0.027
	5	5.7750*	0.000
4	1	3.2000*	0.000
	2	0.9750	0.107
	3	1.4000*	0.027
	5	7.1750*	0.000
5	1	−3.9750*	0.000
	2	−6.2000*	0.000
	3	−5.7750*	0.000
	4	−7.1750*	0.000

表 4-41 为 Duncan 法多重比较检验结果，平均数不在一列的表明二者间差异显著。结果显示，除第 2 种和第 3 种、第 2 种和第 4 种除杂方法差异不显著外，其余除杂方法间均存在显著差异，这与 LSD 法的分析结果是一致的。字母标记结果见表 4-42。

表 4-41　Duncan 法多重比较结果

除杂方法	N	$\alpha=0.05$ 的子集			
		1（d）	2（c）	3（b）	4（a）
5	4	21.250			
1	4		25.225		
3	4			27.025	
2	4			27.450	27.450
4	4				28.425
Sig.		1.000	1.000	0.467	0.107

注：Sig.为 significance，意为“显著性概率”，其对应的值为统计出的 P 值，下同

表 4-42　Duncan 法多重比较结果字母标记

除杂方法	均值
A_5	21.250d
A_1	25.225c
A_3	27.025b
A_2	27.450ab
A_4	28.425a

注：同列有不同字母的表示有显著差异

4.6.2　双因素无重复试验方差分析

【例 4-8】 某企业有化验员 3 人，负责该企业牛奶酸度（°T）的检验，每天抽样一次进行检验，连续 10 天的检验结果见表 4-43。试分析 3 名化验员的化验技术以及 10 天牛奶酸度有无显著差异。

表 4-43　3 名化验员测定 10 天牛奶的酸度结果

化验员	时间									
	B_1	B_2	B_3	B_4	B_5	B_6	B_7	B_8	B_9	B_{10}
A_1	11.71	10.81	12.39	12.56	10.64	13.26	13.34	12.67	11.27	12.68
A_2	11.78	10.70	12.50	12.35	10.32	12.93	13.81	12.48	11.60	12.65
A_3	11.61	10.75	12.40	12.41	10.72	13.10	13.58	12.88	11.46	12.94

1. 操作步骤

（1）打开 SPSS 软件，定义变量，输入数据，如图 4-6 所示。

（2）点击“分析→一般线性模型→单变量”，进入“单变量”对话框，如图 4-7 所示。将左边“酸度”选入右边“因变量列表”，“化验员”、“时间”选入“固定因子”。

（3）点击“单变量”对话框中“模型”，打开“单变量：模型”子对话框，如图 4-8 所示。在此对话框中选择“设定”，中间的选择框选择“主效应”（main effects），将左边“时间”和“化验员”选入右侧栏中，然后点击“继续”，返回到“单变量”对话框。

图 4-6　SPSS 软件方差分析数据输入编辑窗口

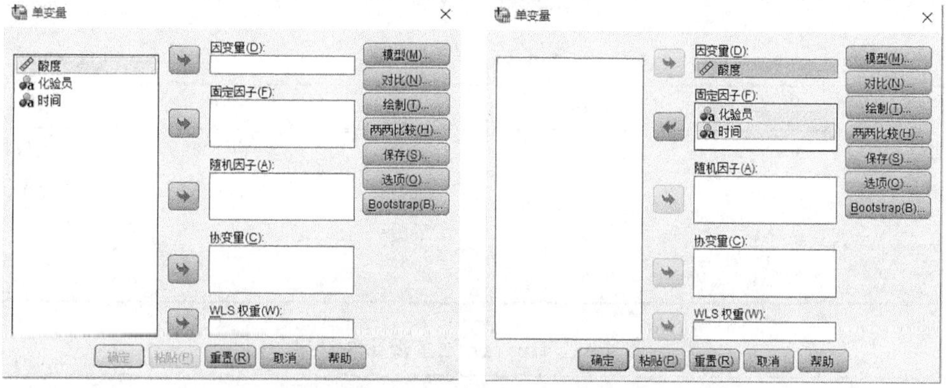

图 4-7　“单变量”对话框

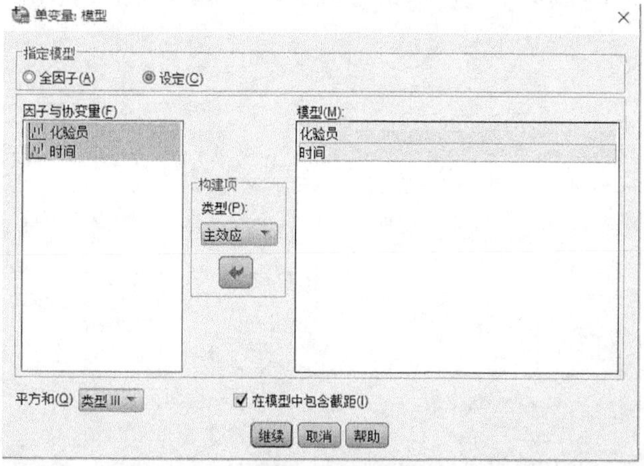

图 4-8 “单变量：模型”子对话框

（4）点击“单变量”对话框中“两两比较”，如图 4-9 所示。将左栏中“时间”和“化验员”选入右栏中，再勾选“Duncan”，然后点击“继续”返回到“单变量”对话框。

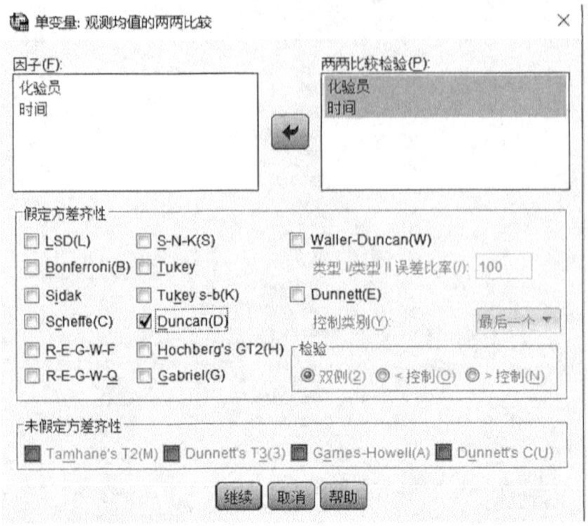

图 4-9 “单变量：两两比较”子对话框

（5）点击“确定”，完成设置，输出统计分析结果，见表 4-44 和表 4-45。

表 4-44　方差分析

变异来源	平方和	自由度	均方	F	显著性概率
化验员 A	0.028	2	0.014	0.548	0.587
时间 B	26.759	9	2.973	115.452	0.000
误差 e	0.464	18	0.026		
总和	27.251	29			

表 4-45　Duncan 法多重比较结果

时间	N	1	2	3	4	5	6
B_5	3	10.5600					
B_2	3	10.7533					
B_9	3		11.4433				
B_1	3		11.7000				
B_3	3			12.4300			
B_4	3			12.4400			
B_8	3			12.6767	12.6767		
B_{10}	3				12.7567		
B_6	3					13.0967	
B_7	3						13.5767
Sig.		0.157	0.066	0.090	0.549	1.000	1.000

2. 结果分析

由表 4-44 可知，时间的 P=0.000＜0.01，表明不同时间的牛奶酸度有极显著差异，化验员的 P=0.587，表明三名化验员化验技能没有显著差异。

表 4-45 结果显示，第 5 天和第 2 天，第 9 天和第 1 天，第 3、4 天和第 8 天，第 8 天和第 10 天的牛奶酸度没有显著差异，其余两两之间均具有显著差异。

4.6.3 双因素有重复试验方差分析

【例 4-9】 某企业使用了 4 种原料、3 种热处理温度加工某种风味食品。对于每种原料与每种热处理温度的组合重复试验两次，产品风味得分结果见表 4-46，数据按要求格式输入，如图 4-10 所示。试分析原料、处理温度及两者交互作用对产品风味得分是否有显著的影响。

表 4-46 双因素有重复试验结果

原料 A	温度/℃					
	B_1		B_2		B_3	
A_1	58.2	52.6	56.2	41.2	65.3	60.8
A_2	49.1	42.8	54.1	50.5	51.6	48.4
A_3	60.1	58.3	70.9	73.2	39.2	40.7
A_4	75.8	71.5	58.2	51.0	48.7	41.4

1. 操作步骤

（1）打开 SPSS 软件，定义变量，输入数据，如图 4-10 所示。

图 4-10 SPSS 软件方差分析数据输入编辑窗口

（2）点击“分析→一般线性模型→单变量”，如图 4-10 所示，进入“单变量”对话框，如图 4-11 所示。

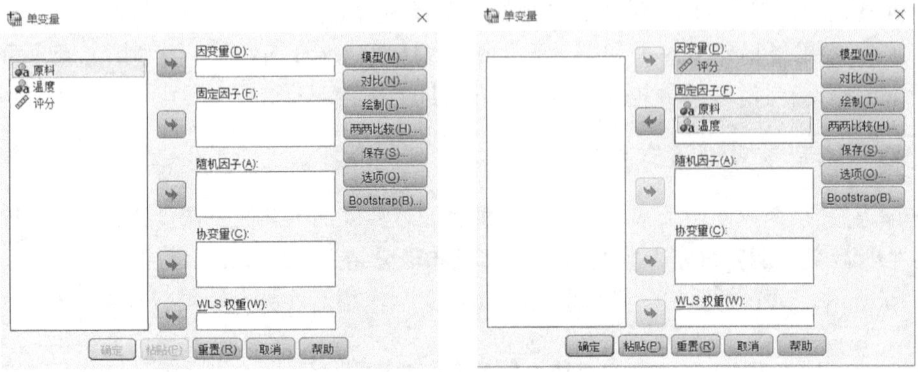

图 4-11 “单变量”对话框

（3）将左边“评分”变量选入右边“因变量”，“温度”和“原料”选入“固定因子”，如图 4-11 所示。

（4）点击“单变量”对话框中的“模型”，打开“单变量：模型”子对话框，如图 4-12 所示。在此对话框中选择“设定”，将左栏“温度”和“原料”选入右侧栏中，再将左栏“温度”和“原料”同时选中，中间的选择框选择“交互”，通过箭头使二者交互作用“原料*温度”出现在右栏中，然后点击“继续”，返回到“单变量”对话框。也可在“单变量：模型”子对话框中直接选择“全因子”，以分析所有因素主效应及各级交互作用。

（5）点击“单变量”对话框中的“两两比较”，如图 4-13 所示。将左栏中“温度”和“原料”选入右栏中，再勾选“Duncan”，然后点击“继续”返回到“单变量”对话框。

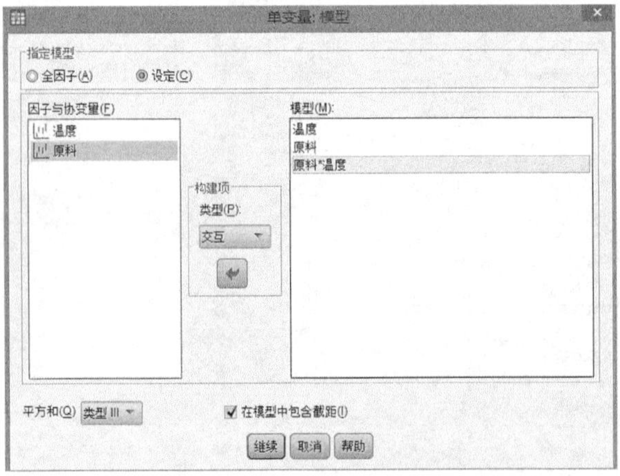

图 4-12 “单变量：模型”子对话框

图 4-13 “单变量：两两比较”子对话框

（6）点击“确定”，完成设置，输出统计分析结果。

2. 结果分析

方差结果分析见表 4-47。由表中结果可知，原料对该食品评分有显著影响（$P_{原料}$=0.026），温度以及温度和原料之间的交互作用的影响达到极显著水平（$P_{温度}$=0.004，$P_{温度×原料}$=0.000）。对影响显著的因子还需做各处理（水平组合）均数间的多重比较。

表 4-47 方差分析

变异来源	平方和	自由度	均方	F	显著性概率
原料 A	261.675	3	87.225	4.417	0.026
温度 B	370.981	2	185.490	9.394	0.004
A×B	1768.692	6	294.782	14.929	0.000
误差 e	236.950	12	19.746		
总计	2638.298	23			

表 4-48 是原料和温度对该食品评分主效应的多重比较结果。可以看出，原料 A_2 和其他原料之间具有显著差异，而 A_1、A_3、A_4 相互之间差异不显著；温度 B_3 与 B_1、B_2 间存在显著差异，而 B_2、B_1 之间的差异不显著。通常，当 A、B 两个因素的交互作用显著时，不必进行两个因素的主效应分析（因为此时主效应的显著性在实用意义上并不重要），而是直接进行各个水平组合平均数的多重比较，选出最优水平组合。

表 4-48 原料、温度对该食品评分影响的 Duncan 法多重比较结果

原料	N	子集		温度	N	子集	
		1	2			1	2
A_2	6	49.417		B_3	8	49.513	
A_1	6		55.717	B_2	8		56.912
A_3	6		57.067	B_1	8		58.550
A_4	6		57.767	Sig.		1.000	0.475
Sig.		1.000	0.462				

4.6.4 多因素试验方差分析

【例 4-10】 以例 4-5 为例，采用 SPSS 软件完成多因素方差分析。

（1）将试验数据按格式输入 SPSS 数据编辑窗口，然后依次选择“分析→一般线性模型→单变量”，进入“单变量”对话框，如图 4-14 所示。

（2）将左边“评分”变量选入右边“因变量”，“A、B、C”因素选入“固定因子”，如图 4-15 所示。

（3）点击“单变量”对话框中的“模型”按钮，打开“单变量：模型”子对话框，设置分析因子，如图 4-16 所示。在“单变量：模型”子对话框中默认的是“全因子”，即分析因子的主效应以及各级交互效应。本例选择默认模型，按“继续”按钮返回“单变量”主对话框。如果要修改分析因子，选择“设定”来定义设置。

图 4-14　SPSS 软件多因素方差分析数据输入编辑窗口

图 4-15 “单变量”对话框

图 4-16 “单变量：模型”子对话框

（4）单击“确定”，输出统计结果，方差分析结果整理如表 4-49 所示。

表 4-49　水果发酵饮料香气评分方差分析结果

变异来源	平方和	自由度	均方	*F*	Sig.
A	256.00	1	256.000	438.857	0.000
B	25.000	1	25.000	42.857	0.000
C	0.500	2	0.250	0.429	0.656
A×*B*	18.778	1	18.778	32.190	0.000
A×*C*	80.167	2	40.083	68.714	0.000

续表

变异来源	平方和	自由度	均方	F	Sig.
$B\times C$	1.500	2	0.750	1.286	0.295
$A\times B\times C$	0.056	2	0.028	0.048	0.954
误差 e	14.000	24	0.583		
总变异	396.000	35			

由表 4-49 可知，因素 A、因素 B、$A\times B$ 交互作用、$A\times C$ 交互作用对发酵饮料香气评分有极显著影响，因素 C、$B\times C$ 交互作用、$A\times B\times C$ 交互作用的影响不显著。进一步对处理组合进行多重比较参见有关统计分析书籍。

习　题

1. 多个处理平均数间的相互比较为什么不宜用 t 检验法?

2. 什么是方差分析?

3. 方差分析的基本步骤是什么?

4. 什么是多重比较?多个平均数相互比较时，LSD 法与一般 t 检验法相比有何优点?还存在什么问题?如何决定选用哪种多重比较法?

5. 单因素试验结果如下，试完成分析。

因素 A	试验数据					和	处理均值	处理内平方和	处理内自由度
A_1	4	8	5	7	6				
A_2	2	0	2	2	4				
A_3	3	4	6	2	5				

6. 下表为我国 4 种不同品牌绿茶的叶酸含量测定结果，试分析不同品牌之间的叶酸含量是否有显著差异。

绿茶品牌 A	叶酸含量/（mg/g）					
A_1	7.9	6.2	6.6	8.6	8.9	9.6
A_2	5.7	7.5	9.8	6.1	8.4	7.6
A_3	6.4	7.1	7.9	4.5	5.0	4.0
A_4	6.8	7.5	5.0	5.3	6.1	7.4

7. 研究 5 种消毒液对 4 种细菌的抑制效果。抑制效果用抑菌圈直径（mm）表示。数据见下表。试分析 5 种消毒液对细菌有无抑制作用，对 4 种细菌的抑制效果有无差异。

细菌类型	消毒液类型				
	A	B	C	D	E
大肠杆菌	15	17	15	14	12
绿边杆菌	11	12	14	13	9
葡萄球菌	25	28	25	30	22
痢疾杆菌	20	17	19	13	17

8. 以稻草（A_1）、麦草（A_2）、花生秸（A_3）3 种培养基，在 28℃（B_1）、32℃（B_2）、36℃（B_3）3 种温度下，培养草菇菌种，研究其菌丝生长速度。每个处理组合培养 3 瓶。记录从接种到菌丝发满菌瓶的天数。试验结果如下表，试做方差分析。

培养基	温度		
	B_1	B_2	B_3
A_1	5.1	4.1	5.6
	4.3	4.7	4.9
	4.6	4.2	5.3
A_2	6.4	5.3	6.1
	6.3	5.7	5.9
	5.9	5.5	6.3
A_3	6.5	7.5	7.9
	6.9	7.9	8.1
	7.1	7.3	7.5

第 5 章 回归与相关

5.1 回归与相关概念

在科学研究过程中，往往发现变量与变量间存在着某种关系，如身高与体重、蔗糖浓度与甜度、增稠剂加量与体系黏度、喷雾干燥温度与产品含水率等，所以有必要对变量间的关系进行分析研究，挖掘其内在联系。变量间的关系有两类，一类是完全确定性的关系，可以用精确的数学表达式来表示，如距离（S）与速度（v）、时间（t）的关系可以表达为 $S=vt$；圆的周长（C）与半径（r）的关系为 $C=2\pi r$；电流（I）与电压（U）、电阻（R）的关系为 $I=U/R$。它们之间的关系是确定的，只要知道其中两个变量的值就可以准确地计算出另一个变量的值，这类变量间的关系称为函数关系。另一类是变量间存在不完全的确定性关系，不能用精确的数学公式来表示，如牛乳蛋白含量与饲料配方的关系；贮藏期果品维生素 C 含量与贮藏温度、气体成分等贮藏条件的关系；喷雾干燥进风温度与产品含水率的关系等，这些变量间虽然存在着十分密切的关系，但不能由一个或几个变量的值精确地求出另一个变量的值。像这一类关系在食品工程及生物界中是大量存在的，统计学中把这些变量间的关系称为相关关系，把存在相关关系的变量称为相关变量。相关变量间的关系一般分为两种，一种是因果关系，即一个变量的变化受其他变量的影响，如凝胶黏度受增稠剂加量的影响；食品甜度受糖含量的影响；牛乳蛋白含量受遗传、营养、饲养管理等因素的影响；喷雾干燥产品的含水率受进风温度、进料速度、物料初始含水量的影响。另一种是平行关系，即两个以上变量之间共同受到另外因素的影响，如身高与年龄的关系、年龄与血脂的关系、身高与体重的关系、体重与体表面积的关系等都属于平行关系。

变量间的关系及分析方法可以归纳如下。

- 变量间的关系
  - 函数关系——有精确的数学表达式（确定性的关系）
  - 相关关系（非确定性的关系）
    - 因果关系（回归分析）
      - 一元回归分析
        - 直线回归分析
        - 曲线回归分析
      - 多元回归分析
        - 多元线性回归分析
        - 多元非线性回归分析
    - 平行关系（相关分析）
      - 简单相关分析（直线相关分析）
      - 多元相关分析
        - 复相关分析
        - 偏相关分析

统计学上采用回归分析（regression analysis）来研究呈因果关系的相关变量间的关系。表示原因的变量称为自变量（independent variable）或解释变量（explanatory variable），表示结果的变量称为因变量（dependent variable）或响应变量（response variable）。研究一个自变量与一个因变量的回归分析称为一元回归分析；研究多个自变量与一个因变量的回归分析称为多元回归分析。一元回归分析又分为直线回归分析与曲线回归分析两种；多元回归分析又分为多元线性回归分析与多元非线性回归分析。回归分析的任务就是揭示出呈因果关系的相关变量间的联系形式，建立它们之间的回归方程，利用所建立的回归方程，由自变量（原因）来预测、优化和控制因变量（结果）。

统计学上采用相关分析（correlation analysis）来研究呈平行关系的相关变量之间的关系。对两个变量间的直线关系进行相关分析称为简单相关分析（也叫直线相关分析）；对多个变量进行相关分析时，研究一个变量与多个变量间的线性相关称为复相关分析；研究其余变量保持不变的情况下两个变量间的线性相关称为偏相关分析。在相关分析中，变量无自变量和因变量之分。相关分析是研究两个变量之间相关的程度和性质或一个变量与多个变量之间相关的程度，不能用一个或多个变量去预测、优化和控制另一个变量的变化，这是回归分析与相关分析区别的关键所在。但是二者也不能截然分开，因为由回归分析可以获得相关的一些重要信息，由相关分析也能得到回归的一些重要信息。

5.2　一元线性回归分析

5.2.1　一元线性回归数学模型

对于两个相关变量，一个变量用 x 表示，另一个变量用 y 表示，如果通过试验或调查获得两个变量的一一对应观测值，可表示为（x_1，y_1），（x_2，y_2），…，（x_n，y_n）。为了直观地看出 x 和 y 间的变化趋势，可将每一对观测值在平面直角坐标系上描点，做出散点图，如图 5-1 所示。

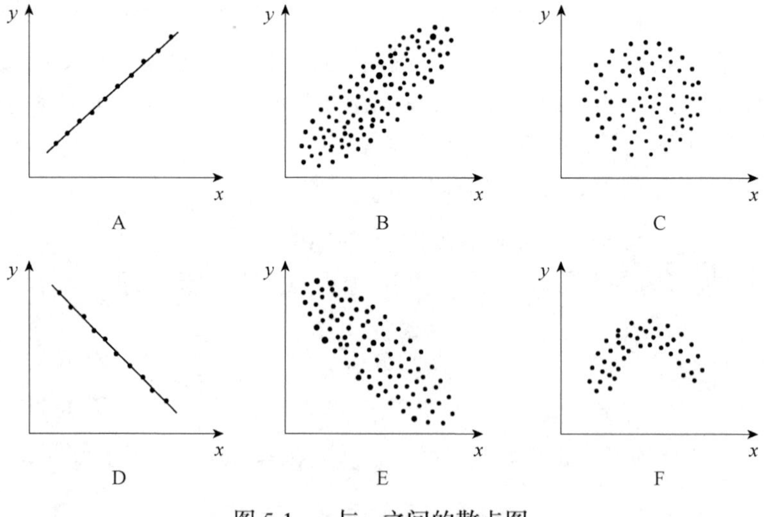

图 5-1　x 与 y 之间的散点图

由散点图可以直观看出：①两个变量间关系的性质（是正相关还是负相关）和程度（是相关密切还是不密切）；②两个变量间关系的类型（是直线型还是曲线型）；③是否有异常观测值的干扰。散点图直观地、定性地表示了两个变量之间的关系。为了探讨它们之间的规律性，还必须根据观测值将其内在关系定量地表达出来。

如果两个相关变量间的关系是直线关系，根据 n 对观测值所描出的散点图，如图 5-1A 和图 5-1D 所示。如果把变量 y 与 x 内在联系的总体一元线性数学模型记为 $y=\beta_0+\beta x$，由于因变量的实际观测值总是带有随机误差，因而实际观测值 y_i 可表示为

$$y_i=\beta_0+\beta x_i+\varepsilon_i \quad (i=1,\ 2,\ \cdots,\ n) \tag{5-1}$$

式中，β_0、β 为未知参数；ε_i 为相互独立且服从 $N(0,\ \sigma^2)$ 的随机变量，这就是一元线性回归数学模型，回归分析就是根据实际观测值对 β_0、β 以及方差 σ^2 做出估计。

5.2.2　回归参数估计

一元线性回归分析的首要任务就是根据样本观测值对一元线性数学模型 $y=\beta_0+\beta x$ 中的 β_0、β 做出估计。$\hat{y}$ 的估计值为

$$\hat{y}=b_0+bx \tag{5-2}$$

式中，b_0 是 β_0 的估计值，b 是 β 的估计值，式（5-2）称为 y 关于 x 的一元线性回归方程（linear regression equation of y on x）。这就是我们要寻求的 y 与 x 之间的定量关系表达式，其图形称为回归直线。在 x，y 的直角坐标平面上可以做出无数条直线，而回归直线是指所有直线中最接近散点图中全部散点的直线。

统计学上有很多回归参数估计方法，但最常用的是普通最小二乘估计法（ordinary least squares estimation，OLSE）（简称 LS），即回归估计值与观测值的偏差平方和（也称为离回归平方和、剩余平方和）最小，即

$$Q=\sum_{i=1}^{n}(y_i-\hat{y}_i)^2=\sum(y_i-b_0-bx)^2=\text{最小}$$

根据微积分学中的极值原理，令 Q 对 b_0、b 的一阶偏导数等于 0，即

$$\frac{\partial Q}{\partial b_0}=-2\sum(y-b_0-bx)=0$$

$$\frac{\partial Q}{\partial b}=-2\sum(y-b_0-bx)x=0$$

整理得关于 b_0、b 的正规方程组

$$\begin{cases} b_0 n+b\sum x=\sum y \\ b_0\sum x+b\sum x^2=\sum xy \end{cases}$$

解正规方程组，得

$$b=\frac{\sum xy-(\sum x)(\sum y)/n}{\sum x^2-(\sum x)^2/n}=\frac{\sum(x-\overline{x})(y-\overline{y})}{\sum(x-\overline{x})^2}=\frac{SP_{xy}}{SS_x} \tag{5-3}$$

$$b_0=\overline{y}-b\overline{x} \tag{5-4}$$

式（5-3）中的分子是自变量 x 的离均差与因变量 y 的离均差的乘积和 $\sum(x-\overline{x})(y-\overline{y})$，简称乘积和，记作 SP_{xy}，分母是自变量 x 的离均差平方和 $\sum(x-\overline{x})^2$，记作 SS_x。

b_0 为回归截距（regression intercept），是回归直线与纵坐标 y 轴的交点，当 x=0 时，$\hat{y}=b_0$；b 为回归系数（regression coefficient），是回归直线的斜率。b 表示 x 改变一个单位时，y 的平均变化数量；b 的符号反映了 x 影响 y 的性质，b 的绝对值大小反映了 x 影响 y 的程度。这是对 b_0 和 b 的统计学解释，对于具体资料，要结合专业给出 b_0 和 b 的实际意义。

将 b_0、b 代入式（5-2），就得到了期望的直线回归方程，这个方程具有 3 个基本性质。

性质 1　$Q=\sum(y-\hat{y})^2=$最小。

性质 2　$\sum(y-\hat{y})=0$。

性质 3　回归直线通过中心点$(\overline{x},\overline{y})$。

如果将式（5-4）代入式（5-2），即得到中心化回归方程

$$\hat{y}=\overline{y}-b\overline{x}+bx=\overline{y}+b(x-\overline{x}) \tag{5-5}$$

5.2.3　一元线性回归分析实例

【例 5-1】 为了明确某种食品加入添加剂后的凝胶强度 y（g/cm^2）与添加剂添加量 x（%）之间的关系，试验结果见表 5-1，试建立 y 与 x 的回归方程。

表 5-1　食品添加剂添加量 x 与食品凝胶强度 y 的测定结果

序号	1	2	3	4	5	6	7	8
x/%	2.0	2.3	2.6	2.9	3.2	3.5	3.8	4.0
y/(g/cm^2)	28	31	38	51	49	65	67	79

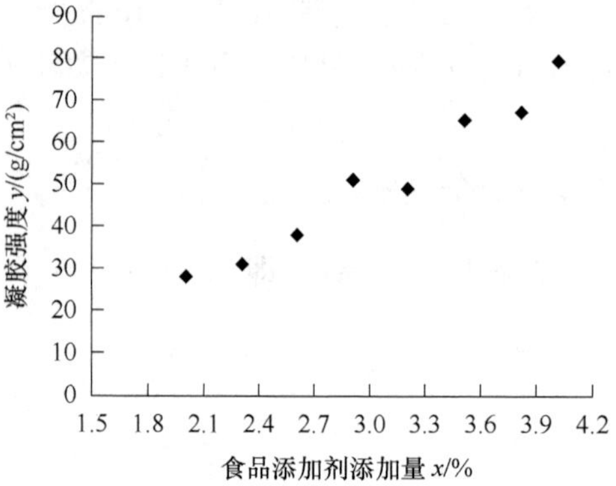

图 5-2　食品添加剂添加量 x 与凝胶强度 y 的关系

1. 作散点图

以食品添加剂添加量 x（%）为横坐标，凝胶强度 y（g/cm^2）为纵坐标作散点图，见图 5-2。由散点图可以看出，食品添加剂添加量与凝胶强度间存在直线关系，随着食品添加剂添加量的增大，凝胶强度呈现增大趋势。

2. 计算回归截距 b_0、回归系数 b，建立直线回归方程

首先根据实际观测值计算下列数据：

$$\overline{x}=\sum x/n=24.3/8=3.0375$$

$$\overline{y}=\sum y/n=408/8=51.00$$

$$SS_x=\sum x^2-\frac{\left(\sum x\right)^2}{n}=77.39-\frac{(24.3)^2}{8}=3.57875$$

$$SP_{xy}=\sum xy-\frac{\left(\sum x\right)\left(\sum y\right)}{n}=1328.90-\frac{24.3\times 408}{8}=89.60$$

$$SS_y=\sum y^2-\frac{\left(\sum y\right)^2}{n}=23146-\frac{(408)^2}{8}=2338.00$$

进而根据式（5-3）和式（5-4）计算 b、b_0：

$$b=\frac{SP_{xy}}{SS_x}=\frac{89.60}{3.57875}=25.0367$$

$$b_0=\overline{y}-b\overline{x}=51.00-25.0367\times 3.0375=-25.049$$

所以，y 对 x 的直线回归方程为

$$\hat{y}=-25.049+25.037x$$

以上计算也可在回归计算表中完成，列表见表 5-2 和表 5-3。

表 5-2　回归计算表（Ⅰ）

序号	x	y	x^2	xy	y^2
1	2.0	28	4.00	56.0	784
2	2.3	31	5.29	71.3	961
3	2.6	38	6.76	98.8	1444
4	2.9	51	8.41	147.9	2601
5	3.2	49	10.24	156.8	2401
6	3.5	65	12.25	227.5	4225
7	3.8	67	14.44	254.6	4489
8	4.0	79	16.00	316.0	6241
$\sum$	24.3	408	77.39	1328.9	23146

表 5-3　回归计算表（Ⅱ）

$\sum x = 24.3$	$\sum y = 408$	n=8
$\overline{x} = 3.0375$	$\overline{y} = 51.00$	
$\sum x^2 = 77.39$	$\sum xy = 1328.90$	$\sum y^2 = 23146$
$\frac{1}{n}(\sum x)^2 = 73.81125$	$\frac{1}{n}(\sum x)(\sum y) = 1239.30$	$\frac{1}{n}(\sum y)^2 = 20808$
$SS_x = 3.57875$	$SP_{xy} = 89.60$	$SS_y = 2338$
	$b = \frac{SP_{xy}}{SS_x} = \frac{89.60}{3.57875} = 25.0367$	
	$b_0 = \overline{y} - b\overline{x} = -25.049$	
	$\hat{y} = -25.049 + 25.037x$	

根据一元线性回归方程可做出回归直线，见图 5-3。可以看出，尽管 $\hat{y} = -25.049 + 25.037x$ 是该资料恰当的回归方程，但是并不是所有的散点都恰好落在回归直线上，这说明用 $\hat{y}$ 去估计 y 是有偏差的。

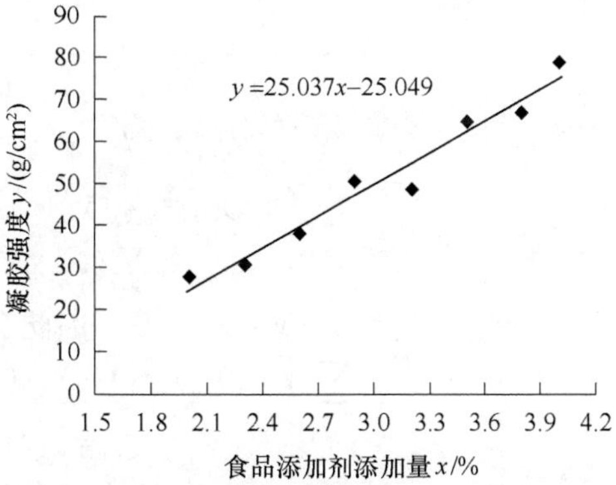

图 5-3　食品添加剂添加量 x 与凝胶强度 y 的回归直线

3. 直线回归的偏离度估计

根据偏差平方和 $\sum(y-\hat{y})^2$ 最小建立了一元线性数学模型。偏差平方和 $\sum(y-\hat{y})^2$ 的大小表示实测点与回归直线偏离的程度，因而偏差平方和又称为离回归平方和。统计学已经证明：在直线回归分析中离回归平方和的自由度为 $n-2$。于是可求得离回归均方为 $\sum(y-\hat{y})^2/(n-2)$。离回归均方是模型（5-1）中 σ^2 的估计值。离回归均方的平方根称为离回归标准误，记为 S_{yx}，即

$$S_{yx} = \sqrt{\sum(y-\hat{y})^2/(n-2)} \tag{5-6}$$

离回归标准误 S_{yx} 的大小表示了回归直线与实测点偏差的程度，即回归估测值 $\hat{y}$ 与实际

观测值 y 偏差的程度，于是我们用离回归标准误 S_{yx} 表示回归方程的偏离度。离回归标准误 S_{yx} 越大，表示回归方程偏离度越大，S_{yx} 越小表示回归方程偏离度越小。

在用式（5-6）计算离回归标准误时，需要把每一个 x 值的回归估计值 $\hat{y}$ 计算出来，因而计算麻烦，且累计舍入误差大。后续证明可以发现：

$$\sum(y-\hat{y})^2 = SS_y - SP_{xy}^2 / SS_x \tag{5-7}$$

利用式（5-7）先计算出 $\sum(y-\hat{y})^2$，然后再代入式（5-6）求 S_{yx} 即可。对于例 5-1 有

$$\sum(y-\hat{y})^2 = SS_y - SP_{xy}^2 / SS_x = 2338.0 - 89.60^2 / 3.57875 = 94.7139$$

所以

$$S_{yx} = \sqrt{\sum(y-\hat{y})^2 / (n-2)} = \sqrt{94.7139/(8-2)} = 3.973\ \text{g/cm}^2$$

即利用直线回归方程 $\hat{y} = -25.049 + 25.037x$ 由食品添加剂添加量估计凝胶强度时，离回归标准误为 3.973g/cm²。

5.2.4 回归方程的显著性检验

由以上分析我们建立了变量 y 与 x 之间的回归关系，但所建立的回归直线方程是否有实际意义，需要进行显著性检验。如果 y 与 x 之间没有线性关系，那么式（5-1）中的 $\beta=0$，所以我们需要检验 β 是否等于 0。要检验假设 H_0：$\beta=0$ 是否成立，需采用方差分析法，即 F 检验法。

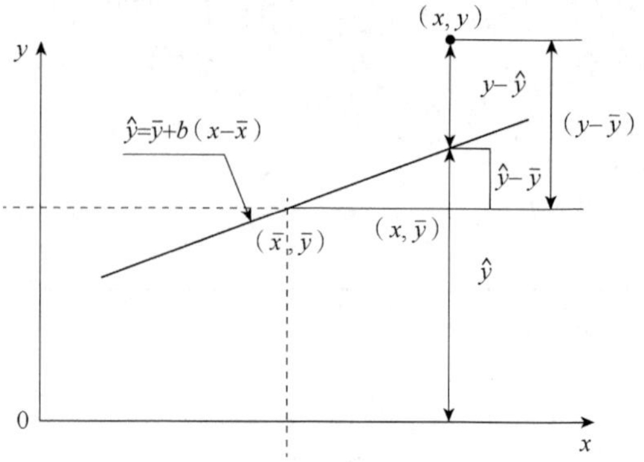

图 5-4 $(y-\bar{y})$ 的分解示意图

1. 平方和与自由度分解

由图 5-4 可以看出，因变量 y 的总变异 $(y-\bar{y})$ 由 y 与 x 间存在直线关系所引起的变异 $(\hat{y}-\bar{y})$ 与偏差 $(y-\hat{y})$ 两部分构成，即 $(y-\bar{y})=(\hat{y}-\bar{y})+(y-\hat{y})$。

因变量 y 的总变异用 y 的离均差平方和 $SS_y=\sum(y-\bar{y})^2$ 来表示，简称 y 的总平方和，其自由度为 $df=n-1$。那么，总平方和与总自由度可分解为

$$\begin{aligned}\sum(y-\bar{y})^2 &= \sum[(\hat{y}-\bar{y})+(y-\hat{y})]^2 \\ &= \sum(\hat{y}-\bar{y})^2 + \sum(y-\hat{y})^2 + 2\sum(\hat{y}-\bar{y})(y-\hat{y})\end{aligned}$$

由于 $\hat{y}=b_0+bx=\bar{y}+b(x-\bar{x})$，因此 $\hat{y}-\bar{y}=b(x-\bar{x})$，于是

$$\begin{aligned}\sum(\hat{y}-\bar{y})(y-\hat{y}) &= \sum b(\bar{x}-x)(y-\hat{y}) \\ &= \sum b(x-\bar{x})[(y-\bar{y})-b(x-\bar{x})] \\ &= \sum b(x-\bar{x})(y-\bar{y}) - \sum b(x-\bar{x})\cdot b(x-\bar{x}) \\ &= b\cdot SP_{xy} - b^2\cdot SS_x \\ &= \frac{SP_{xy}}{SS_x}\cdot SP_{xy} - \left(\frac{SP_{xy}}{SS_x}\right)^2\cdot SS_x = 0\end{aligned}$$

所以

$$\sum(y-\bar{y})^2 = \sum(\hat{y}-\bar{y})^2 + \sum(y-\hat{y})^2 \tag{5-8}$$

式（5-8）中的$\sum(y-\overline{y})^2$反映了y的总变异程度，称为y的总平方和，记为SS_y；$\sum(\hat{y}-\overline{y})^2$是回归值$\hat{y}$与平均值$\overline{y}$之差的平方和，由回归方程$\hat{y}=b_0+bx$的结构可以看出，$\hat{y}$的变异取决于自变量$x$的变化，即$y$受$x$的制约，反映了由$y$与$x$间存在直线关系所引起的$y$的变异程度，称为回归平方和，记为$SS_R$；$\sum(y-\hat{y})^2$反映了除$y$与$x$存在直线关系以外的原因（包括$x$对$y$的非线性影响以及其他一切未加控制的随机因素等）所引起的y的变异程度，称为离回归平方和或剩余平方和，记为SS_r。因而，式（5-8）可表示为

$$SS_y=SS_R+SS_r \tag{5-9}$$

式（5-9）表明y的总平方和可分解为回归平方和与离回归平方和两部分。与此相对应，y的总自由度df_y可分解为回归自由度df_R与离回归自由度df_r两部分，即

$$df_y=df_R+df_r \tag{5-10}$$

在直线回归分析中，回归自由度等于自变量的个数m，即$df_R=m$；对于一元线性回归，$m=1$，所以$df_R=1$；y的总自由度$df_y=n-1$，因此离回归自由度$df_r=n-2$。

于是回归均方为$MS_R=SS_R/df_R$，离回归均方为$MS_r=SS_r/df_r$。

2. 回归方程的显著性检验——*F*检验

x与y两个变量间是否存在直线关系，可用F检验法进行检验。由式（5-1）可推知，若x与y间不存在直线关系，则总体回归系数$\beta=0$；若x与y间存在直线关系，则总体回归系数$\beta\neq0$。所以，对x与y间是否存在直线关系的假设检验其无效假设H_0：$\beta=0$，备择假设H_A：$\beta\neq0$。在无效假设成立的条件下，回归均方与离回归均方的比值服从$df_1=1$和$df_2=n-2$的F分布，所以可以用

$$F=\frac{MS_R}{MS_r}=\frac{MS_R/df_R}{SS_r/df_r}=\frac{SS_R}{SS_r/(n-2)}，df_1=1，df_2=n-2 \tag{5-11}$$

来检验回归关系即回归方程的显著性。

回归平方和可用下列公式计算

$$\begin{aligned}SS_R&=\sum(\hat{y}-\overline{y})^2=\sum[b(x-\overline{x})]^2\\&=b^2\sum(x-\overline{x})^2=b^2SS_x=bSP_{xy}\\&=\frac{SP_{xy}}{SS_x}\cdot SP_{xy}=\frac{SP_{xy}^2}{SS_x}\end{aligned} \tag{5-12}$$

根据式（5-9），可得离回归平方和（或剩余平方和）的计算公式为

$$SS_r=SS_y-SS_R=SS_y-\frac{SP_{xy}^2}{SS_x} \tag{5-13}$$

回归方程显著性检验方差分析表如表 5-4 所示。

表 5-4　直线回归显著性检验方差分析表

变异来源	自由度	平方和	均方	F	显著性
回归	1	SS_R	$MS_R=SS_R/df_R$	$F=MS_R/MS_r$	
离回归	$n-2$	SS_r	$MS_r=SS_r/df_r$		
总计	$n-1$	$SS_y=SS_R+SS_r$			

如果 $F \geqslant F_{\alpha(1, n-2)}$，则 F 检验显著，回归方程有意义；如果 $F < F_{\alpha(1, n-2)}$，F 检验不显著，则回归方程没有意义。

对于例 5-1，有

$$SS_x = \sum x^2 - \left(\sum x\right)^2 / n = 77.39 - (24.3)^2 / 8 = 3.57875$$

$$SP_{xy} = \sum xy - \frac{\left(\sum x\right)\left(\sum y\right)}{n} = 1328.90 - \frac{24.3 \times 408}{8} = 89.60$$

$$SS_y = \sum y^2 - \left(\sum y\right)^2 / n = 23146 - (408)^2 / 8 = 2338.00$$

所以

$$SS_R = \frac{SP_{xy}^2}{SS_x} = \frac{89.60^2}{3.57875} = 2243.2861$$

$$SS_r = SS_y - SS_R = 2338 - 2243.2861 = 94.7139$$

而 $df_y = n-1 = 8-1 = 7$，$df_R = 1$，$df_r = 8-2 = 6$。

方差分析见表 5-5。

表 5-5　方差分析表

变异来源	自由度	平方和	均方	F	显著性
回归	1	2243.286	2243.286	142.109	**
离回归	6	94.7139	15.7857		
总计	7	2338.000			

查 F 表可得 $F_{0.05(1,6)} = 5.99, F_{0.01(1,6)} = 13.75$，因为 $F = 142.109 > F_{0.01(1,\ 6)}$，$P < 0.01$，表明该回归直线方程有效，$y$ 与 x 之间具有极显著的线性关系。凝胶强度（y）与添加剂添加量（x）之间的关系可以用 $\hat{y} = -25.049 + 25.037x$ 直线回归方程表示。

3. 回归系数的显著性检验——t 检验

对直线回归关系的检验也可以通过对回归系数 b 的显著性检验——t 检验来判断。回归系数显著性检验的原假设和备择假设分别为 H_0：$\beta = 0$，H_A：$\beta \neq 0$。

t 检验的计算公式为

$$t = \frac{b}{S_b},\quad df = n-2 \tag{5-14}$$

$$S_b = S_{yx} / \sqrt{SS_x} \tag{5-15}$$

式中，S_b 为回归系数标准误，$S_{yx} = \sqrt{SS_r / df_r} = \sqrt{MS_r}$，称为剩余标准误，其大小反映了回归估测值 $\hat{y}$ 与实测值 y_i 的偏离程度。由式（5-14）算得 t 值与临界 $t_{\alpha(n-2)}$ 比较，以推断回归系数 β 与 0 之间是否有显著差异。

对于例 5-1，$SS_x = 3.57875$，$S_{yx} = \sqrt{MS_r} = \sqrt{15.786} = 3.973$，故

$$S_b = S_{yx} / \sqrt{SS_x} = 3.973 / \sqrt{3.57875} = 2.100$$

$$t = \frac{b}{S_b} = \frac{25.037}{2.100} = 11.922$$

当 $df_r = n-2 = 8-2 = 6$，查 t 值表，得 $t_{0.05(6)} = 2.447$，$t_{0.01(6)} = 3.707$。由于 $t = 11.922 > t_{0.01(6)}$，

说明 $P<0.01$，否定 H_0：$\beta=0$，接受 H_A：$\beta\neq 0$，即凝胶强度与添加剂添加量的直线回归系数 $b=25.037$ 与 0 是存在极显著差异的，表明凝胶强度与添加剂添加量间存在极显著的直线关系，可以用所建立的直线回归方程进行预测和控制。

由以上分析可以看出，F 检验结果与 t 检验结果是一致的。事实上，统计学上已证明，在直线回归分析中，这两种检验方法是等价的，可任选一种进行检验。

特别要指出的是，利用一元线性数学模型进行预测或控制时，并不是任意范围内都可以预测，而只适用于原来研究的范围，不能随意把范围扩大，因为在研究的范围内两个变量是直线关系，这并不能保证在此研究范围之外仍然是直线关系。若需要扩大预测和控制范围，则要有充分的理论依据或进一步的实验依据。利用一元线性数学模型进行预测或控制，一般只能在范围内取值研究，不要轻易外延。

最后需要说明的是，如果 F 检验显著，回归方程有意义；如果 F 检验不显著，则回归方程没有意义。回归关系检验不显著时说明有以下几种可能：①影响 y 的因素除 x 外，可能还有其他不可忽略的因素；② x 与 y 之间不是直线关系，有可能是曲线关系；③x 与 y 根本无任何关系。

应该指出，上述用离回归平方和去检验回归平方和所做出的“回归方程显著”这一判断，只是表明相对于其他因素及试验误差来说，因素 x 的一次项对指标 y 的影响是主要的，但并不能说明，影响 y 的因素除 x 外，是否还有一个或几个不可忽视的其他因素，以及 x 和 y 的关系确是线性关系，也就是说，在上述意义下“回归方程显著”，并不表明这个回归方程是最好的拟合。

前面已求出了总体回归截距 β_0、回归系数 β 和 x 所对应的 y 值总体平均数 $\beta_0+\beta x$ 的估计值 b_0、b 和 $\hat{y}$。这仅是一种点估计，点估计随抽样的不同而不同。合理的方法是在一定置信度下对 β_0、β 以及 $\beta_0+\beta x$ 做出区间估计，直线回归的区间估计参阅相关书籍。

5.3　可直线化的一元非线性回归

在实际问题中，两个变量之间的关系并非都是线性的，这时选择恰当类型的曲线关系比直线关系更符合实际情况。下面对常遇到的几种可线性化的曲线类型给予讨论。

5.3.1　双曲线函数

双曲线函数图形如图 5-5 所示。函数关系为

$$1/y = a+b/x$$

若令 $y'=1/y$，$x'=1/x$，则可将双曲线函数直线化为 $y'=a+bx'$。

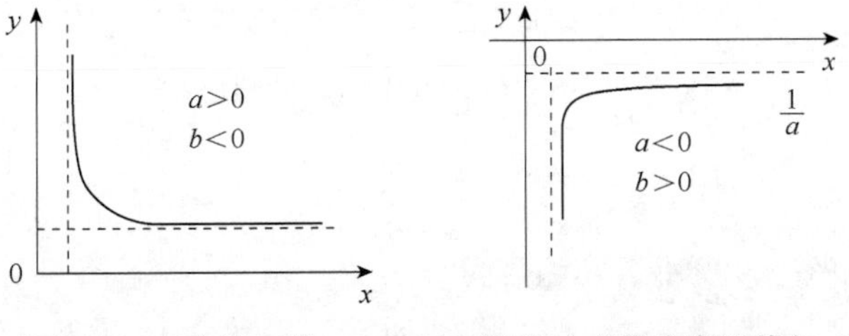

图 5-5　双曲线函数 $1/y=a+b/x$ 图形（虚线为渐近线）

5.3.2　幂函数

幂函数图形见图 5-6。函数关系为

$$y=ax^b\ (a>0)$$

若对幂函数 $y=ax^b$ 两端求自然对数，得 $\ln y=\ln a+b\ln x$。

并令 $y'=\ln y$，$a'=\ln a$，$x'=\ln x$，则可将幂函数直线化为 $y'=a'+bx'$。

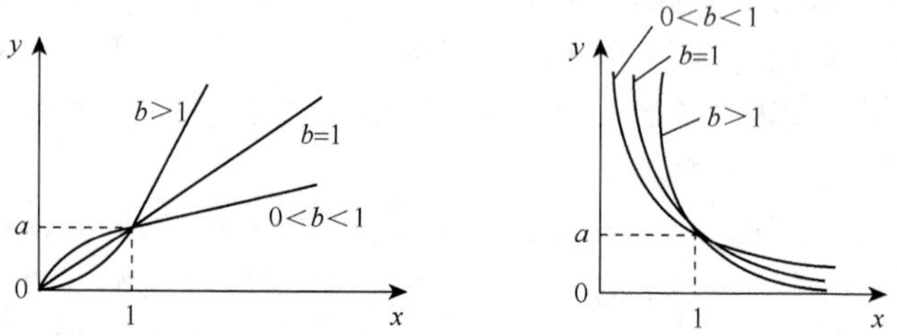

图 5-6　幂函数 $y=ax^b$（$a>0$）图形

5.3.3　指数函数

$$y=ae^{bx} \text{ 或 } y=ae^{b/x}\ (a>0)$$

（1）若对指数函数 $y=ae^{bx}$（图 5-7）两端求自然对数，得 $\ln y=\ln a+bx$。

令 $y'=\ln y$，$a'=\ln a$，则可将其直线化为 $y'=a'+bx$。

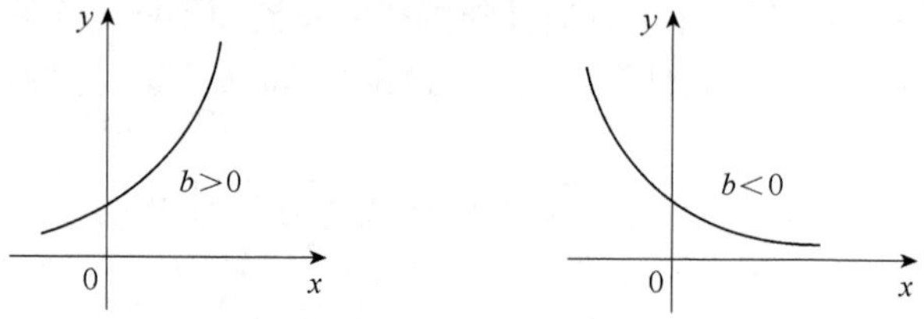

图 5-7　指数函数 $y=ae^{bx}$ 图形

（2）若对指数函数 $y=ae^{b/x}$（图 5-8）两端取自然对数，得 $\ln y=\ln a+b/x$。

令 $y'=\ln y$，$a'=\ln a$，$x'=1/x$，则可将其直线化为 $y'=a'+bx'$。

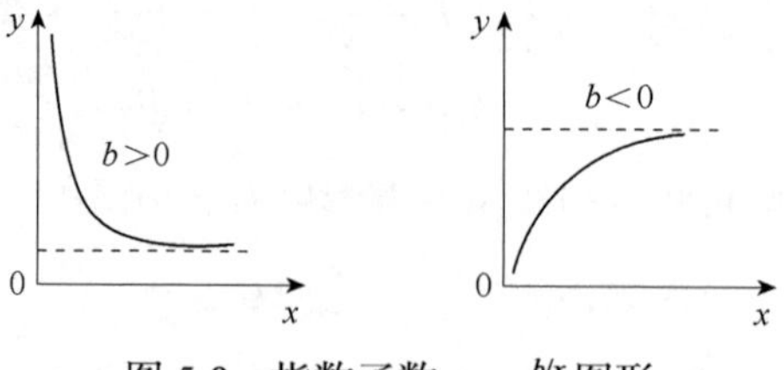

图 5-8　指数函数 $y=ae^{b/x}$ 图形

5.3.4　对数函数

对数函数曲线如图 5-9 所示，其函数为

$$y=a+b\lg x$$

令 $x'=\lg x$，则将其直线化为 $y=a+bx'$。

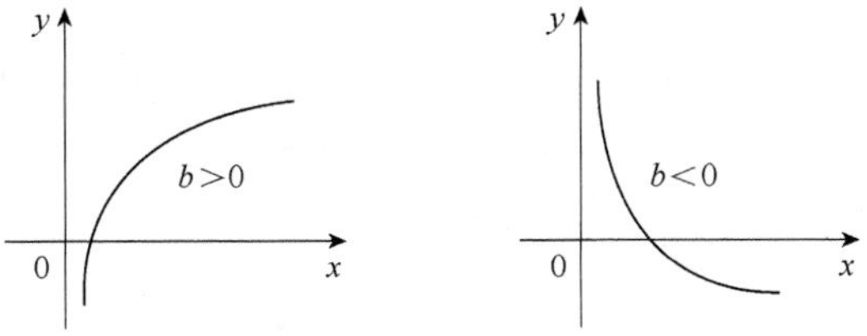

图 5-9　对数函数 $y=a+b\lg x$ 图形

5.3.5　Logistic 生长曲线

$$y=\frac{k}{1+a\mathrm{e}^{-bx}}$$

若将 Logistic 生长曲线（图 5-10）两端取倒数，得

$$\frac{k}{y}=1+a\mathrm{e}^{-bx},\frac{k-y}{y}=a\mathrm{e}^{-bx}$$

对两端取自然对数，得 $\ln\frac{k-y}{y}=\ln a-bx$。

令 $y'=\ln\frac{k-y}{y}$，$a'=\ln a$，$b'=-b$，可将其直线化为

$$y'=a'+b'x$$

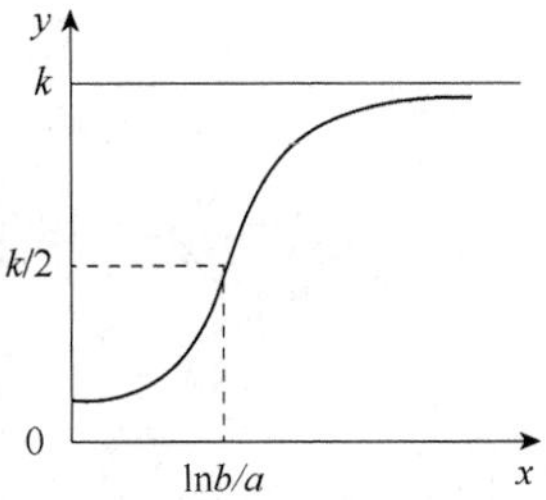

图 5-10　Logistic 生长曲线 $y=\frac{k}{1+a\mathrm{e}^{-bx}}$ 图形

从以上讨论可以看出，对于很多非线性问题，可以采取适当的方法把它们转化为线性问题。由于有些曲线函数的图像很类似，因此很难断定用哪种函数类型更好，这时可以用不同的函数类型进行回归，选择其中回归更好的作为变量间关系的函数类型。一般来说，线性化后，相关系数$|r|$越大，或决定系数 R^2 越大，回归拟合效果越好。

【例 5-2】 玉米淀粉生产中，玉米逆流浸渍过程中浸渍时间（x，h）和乳酸菌数（y，个/mL）观测结果见表 5-6，试建立浸渍时间（x）和乳酸菌数（y）之间的回归关系。

（1）根据实际观测值作散点图，选定曲线类型。

浸渍时间（x）和乳酸菌数（y）的散点图见图 5-11。从散点图实测点的分布趋势看出 x 和 y 间比较接近指数函数曲线图形，因而选用 $y=a\mathrm{e}^{bx}$ 来进行拟合。令 $y'=\ln y$，$a'=\ln a$，则可将其直线化为 $y'=a'+bx$。

表 5-6　浸渍时间和乳酸菌数数据表

序号	浸渍时间 x	乳酸菌数 y	x	$y'=\ln y$	x^2	y'^2	xy'
1	4	226000	4	12.3283	16	151.9876	49.3132
2	12	362000	12	12.7994	144	163.8246	153.5928
3	20	659000	20	13.3985	400	179.5192	267.9696
4	28	839000	28	13.6400	784	186.0487	381.9190
5	36	1612000	36	14.2930	1296	204.2895	514.5475
6	44	3004000	44	14.9155	1936	222.4708	656.2800
$\sum$	144	6702000	144	81.3746	4576	1108.1395	2023.6221
平均数	24	1117000	24	13.5624	762.67	184.6899	337.2704

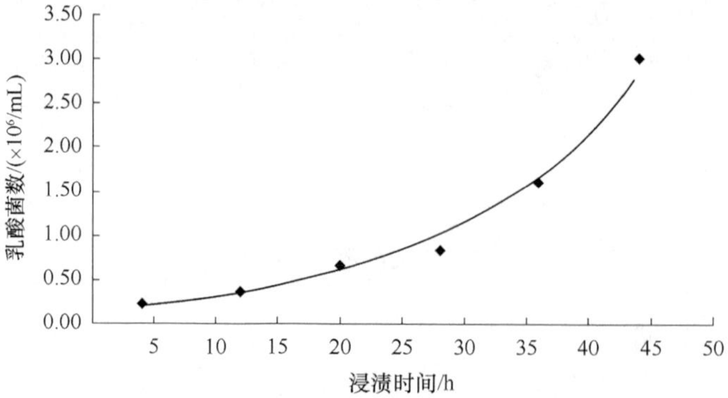

图 5-11　玉米浸渍时间和乳酸菌数散点图及回归曲线图

（2）建立 y' 与 x 之间的直线回归关系。根据表 5-6 计算得

$$SS_x = \sum x^2 - (\sum x)^2 / n = 4576.00 - 144^2 / 6 = 1120$$

$$SS_{y'} = \sum y'^2 - (\sum y')^2 / n = 1108.1395 - 81.3746^2 / 6 = 4.502$$

$$SP_{xy'} = \sum xy - (\sum x)(\sum y') / n = 2023.6221 - 144.00 \times 81.3746/6 = 70.632$$

$$b = SP_{xy'} / SS_x = 70.632 / 1120 = 0.063$$

$$a' = \overline{y}' - b\overline{x} = 13.5624 - 0.063 \times 24 = 12.050$$

所以，y' 与 x 的一元线性数学模型为

$$\hat{y}' = 12.050 + 0.063x$$

对得到的一元线性数学模型 $\hat{y}' = 12.050 + 0.063x$ 进行显著性检验，其方差分析结果见表 5-7。

表 5-7　方差分析结果

变异来源	自由度	平方和	均方	F	F_α	显著性
回归	1	4.454	4.454	369.622	$F_{0.05(1,4)}=7.71$	**
离回归	4	0.048	0.012		$F_{0.01(1,4)}=21.20$	
总计	5	4.502				

因为 $F = 369.622 > F_{0.01(1,4)} = 21.20$，$P < 0.01$，表明 y' 与 x 之间存在极显著的线性关系。

（3）将变量 y' 还原为 y。因为 $y'=\ln y$，$a'=\ln a$，$a'=12.050$，求得 $a=1.711\times10^5$，$b=0.063$。所以乳酸菌数与浸渍时间的关系为

$$\hat{y} = 1.711 \times 10^5 \mathrm{e}^{0.0631x}$$

5.4　相 关 分 析

相关分析的基本任务在于根据 x、y 的实际观测值，计算出表示两个相关变量 x、y 间线性相关程度和性质的统计量——相关系数 r，并进行显著性检验。

5.4.1　相关系数概念及意义

在前面已经证明 $\sum(y-\overline{y})^2 = \sum(\hat{y}-\overline{y})^2 + \sum(y-\hat{y})^2$。从这个等式不难看出，$y$ 与 x 直线

回归效果的好坏取决于回归平方和 $\sum(\hat{y}-\overline{y})^2$ 与离回归平方和 $\sum(y-\hat{y})^2$ 的大小，或者说取决于回归平方和在 y 的总平方和 $\sum(y-\overline{y})^2$ 中所占的比例。这个比例越大，y 与 x 的直线回归效果就越好，反之则差。我们把比值 $\sum(\hat{y}-\overline{y})^2/\sum(y-\overline{y})^2$ 称为 x 对 y 的决定系数（coefficient of determination），记为 r^2，即

$$r^2=\frac{\sum(\hat{y}-\overline{y})^2}{\sum(y-\overline{y})^2} \tag{5-16}$$

决定系数的大小反映了回归方程估测可靠程度的高低，或者说表示了回归直线拟合度的高低，显然有 $0\leqslant r^2\leqslant 1$。因为

$$r^2=\frac{\sum(\hat{y}-\overline{y})^2}{\sum(y-\overline{y})^2}=\frac{SP_{xy}^2}{SS_xSS_y}=\frac{SP_{xy}}{SS_x}\cdot\frac{SP_{xy}}{SS_y}=b_{yx}\cdot b_{xy}$$

而 SP_{xy}/SS_x 是以 x 为自变量、y 为因变量时的回归系数 b_{yx}。若把 y 作为自变量、x 作为因变量，则回归系数 $b_{xy}=SP_{xy}/SS_y$，所以决定系数 r^2 等于 y 对 x 的回归系数与 x 对 y 的回归系数的乘积。这就是说，决定系数反映了 x 为自变量、y 为因变量和 y 为自变量、x 为因变量时两个相关变量 x 与 y 直线相关的信息，即决定系数表示了两个平行关系相关变量间直线相关的程度。但决定系数在 0 和 1 之间，不能反映直线关系的性质——是同向增减或是异向增减。

对决定系数 r^2 求平方根，所得的统计量 r 称为 x 与 y 的相关系数（coefficient of correlation）。

$$r=\frac{SP_{xy}}{\sqrt{SS_xSS_y}} \tag{5-17}$$

$$=\frac{\sum xy-\frac{(\sum x)(\sum y)}{n}}{\sqrt{\left[\sum x^2-\frac{(\sum x)^2}{n}\right]\left[\sum y^2-\frac{(\sum y)^2}{n}\right]}} \tag{5-18}$$

r 既表示了 y 与 x 的直线相关程度，也可表示直线相关的性质（图 5-12）。由式（5-17）可知，相关系数的符号取决于 SP_{xy}。r 的符号与回归系数 b 的符号一致。由于 $0\leqslant r^2\leqslant 1$，因此 $-1\leqslant r\leqslant 1$，表明相关系数 r 的取值范围为 $-1\sim+1$，当 $|r|=1$ 时，所有点均在一直线上，此时称 x 与 y 完全直线相关，见图 5-12B 和 D。r 正负号表示直线的方向，r 绝对值表示相关的密切程度。r 绝对值越接近于 1，则两个变量的相关性越密切，观测点越接近于一直线；r 的绝对值越接近于 0，则相关性越不密切，观测点不能由直线来配置。

5.4.2　相关系数的显著性检验

上述根据实际观测值计算得来的相关系数 r 是样本相关系数，它是两个变量正态总体中的总体相关系数 ρ 的估计值。样本相关系数 r 是否来自 $\rho\neq0$ 的总体，还需对样本相关系数 r 进行显著性检验。此时无效假设、备择假设分别为 H_0：$\rho=0$，H_A：$\rho\neq0$。与直线回归关系显著性检验一样，可采用 t 检验法与 F 检验法对相关系数 r 的显著性进行检验。

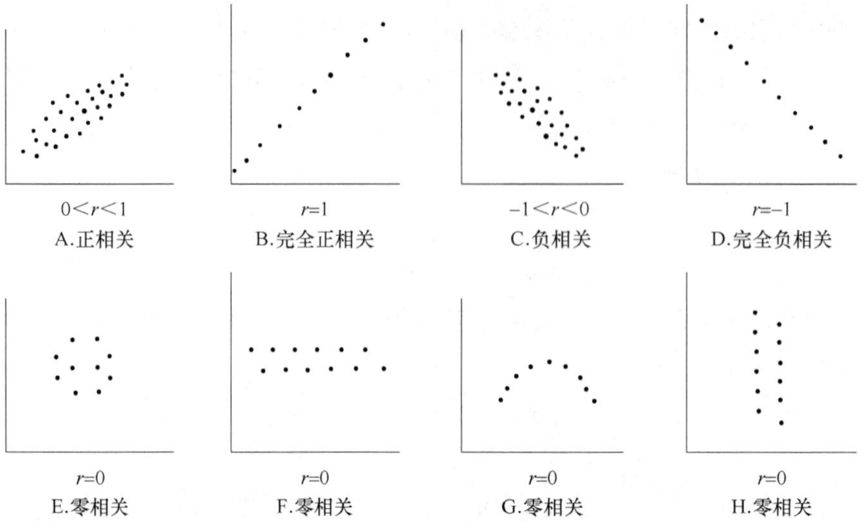

图 5-12　相关系数 r 示意图

t 检验的计算公式为

$$t=\frac{r}{S_r},\ df=n-2 \tag{5-19}$$

其中，$S_r=\sqrt{(1-r)^2/(n-2)}$ 为相关系数标准误。

F 检验的计算公式为

$$F=\frac{r^2}{(1-r^2)/(n-2)},\ df_1=1,\ df_2=n-2 \tag{5-20}$$

为了便于检验，统计工作者已根据 t 检验法，算出对应于自由度 $df=n-2$ 的 r 临界值，编成了相关系数表，见附表 8。所以应用时可以直接采用查表法对相关系数 r 进行显著性检验。在使用时，只需根据自由度和所要求的显著水平 α 查附表 8 即可。具体做法是：先根据自由度 $n-2$ 查临界 r 值，得 $r_{0.05(n-2)}$、$r_{0.01(n-2)}$。若由观测值计算出的$|r|<r_{0.05(n-2)}$，则相关系数 r 不显著，在 r 的右上方标记“ns”或不标记；若 $r_{0.05(n-2)}\leqslant|r|<r_{0.01(n-2)}$，则相关系数 r 显著，在 r 的右上方标记“*”；若$|r|\geqslant r_{0.01(n-2)}$，则相关系数 r 极显著，在 r 的右上方标记“**”。

5.4.3　相关系数的计算

【例 5-3】 随机测量了 10 头猪的胸围 x（cm）和体重 y（kg）数据，结果见表 5-8，试计算猪的胸围（x）和体重（y）的相关系数（表 5-9）。

表 5-8　10 头猪胸围和体重资料

编号	1	2	3	4	5	6	7	8	9	10
胸围（x）	89	92	86	85	83	83	87.23	84.05	85	86
体重（y）	80	83	78.43	77.6	78	77.78	80	77	79	80

表 5-9　统计数据计算表

序号	胸围（x）	体重（y）	x^2	y^2	xy
1	89.00	80.00	7921.000	6400.000	7120.000
2	92.00	83.00	8464.000	6889.000	7636.000
3	86.00	78.43	7396.000	6151.265	6744.980
4	85.00	77.60	7225.000	6021.760	6596.000
5	83.00	78.00	6889.000	6084.000	6474.000
6	83.00	77.78	6889.000	6049.728	6455.740
7	87.23	80.00	7609.073	6400.000	6978.400
8	84.05	77.00	7064.400	5929.000	6471.850
9	85.00	79.00	7225.000	6241.000	6715.000
10	86.00	80.00	7396.000	6400.000	6880.000
$\sum$	860.28	790.81	74078.475	62565.753	68071.970
平均数	86.03	79.08	7407.848	6256.575	6807.197

（1）计算。根据表 5-9 数据计算

$$SS_x = \sum x^2 - (\sum x)^2 / n = 74078.475 - (860.28)^2 / 10 = 70.307$$

$$SS_y = \sum y^2 - (\sum y)^2 / n = 62565.753 - (790.81)^2 / 10 = 27.707$$

$$SP_{xy} = \sum xy - (\sum x)(\sum y) / n = 68071.970 - 860.28 \times 790.81 / 10 = 40.167$$

代入式（5-17）得

$$r = \frac{SP_{xy}}{\sqrt{SS_x \cdot SS_y}} = \frac{40.167}{\sqrt{70.307 \times 27.707}} = 0.910$$

即猪胸围与体重的相关系数为 0.910。

（2）显著性检验。由自由度 $df = n-2$ 及显著水平 α 查表得临界值 r_0，比较 r_0 与 r，判断 x 与 y 是否相关。本例的自由度为 10−2=8，显著水平 α=0.05 时，$r_{0.05(8)}$=0.632；α = 0.01 时，$r_{0.01(8)}$=0.765。由于实际计算的 r=0.910＞$r_{0.01}$=0.765，表明 x 与 y 间存在极显著相关性，即猪的胸围与体重之间有极显著正相关性。

5.4.4　相关系数与回归系数的关系

从相关系数计算公式的导出可以看出，相关变量 x 与 y 的相关系数 r 是 y 对 x 的回归系数 b_{yx} 与 x 对 y 的回归系数 b_{xy} 的乘积平方根，即

$$r = \sqrt{b_{yx} \cdot b_{xy}}$$

这表明直线相关分析与直线回归分析关系十分密切。事实上，它们的研究对象都是呈直线关系的相关变量。直线回归分析将两个相关变量区分为自变量和因变量，侧重于寻求它们之间的联系形式——建立直线回归方程；而直线相关分析不区分自变量和因变量，侧

重于揭示它们之间的联系程度和性质——计算相关系数。这两种分析所进行的显著性检验都是解决 y 与 x 间是否存在直线关系，因而二者的检验是等价的。即相关系数显著，回归系数也显著；相关系数不显著，回归系数也必然不显著。由于利用查表法对相关系数进行检验十分简便，因此在实际进行直线回归分析时，可采用相关系数显著性检验代替直线回归关系的显著性检验，即可先计算出相关系数 r 并对其进行显著性检验，若检验结果 r 不显著，则不必进行直线回归分析；若 r 显著，再计算回归系数 b、回归截距 b_0，建立直线回归方程，此时所建立的直线回归方程是有意义的，可用于预测和控制。表 5-10 为直线相关与直线回归的比较。

表 5-10　直线相关与直线回归的比较

区别	直线相关	直线回归
变量地位	变量 x、变量 y 处于平等的地位，彼此相关关系	变量 y 称为因变量，处在被解释的地位，自变量 x 称为自变量，用于预测因变量的变化
变量性质	所涉及的变量 x 和 y 都是随机变量，要求两个变量服从双变量正态分布	因变量 y 是随机变量，自变量 x 可以是随机变量也可以是非随机的确定变量
实际作用	主要是描述两个变量之间线性关系的密切程度（相关系数无单位）	揭示变量 x 对变量 y 的影响大小（回归系数有单位），还可以由回归方程进行预测和控制

5.5　多元回归分析

前几节介绍了直线回归和相关的意义、方法及应用，在农产品贮藏与加工以及农业科学领域内，简单直线回归和相关分析是很有用的方法。一元线性回归是对客观现象进行高度简化的结果。在实际研究中，一个变量往往受许多因素（或变量）的影响。例如，果汁酶法澄清时的透光率同时受到加酶量、酶解温度、酶解时间等多个变量的影响；膨化产品的质量与原料、膨化设备、工艺参数（加工温度、水分含量、螺杆转速、喂料速度以及螺杆结构等）有关；发酵产物的质量与发酵底物、发酵时间、发酵温度、发酵微生物比例等有关。因此需要研究一个或多个因变量与多个自变量间的回归关系，即多元回归分析（multiple regression analysis），而其中最为简单、常用的是多元线性回归分析（multiple linear regression analysis），许多非线性回归（non-linear regression）和多项式回归（polynomial regression）都可以转化为多元线性回归来解决，因而多元线性回归分析有着广泛的应用。研究多元线性回归分析的思想、方法和原理与一元线性回归分析基本相同，但是其中要涉及一些新的概念以及进行更细致的分析，特别是在计算上要比直线回归分析复杂得多，当自变量较多时，需要用计算机软件进行计算。

5.5.1　多元线性回归

1. 多元线性回归数学模型

设因变量 y 与自变量 x_1，x_2，…，x_m 共有 n 组实际观测数据，见表 5-11。

表 5-11　*n* 组观察数据模式

序号	因变量	变量			
	y	x_1	x_2	…	x_m
1	y_1	x_{11}	x_{21}	…	x_{m1}
2	y_2	x_{12}	x_{22}	…	x_{m2}
⋮	⋮	⋮	⋮		⋮
n	y_n	x_{1n}	x_{2n}	…	x_{mn}

假定因变量 y 与 m 个自变量 x_1，x_2，…，x_m 间存在线性关系，其数学模型为

$$y_j = \beta_0 + \beta_1 x_{1j} + \beta_2 x_{2j} + \cdots + \beta_m x_{mj} + \varepsilon_j \quad (j = 1, 2, \cdots, n) \tag{5-21}$$

式中，x_1，x_2，…，x_m 为可以观测的一般变量（或为可以观测的随机变量）；y 为可以观测的随机变量，随 x_1，x_2，…，x_m 而变，受试验误差影响；ε_j 为相互独立且都服从 N（0，σ^2）的随机变量。所以，我们可以根据实际观测值对 β_0，β_1，β_2，…，β_m 以及方差 σ^2 做出估计。式（5-21）就是多元线性回归数学模型。

如果令

$$\boldsymbol{Y} = \begin{bmatrix} y_1 \\ y_2 \\ y_3 \\ \vdots \\ y_n \end{bmatrix} \qquad \boldsymbol{X} = \begin{bmatrix} 1 & x_{11} & x_{21} & \cdots & x_{m1} \\ 1 & x_{12} & x_{22} & \cdots & x_{m2} \\ 1 & x_{13} & x_{23} & \cdots & x_{m3} \\ \vdots & \vdots & \vdots & & \vdots \\ 1 & x_{1n} & x_{2n} & \cdots & x_{mn} \end{bmatrix}$$

$$\boldsymbol{\beta} = \begin{bmatrix} \beta_0 \\ \beta_1 \\ \vdots \\ \beta_m \end{bmatrix} \qquad \boldsymbol{\varepsilon} = \begin{bmatrix} \varepsilon_1 \\ \varepsilon_2 \\ \vdots \\ \varepsilon_n \end{bmatrix}$$

则多元线性回归数学模型也可以写成矩阵形式：$\boldsymbol{Y}=\boldsymbol{X\beta}+\boldsymbol{\varepsilon}$。

2. 多元线性回归方程的建立

设 y 对 x_1，x_2，…，x_m 的 m 元线性回归方程为

$$\hat{y} = b_0 + b_1 x_1 + b_2 x_2 + \cdots + b_m x_m \tag{5-22}$$

式中，b_0，b_1，b_2，…，b_m 为 β_0，β_1，β_2，…，β_m 的最小二乘估计值。根据最小二乘法原理，b_0，b_1，b_2，…，b_m 应使实际观测值 y 与回归估计值 $\hat{y}$ 的偏差平方和最小。

令

$$Q = \sum_{j=1}^{n} (y_j - \hat{y}_j)^2$$
$$= \sum_{j=1}^{n} (y_j - b_0 - b_1 x_{1j} - b_2 x_{2j} - \cdots - b_m x_{mj})^2$$

Q 为关于 b_0，b_1，b_2，…，b_m 的 m+1 元非负二次函数。

根据微分学中多元函数求极值的方法，若使 Q 最小，则应有

$$\frac{\partial Q}{\partial b_0}=-2\sum_{j=1}^{n}(y_j-b_0-b_1x_{1j}-b_2x_{2j}-\cdots-b_mx_{mj})=0$$

$$\frac{\partial Q}{\partial b_i}=-2\sum_{j=1}^{n}[x_{ij}(y_j-b_0-b_1x_{1j}-b_2x_{2j}-\cdots-b_mx_{mj})]=0\quad(i=1,\ 2,\ \cdots,\ m)$$

经整理得

$$\begin{cases}nb_0+(\sum x_1)b_1+(\sum x_2)b_2+\cdots+(\sum x_m)b_m=\sum y\\(\sum x_1)b_0+(\sum x_1^2)b_1+(\sum x_1x_2)b_2+\cdots+(\sum x_1x_m)b_m=\sum x_1y\\(\sum x_2)b_0+(\sum x_2x_1)b_1+(\sum x_2^2)b_2+\cdots+(\sum x_2x_m)b_m=\sum x_2y\\\quad\vdots\qquad\qquad\vdots\qquad\qquad\vdots\qquad\qquad\vdots\qquad\qquad\vdots\\(\sum x_m)b_0+(\sum x_mx_1)b_1+(\sum x_mx_2)b_2+\cdots+(\sum x_m^2)b_m=\sum x_my\end{cases}\tag{5-23}$$

由方程组（5-23）中的第一个方程可得

$$b_0=\overline{y}-b_1\overline{x}_1-b_2\overline{x}_2-\cdots-b_m\overline{x}_m$$

即

$$b_0=\overline{y}-\sum_{i=1}^{m}b_i\overline{x}_i$$

其中

$$\overline{y}=\frac{1}{n}\sum_{j=1}^{n}y_j\ ,\ \overline{x}_i=\frac{1}{n}\sum_{j=1}^{n}x_{ij}$$

若记

$$SS_i=\sum_{j=1}^{n}(x_{ij}-\overline{x}_i)^2,\ SS_y=\sum_{j=1}^{n}(y_j-\overline{y})^2$$

$$SP_{ik}=\sum_{j=1}^{n}(x_{ij}-\overline{x}_i)(x_{kj}-\overline{x}_k)=SP_{ki},\ SP_{iy}=\sum_{j=1}^{n}(x_{ij}-x_i)(y_j-\overline{y})\tag{5-24}$$

（i、k=1，2，…，m；$i\neq k$）

将 $b_0=\overline{y}-b_1\overline{x}_1-b_2\overline{x}_2-\cdots-b_m\overline{x}_m$ 分别代入方程组（5-23），经整理可得到关于偏回归系数 b_1，b_2，…，b_m 的正规方程组（normal equations）为

$$\begin{cases}SS_1b_1+SP_{12}b_2+\cdots+SP_{1m}b_m=SP_{1y}\\SP_{21}b_1+SS_2b_2+\cdots+SP_{2m}b_m=SP_{2y}\\\quad\vdots\qquad\quad\vdots\qquad\qquad\vdots\qquad\quad\vdots\\SP_{m1}b_1+SP_{m2}b_2+\cdots+SS_mb_m=SP_{my}\end{cases}\tag{5-25}$$

解正规方程组（5-25）即可得偏回归系数 b_1，b_2，…，b_m 的解，而

$$b_0=\overline{y}-b_1\overline{x}_1-b_2\overline{x}_2-\cdots-b_m\overline{x}_m$$

于是得到 m 元线性回归方程为

$$\hat{y}=b_0+b_1x_1+b_2x_2+\cdots+b_mx_m$$

m 元线性回归方程的图形为 $m+1$ 维空间的一个平面，称为回归平面；b_0 称为回归常数项（截距），当 $x_1=x_2=\cdots=x_m=0$ 时，$\hat{y}=b_0$，b_0 表示 y 的起始值；b_i（$i=1$，2，…，m）称为因变量 y 对自变量 x_i 的偏回归系数（partial regression coefficient），表示除自变量 x_i 以外的其余 m−1 个自变量都固定不变时，自变量 x_i 每变化一个单位，因变量 y 平均变化的单位数值，确切地说，当 $b_i>0$ 时，自变量 x_i 每增加一个单位，因变量 y 平均增加 b_i 个单位；当 $b_i<0$ 时，自变量 x_i 每增加一个单位，因变量 y 平均减少 b_i 个单位。

若将 $b_0=\overline{y}-b_1\overline{x}_1-b_2\overline{x}_2-\cdots-b_m\overline{x}_m$ 代入上式，则得

$$\hat{y}=\overline{y}+b_1(x_1-\overline{x}_1)+b_2(x_2-\overline{x}_2)+\cdots+b_m(x_m-\overline{x}_m) \tag{5-26}$$

式（5-26）为 y 对 x_1，x_2，…，x_m 的 m 元中心化线性回归方程。

偏回归系数也可通过矩阵算法计算。由式（5-23）

$$\begin{cases} nb_0 + (\sum x_1)b_1 + (\sum x_2)b_2 + \cdots + (\sum x_m)b_m = \sum y \\ (\sum x_1)b_0 + (\sum x_1^2)b_1 + (\sum x_1x_2)b_2 + \cdots + (\sum x_1x_m)b_m = \sum x_1y \\ (\sum x_2)b_0 + (\sum x_2x_1)b_1 + (\sum x_2^2)b_2 + \cdots + (\sum x_2x_m)b_m = \sum x_2y \\ \quad\vdots \\ (\sum x_m)b_0 + (\sum x_mx_1)b_1 + (\sum x_mx_2)b_2 + \cdots + (\sum x_m^2)b_m = \sum x_my \end{cases}$$

分析，令

$$\boldsymbol{A}=\begin{bmatrix} n & \sum x_1 & \sum x_2 & \cdots & \sum x_m \\ \sum x_1 & \sum x_1^2 & \sum x_1x_2 & \cdots & \sum x_1x_m \\ \sum x_2 & \sum x_2x_1 & \sum x_2^2 & \cdots & \sum x_2x_m \\ \vdots & \vdots & \vdots & & \vdots \\ \sum x_m & \sum x_mx_1 & \sum x_mx_2 & \cdots & \sum x_m^2 \end{bmatrix}$$

$$=\begin{bmatrix} 1 & 1 & \cdots & 1 \\ x_{11} & x_{12} & \cdots & x_{1n} \\ x_{21} & x_{22} & \cdots & x_{2n} \\ \vdots & \vdots & & \vdots \\ x_{m1} & x_{m2} & \cdots & x_{mn} \end{bmatrix}\begin{bmatrix} 1 & x_{11} & x_{21} & \cdots & x_{m1} \\ 1 & x_{12} & x_{22} & \cdots & x_{m2} \\ 1 & x_{13} & x_{23} & \cdots & x_{m3} \\ \vdots & \vdots & \vdots & & \vdots \\ 1 & x_{1n} & x_{2n} & \cdots & x_{mn} \end{bmatrix}=\boldsymbol{X'X}$$

$$\boldsymbol{B}=\begin{bmatrix} \sum y \\ \sum x_1y \\ \sum x_2y \\ \vdots \\ \sum x_my \end{bmatrix}=\begin{bmatrix} 1 & 1 & \cdots & 1 \\ x_{11} & x_{12} & \cdots & x_{1n} \\ x_{21} & x_{22} & \cdots & x_{2n} \\ \vdots & \vdots & & \vdots \\ x_{m1} & x_{m2} & \cdots & x_{mn} \end{bmatrix}\begin{bmatrix} y_1 \\ y_2 \\ y_3 \\ \vdots \\ y_n \end{bmatrix}=\boldsymbol{X'Y} \qquad \boldsymbol{b}=\begin{bmatrix} b_0 \\ b_1 \\ b_2 \\ \vdots \\ b_p \end{bmatrix}$$

则正规方程组（5-23）可用矩阵形式表示为

$$\boldsymbol{Ab}=(\boldsymbol{X'X})\boldsymbol{b}=\boldsymbol{B}=\boldsymbol{X'Y} \tag{5-27}$$

式中，$\boldsymbol{A}$ 为正规方程组的系数矩阵，$\boldsymbol{b}$ 为偏回归系数矩阵（列向量），$\boldsymbol{B}$ 为常数项矩阵（列向量）。

所以，偏回归系数阵为

$$\boldsymbol{b}=\begin{bmatrix} b_0 \\ b_1 \\ b_2 \\ \vdots \\ b_m \end{bmatrix}=\boldsymbol{A}^{-1}\boldsymbol{B}=(\boldsymbol{X'X})^{-1}\boldsymbol{X'Y} \tag{5-28}$$

关于求系数矩阵 $\boldsymbol{A}$ 的逆矩阵 $\boldsymbol{A}^{-1}$ 的方法有多种，请参阅线性代数教材，这里就不再赘述。

【例 5-4】 对 39 头贵阳成年水牛体重 y（kg）、胸围 x_1（cm），体长 x_2（cm）和体高 x_3（cm）进行测定，试验数据见表 5-12。试建立 y 对 x_1、x_2、x_3 的三元线性回归方程 $\hat{y}=b_0+b_1x_1+b_2x_2+b_3x_3$。

表 5-12　贵阳成年水牛体重、胸围、体长和体高测定结果

编号	胸围 x_1	体长 x_2	体高 x_3	体重 y
1	194	146	122.1	443.5
2	200	150	123.5	507.5
3	194	150	126.5	462.5
4	211	153	134.5	514
5	205	153	129.5	471.5
6	204	153	125.5	545
7	215	154	133	540.5
8	207	142	128.5	536
9	201	153	128.7	468
10	199	160	127.5	550.5
11	200	149	123.5	492
12	210	160	138.6	583
13	194	140	124	442.5
14	190	147	121	439.5
15	203	148	129	477.5
16	194	135	118	450
17	190	135	122	466
18	190	138.5	124	480
19	185	140	119.5	422
20	183	130	114	413.5
21	193	145	123.5	471
22	188	133	119	414.5
23	179	140	119	410
24	193	140	116	428.5
25	190	155	120.5	468
26	195.5	150	129.5	517.5
27	207.5	160	128.5	578
28	211	150	132.5	620
29	203	137	130	481
30	220	165	142.2	702
31	197	142	124	420
32	194	149	122	491
33	198	150	131.5	515
34	200	135	128	483
35	197	153	124	505
36	192	144	119.5	465
37	185	154	119.5	460
38	187	151	123	404
39	194	152	120	496

经原始数据整理计算得到如下统计数据：

$$\overline{x}_1 = 197.2564，\overline{x}_2 = 147.2179，\overline{x}_3 = 125.2589，\overline{y} = 488.0641$$

$$SS_1 = \sum x_1^2 - \left(\sum x_1\right)^2 / 39 = 3152.9359$$

$$SS_2 = \sum x_2^2 - \left(\sum x_2\right)^2 / 39 = 2615.3974$$

$$SS_3 = \sum x_3^2 - \left(\sum x_3\right)^2 / 39 = 1384.5344$$

$$SP_{12} = \sum x_1 x_2 - \left(\sum x_1\right)\left(\sum x_2\right) / 39 = 1601.3205$$

$$SP_{13} = \sum x_1 x_3 - \left(\sum x_1\right)\left(\sum x_3\right) / 39 = 1813.8103$$

$$SP_{23} = \sum x_2 x_3 - \left(\sum x_2\right)\left(\sum x_3\right) / 39 = 1138.2987$$

$$SP_{1y} = 17598.1090，SP_{2y} = 12920.4551，SP_{3y} = 11192.9526，SS_y = 144110.090$$

将上述有关数据代入式（5-25），得到关于偏回归系数 b_1、b_2、b_3 的正规方程组：

$$\begin{cases} 3152.9359b_1 + 1601.3205b_2 + 1813.8103b_3 = 17598.1090 \\ 1601.3205b_1 + 2615.3974b_2 + 1138.2987b_3 = 12920.4551 \\ 1813.8103b_1 + 1138.2987b_2 + 1384.5344\mathrm{b}_3 = 11192.9526 \end{cases}$$

用线性代数有关方法求得系数矩阵的逆矩阵如下：

$$\boldsymbol{C} = \boldsymbol{A}^{-1}$$

$$= \begin{bmatrix} 3152.9359 & 1601.3205 & 1813.8103 \\ 1601.3205 & 2615.3974 & 1138.2987 \\ 1813.8103 & 1138.2987 & 1384.5344 \end{bmatrix}^{-1}$$

$$= \begin{bmatrix} 0.0012995 & -0.00008517 & -0.0016323581 \\ -0.00008517895 & 0.00060098376 & -0.000382511 \\ -0.0016323581 & -0.000382511 & 0.0031752187 \end{bmatrix} = \begin{bmatrix} c_{11} & c_{12} & c_{13} \\ c_{21} & c_{22} & c_{23} \\ c_{31} & c_{32} & c_{33} \end{bmatrix}$$

关于 b_1、b_2、b_3 的解可表示为

$$\begin{bmatrix} b_1 \\ b_2 \\ b_3 \end{bmatrix} = \begin{bmatrix} c_{11} & c_{12} & c_{13} \\ c_{21} & c_{22} & c_{23} \\ c_{31} & c_{32} & c_{33} \end{bmatrix} \begin{bmatrix} SP_{1y} \\ SP_{2y} \\ SP_{3y} \end{bmatrix}$$

即

$$\begin{bmatrix} b_1 \\ b_2 \\ b_3 \end{bmatrix} = \begin{bmatrix} 0.0012995 & -0.00008517 & -0.0016323581 \\ -0.00008517895 & 0.00060098376 & -0.000382511 \\ -0.0016323581 & -0.000382511 & 0.0031752187 \end{bmatrix} \begin{bmatrix} 175980.109 \\ 12920.455 \\ 11192.953 \end{bmatrix} = \begin{bmatrix} 3.496983 \\ 1.984559 \\ 1.871436 \end{bmatrix}$$

而

$$b_0 = \overline{y} - b_1\overline{x}_1 - b_2\overline{x}_2 - b_3\overline{x}_3 = -728.3151$$

于是，贵阳成年水牛体重 y 与胸围 x_1、体长 x_2、体高 x_3 的三元线性回归方程为

$$\hat{y} = -728.3151 + 3.496983x_1 + 1.984559x_2 + 1.871436x_3$$

3. 多元线性回归的显著性检验

1）回归关系的显著性检验　与一元线性回归分析一样，建立了多元线性回归方程后，还需对因变量与多个自变量间的线性关系进行显著性检验，也就是对多元线性回归方程进行显著性检验。需采用 F 检验方法。

（1）平方和与自由度分解。与一元线性回归分析一样，在多元线性回归分析中，因变量 y 的总平方和 SS_y 可以剖分为回归平方和 SS_R 与离回归平方和 SS_r 两部分，即

$$SS_y = SS_R + SS_r \tag{5-29}$$

同理，因变量 y 的总自由度 df_y 也可以剖分为回归自由度 df_R 与离回归自由度 df_r 两部分，即

$$df_y=df_R+df_r \tag{5-30}$$

式（5-29）与式（5-30）称为多元线性回归平方和与自由度的分解式。

在式（5-29）中，$SS_y = \sum(y-\overline{y})^2$ 反映了因变量 y 的总变异；$SS_R = \sum(\hat{y}-\overline{y})^2$ 反映了因变量与多个自变量间存在线性关系所引起的变异，或者反映了多个自变量对因变量的综合线性影响所引起的变异；$SS_r = \sum(y-\hat{y})^2$ 反映了除因变量与多个自变量间存在线性关系以外的其他因素，包括试验误差所引起的变异。

式（5-29）中各项平方和的计算如下：

$$\begin{aligned} &SS_y = \sum y^2 - (\sum y)^2 / n \\ &SS_R = b_1SP_{1y} + b_2SP_{2y} + \cdots + b_mSP_{my} = \sum_{i=1}^{m} b_iSP_{iy} \\ &SS_r = SS_y - SS_R \end{aligned} \tag{5-31}$$

式（5-30）中各项自由度的计算如下：

$$\begin{aligned} df_y&=n-1 \\ df_R&=m \\ df_r&=n-m-1 \end{aligned} \tag{5-32}$$

式中，m 为线性回归时的自变量个数；n 为实际观测数据的组数。

由 SS_R、df_R 与 SS_r、df_r，可以计算回归均方 MS_R 与剩余均方 MS_r：

$$MS_R = \frac{SS_R}{df_R},\quad MS_r=\frac{SS_r}{df_r} \tag{5-33}$$

（2）显著性检验。检验多元线性回归关系是否显著或者多元线性回归方程是否显著，就是检验各自变量的总体偏回归系数 β_i（i=1，2，…，m）是否同时为零，显著性检验的无效假设与备择假设为 H_0：$\beta_1=\beta_2=\cdots=\beta_m=0$；$H_A$：$\beta_1$、$\beta_2$、…、$\beta_m$ 不全为零。在 H_0 成立条件下，有

$$F = \frac{MS_R}{MS_r} \quad (df_1 = df_R,\ df_2=df_r) \tag{5-34}$$

由上述 F 统计量进行 F 检验即可推断多元线性回归关系的显著性。

对于例 5-4 资料所建立的三元线性回归方程

$$\hat{y} = -728.3151 + 3.496983x_1 + 1.984559x_2 + 1.871436x_3$$

进行显著性检验。

由计算可知

$$SS_y=144110.09$$

由式（5-31）可知，

$$\begin{aligned} SS_R &= b_1SP_{1y} + b_2SP_{2y} + b_3SP_{3y} \\ &= 3.496983\times17598.109 + 1.984559\times12920.455 + 1.871436\times11192.953 \\ &= 108128.6 \end{aligned}$$

$$
\begin{aligned}
SS_r &= SS_y - SS_R \\
&= 144110.09 - 108128.6 \\
&= 35981.49
\end{aligned}
$$

由式（5-32）可计算自由度

$$df_y = n-1 = 39-1 = 38，\quad df_R = m = 3，\quad df_r = n-m-1 = 39-3-1 = 35$$

列方差分析表，见表 5-13。

表 5-13　三元线性回归关系方差分析表

变异来源	自由度	平方和	均方	F	显著性
回归	3	108128.6	36042.867	35.05969	**
离回归	35	35981.49	1028.043		
总计	38	144110.09			

由 df_1=3、df_2=35 查 F 表得 $F_{0.01(3,35)}$=4.40，因为 $F > F_{0.01(3,35)}$，表明贵阳成年水牛体重与胸围、体长、体高间存在极显著线性关系，或者胸围、体长、体高对体重的综合线性影响是极显著的。

2）偏回归系数的显著性检验　　上述的显著性检验只是一个整体性的显著性假设检验。F 检验显著并不意味每一个自变量与因变量的线性关系都是显著的。因此，还必须逐一对各个自变量进行显著性检验，即对每个偏回归系数进行检验，以便从回归方程中剔除那些不显著的自变量，重新建立更为简单的多元线性回归方程。

偏回归系数 b_i（i=1，2，…，m）的显著性检验或某一个自变量对因变量的线性影响的显著性检验所建立的无效假设与备择假设为 $H_0: \beta_i = 0$；$H_A: \beta_i \neq 0$（i=1，2，…，m）。

常用于偏回归系数显著性检验的方法有 t 检验与 F 检验。

（1）t 检验。

$$t_{b_i} = \frac{b_i}{S_{b_i}}，\quad df = n-m-1 \quad (i=1，2，\cdots，m) \tag{5-35}$$

式中，$S_{b_i} = S_{y \cdot 12 \cdots m} \cdot \sqrt{c_{ii}}$ 为偏回归系数标准误；$S_{y \cdot 12 \cdots m} = \sqrt{\dfrac{\sum (y-\hat{y})^2}{n-m-1}} = \sqrt{MS_r}$ 为离回归标准误；c_{ii} 为正规方程组系数矩阵的逆矩阵 $C=A^{-1}$ 的主对角线元素。

（2）F 检验。在多元线性回归分析中，回归平方和 SS_R 反映了所有自变量对因变量的综合线性影响，它总是随着自变量的个数增多而有所增加，但决不会减少。因此，如果在考虑的所有自变量当中去掉一个自变量时，回归平方和 SS_R 只会减少，减少的数值越大，说明该自变量在回归关系中所起的作用越大，也就是该自变量越重要。

设 SS_R 为 m 个自变量 x_1，x_2，…，x_m 所引起的回归平方和，SS'_R 为去掉一个自变量 x_i 后 $m-1$ 个自变量所引起的回归平方和，那么它们的差 $SS_R - SS'_R$ 即为去掉自变量 x_i 之后，回归平方和所减少的量，称为自变量 x_i 的偏回归平方和，记为 SS_{b_i}，即

$$SS_{b_i} = SS_R - SS'_R$$

可以证明

$$SS_{b_i} = b_i^2 / c_{ii} \quad (i=1，2，\cdots，m) \tag{5-36}$$

偏回归平方和可以衡量每个自变量在回归中所起作用的大小，或者说反映了每个自变量对因变量的影响程度的大小。应该注意的是，在一般情况下，

$$SS_R \neq \sum_{i=1}^{m} SS_{b_i}$$

这是因为 m 个自变量之间往往存在着不同程度的相关，使得各自变量对因变量的作用存在相互影响。只有当 m 个自变量相互独立时，才有

$$SS_R = \sum_{i=1}^{m} SS_{b_i}$$

偏回归平方和 SS_{b_i} 是去掉一个自变量使回归平方和减少的部分，也可理解为引入一个自变量使回归平方和增加的部分，其自由度为 1，称为偏回归自由度，记为 df_{b_i}，即 $df_{b_i}=1$。显然，偏回归均方 MS_{b_i} 为

$$MS_{b_i} = SS_{b_i} / df_{b_i} = SS_{b_i} = b_i^2 / c_{ii} \quad (i=1,\ 2,\ \cdots,\ m) \tag{5-37}$$

故可以由 F 统计量

$$F_{b_i} = MS_{b_i} / MS_r,\ df_1 = 1,\ df_2 = n-m-1 \quad (i=1,\ 2,\ \cdots,\ m) \tag{5-38}$$

来对各偏回归系数的显著性进行检验。

现对例 5-4 所建立的回归方程中各偏回归系数（变量）分别进行显著性检验。

采用 t 检验法：

首先计算

$$S_{y\cdot123} = \sqrt{MS_r} = \sqrt{1028.043} = 32.06311$$

$$S_{b_1} = S_{y\cdot123}\sqrt{c_{11}} = 32.06311 \times \sqrt{0.0012955} = 1.15405$$

$$S_{b_2} = S_{y\cdot123}\sqrt{c_{22}} = 32.06311 \times \sqrt{0.00060098376} = 0.78603$$

$$S_{b_3} = S_{y\cdot123}\sqrt{c_{33}} = 32.06311 \times \sqrt{0.0031752187} = 1.80673$$

然后计算各 t 统计量值

$$t_{b_1} = b_1 / S_{b_1} = 3.496983 / 1.15405 = 3.0302$$

$$t_{b_2} = b_2 / S_{b_2} = 1.984559 / 0.78603 = 2.5248$$

$$t_{b_3} = b_3 / S_{b_3} = 1.871436 / 1.80673 = 1.0358$$

由 $df=n-m-1=35$ 查 t 值表得 $t_{0.05(35)}=2.030$，$t_{0.01(35)}=2.724$。因为 $|t_{b_1}|>t_{0.01(35)}$、$|t_{b_2}|>t_{0.05(35)}$、$|t_{b_3}|<t_{0.05(35)}$，所以偏回归系数 b_1 极显著，偏回归系数 b_2 显著，而偏回归系数 b_3 不显著。

采用 F 检验法：

首先计算各个变量的偏回归平方和

$$SS_{b_1} = b_1^2 / c_{11} = 3.496983^2 / 0.0012955 = 9439.514$$

$$SS_{b_2} = b_2^2 / c_{22} = 1.984559^2 / 0.00060098376 = 6553.379$$

$$SS_{b_3} = b_3^2 / c_{33} = 1.871436^2 / 0.0031752187 = 1103.002$$

进而计算各个变量偏回归均方

$$MS_{b_1} = SS_{b_1} / 1 = 9439.514$$
$$MS_{b_2} = SS_{b_2} / 1 = 6553.379$$
$$MS_{b_3} = SS_{b_3} / 1 = 1103.002$$

最后构造 F 统计量

$$F_{b_1} = MS_{b_1} / MS_r = 9439.514 / 1028.043 = 9.182^{**}$$
$$F_{b_2} = MS_{b_2} / MS_r = 6553.379 / 1028.043 = 6.375^{*}$$
$$F_{b_3} = MS_{b_3} / MS_r = 1103.002 / 1028.043 = 1.073$$

列方差分析表见表 5-14。

表 5-14　偏回归系数显著性检验方差分析表

变异来源	自由度	平方和	均方	F	显著性
x_1 的偏回归	1	9439.514	9439.514	9.182	**
x_2 的偏回归	1	6553.379	6553.379	6.375	*
x_3 的偏回归	1	1103.002	1103.002	1.073	
离回归	35	35981.505	1028.043		

由 df_1=1，df_2=35 查 F 表得 $F_{0.05(1,35)}$=4.120，$F_{0.01(1,35)}$=7.415。因为 $F_{b_1} > F_{0.01(1,35)}$，$F_{b_2} > F_{0.05(1,35)}$，$F_{b_3} < F_{0.05(1,35)}$，因此偏回归系数 b_1 极显著，而偏回归系数 b_2 显著，b_3 不显著。所以，可以认为成年水牛的体重与胸围、体长和体高间存在极显著的线性关系。成年水牛的体重主要取决于胸围和体长，体高的作用不显著。为了得到简化模型，应剔除 x_3 变量，重新构建新的回归方程。

由以上分析可以看出 F 检验结果与 t 检验结果是一致的。

4. 最优多元线性回归方程的建立

当对显著的多元线性回归方程中各个偏回归系数进行显著性检验都是显著时，说明各个自变量对因变量的单纯影响都是显著的。若有一个或几个偏回归系数经显著性检验为不显著，则说明其对应的自变量对因变量的作用或影响不显著，或者说这些自变量在回归方程中是不重要的，此时应该从回归方程中剔除一个不显著的偏回归系数对应的自变量，重新建立多元线性回归方程，再对新的多元线性回归方程或多元线性回归关系以及各个新的偏回归系数进行显著性检验，直至多元线性回归方程显著，并且各个偏回归系数都显著为止。此时的多元线性回归方程即为最优多元线性回归方程（the best multiple linear regression equation）。

1）自变量的剔除　当经显著性检验有几个不显著的偏回归系数时，我们一次只能剔除一个不显著的偏回归系数对应的自变量，被剔除的自变量的偏回归系数应该是所有不显著的偏回归系数中的 F（或 $|t|$ 值或偏回归平方和）为最小者。这是因为自变量之间往往存在着相关性，当剔除某一个不显著的自变量之后，其对因变量的影响很大部分可以转到另外不显著的自变量对因变量的影响上。如果同时剔除两个以上不显著的自变量时，那就会比较多地减少回归平方和，从而影响利用回归方程进行估测的可靠程度。

2）重新进行少一个自变量的多元线性回归分析　一次舍去一个不显著的偏回归系数对应的自变量，不能简单地理解为只需把被剔除的自变量从多元线性回归方程中去掉就行，这是因为自变量间往往存在相关性，舍去一个自变量，其余自变量的偏回归系数数值将发生改变，回归方程的显著性检验、偏回归系数的显著性检验也都需重新进行，也就是说应该重新进行少一个自变量的多元线性回归分析。

设因变量 y 与自变量 x_1，x_2，…，x_m 的 m 元线性回归方程为

$$\hat{y} = b_0 + b_1x_1 + b_2x_2 + \cdots + b_mx_m$$

如果 x_i 为被剔除的自变量，则 m–1 元线性回归方程为

$$\hat{y} = b_0' + b_1' + \cdots + b_{i-1}'x_{i-1} + b_{i+1}'x_{i+1} + \cdots + b_m'x_m \tag{5-39}$$

可以证明

$$c_{jk}' = c_{jk} - \frac{c_{ji}c_{ki}}{c_{ii}} \tag{5-40}$$

式中，c_{jk}、c_{ji}、c_{ki}、c_{ii} 均为 m 元正规方程组系数矩阵逆矩阵 C 的元素，这样我们就非常方便地计算出新的 m–1 阶逆矩阵 C'的各元素，以进行 m–1 元线性回归方程的偏回归系数 b_j' 的显著性检验。

可以证明，m–1 元线性回归方程中的偏回归系数 b_j' 与 m 元线性回归方程中偏回归系数 b_j 之间有如下关系

$$b_j' = b_j - \frac{c_{ij}}{c_{ii}} \cdot b_i \quad (j=1，2，\cdots，i-1，i+1，\cdots，m) \tag{5-41}$$

所以，可以利用原来的 m 元线性回归方程中的偏回归系数和 m 元正规方程组系数矩阵的逆矩阵 C 的元素 c_{ij} 来计算剔除一个自变量之后新的 m–1 元线性回归方程中的各偏回归系数。

而新的 m–1 元线性回归方程中常数项 b_0' 由式（5-42）计算

$$b_0' = \overline{y} - b_1'\overline{x}_1 - \cdots - b_{i-1}'\overline{x}_{i-1} - b_{i+1}'\overline{x}_{i+1} - \cdots - b_m'\overline{x}_m \tag{5-42}$$

于是我们可以利用式（5-41）和式（5-42）方便地算出新的 m–1 元线性回归方程中的各个偏回归系数及常数项，这样即建立了剔除一个自变量之后新的 m–1 元线性回归方程：

$$\hat{y} = b_0' + b_1'x_1 + \cdots + b_{i-1}'x_{i-1} + b_{i+1}'x_{i+1} + \cdots + b_m'x_m \tag{5-43}$$

在重新建立 m–1 元线性回归方程之后，仍然需要对 m–1 元线性回归关系和偏回归系数 b_j' 进行显著性检验，方法同前，但一些统计量需要重新进行计算。对于 m–1 元线性回归方程（5-43）：

回归平方和

$$SS_R = b_1'SP_{1y} + \cdots + b_{i-1}'SP_{i-1,y} + b_{i+1}'SP_{i+1,y} + \cdots + b_m'SP_{my}$$

回归自由度

$$df_R=m-1$$

离回归平方和

$$SS_r=SS_y-SS_R$$

离回归自由度

$$df_r=n-m$$

对偏回归系数 b_j' 进行显著性检验时：

$$t_{b_j'} = b_j' / S_{b_j'}，\ df = n-m$$

$$S_{b_j'} = S_{y\cdot 12\cdots i-1\ i+1\cdots m}\sqrt{c_{jj}'}$$

$S_{y\cdot12\cdots i-1\ i+1\cdots m}=\sqrt{\dfrac{MS_r}{n-m}}$，$MS_r$ 为新的离回归均方。

而新的偏回归平方和为

$$SS_{b'_j}=b'^2_j/c'_{jj}$$

$$F_{b'_j}=\frac{MS_{b'_j}}{MS_r}=\frac{SS_{b'_j}}{MS_r}=\frac{b'^2_j/c'_{jj}}{MS_r}，df_1=1，df_2=n-m$$

上式中的 MS_r 仍为新的离回归均方。

重复上述步骤，直至回归方程显著以及各偏回归系数都显著为止，即建立了最优的多元线性回归方程。

对于例 5-4，建立的三元线性回归方程为

$$\hat{y}=-728.3151+3.496983x_1+1.984559x_2+1.871436x_3$$

经显著性检验，回归方程极显著，偏回归系数 b_1 极显著，b_2 显著，而 b_3 不显著。所以应剔除偏回归系数 b_3 对应的自变量 x_3（体高），重新建立体重 y 对胸围 x_1 和体长 x_2 的二元线性回归方程

$$\hat{y}=b'_0+b'_1x_1+b'_2x_2$$

根据式（5-41）得

$$b'_j=b_j-\frac{c_{ij}}{c_{ii}}\cdot b_i$$

计算 b'_1 和 b'_2。这里 i=3，j=1，2。

$$\begin{aligned}b'_1&=b_1-\frac{c_{31}}{c_{33}}\cdot b_3\\&=3.496983-\frac{-0.0016323581}{0.0031752187}\times1.871436=4.459076\end{aligned}$$

$$\begin{aligned}b'_2&=b_2-\frac{c_{32}}{c_{33}}\cdot b_3\\&=1.984559-\frac{-0.000382511}{0.0031752817}\times1.871436=2.210006\end{aligned}$$

而 b'_0 由式（5-42）计算：

$$\begin{aligned}b'_0&=\overline{y}-b'_1\overline{x}_1-b'_2\overline{x}_2\\&=488.0641-4.459076\times197.2564-2.210006\times147.2179\\&=-716.87\end{aligned}$$

于是重新建立的二元线性回归方程为

$$\hat{y}=-716.87+4.459x_1+2.21x_2$$

对二元线性回归方程进行显著性检验。由计算得

$$SS_y=144110.090$$

$$\begin{aligned}SS_R&=b'_1SP_{1y}+b'_2SP_{2y}\\&=4.459076\times17598.1090+2.210006\times12920.4551\\&=107025.589\end{aligned}$$

$$\begin{aligned} SS_r &= SS_y - SS_R \\ &= 144110.090 - 107025.589 \\ &= 37084.501 \\ df_y &= n-1 = 38 \\ df_R &= 2 \\ df_r &= df_y - df_R = 36 \end{aligned}$$

列出方差分析表（表 5-15），进行 F 检验。

表 5-15　二元线性回归关系方差分析表

变异来源	自由度	平方和	均方	F	显著性
回归	2	107025.589	53512.7945	51.94787	**
离回归	36	37084.501	1030.1250		
总计	38	144110.090			

由 df_1=2，df_2=36 查 F，得 $F_{0.01(2,36)}$=5.25，因为 $F > F_{0.01(2,36)}$，$P<0.01$，表明二元线性回归关系是极显著的。

应用 F 检验法对偏回归系数 b_1' 和 b_2' 进行显著性检验。

首先应用式（5-40）

$$c'_{jk} = c_{jk} - \frac{c_{ji}c_{ki}}{c_{ii}}$$

计算关于 b_1'、b_2' 的正规方程组系数矩阵的逆矩阵 $\boldsymbol{C}'$ 主对角线上的各元素，这里 i=3，j=1，k=2。

$$c'_{11} = c_{11} - \frac{c_{13}c_{13}}{c_{33}} = 0.0012995 - \frac{(-0.0016323581)^2}{0.0031752187} = 0.00046$$

$$c'_{22} = c_{22} - \frac{c_{23}c_{23}}{c_{33}} = 0.00060098376 - \frac{(-0.000382511)^2}{0.00317521871} = 0.000555$$

下面计算偏回归平方和：

$$SS_{b_1'} = b_1'^2 / c'_{11} = 4.459076^2 / 0.00046 = 43224.693$$

$$SS_{b_2'} = b_2'^2 / c'_{22} = 2.210006^2 / 0.000555 = 8800.228$$

列出方差分析表（表 5-16）。

表 5-16　偏回归系数显著性检验方差分析表

变异来源	自由度	平方和	均方	F	显著性
x_1 的偏回归	1	43224.693	43224.693	41.9606	**
x_2 的偏回归	1	8800.228	8800.228	8.5429	**
离回归	36	37084.497	1030.125		

由 df_1=1，df_2=36 查临界 F，得 $F_{0.01(1,36)}$=7.197，因为 $F_{b_1'}$、$F_{b_2'}$ 均大于 $F_{0.01(1,36)}$，表明二元线性回归方程的偏回归系数 b_1' 和 b_2' 都是极显著的，或者说明胸围、体长分别对体重的线性影

响是极显著的。

于是我们得到例 5-4 的最优二元线性回归方程为

$$\hat{y} = -716.87 + 4.459x_1 + 2.21x_2$$

由回归关系可知，水牛的体重与胸围、体长有着极显著的线性关系。当胸围保持不变时，体长每增加 1cm，体重平均增加 2.21kg；而当体长保持不变时，胸围每增加 1cm，体重平均增加 4.46kg。

该回归方程的离回归标准误为

$$S_{y\cdot 12} = \sqrt{MS_r} = \sqrt{1030.125} = 32.096$$

5. 自变量相对重要性

在实际应用中，我们经常需要对最优多元线性回归方程中的自变量影响进行主次判断，以便抓住主要矛盾，更好地解决实际问题。

1）标准偏回归系数的比较　第 i 个自变量 x_i 的标准偏回归系数（standard partial regression coefficient）为

$$b_i^* = b_i \frac{S_i}{S_y} = b_i \sqrt{\frac{SS_i}{SS_y}} \quad (i = 1,\ 2, \cdots,\ m) \tag{5-44}$$

式中，S_i 为第 i 个自变量 x_i 的样本标准差，S_y 为因变量 y 的样本标准差。

标准偏回归系数为不带单位的相对数，其绝对值的大小可以衡量对应的自变量对因变量作用的相对重要性。在多元线性回归分析中，可以比较各标准偏回归系数绝对值的大小，绝对值越大，其对应的自变量对因变量的作用越重要。

2）偏回归平方和的比较　在多元线性回归分析中，当自变量间存在着显著相关时，或者当无法判断各自变量间的相关性时，应比较各自变量的偏回归平方和 SS_{b_i}（i=1，2，⋯，m）的大小来判断各自变量对因变量影响的主次，凡是偏回归平方和大的自变量，其对因变量的作用一定是主要的。

对于例 5-4 建立的最优二元线性回归方程：

$$\hat{y} = -716.87 + 4.459x_1 + 2.21x_2$$

可算得

$$SS_{b_1'} = 43224.693,\quad SS_{b_2'} = 8800.228$$

因为 $SS_{b_1'} > SS_{b_2'}$，所以在上述二元线性回归方程中，自变量 x_1（胸围）对因变量 y（体重）的影响是主要的。

5.5.2　多项式回归

研究一个因变量与一个或多个自变量间多项式的回归分析方法，称为多项式回归（polynomial regression）。如果自变量只有一个时，称为一元多项式回归；如果自变量有多个时，称为多元多项式回归。

一元 m 次多项式回归方程为

$$\hat{y} = b_0 + b_1 x + b_2 x^2 + \cdots + b_m x^m \tag{5-45}$$

二元二次多项式回归方程为

$$\hat{y} = b_0 + b_1 x_1 + b_2 x_2 + b_3 x_1^2 + b_4 x_2^2 + b_5 x_1 x_2 \tag{5-46}$$

在一元回归分析中，如果因变量 y 与自变量 x 的关系为非线性的，当找不到适当的函数曲线来拟合时，则可以采用一元多项式回归。多项式回归的最大优点就是可以通过增加 x 的高次项对实测点进行逼近，直至满意为止。在通常的实际问题中，无论因变量与其他自变量的关系如何，我们总可以用多项式回归来进行分析。

1. 多项式回归分析方法

多项式回归问题可以通过变量转换为多元线性回归问题来解决。

对于一元 m 次多项式回归方程（5-45），令 $x_1=x$，$x_2=x^2$，…，$x_m=x^m$，则式（5-45）就转化为 m 元线性回归方程

$$\hat{y}=b_0+b_1x_1+b_2x_2+\cdots+b_mx_m$$

因此就可以用本章介绍的多元线性回归方法解决。需要指出的是，在多项式回归分析中，检验回归系数 b_i 是否显著，实质上就是判断自变量 x 的 i 次方项 x^i 对因变量 y 的影响是否显著。

对于二元二次多项式回归方程（5-46），令 $z_1=x_1$、$z_2=x_2$、$z_3=x_1^2$、$z_4=x_2^2$、$z_5=x_1x_2$，则式（5-46）就转化为五元线性回归方程

$$\hat{y}=b_0+b_1z_1+b_2z_2+b_3z_3+b_4z_4+b_5z_5$$

随着自变量个数的增加，多元多项式回归分析的计算量急剧增加。所以，通常对于多元回归，要借助统计软件来完成回归分析。

2. 一元二次多项式回归分析

【例 5-5】 为了解玉米亩产量 y（kg/亩）与氮肥使用量 x（kg/亩）之间的关系，设计了不同氮肥使用量实验，其对应的亩产量结果见表 5-17。试建立玉米亩产量（因变量 y）对氮肥使用量（自变量 x）的回归方程。

表 5-17　氮肥使用量与亩产量关系试验资料及回归计算表

	氮肥使用量 x/（kg/亩）	亩产量 y/（kg/亩）	$x_1=x$	$x_2=x^2$	x_1^2	x_1x_2	x_2^2	x_1y	x_2y	y^2
1	0	312	0	0	0	0	0	0	0	97344
2	3	380	3	9	9	27	81	1140	3420	144400
3	6	461	6	36	36	216	1296	2766	16596	212521
4	9	502	9	81	81	729	6561	4518	40662	252004
5	12	485	12	144	144	1728	20736	5820	69840	235225
6	15	442	15	225	225	3375	50625	6630	99450	195364
$\sum$	45	2582	45	495	495	6075	79299	20874	229968	1136858

（1）绘制 x 与 y 的散点图。由散点图（图 5-13）可以看出，玉米亩产量与氮肥使用量之间有二次关系，因此可以选用一元二次多项式来描述玉米亩产量与氮肥使用量的关系，即进行一元二次多项式回归分析。

（2）变量转换。设一元二次多项式回归方程为

$$\hat{y}=b_0+b_1x+b_2x^2$$

令 $x_1=x$、$x_2=x^2$，则得二元线性回归方程

$$\hat{y}=b_0+b_1x_1+b_2x_2$$

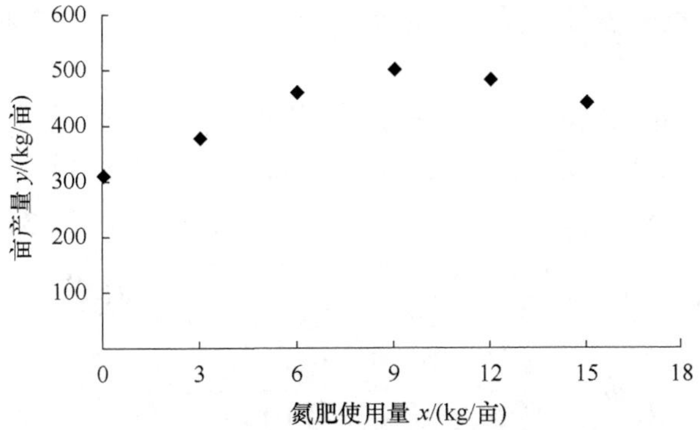

图 5-13　玉米氮肥使用量与亩产量的散点图

（3）二元线性回归分析。由表 5-17 计算

$$\sum x_1 = \sum x = 45,\quad \sum x_2 = \sum x^2 = 495,\quad \sum y = 2582,\quad n = 6$$

$$\sum x_1^2 = \sum x^2 = 495,\quad \sum x_2^2 = \sum x^4 = 79299,\quad \sum y^2 = 1136858$$

$$\sum x_1x_2 = \sum x^3 = 6075，\sum x_1y = \sum xy = 20874，\sum x_2y = \sum x^2y = 229968$$

$$SS_1 = 157.50，SS_2 = 38461.50，SS_y = 25737.3333$$

$$SP_{12} = 2362.50，SP_{1y} = 1509.00，SP_{2y} = 16953.00$$

$$\overline{x}_1 = 7.5，\overline{x}_2 = 82.5，\overline{y} = 430.3333$$

于是得到关于 b_1、b_2 的正规方程组为

$$\begin{cases}157.50b_1 + 2362.50b_2 = 1509.00\\ 2362.50b_1 + 38461.50b_2 = 16953.00\end{cases}$$

解方程组得

$$b_1 = 37.76548,\quad b_2 = -1.87897$$

而

$$b_0 = \overline{y} - b_1\overline{x}_1 - b_2\overline{x}_2 = 430.3333 - 37.76548 \times 7.5 - (-1.87897) \times 82.5 = 302.1072$$

于是得到二元线性回归方程为

$$\hat{y} = 302.1072 + 37.76548x_1 - 1.87897x_2$$

现对二元线性回归方程进行显著性检验，

$$SS_y = 25737.3333$$

$$SS_R = b_1SP_{1y} + b_2SP_{2y} = 25133.9548$$

$$SS_r = SS_y - SS_R = 25737.3333 - 25133.95 = 603.3785$$

$$df_y = n - 1 = 6 - 1 = 5，df_R = 2，df_r = df_y - df_R = 5 - 2 = 3$$

列出方差分析表（表 5-18）。

表 5-18　二元线性回归关系方差分析表

变异来源	自由度	平方和	均方	F	显著性
回归	2	25133.9548	12566.9774	62.483	**
离回归	3	603.3785	201.1261		
总变异	5	25737.3333			

由 df_1=2，df_2= 3 查 F 表得 $F_{0.01(2,3)}=30.82$，因为 $F > F_{0.01(2,3)}$，表明二元线性回归关系是极显著的。

应用 F 检验法对偏回归系数 b_1、b_2 进行显著检验，

$$SS_{b_1}=b_1^2/c_{11}=37.76548^2/0.080753=17661.653$$

$$SS_{b_2}=b_2^2/c_{22}=(-1.87897)^2/0.000330=10698.57$$

$$F_{b_1}=\frac{MS_{b_1}}{MS_r}=\frac{SS_{b_1}/1}{MS_r}=\frac{17661.653}{201.1261}=87.814^{**}$$

$$F_{b_2}=\frac{MS_{b_2}}{MS_r}=\frac{SS_{b_2}/1}{MS_r}=\frac{10698.57}{201.1261}=53.193^{**}$$

由 df_1=1，df_2=3 查 F 表得 $F_{0.01(1,3)}=34.12$，因为 $F_{b_1} > F_{0.01(1,3)}$、$F_{b_2} > F_{0.01(1,3)}$，表明偏回归系数 b_1 和 b_2 都是极显著的。

（4）建立一元二次多项式回归方程。将 x_1 还原为 x，x_2 还原为 x^2，即得玉米亩产量 y 对氮肥使用量 x 的一元二次多项式回归方程为

$$\hat{y}=302.1072+37.76548x-1.87897x^2$$

5.6 复相关分析

5.6.1 复相关分析概念及意义

研究一个变量与多个变量的线性相关性称为复相关分析（analysis of multiple correlation）。从相关分析角度来说，复相关中的变量没有因变量与自变量之分，但是在实际应用中，复相关分析经常与多元线性回归分析联系在一起，因此，复相关分析一般是指因变量 y 与 m 个自变量 x_1，x_2，…，x_m 的线性相关分析。

在多元线性回归分析中，如果 m 个自变量对因变量的回归平方和 SS_R 占因变量 y 的总平方和 SS_y 的比例越大，则表明因变量 y 和 m 个自变量的线性联系越密切，或者表明因变量 y 与 m 个自变量的线性相关性越密切，因此定义

$$R^2=SS_R/SS_y \tag{5-47}$$

为 y 与 x_1、x_2、…、x_m 的相关指数（correlation index），也称为决定系数。

相关指数 R^2 表示了多元线性回归方程的拟合度，或者说表示用多元线性回归方程进行预测的可靠程度。显然，

$$0 \leqslant R^2 \leqslant 1$$

定义

$$R=\sqrt{SS_R/SS_y} \tag{5-48}$$

为因变量 y 与 m 个自变量 x_1、x_2、…、x_m 的复相关系数（multiple correlation coefficient）。

复相关系数表示 y 与 x_1、x_2、…、x_m 的线性关系的密切程度，由于 $\hat{y}$ 包含了 x_1、x_2、…、x_m 的综合线性影响，因此 y 与 x_1、x_2、…、x_m 的复相关系数也就相当于 y 与 $\hat{y}$ 的简单相关系数，即

$$R=r_{y\hat{y}} \tag{5-49}$$

复相关系数的取值范围为 $0 \leqslant R \leqslant 1$。在自由度一定时，$R$ 越近于 1，表明 y 与 x_1、x_2、…、x_m 的线性关系越密切。

5.6.2 复相关系数的显著性检验

复相关系数的显著性检验也就是对 y 与 x_1，x_2，…，x_m 的线性关系的显著性检验。复相关系数的显著性检验与相应的多元线性回归关系的显著性检验是完全等价的。复相关系数 R 的显著性检验也有两种方法——F 检验法与查表法。下面仅对复相关系数显著性检验中的 F 检验法做一讨论。

设 ρ 为 y 与 x_1，x_2，…，x_m 的总体复相关系数，F 检验的无效假设与备择假设为 H_0：$\rho=0$，H_A：$\rho\neq0$。

所以，可以构造 F 统计量对 R 显著性进行检验，

$$F_R=\frac{R^2/m}{(1-R^2)/(n-m-1)}\quad(df_1=m,\ df_2=n-m-1)\tag{5-50}$$

由于 $R^2=\dfrac{SS_R}{SS_y}$，代入式（5-50）得

$$\begin{aligned}F_R&=\frac{SS_R/m}{SS_y(1-\frac{SS_R}{SS_y})/(n-m-1)}\\&=\frac{SS_R/m}{SS_r/(n-m-1)}\\&=\frac{MS_R}{MS_r}\end{aligned}$$

所以，利用式（5-50）计算的 F_R 值实际上就是多元线性回归关系显著性检验时计算的 F，也就是说复相关系数的显著性检验与多元线性回归关系的显著性检验是完全等价的。

对例 5-4 进行分析，$R^2=SS_R/SS_y=108128.6/144110.09=0.750319$，故

$$F=\frac{R^2}{1-R^2}\cdot\frac{n-m-1}{m}=\frac{0.750319}{1-0.750319}\cdot\frac{39-3-1}{3}=35.0596^{**}$$

由 $df_1=3$，$df_2=35$ 查临界 F：$F_{0.01(3,35)}=4.396$，$F>F_{0.01(3,35)}$，表明多元相关系数 R 极显著。

此外，也可以根据公式 $R=\sqrt{SS_R/SS_y}$ 计算例 5-4 的复相关系数 R，直接查附表 8 就能确定其显著性。即将多元相关系数 R 与根据离回归自由度 df_r、变量（包括依变量和自变量）个数 M 查附表 8 所得临界 $R_{\alpha(M,\ df_r)}$ 值比较，从而得出统计推断。

若 $R<R_{0.05(M,\ df_r)}$，$P>0.05$，则 R 不显著；

若 $R_{0.05(M,\ df_r)}\leqslant R<R_{0.01(M,\ df_r)}$，$0.01<P\leqslant0.05$，则 R 显著；

若 $R\geqslant R_{0.01(M,\ df_r)}$，$P\leqslant0.01$，则 R 极显著。

对于例 5-4，由 $df_r=35$，$M=4$，查附表 8 得 $R_{0.01(4,35)}=0.523$，因为 $R=0.866>R_{0.01(4,50)}$，$P<0.01$，表明多元复相关系数极显著。贵阳成年水牛体重 y（kg）、胸围 x_1（cm），体长 x_2（cm）、和体高 x_3（cm）之间存在极显著线性关系。

5.7 含有定性变量的回归分析

在前边讨论的各种试验中，通常考虑的变量都是定量的、连续变化的，但在一些试验过

程中，往往会遇到变量为定性的，即定性因素，如催化剂、培养基、食品添加剂的种类、地域、仪器等。此时，在回归分析时，处理定性因素常见的办法是将其定量化，将一个定性因素构造成一个或多个虚拟变量或称为伪变量来处理。

5.7.1 虚拟变量

【例 5-6】 为分析播种量对秋后作物产量的影响。设计定量因素播种量为 80 斤、90 斤、100 斤（1 斤=500g）三个水平，每个播种量各重复 1 次，共有 6 个试验产量，其结果分别为 1795 斤、1805 斤、1896 斤、1904 斤、1992 斤和 2008 斤。若产量随播种量线性变化，其回归数学模型为

$$y_i = \beta_0 + \beta x_i + \varepsilon_i \quad (i=1,2,\cdots,n)$$

即

$$\begin{bmatrix} 1795 \\ 1805 \\ 1896 \\ 1904 \\ 1992 \\ 2008 \end{bmatrix} = \begin{bmatrix} 1 & 80 \\ 1 & 80 \\ 1 & 90 \\ 1 & 90 \\ 1 & 100 \\ 1 & 100 \end{bmatrix} \begin{bmatrix} \beta_0 \\ \beta \end{bmatrix} + \begin{bmatrix} \varepsilon_1 \\ \varepsilon_2 \\ \varepsilon_3 \\ \varepsilon_4 \\ \varepsilon_5 \\ \varepsilon_6 \end{bmatrix}$$

采用一元线性回归最小二乘法估计回归系数 b_0、b，得

$$b_0=1000, \quad b=10$$

经显著性检验（表 5-19），F=761.90，模型极显著，所以产量的拟合值为

$$y_1=y_2=10\times80+1000=1800, \quad y_3=y_4=10\times90+1000=1900, \quad y_5=y_6=10\times100+1000=2000$$

表 5-19　回归方程显著性检验

	df	*SS*	*MS*	*F*	*P*
回归	1	40000	40000	761.90	1.02E-05
剩余	4	210	52.5		
总变异	5	40210			

【例 5-7】 现欲考察通过不同杂交手段培育的 3 个优良品种优 8、优 9、优 10 号的产量情况，在相同的试验方法和条件下进行种植试验，每个品种进行 2 次重复，6 次试验产量结果为 1795 斤、1805 斤、1896 斤、1904 斤、1992 斤和 2008 斤。此时

$$y|_{A_1}=1800, \quad y|_{A_2}=1900, \quad y|_{A_3}=2000$$

这里 A_1 为优 8 号种子，A_2 为优 9 号种子，A_3 为优 10 号种子。

对于这个试验结果做回归分析的关键是将定性因素品种 A 用“伪变量”表示。显然 6 次试验设计的水平列向量为（1 1 2 2 3 3）′。对应的状态变量为（$A_1\ A_1\ A_2 A_2\ A_3 A_3$）′。实质上我们可以认为它们对应着 3 个特徵变量（1 1 0 0 0 0）′、（0 0 1 1 0 0）′和（0 0 0 0 1 1）′，分别称为 6 次试验状态 A_1、A_2、A_3 的特徵向量，也称为虚拟变量或伪变量。用 Z_1、Z_2、Z_3 标记，显然有

$$Z_1+Z_2+Z_3=1$$

$$Z_iZ_j=0 \qquad (i\neq j,\ i,\ j=1,\ 2,\ 3)$$

$$Z_i^2=Z_i \qquad (i=1,\ 2,\ 3)$$

因此这 3 个虚拟变量中只有两个是线性独立的，可用如下回归方程表示

$$y_i=\beta_0+\beta_1 Z_{1i}+\beta_2 Z_{2i}+\varepsilon_i$$

$$\begin{bmatrix}1795\\1805\\1896\\1904\\1992\\2008\end{bmatrix}=\begin{bmatrix}1&1&0\\1&1&0\\1&0&1\\1&0&1\\1&0&0\\1&0&0\end{bmatrix}\begin{bmatrix}\beta_0\\\beta_1\\\beta_2\end{bmatrix}+\begin{bmatrix}\varepsilon_1\\\varepsilon_2\\\varepsilon_3\\\varepsilon_4\\\varepsilon_5\\\varepsilon_6\end{bmatrix}$$

采用多元线性回归最小二乘法估计回归系数 b_0、b_1、b_2，得

$$b_0=2000,\ b_1=-200,\ b_2=-100$$

回归方程及回归系数显著性检验表明（表 5-20 和表 5-21），回归方程极显著，各回归系数对试验指标的影响也极显著。拟合值为

第 1 个品种，$y_1=y_2=2000-200+0=1800$

第 2 个品种，$y_3=y_4=2000+0-100=1900$

第 3 个品种，$y_5=y_6=2000+0+0=2000$

表 5-20　回归方程显著性检验

	df	*SS*	*MS*	*F*	*P*
回归	2	40000	20000	285.7143	0.000377
剩余	3	210	70		
总变异	5	40210			

表 5-21　回归系数显著性检验

变量	系数	标准误差	*t*	*P*
常数	2000	5.91608	338.0617	5.71E-08
Z_1	−200	8.3666	−23.9046	0.00016
Z_2	−100	8.3666	−11.9523	0.00126

可以看出状态变化的定性因素与连续变化的定量因素的区别，若某定性变量有 d 个水平，在回归分析时，它不是对应 1 个连续变量，而是对应 $d-1$ 个相对独立的虚拟变量或伪变量。

5.7.2　含有定性变量的回归分析实例

【例 5-8】 为分析施肥量、种子播种前浸种时间以及土壤类型对农作物产量的影响，试验设计施肥量 x 有 12 个水平，种子播种前浸种时间 t 有 6 个水平；土壤类型 A 有 4 种，试验方案及结果见表 5-22。试建立农作物产量与施肥量、种子播种前浸种时间以及土壤类型之间的关系。

表 5-22　试验方案及结果

试验号	x	t	A	y
1	70	1	A_1	771
2	74	2	A_2	901
3	78	3	A_3	899
4	82	4	A_4	927
5	86	5	A_1	1111
6	90	6	A_2	1171
7	94	1	A_3	1053
8	98	2	A_4	1069
9	102	3	A_1	1187
10	106	4	A_2	1220
11	110	5	A_3	1062
12	114	6	A_4	974

本例施肥量、种子播种前浸种时间为定量因素，而土壤类型为定性因素，所以为了进行分析，需引进“伪变量”。A 因素是 4 水平因素，用 3 个变量表示：

$$A_1=\begin{cases}1, & A\text{因素取第1水平}\\0, & \text{其他}\end{cases}\quad A_2=\begin{cases}1, & A\text{因素取第2水平}\\0, & \text{其他}\end{cases}\quad A_3=\begin{cases}1, & A\text{因素取第3水平}\\0, & \text{其他}\end{cases}$$

从形式上看，A 因素是 4 水平因素，应该再引入一个变量 A_4，但是 $A_1+A_2+A_3+A_4=1$ 构成完全共线性关系，或者说由 A_1、A_2、A_3 决定，所以对于 4 水平的定性因素，A 只引入 3 个伪变量，回归变量如表 5-23 所示。

表 5-23　引入 3 个伪变量的回归变量

	x	t	A_1	A_2	A_3	y
1	70	1	1	0	0	771
2	74	2	0	1	0	901
3	78	3	0	0	1	899
4	82	4	0	0	0	927
5	86	5	1	0	0	1111
6	90	6	0	1	0	1171
7	94	1	0	0	1	1053
8	98	2	0	0	0	1069
9	102	3	1	0	0	1187
10	106	4	0	1	0	1220
11	110	5	0	0	1	1062
12	114	6	0	0	0	974

回归分析表明，y 对 5 个自变量 x、t、A_1、A_2、A_3 做线性回归分析，回归效果不显著。所以，改用二次多项式回归，回归自变量为：一次项 x，t，A_1，A_2，A_3；二次项 x^2，t^2；交互项 xt，xA_1，xA_2，xA_3，tA_1，tA_2，tA_3。

采用逐步回归分析，回归分析结果见表 5-24，可以看出，二次多项式逐步回归的第 6 步决定系数 R^2=0.9992，拟合效果显著。回归方程中引入了 6 个自变量，优化回归方程为

$$y=-3167.5+85.0x-0.427x^2+1.630xA_2+1.037xA_1+9.6tA_3+7.4tA_1$$

表 5-24　逐步回归的输出结果

	步骤					
	1	2	3	4	5	6
常量	467.0	−3385.1	−3239.1	−3208.3	−3296.8	−3167.5
x	6.1	91.8	88.0	86.0	87.8	85.0
t	2.67	4.09	5.28	14.46	3.24	40.43
P	0.023	0.003	0.001	0.000	0.000	0.000
x^2		−0.466	−0.445	−0.431	−0.442	−0.427
t		−3.83	−4.92	−13.37	−29.86	−37.49
P		0.004	0.001	0.000	0.000	0.000
xA_2			1.119	1.481	1.631	1.630
t			2.90	10.16	22.63	33.28
P			0.020	0.000	0.000	0.000
xA_1				1.154	1.305	1.037
t				7.49	17.25	9.60
P				0.000	0.000	0.000
tA_3					9.8	9.6
t					5.28	7.54
P					0.002	0.001
tA_1						7.4
t						2.83
P						0.037
S	109	71.1	52.7	18.8	8.53	0.80
R-Square	41.63	77.79	89.16	98.80	99.79	99.92
R-Square（校正）	35.80	72.85	85.10	98.11	99.61	99.82

注：Minitab 软件逐步回归分析结果

5.7.3　定性变量的回归分析实例

【例 5-9】　现需考虑 A、B、C 三个定性因素对试验结果的影响，其中 A 因素有 A_1、A_2、A_3 三个水平，而 B、C 因素均为 2 个水平 B_1、B_2 以及 C_1、C_2，3 个因素为不等水平的定性因素，试验方案及结果见表 5-25。

表 5-25　试验方案及结果

	A	B	C	y
1	A_1	B_1	C_1	592
2	A_2	B_2	C_1	646
3	A_3	B_2	C_2	550
4	A_2	B_1	C_2	501
5	A_3	B_1	C_1	608
6	A_1	B_2	C_2	532

A 因素对应 3 个特徵变量 Z_{11}、Z_{12}、Z_{13}，选 Z_{11}、Z_{12}；B 因素对应 2 个特徵变量 Z_{21}、Z_{22}，选 Z_{21}；C 因素对应 2 个特徵变量 Z_{31}、Z_{32}，取 Z_{31}。所以可列出含有 4 个虚拟变量的回归模型为

$$y=\beta_0+\beta_{11}Z_{11}+\beta_{12}Z_{12}+\beta_{21}Z_{21}+\beta_{31}Z_{31}+\varepsilon$$

对应模型矩阵为

$$\begin{bmatrix}592\\646\\550\\501\\608\\532\end{bmatrix}=\begin{bmatrix}1&1&0&1&1\\1&0&1&0&1\\1&0&0&0&0\\1&0&1&1&0\\1&0&0&1&1\\1&1&0&0&0\end{bmatrix}\begin{bmatrix}\beta_0\\\beta_{11}\\\beta_{12}\\\beta_{21}\\\beta_{31}\end{bmatrix}+\begin{bmatrix}\varepsilon_1\\\varepsilon_2\\\varepsilon_3\\\varepsilon_4\\\varepsilon_5\\\varepsilon_6\end{bmatrix}$$

此时回归变量如表 5-26 所示。

表 5-26　引入伪变量后的回归变量

试验号	Z_{11}	Z_{12}	Z_{21}	Z_{31}	y
1	1	0	1	1	592
2	0	1	0	1	646
3	0	0	0	0	550
4	0	1	1	0	501
5	0	0	1	1	608
6	1	0	0	0	532

对表 5-26 中的数据进行回归分析，回归统计结果见表 5-27 和表 5-28。

表 5-27　回归方程显著性检验

变异来源	df	SS	MS	F	P
回归	4	14294.5	3573.625	3573.625	0.012545
剩余	1	1	1		
总变异	5	14295.5			

表 5-28　回归系数显著性检验

	系数	标准误差	t	P
常数	549.5	0.87	634.508	0.001
Z_{11}	−17.0	1.00	−17.000	0.037
Z_{12}	−5.5	1.00	−5.500	0.114
Z_{21}	−43.0	0.87	−49.652	0.013
Z_{31}	102.0	0.87	117.779	0.005

回归分析表明，回归方程 $F=3573.625$，P=0.012545＜0.05，回归方程显著，有效。除回归系数 Z_{21} 的影响不显著外，其余均有显著影响，回归方程为

$$y=549.5-17.0Z_{11}-5.5Z_{12}-43.0Z_{21}+102.0Z_{31}$$

也就是

$$y=549.5-17.0A_1-5.5A_2-43.0B_1+102.0C_1$$

此时，我们采用以下方法预测最大值与最大值点，即最佳状态组合。

记第 i 个因素有 d_i 个状态（水平），此时令 $U_i=max（\beta_{i1}，\beta_{i2}，\cdots，\beta_{i,d_i-1}）$。若 $U_i=\beta_{ik}>0$，则第 i 状态的最佳状态为 k；若 $U_i\leqslant 0$，则最佳状态为 d_i。对本例分析

$U_1=max（\beta_{11}，\beta_{12}）=-5.5$，取 $i=3$；

$U_2=\beta_{21}=-43$，　　　　取 $j=2$；

$U_3=\beta_{31}=102$，　　　　取 $k=1$

最佳状态组合为（A_3，B_2，C_1），此处的估值为

$$Y_m=\beta_0+0+0+\beta_{31}=549.5+102=651.5$$

为了便于回归分析，首先要将定性因素定量化，即引入“伪变量”。将第 i 个因素分别化成（d_i−1）个相对独立的 n 维虚拟特徵变量 Z_{i1}，Z_{i2}，…，Z_{i,d_i-1}，将这总共 $d=\sum_{i=1}^{t}(d_i-1)$ 个虚拟特徵变量与相应的 k 个连续变量 X_1，…，X_k 并进行回归分析。通常回归分析时，首先考察一阶主效应，即考察如下的回归方程

$$y=\alpha_0+\sum_{j=1}^{k}\alpha_j x_j+\sum_{i=1}^{t}\sum_{j=1}^{d_i-1}\beta_{ij}Z_{ij}+\varepsilon$$

解出回归系数，找出最佳状态组合，并算出最大估计值。

如果不理想，再考虑一些交互效应和一些连续变量的高次效应。需要指出的是，由于 $Z_{ij}^2=Z_{ij}$，因此不需要考虑虚拟特徵变量的高阶效应，只考虑连续变量的高次效应即可。又因为当 $Z_{i1j1}Z_{i2j2}=0$，$j_1\neq j_2$ 时，也无法考虑状态因素内的虚拟特徵变量间的交互效应，只有当 $i_1\neq i_2$ 时，才有可能使 $Z_{i1j1}Z_{i2j2}\neq 0$，即其交互效应需考虑。此外，不要忘记对连续变量与虚拟变量交互效应的考虑。至于三个以上的虚拟特徵变量间的交互效应项 $Z_{i1j1}Z_{i2j2}Z_{i3j3}\neq 0$ 的可能性就更小了。

5.8　SPSS 软件在回归分析中的应用

5.8.1　一元线性回归分析

【例 5-10】 以例 5-1 为例，采用 SPSS 软件进行回归分析。

1. 操作步骤

（1）打开 SPSS 软件，在“变量视图”界面定义自变量 x 和因变量 y，返回“数据视图”界面输入数据，如以 x 代表食品添加剂的添加量，y 为凝胶强度，如图 5-14 所示。

图 5-14　SPSS 软件回归分析数据输入编辑窗口

（2）点击“分析→回归→线性”，打开“线性回归”对话框（图 5-15）。

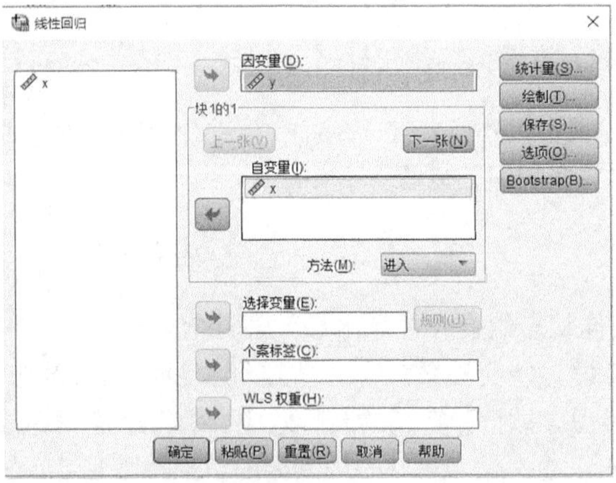

图 5-15 “线性回归”对话框

（3）将左栏中“y”选入右边“因变量”栏，“x”选入“自变量”栏，在“方法”中选择“进入”，如图 5-15 所示。

（4）点击“统计量”按钮，打开“线性回归：统计量”子对话框（图 5-16）。勾选“估计”“模型拟合度”等，然后点击“继续”返回。

（5）点击“确定”输出回归分析结果，见表 5-29 和表 5-30。

表 5-29　模型汇总表

模型	R	R^2	调整 R^2	标准估计的误差
1	0.980	0.959	0.953	3.973

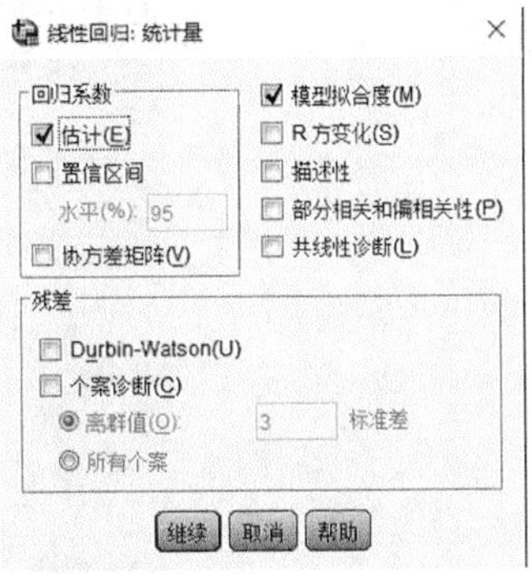

图 5-16 “统计量”子对话框

2. 结果分析

表 5-29 为回归分析模型汇总表，表中结果显示决定系数 $R^2=0.959$，说明变量 x 可以解释变量 y 95.9%的变异性。

表 5-30 为回归方程显著性检验结果，由方差分析可以看出，$F=142.109$，显著性概率 $P<0.01$，所以认为回归方程极显著，有意义。

表 5-30　方差分析

变异来源	平方和	自由度	均方	F	Sig.
回归	2243.286	1	2243.286	142.109	0.000
残差	94.714	6	15.786		
总计	2338.000	7			

表 5-31 为回归系数及其显著性检验结果，由表中结果可得回归方程为 $y=25.037x-25.049$，回归系数检验显著性 $P<0.01$，表明回归系数与零之间有极显著差异，所以 x 对 y 的影响极显著。

表 5-31　回归系数及其显著性检验结果

项	非标准化系数		标准系数	t	Sig.
	B	标准误差			
常量	−25.049	6.532		−3.835	0.009
x	25.037	2.100	0.980	11.921	0.000

5.8.2　多元线性回归分析

【例 5-11】 以例 5-4 为例，采用 SPSS 软件进行多元线性回归分析。

1. 操作步骤

（1）打开 SPSS 软件，在“变量视图”界面定义自变量 x_1、x_2、x_3 和因变量 y，返回“数据视图”界面输入数据，如图 5-17 所示。

（2）点击“分析→回归→线性”（图 5-17），打开“线性回归”对话框（图 5-18）。

（3）将左边“y”选入右边“因变量”栏，将“x_1、x_2、x_3”选入右边“自变量”栏内，在“方法”中选择“逐步”，如图 5-18 所示。

（4）点击“统计量”，打开“线性回归：统计量”子对话框（图 5-19），勾选“估计”“置信区间”“模型拟合度”“R 方变化”“Durbin-Watson”，然后点击“继续”返回。

图 5-17　SPSS 软件回归分析数据输入编辑窗口

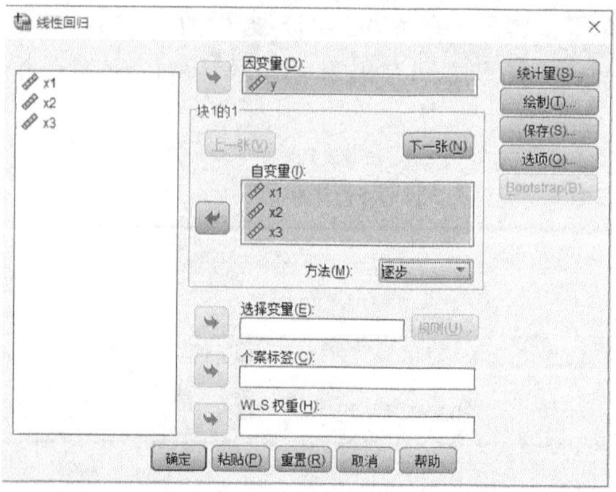

图 5-18 “线性回归”对话框

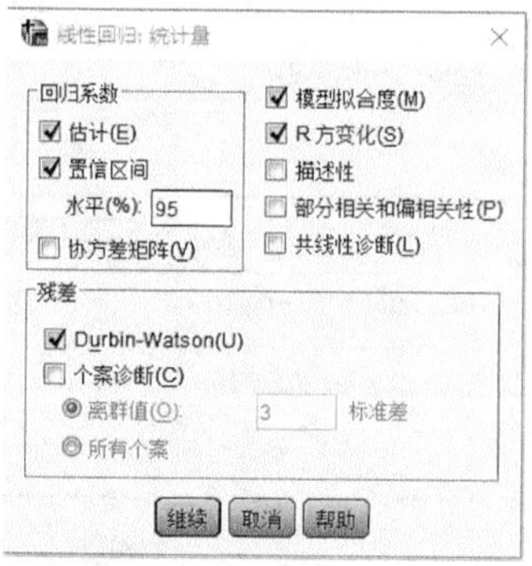

图 5-19 “统计量”子对话框

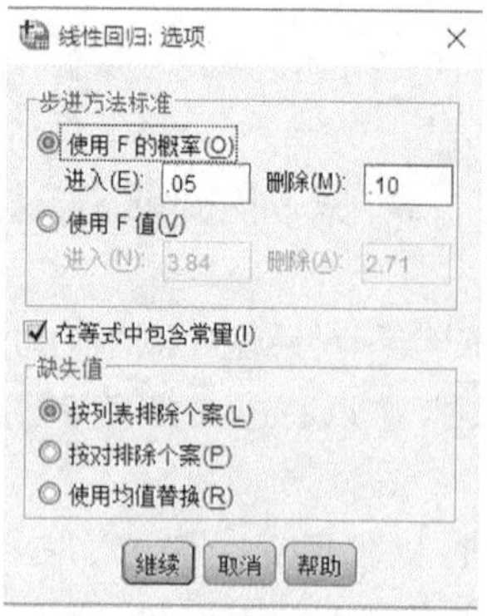

图 5-20 “选项”子对话框

（5）点击“选项”，打开“线性回归：选项”子对话框（图 5-20），然后点击“继续”返回。

（6）点击“确定”，输出逐步回归分析结果。

2. 结果分析

表 5-32 是模型汇总表，表中列出了每一步的相关系数（R）、决定系数 R^2、调整决定系数等，表下的脚注显示了每一步用作预测的自变量和常数项。从表中可以看出，当第一次 x_1 被引入方程时，其复相关系数 R 为 0.826，估计标准误为 35.2160，第二次 x_2 被引入方程时，其复相关系数 R 为 0.862，估计标准误为 32.0956，

可见自变量被依次引入回归方程后，其复相关系数逐渐变大，估计标准误逐渐变小。

表 5-32　模型汇总表 [c]

模型	R	R^2	调整 R^2	标准估计的误差	Durbin-Watson
1	0.826[a]	0.682	0.673	35.2160	
2	0.862[b]	0.743	0.728	32.0956	2.178

a. 预测变量：（常量），x_1；b. 预测变量：（常量），x_1，x_2；c. 因变量：y

表 5-33 是各步引入影响最大的变量后对其各自回归模型的显著性检验结果。在 2 个模型中，变量 x_1 和 x_2 被引入方程后，通过 F 检验，F 分别为 79.202、51.948，相应概率 P 均小于 0.01，可见变量 x_1、x_2 被引入方程后对回归方程的影响极显著，而 x_3 的偏回归系数无统计学意义，即对回归方程的影响不大，未被引入方程。

表 5-33　各回归模型的方差分析表 [a]

模型		平方和	自由度	均方	F	Sig.
1	回归	98223.830	1	98223.830	79.202	0.000[b]
	剩余	45886.260	37	1240.169		
	总计	144110.090	38			
2	回归	107025.593	2	53512.796	51.948	0.000[c]
	剩余	37084.497	36	1030.125		
	总计	144110.090	38			

a. 因变量：y；b. 预测变量：（常量），x_1；c. 预测变量：（常量），x_1，x_2

表 5-34 为逐步回归中（偏）回归系数及其显著性检验结果，表 5-35 为剔除的变量。可以看出，第一次引入变量 x_1，剔除 x_2、x_3，所得回归方程为 y=−612.922+5.581x_1；第二次引入变量 x_1、x_2，剔除 x_3 后，所得回归方程为 y=−716.870+4.459x_1+2.210x_2，x_1、x_2 所对应的 t 值显著性检验概率 P 值分别为 0.000、0.006，均小于 0.01，表明这两个自变量 x_1、x_2 对 y 的影响极显著，x_3 对 y 的影响不显著。

表 5-34　偏回归系数及其显著性检验结果

模型		非标准化系数		标准系数	t	Sig.
		B	标准误差			
1	常量	−612.922	123.841		−4.949	0.000
	x_1	5.581	0.627	0.826	8.900	0.000
2	常量	−716.870	118.337		−6.058	0.000
	x_1	4.459	0.689	0.660	6.476	0.000
	x_2	2.210	0.756	0.298	2.923	0.006

表 5-35　剔除的变量 [a]

模型		Beta In	t	Sig.	偏相关	共线性统计量
						容差
1	x_2	0.298[b]	2.923	0.006	0.438	0.689
	x_3	0.307[b]	1.684	0.101	0.270	0.246
2	x_3	0.183[c]	1.036	0.307	0.172	0.227

a.因变量：y；b.模型中的预测变量：（常量），x_1；c.模型中的预测变量：（常量），x_1，x_2

5.8.3　相关分析

【例 5-12】 对例 5-4，采用 SPSS 软件进行多元相关分析。

1．操作步骤

（1）打开 SPSS 软件，在“变量视图”界面定义变量 x_1、x_2、x_3、y，返回“数据视图”界面输入数据，如图 5-21 所示。

图 5-21　SPSS 软件相关分析数据输入编辑窗口

（2）点击“分析→相关→双变量”（图 5-21），打开“双变量相关”对话框（图 5-22）。

（3）将左栏中“x_1、x_2、x_3、y”选入右边“变量”栏，相关系数勾选“Pearson”，显著性检验选择“双侧检验”，勾选“标记显著性相关”，如图 5-22 所示。

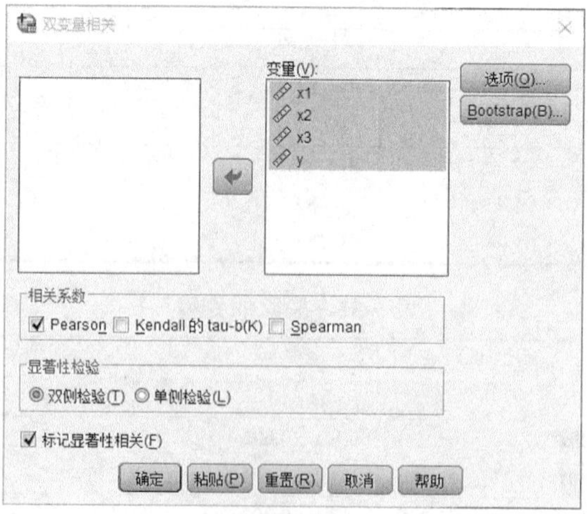

图 5-22　“双变量相关”对话框

（4）点击“选项”打开“双变量相关：选项”子对话框，勾选“均值和标准差”，如图 5-23 所示，点击“继续”返回。

（5）点击“确定”，完成设置，输出统计分析结果。

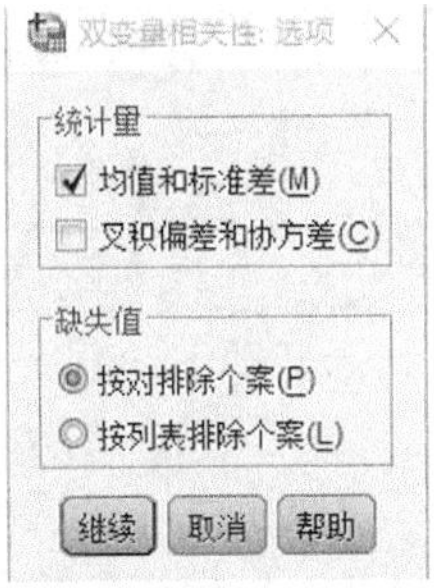

图 5-23 “选项”子对话框

2. 结果分析

表 5-36 为相关变量的基本统计量结果，列出了变量的均数、标准差和数据个数。

表 5-37 为相关分析结果，可以看出变量 x_1、x_2、x_3、y 两两之间均存在高度相关性。

表 5-36　描述性统计量

变量	均值	标准差	N
x_1	197.256	9.1089	39
x_2	147.218	8.2962	39
x_3	125.259	6.0362	39
y	488.064	61.5822	39

表 5-37　相关系数

变量	x_1	x_2	x_3	y
x_1	1	0.558**	0.868**	0.826**
x_2	0.558**	1	0.598**	0.666**
x_3	0.868**	0.598**	1	0.792**
y	0.826**	0.666**	0.792**	1

**在 0.01 水平（双侧）上显著相关

习　题

1.什么是直线回归分析？回归截距、回归系数与回归估计值 $\hat{y}$ 的统计意义是什么？

2.什么是直线相关分析？决定系数、相关系数的意义是什么？如何计算？

3.直线相关系数与回归系数的关系如何？

4.能直线化的曲线类型主要有哪些？可直线化的曲线回归分析的基本过程是什么？

5.如何建立多元线性回归方程？

6.多元线性回归的显著性检验包含哪些内容？如何进行？

7.在多元线性回归分析中，如何剔除不显著的自变量？怎样重新建立多元线性回归方程？

8.如何将多项式回归转化为多元线性回归？

9.在食品的挤压膨化加工过程中，产品的含水量受物料水分含量影响，其试验结果见下表，试建立回归关系。

物料水分含量 x/%	14.5	15	15.5	16	17	18	20
产品含水量 y/%	7.99	7.96	8.35	8.53	8.68	9.64	9.98

10.试对下列资料进行直线相关分析和回归分析。

x	5	10	15	20	30	40	50	60	70	90	120
y	5	8	10	13	16	17	19	23	25	29	46

11.采用比色法测定葡萄酒中的总酚含量，得到如下数据，试建立 y 对 x 的线性回归方程，求相关系数 r 以及剩余标准差，对回归方程进行有效检验，并预测 x=0.3 时的总酚浓度。

吸光度 x	0	0.095	0.179	0.270	0.365	0.520	0.880
酚浓度 y/（g/L）	0	0.05	0.10	0.15	0.25	0.30	0.50

12. 为了克服果汁加工过程中的非酶褐变，某单位研究了无色花青苷 x_1、花青苷 x_2、抗坏血酸含量 x_3、美拉德反应 x_4 与非酶褐变色度值 y 之间的关系，试验结果见下表，试进行回归分析。

序号	无色花青苷 x_1	花青苷 x_2	抗坏血酸含量 x_3	美拉德反应 x_4	非酶褐变色度值 y
1	0.055	0.019	2.38	0.008	9.33
2	0.060	0.019	2.83	0.007	9.02
3	0.064	0.019	3.27	0.005	8.71
4	0.062	0.012	3.38	0.009	8.13
5	0.06	0.006	3.49	0.013	7.55
6	0.053	0.010	2.91	0.017	7.43
7	0.045	0.013	2.32	0.021	7.31
8	0.055	0.014	3.35	0.017	8.45
9	0.065	0.015	3.38	0.013	9.60
10	0.062	0.023	3.43	0.011	10.91
11	0.059	0.031	3.47	0.009	12.21
12	0.071	0.024	3.48	0.015	9.74
13	0.083	0.016	3.49	0.021	7.26
14	0.082	0.016	3.47	0.019	7.15
15	0.080	0.015	3.45	0.017	7.04
16	0.068	0.017	2.92	0.013	8.19

13.今有某个大豆品种，其脂肪含量 x（%）与蛋白质含量 y（%）的测定结果如下，试分析 x 与 y 所蕴含的规律。

脂肪含量 x/%	16.5	17.5	18.5	19.5	20.5	21.5	22.5	23.5	24.5
蛋白质含量 y/%	43.5	42.6	42.6	40.6	40.3	38.9	37.2	36.0	34.0

14.为明确某挤压膨化设备的喂料性能，在挤压设备可正常运行的条件下，设计 5 个喂料水分梯度（15%、17%、19%、21%、23%）、4 个喂料转速梯度 x_2（13r/min、16r/min、19r/min、22r/min），共 20 个实验组合，试验方案及结果见下表。试建立喂料水分含量 x_1、喂料转速 x_2 与实际喂料量 y 之间的关系。

序号	喂料水分含量 x_1/ %	喂料转速 x_2/（r/min）	实际喂料量 y/（kg/h）
1	15	13	5.6
2	15	16	7.0
3	15	19	9.6
4	15	22	10.0
5	17	13	5.5
6	17	16	6.5
7	17	19	9.2
8	17	22	10.4

续表

序号	喂料水分含量 x_1/ %	喂料转速 x_2/（r/min）	实际喂料量 y/（kg/h）
9	19	13	5.4
10	19	16	6.3
11	19	19	8.3
12	19	22	9.6
13	21	13	5.1
14	21	16	6.3
15	21	19	8.1
16	21	22	9.4
17	23	13	4.6
18	23	16	5.6
19	23	19	7.8
20	23	22	8.6

第 6 章　试验设计基础

6.1　试验设计概述

试验设计（experimental design）是由英国统计学家 R. A. Fisher 于 20 世纪 20 年代为满足农业科学试验的需要而提出的。它是数理统计学的一个分支，是进行科学研究的重要工具。试验设计需要丰富的统计理论知识作基础，而大量的试验数据又为统计分析提供丰富可靠的资料。任何统计推断结论的可靠性程度是由数据的质量和分析方法两方面决定的。在自然科学研究领域，试验是在人为控制条件下进行的一种有目的实践活动，是获得数据资料的过程和最主要的手段。例如，比较动植物不同品种在某个性状上的差别，测定在一定条件下动植物个体的某个生理指标，分析不同生产工艺的产品质量等。而做任何试验都要有试验计划，试验设计就是要用统计学的知识来指导制订试验计划。

试验设计，广义上讲是指试验研究的课题设计，亦即整个试验计划的拟定。主要包括课题名称、试验目的，研究依据、内容及预期达到的效果，试验方案，试验单元的选取、重复数的确定、试验单元的分组，试验的记录项目和要求，试验结果的分析方法，经济效益或社会效益估计，已具备的条件，需要购置的仪器设备，参加研究人员的分工，试验时间、地点、进度安排和经费预算，成果鉴定，学术论文撰写等内容。而狭义的试验设计是指试验单元（如果品贮藏试验种类和品种）的选取、重复数目的确定、试验单元的分组和试验处理的安排。通常讲的试验设计主要是指狭义的试验设计，试验设计在试验研究中的作用主要体现在以下几方面。

（1）确定试验因素对试验指标影响的大小顺序，找出主要因素。

（2）提高试验研究的效度，明确试验因素之间相互影响的情况。试验结果所能反映试验因素与试验指标间真实关系的程度称为试验效度。试验效度有两方面含义：一是内在效度，指试验是否真的引起显著性差异，也就是要强调试验的重演性，内在效度高，重演性就好，它可以通过试验设计而得到提高；二是外在效度，指试验的结果能推广到什么范围，亦即强调试验的代表性问题。试验成果推广范围越广，其代表性就越强。所以在研制开发新产品时应具有与时俱进的思想。一个好的试验必须同时注意到内在效度与外在效度两个方面。

（3）准确掌握最优方案并能预估或控制一定条件下的试验指标值及其波动范围。

（4）正确估计和有效控制、降低试验误差，从而提高试验的精度。

（5）通过对试验结果的分析，可以明确进一步研究的方向。

合理的试验设计能控制和降低试验误差，提高试验的精确性，保证试验的质量，使试验具有代表性、正确性、重演性。重演性是指在相同条件下，重复进行同一试验，能够获得与原试验相类似的结果，即试验结果必须经受得起再试验的检验。试验的目的在于能在生产实践中推广试验结果，如果一个在试验中表现好的结果在实际生产中却表现不出来，那么试验就失去了意义。在试验中应尽可能地控制和排除非试验因素的干扰，合理地进行试验设计、准确地进行试验，从而提高试验的可靠程度，使试验结果在生产实际中真正发挥作用。

试验设计的任务就是以概率论与数理统计知识为理论基础，结合专业知识和实践经验，经济地、科学地、合理地安排试验；有效地控制试验干扰；力求用较少的人力、物力、财力和时间，最大限度地获得丰富而可靠的资料；充分利用和科学地分析所获取的试验信息，从而达到能明确回答研究项目所提出的问题和尽快获得最优方案。如果设计不合理，不仅达不到试验的目的，甚至导致整个试验的失败。因此，能否合理地进行试验设计，关系到科研工作的成败。

试验设计方法作为统计数学的一个重要分支，所包含的内容是十分丰富的。目前，已经有许多种试验设计方法，包括全面试验设计、正交试验设计、均匀试验设计、分割法试验设计、SN 比试验设计、产品的三次设计、回归正交设计、回归旋转设计、混料试验设计等。其中最常用的是前三种试验设计方法和回归正交设计法。

6.2　试验设计基本概念

6.2.1　试验指标

在试验设计中，用来衡量试验结果的好坏或处理效应的高低、在试验中具体测定的性状或观测的项目称为试验指标。在考察加热时间和加热温度对果胶酶活性影响时，果胶酶活性是试验指标；在考察贮存方式对苹果果肉硬度的影响时，果肉硬度就是试验指标。

在试验设计中，根据试验目的的不同，可以用一个试验指标，这称为单指标试验。例如，研究灭菌温度和时间对牛奶保质期的影响时，可选用牛奶保质期作为指标试验；又如在研究增稠剂种类、pH 和杀菌条件对豆奶稳定性的影响时，可只选用豆奶的稳定性作为试验指标。也可以根据试验目的不同同时选用两个或两个以上的试验指标，这称为多指标试验。例如，研究运输方式、包装材料、贮运温度对采后杏果的品质影响时，可选用杏果的色泽变化、硬度变化、维生素 C 的损失率、可溶性固性物质损失率作为试验指标。

根据指标性质，试验指标又可分为定量指标和定性指标。

1．定量指标

定量指标是指能够以测量、称量或计数的方法获取数据而表示其特征性状的指标，简言之，能用数量表示的指标称为定量指标或数量指标。例如，食品中各种营养素的含量、果实的单果重、农作物种子的千粒重等属于定量指标。又如，试验材料的 pH、提汁率、糖化率、吸光度、合格率，食品的理化指标及由理化指标计算得到的特征值多为定量指标。

2．定性指标

定性指标是指只能用文字来描述其特征性状的指标，通过观察、触摸和嗅觉而得到，不能直接测量，不能用数量表示的指标，如风味、口感、手感等。研究番茄果实的着色情况、研究某果实的褐变程度等属于定性指标，食品的感官指标多为定性指标。在试验设计中，为了便于分析试验结果，常把定性指标进行量化，转化为定量指标，如食品的感官指标可用评分的方法分成不同等级以代替很好、较好、较差、很差等定性描述。

3. 试验指标的确定

试验效应要通过试验中的观察指标才能显示出来。在确定试验指标时应考虑如下因素。

（1）选择的指标应与研究目的有本质联系，能确切地反映出试验因素的效应。

（2）选用客观性较强的指标，最好选用易于量化，即经过仪器测量和检验而获得的指标。

（3）要考虑指标的灵敏性与准确性。

（4）选择指标的数目要适当。

6.2.2 试验因素

试验中，凡对试验指标可能产生影响的原因或要素，都称为因素，也称为因子。就某个新产品的开发而言，从其规划、设计到生产、上市销售，不仅其系统内部各阶段环环紧扣、相互联系，而且其与外在的诸如社会的、经济的、技术的及自然资源和环境等条件、因素均有着不同程度的纵横交错的各种关系与联系。所以，围绕该产品的开发所进行的一系列试验研究绝不能孤立进行，有诸多因素必须考虑和重视。例如，葡萄酒的酿造受原料、发酵时间、发酵温度、发酵工艺等诸方面的影响，这些都是影响葡萄酒质量的因素。它们有的是连续变化的定量因素，有的是离散状态的定性因素。

由于客观条件的限制，一次试验中不可能将每个因素都考虑进去。我们把试验中所要研究的影响试验指标的因素称为试验因素，通常用大写字母 A，B，C……表示。把除试验因素以外其他所有对试验指标有影响的因素称为条件因素，又称试验条件（experimental condition）。例如，在研究保鲜剂对采后不同甜瓜的保鲜效果时，甜瓜的品种、保鲜剂浓度就是试验因素，而贮藏温度、O_2 和 CO_2 浓度、贮藏方式则为条件因素，它们一起构成了本研究的试验条件。试验时，条件因素应当尽可能控制成一致或相同。

试验根据所考察的试验因素多少分为单因素试验、双因素试验及多因素试验。

1. 单因素试验

考察一个试验因素的试验称为单因素试验。单因素试验是指整个试验中只比较一个试验因素不同水平的试验，单因素试验处理由该试验因素的所有水平构成，它是最基本、最简单的试验。例如，选择 3 种不同贮藏温度进行苹果的保鲜试验，这是一个三水平的单因素试验。

2. 双因素试验

考察两个因素的试验称为双因素试验。例如，研究三种整形修剪方式和三种种植密度（株行距）对葡萄生长的影响，试验因素是整形修剪方式和种植密度，是一个双因素三水平试验。

3. 多因素试验

考察三个或三个以上试验因素的试验称为多因素试验。例如，研究温度（75℃、90℃）、时间（2h、3h）、两种原料配比（2/1、3/1）、真空度（53.32kPa、66.65kPa）对某种化合物产量的影响，要考察温度（℃）、时间（h）、原料配比、真空度（kPa）4 个因素，各因素有两个水平，这是一个四因素二水平试验。

4. 试验因素的确定

试验因素是在正确了解生产或以往研究中存在的问题后，对试验目的、任务进行仔细分析，抓住关键、突出重点的基础上选定的。首先要选择对试验指标影响较大的关键因素、尚未完全掌握其规律的因素和未曾考察过的因素。试验因素一般不宜选择过多，应该抓住一两个或少数几个主要因素解决关键问题。如果涉及试验因素多，一时难以取舍，或者对各因素最佳水平的可能范围难以做出估计时，可将试验分为两阶段进行。即先做单因素的预备试验，通过拉大水平幅度，多选几个水平点，进行初步观察，然后根据预备试验结果再精选因素和水平进行正规试验。预备试验常采用较多的处理数，较少或不设重复；正规试验则精选因素和水平，设置较多的重复。为了不使试验规模过大而失控，试验因素的确定原则是力求简单，单因素试验能解决的问题，就不必做多因素试验。

6.2.3　因素水平

1．基本概念

试验因素所处的各种状态称为因素水平，简称水平。在试验设计中，一个因素选几个水平，就称该因素为几水平因素。例如，某试验中因素 A 设计 30℃、50℃ 2 个水平，因素 B 设计 20min、40min、60min 3 个水平，就称 A 因素为二水平因素，B 因素为三水平因素。各因素不同水平通常用表示因素的字母加下标 1，2，3，……的方法来表示，如因素 A 的第一、第二水平依次用 A_1、A_2 表示；因素 B 的第一、第二、第三水平依次用 B_1、B_2、B_3 表示。因素的水平有的可用具体数值表示，如时间、温度、试剂或原料用量等，如贮藏温度分别为 0℃、5℃、10℃；保鲜剂浓度分别为 1ml/kg、2ml/kg、3ml/kg。有的无法用具体数字表示，如食品添加剂的不同种类、设备的不同型号、原料的不同品种、工艺的不同操作方法等。

2．水平大小及间隔的确定

一般试验因素有“质性”和“量性”之分。对于“质性”试验因素水平的确定，应根据实际情况，有多少种就取多少个水平，如不同原材料、触媒的种类、添加剂的种类、不同生产工艺、不同生产线、不同包装方式等。

对于“量性”试验因素，如温度、时间、压力、某种添加剂的添加量等，水平的确定应根据专业知识、生产经验、各因素的特点及试材的反应效应等综合考虑，基本原则是以处理效应容易表现出来为准，认真考虑其控制范围及水平间隔。

1）*水平数目要适当*　　水平数目过多，不仅难以反映出各水平间的差异，而且加大了处理数；水平数目太少又容易漏掉一些信息，使结果分析不全面。一般因素水平数目不能少于 3 个，最好包括对照采用 5 个水平点；若考虑缩小试验规模，也可取 2～4 个水平。从有利于试验结果分析的角度考虑，水平数取 3 个好于 2 个。

2）*水平范围及间隔大小要合理*　　对试验指标反应灵敏的因素，水平间隔应小些，反之应取宽一些，要尽可能把水平值取在最佳区域或接近最佳区域内部。

3）*要以正确方法设置水平间隔*　　水平间隔设置一般有等差法、等比法、优选法和随机法等。

（1）等差法是指试验因素水平间隔是等差的。一般适应于试验效应与因素水平呈直线相关的试验，如温度可采用 30℃、40℃、50℃、60℃和 70℃水平，玉米种植密度可设 3500 株/666.7m^2、4000 株/666.7m^2、4500 株/666.7m^2。

（2）等比法是指因素水平的间隔是等比的。例如，油菜喷施不同浓度硼肥的各水平分别为 7.5mg/kg、15mg/kg、30mg/kg、60mg/kg，相邻两水平之比为 1∶2。这种间隔法设置使试验效应变化率大的地方因素水平间隔小，而试验效应变化率小的地方水平间隔较大，一般适用于试验效应与因素水平成对数或指数关系的试验。

（3）优选法是先选出因素水平的两个端点值，再以 $G=$（最大值−最小值）× 0.618 为水平间距，用（最小值+G）和（最大值−G）的方法确定因素水平。优选法间隔的排列设计也称试验因素的 0.618 法间隔排列，一般适用于试验效应与因素水平呈二次曲线型反应的试验设计。

例如，喷施调节剂浓度试验，把因素水平的两个端点值定为 0mg/kg 和 5mg/kg，则水平间距为 $G=(5-0)\times 0.618=3.09$，所以可计算两个端点内的其他水平 $0+3.09=3.09$；$5-3.09=1.91$。于是，喷施调节剂浓度试验用优选法确定的因素水平为 0mg/kg（对照）、1.91mg/kg、3.09mg/kg、5mg/kg。

6.2.4 试验处理

试验处理简称处理，是指事先设计好的在试验单元上实施的一种具体措施。在单因素试验中，试验的 1 个水平就是 1 个处理，如单因素三水平试验，其处理有 3 个，即 A_1、A_2、A_3。在多因素试验中，由于因素和水平较多，可以形成若干个水平组合，每个水平组合就是 1 个处理，处理数就是各因素的水平数乘积，如设 A 因素为 3 个水平，B 因素为 4 个水平，则有 3×4=12 个处理，见表 6-1；双因素三水平试验设计，就有 3×3=9 个处理，即 A_1B_1、A_2B_1、A_3B_1、A_1B_2、A_2B_2、A_3B_2、A_1B_3、A_2B_3、A_3B_3；三因素三水平试验设计，有 3×3×3=27 个处理。

表 6-1 A 因素 3 个水平、B 因素 4 个水平的 12 个水平组合（处理）

因素 A	因素 B			
	B_1	B_2	B_3	B_4
A_1	A_1B_1	A_1B_2	A_1B_3	A_1B_4
A_2	A_2B_1	A_2B_2	A_2B_3	A_2B_4
A_3	A_3B_1	A_3B_2	A_3B_3	A_3B_4

6.2.5 试验单元

在试验中接受不同试验处理的试验载体或试验材料的基本单元，称为试验单元。它是试验工作者施加处理的对象，这个试验单元可以是若干个细胞、若干个组织、若干个动植物个体或是若干听罐头、若干瓶（或升）橙汁、若干袋（或千克）奶粉等。试验单元往往也是试验进行观测数据的对象。

6.2.6 全面试验

全面试验（overall experiment）是指对所选取的试验因素的所有水平组合全部实施 1 次以上的试验。全面试验的优点是能够获得全面的试验信息，无一遗漏，可分析各因素及各级交互作用对试验指标的影响，又称为全面析因试验。在列因素水平组合（即处理）时，要求每一个因素的每个水平都要搭配一次，这时水平组合（即处理）数就等于各个因素水平数的乘积。例如，以 3 种施肥配方和灌溉方式，对 3 个苹果品种进行栽培试验。3 个因素分别为施肥配方（A）、灌溉方式（B）、品种（C）。施肥配方 A 分为 A_1、A_2、A_3 水平，灌溉方式 B 分为 B_1、B_2、B_3 水平，品种 C 分为 C_1、C_2、C_3，共有 3×3×3=27 个水平组合（处理）。27 个水平组合（处理）就构成了这 3 个因素的全面试验，见表 6-2。

表 6-2　三因素三水平全面试验

因素 A	因素 B	因素 C		
		C_1	C_2	C_3
A_1	B_1	$A_1B_1C_1$	$A_1B_1C_2$	$A_1B_1C_3$
	B_2	$A_1B_2C_1$	$A_1B_2C_2$	$A_1B_2C_3$
	B_3	$A_1B_3C_1$	$A_1B_3C_2$	$A_1B_3C_3$
A_2	B_1	$A_2B_1C_1$	$A_2B_1C_2$	$A_2B_1C_3$
	B_2	$A_2B_2C_1$	$A_2B_2C_2$	$A_2B_2C_3$
	B_3	$A_2B_3C_1$	$A_2B_3C_2$	$A_2B_3C_3$
A_3	B_1	$A_3B_1C_1$	$A_3B_1C_2$	$A_3B_1C_3$
	B_2	$A_3B_2C_1$	$A_3B_2C_2$	$A_3B_2C_3$
	B_3	$A_3B_3C_1$	$A_3B_3C_2$	$A_3B_3C_3$

在试验设计中，为了获得全面试验信息，正确地判断试验因素及其各级交互作用对试验指标的影响，有必要进行全面试验。多因素全面试验的效率高于多个单因素试验的效率。全面试验的主要不足是当因素个数和水平数较多时，水平组合（处理）数太多，若试验再设置重复，试验规模就非常庞大，以致在试验时，人力、物力、财力、场地等都难以承受，试验误差也不易控制，以致在实际中难以实施。例如，三因素三水平试验，有 27 种试验处理，尚可全部实施一次，倘若是四因素试验，每因素取四个水平，则有 4^4=256 种试验处理，这在实践中是做不到的。因此，全面试验是有局限性的，全面试验宜在因素个数和水平数都较少时应用。

6.2.7　部分实施试验

部分实施试验（fractional enforcement）是指从全面试验处理中选取部分有代表性的处理进行试验。在全面试验中，试验因素和水平数多致使处理数相应增加，以致试验操作难以进行。另外，当试验因素及其水平数较多时，即使全面试验能够实施，花费大量的人力、物力、财力，通常也并不是一个经济有效的方法。例如，三因素三水平的完全试验水平组合数为 3^3=27，四因素三水平的全面试验水平组合数为 3^4=81，五因素三水平的全面试验水平组合数为 3^5=243，这在试验中是很难做到的。在实际试验研究中，常采用部分实施方法，即从全面试验处理中选取部分有代表性的处理进行试验，它是将试验因素的某些水平组合在一起形成少数几个水平组合。这种试验的目的在于探讨试验因素中某些水平组合的综合作用，而不在于考察试验因素对试验指标的影响和交互作用，如正交试验设计和均匀设计都是部分实施。在不影响试验结果科学分析的前提下，部分实施试验可使试验规模大为缩小。例如，三因素三水平试验，全面试验共有 27 个处理，需做 27 次试验，而用 $L_9(3^4)$ 正交表安排正交试验，只需 9 次，仅为全面试验的 1/3，即

（1）$A_1B_1C_1$　　（2）$A_2B_1C_2$　　（3）$A_3B_1C_3$
（4）$A_1B_2C_2$　　（5）$A_2B_2C_3$　　（6）$A_3B_2C_1$
（7）$A_1B_3C_3$　　（8）$A_2B_3C_1$　　（9）$A_3B_3C_2$

上述试验组合的选择，保证了 A 因素的每个水平与 B 因素、C 因素的各个水平在试验中各搭配一次。对于 A、B、C 3 个因素来说，是在 27 个全面试验点中选择 9 个试验点，仅是全面试验的 1/3。

再如，一个四因素五水平试验，全面试验至少需进行 5^4=625 次试验，而用 $U_5(5^4)$ 均匀设计表安排试验，仅需 5 次试验。

6.3 试验误差

在科学研究中，试验指标除受处理因素影响外，常常还会受到各种非处理因素的影响，使试验处理的效应不能真实地反映出来。也就是说，试验所得到的观测值，不但有处理的真实效应，而且还包含其他因素（试验误差）的影响。试验误差的大小决定着试验数据的精确程度，直接影响着试验结果分析的可靠性。

试验设计的主要任务就是减少、控制试验误差，从而提高对试验结果分析的精确性和准确性。

6.3.1 试验误差的分类

受非处理因素的影响，观测值与试验处理真值之间会产生差异，这种差异在数值上的表现称为试验误差。按照误差的性质，试验误差可分为系统误差、随机误差和疏忽误差三类。

1. 系统误差

系统误差是由供试对象的品种、成熟度、病程等不同，食品配料种类、品质、数量等相差较大，仪器不准、标准试剂未经校正，药品批次不同，药品用量以及种类不符合试验计划的要求等引起。系统误差是试验过程中产生的误差，它的值或恒定不变或遵循一定的变化规律，其产生的原因往往是可知的或可掌握的。一般来说，只要试验工作做得精细，系统误差就容易克服。系统误差影响试验结果的准确性。

2. 随机误差

随机误差是由无法控制的内在的和外在的偶然因素所引起的误差。例如，原料作物生长的生态条件、品种的差异、田间管理措施等条件，尽管在试验中力求一致但不可能绝对一致。随机误差带有偶然性质，在试验中，即使十分小心也难以消除。随机误差影响试验结果的精确性。

统计上的试验误差常指随机误差，这种误差越小，试验的精确性越高。

3. 疏忽误差

疏忽误差是指明显歪曲测量结果的误差，又称粗心误差或过失误差。疏忽误差主要是由技术不熟练，测量时不小心或外界的突然干扰（如突然振动、仪器电源电压的突然变化）以及操作人员粗心大意、操作不当而造成。例如，测错、记错、读错、算错、试验条件未达到预定要求而匆忙进行试验，配错试剂、搞错标本等都会带来疏忽误差。这种误差实质上是错误。

6.3.2　试验误差的来源

在科学试验过程中，误差是难免的，因为试验材料的多样性、变异性，试验中影响因素千变万化，其中有些条件难以控制。例如，农业田间试验中试验小区的土壤肥力不均、同一品种的果实结果部位不同等导致的试验误差，虽然要消除误差是不可能的，但是我们可以想方设法尽量减少误差。为了提高试验的准确性与精确性，必须避免系统误差和疏忽误差，降低随机误差。为了有效地避免系统误差和疏忽误差，降低随机误差，必须了解试验误差的来源。对于每一具体的试验，产生误差的原因虽然各不相同，但综合起来将试验误差的主要来源大致可概括为试验材料、测试方法、仪器设备及试剂、环境因素和试验操作等方面。

1. 试验材料

在试验中，所用的试验材料在质量、纯度上不可能完全一致，即使同一产地或同一厂家生产的同批号产品也会存在某种程度上的不均匀性，或是各处理的供试动植物在遗传和生长发育上存在或多或少的差异性，如试验动植物的遗传基础、性别、年龄不同，橙汁试验中加工原料的采后生理状况不同，不同环境时设备生产性能的不一致，田间试验时播种的种子大小有差别，同一个果实的不同部位的含糖量有差异等，即使是同一个体不同时期也会存在差异。可见，试验材料的差异在一定范围内是普遍存在的，这种差异会对试验结果带来影响而产生试验误差。

2. 测试方法

试验中所用化验、检测等方法有时不能准确反映被测对象化学体系的性质，因而产生误差，这种误差称为方法误差，主要由测试方法不完善、样品及试剂的性质和反应的特性引起。例如，指示剂不能准确地标示反应的终点，或由于沉淀物在溶液中和洗涤过程中发生溶解或产生“共沉淀反应”等，这些均属于方法误差。此种误差是化验、检测分析中最为严重的误差。因此，分析工作者必须了解和掌握种种测试方法的原理和特点，从而消除误差。

3. 仪器设备及试剂

所用仪器、试剂不合格或者所用仪器的精度有限，长期使用造成仪器的磨损，或者仪器未调整到最佳状态等都将产生误差。例如，天平及砝码、玻璃量器未经校正，比色计的波长或比色皿光径不准确，试剂的纯度不符合要求等都会造成很大误差。试验时有时需要同时使用几台仪器设备，就是同一工厂生产的同一型号的仪器设备，各台之间在某一方面也会存在差异。有时，同一仪器设备，如使用同一台微波炉时，炉膛内的不同部位的温度也有差异。因此，试验用的仪器设备及试剂误差是客观存在的，在试验中，合理地进行操作，使用校正过的仪器和精制的试剂就可减少或消除这种误差。

4. 环境因素

人工无法控制的自然环境因素以及人、畜、禽和突发性病虫害引起的误差都是偶然性误差。环境因素主要包括温度、湿度、气压、振动、光线、空气中含尘量、电磁场、海拔和气流等，构成环境条件的这些因素是复杂多变的且难以控制。偶然性误差对食品加工试验和农作物田间试验结果的影响是十分重要的，当其与要求的标准状态不同，以及在时间空间上发生变化时，可能会使原试验材料的组成、结构、性质等发生变化，也会影响测量装置的性能，使其不能在标准状态下工作，从而引起误差。特别是试验周期越长，试验结果受环境影响的可能性越大。

5. 试验操作技术

试验操作带来的误差是由操作人员引起的，是由操作人员操作不规范或生理上的差异造成的。例如，操作人员生理上的最小分辨率、感觉器官的生理变化以及反应速度和固有习惯，田间试验过程中各处理的播种、管理、采样等。有的人在读数时偏高或偏低，终点观察超前或滞后都会引起误差。另外，有些试验是由几个操作人员共同完成的，而操作人员之间的业务及固有习惯是有差异的，这些都会带来操作误差。

以上讨论了产生误差的可能原因。在实际试验中，误差的产生往往是由多种因素综合作用造成的，而这些因素之间存在着互相影响，情况比较复杂，在实践中应对具体情况进行具体分析，采取一定措施，降低试验误差是完全可能的。

6.3.3 试验误差的控制

在试验中，必须严格控制试验干扰，尽量减少试验误差。控制和消除试验干扰的主要方法就是严格遵循试验设计的3个基本原则。下面针对误差的性质及其原因进一步讨论消除、控制误差的方法。

1. 控制试验误差的途径

1）*选择一致的试验材料*　首先试验材料在遗传上必须是一致的同一品种；其次在生长发育方面要壮弱、大小基本一致，如供试动物年龄、个体大小，果实树龄、田间管理措施、成熟度要一致，如果有困难，也可以在管理措施一样的条件下按生长发育状况，分成若干档次，把同一档次的材料安排在同一区组内，通过局部控制来减少试验误差。

2）*标准化进行试验测试或试验操作*　为了减少误差，操作要认真、仔细；试验过程中某一个测试项目或操作环节尽量由一个人或尽可能少的人在尽可能短的时间内完成。

3）*严格选择试验单元*　各试验单元的性质和组成要求均匀一致，若在试验实施时，各试验单元的性质和组成要求一致确有困难，可根据局部控制原理，将其分成若干组，使其组内尽量均匀一致，组间允许存在差异。

4）*采用合理的试验设计和统计分析方法*　合理的试验设计可以在试验研究中正确估计、有效控制和降低试验误差，从而提高试验的精度。试验过程实际上可归结为设计、试验、检查、处理4个阶段。在试验的设计阶段要明确试验的目的性、研究设计的周密性与科学性；在试验阶段，应确保条件的一致性、试验操作的正确性，具体可从操作者、材料、方法、管理方面把关；在检查阶段，要保证样本的代表性，判断数据的可靠性，收集、记录试验数据要求真务实，不要有意无意地让数据染上主观的色彩，对于本质上具有“意外”意义的数据非当不能舍弃，相反更需要加以详细记载，以便分析，要做到真实、合理、可靠；在处理阶段，用正确的统计分析方法得出可信性强的结果，并考察结论的重现性，成功的试验是基本可以再现的试验，所以在验证试验时，最重要的是注意观察某事件是否发生，而不必要求样本空间中某一特定数值一定出现。通过分析掌握信息、论证假设、判断总体，进一步指导实践。

2. 系统误差的控制

对于系统误差，有些情况下可通过随机化将其消除，使系统误差转化为随机误差；或按照“局部控制”的原则设置区组估计系统误差，进而将其剔除。然而，造成系统误差的原因是多方面的。测试过程中的系统误差主要来源于测定方法本身、仪器或试剂和操作者三方面。一般检测系统误差若在误差允许范围内，则不必校正。否则，可采用对照实验、空白试验进行校正。空白试验就是在不加入试样的情况下，按与测定试样相同的条件（包括相同的试剂用量、相同的操作条件）进行试验。如果试剂不纯、蒸馏水不纯或者从容器中引入杂质，通过空白试验就可得到一个一定的空白测定值。从试样的测定结果扣除此空白值，就可以提高测定结果的准确度。这里应注意，空白值不能超过一定数值，如果空白值很大，从测定值中扣除空白值来计算往往会造成较大的误差。在这种情况下，应通过提纯试剂和选用适当的器皿来解决。

3. 随机误差的控制

适当增加样本含量或处理的重复数可降低随机误差。例如，在食品理化检验中测试某一样品时，重复测定并取其平均值是减小随机误差的有效方法，测量次数越多，均值的随机误差越小。但是，误差的大小是和测量次数的平方根成反比的，如测定 3 次、6 次、9 次……其均值误差相应减至原误差的 0.58，0.41，0.33……当测定次数接近 10 次左右时，即使再增加测定次数，其精确度也无显著性增加。所以，过多地增加测定次数，收效并不大。通常测定次数取决于分析的目的，如果为了评价某一方法，测定 10～20 次即可；若是标定某标准溶液的浓度，需要进行 3 次或 4 次；而一般分析只需进行 1～3 次。

4. 疏忽误差的控制

疏忽误差多因操作者责任心不强或粗心大意造成。所以，控制疏忽误差的途径主要是加强测试人员的责任心；建立健全必要的规章制度，训练技术人员使之具备测试人员应有的科学态度和良好的工作作风；严格遵守操作规程，认真细致把握每一环节，杜绝过失所致的差错。含有疏忽误差的观测值是异常值，计算时应将其舍弃。

在科学试验过程中要尽可能减少试验误差，努力提高试验的准确性和精确性，使试验结果正确、可靠。

6.4　试验设计的基本原则

在试验设计中，为了尽量减少试验误差，就必须严格控制试验干扰。所谓试验干扰，是指那些可能对试验结果产生影响，但是在试验中未加以考察，也未加以精确控制的条件因素，如试验材料的不均匀，仪器设备和试验操作人员的不同，试验周围环境、气候、时间的差异与变化等。这些干扰的影响是随机的，有些是事先无法估计的，试验过程中无法控制的。为了保证试验结果的精确度，各种试验组合处理必须在基本均匀一致的条件因素下进行，应尽量控制或消除试验干扰的影响。因此，在进行试验设计时必须严格遵循试验设计的三个基本原则——重复、随机化、局部控制。

6.4.1　重复原则

在一个试验中，将一个处理实施两次或两次以上的称为重复。在田间试验中，每一小区即为一个试验单元（或称试验单位），在动物试验中，一头动物可以构成一个试验单元，有时一群动物构成一个试验单元。一个处理实施的试验单元数称为处理的重复数，或者说某个水平组合重复 n 次试验，这个处理的重复数就是 n。

试验中设置重复的最重要作用是估计误差。由于随机误差是客观存在的和不可避免的，若某试验条件下只进行一次试验，换言之，如果每一个处理只有一个小区或一头试验动物，即只有一个观测值，则无从求得差异，无法从一次试验结果估计随机误差的大小；当同一处理实施在两个或两个以上的试验单元上，获得两个或两个以上的观测值时，才能估计试验误差。只有在同一条件下重复试验，才能利用同一条件下取得的多个数据的差异，把随机误差估计出来。由于随机误差有大有小，时正时负，随着试验次数的增加，正负相互抵偿，随机误差平均值趋于零。因此，多次重复试验的平均值的随机误差比单次试验值的随机误差小。

试验中设置重复的另一个重要作用是减小随机误差，可以提高试验的精确度。我们已经知道样本标准误与标准差的关系是 $S_{\bar{x}} = S/\sqrt{n}$，即平均数抽样误差的大小与重复次数的平方根成反比，若有 4 次重复的试验，其误差将是只有一次重复次数的同类试验的一半。故重复次数多可以降低试验误差。重复次数的多少，可根据试验的要求和条件而定。一般而言，如供试动植物个体差异小或田间试验土壤肥力均匀时，重复可少些，否则重复应多些。

一般从理论上讲，重复次数越多越好。但在实际应用时，重复次数太多，试验动植物的初始条件不易控制一致，也不一定能降低误差。另外，随着重复次数的增加，不仅试验费用几乎成倍增加，而且整个试验所占用的时间、空间范围也会增大，因而试验材料、环境、仪器设备、操作等试验条件的差异也必然随之加大，由此引起的试验误差反而会增大。为了避免这一问题，要在同时遵循“局部控制原则”的前提下进行重复试验。重复试验的目的是估计和减小随机误差。

6.4.2　随机化原则

随机化就是在试验中，每一个处理及每一个重复都有同等的机会设置在任何一个试验单元上或被安排在某一特定的空间和时间环境中，以避免试验材料分组时试验人员主观倾向的影响，以消除某些处理或其重复可能占有的“优势”或“劣势”，保证试验条件在空间和时间上的均匀性。这是在试验中排除非试验因素干扰的重要手段，目的是获得无偏的误差估计量。例如，用 0℃、2℃、4℃三种温度贮藏苹果试验，每种温度贮藏 200 箱，每箱 10kg，贮藏 30d 后在常温下比较不同贮温条件下苹果的失重率。如果按 0℃、2℃、4℃三种温度逐箱测定，全部测完需要 90min，则最后测定的苹果与最先测定的苹果相比在常温下多进行生理代谢 90min，失重率必然增加，这样在 0℃、2℃、4℃贮藏苹果的处理间就产生了一个随时间变化的系统误差，各处理的苹果失重率就包含了系统误差，要避免这种系统误差，可对这三种贮温处理的苹果进行随机化排列测定失重率，通过随机化方法可以把系统误差转化为随机误差，从而正确估计误差。

随机化的作用主要有两个：一是降低系统误差，随机化可以使一些客观因子的影响得到平衡，尤其是那些与试验单元本身有关的客观因子。例如，以番茄为材料的某一试验中为了避免番茄的单果重给试验带来较大误差，通过随机分配使得不同单果重的番茄在各个处理中出现的机会均等，避免了在某一处理中的番茄重量显著高于另一处理中番茄重量的趋势，降低了系统误差。二是保证对随机误差的无偏估计。

随机化可有效排除非试验因素的干扰，从而可正确、无偏地估计试验误差，并可保证试验数据的独立性和随机性，以满足统计分析的基本要求。随机化通常采用抽签、摸牌、查随机数表等方法来实现。

6.4.3　局部控制原则

局部控制是指当干扰因子不能从试验中排除时，通过设计对它们进行控制，从而降低或校正非试验因素对试验结果的影响，提高统计推断的可靠性。例如，配对设计、协方差分析都是局部控制的例子，前者是通过配对使接受不同处理的两个试验单元具有最大的一致性，后者是利用协变量来校正干扰因子对试验结果的影响。

做一项试验，总是希望试验条件（除试验因素以外的所有其他条件）基本上保持一致。这样得到的试验结果才可以直接看成试验因素对试验指标的影响情况，因素的不同水平之间才具有可比性。反之，如果除了试验因素外，试验条件也同时发生变化，就会引入系统误差。这时就不能确定试验指标的变化究竟是由试验因素引起的，还是由试验条件的变化引起的，这就干扰了对试验结果的分析。那么如何使试验条件基本保持一致?

任何一项试验都是在一定的时空范围内进行的，而不同时空范围内的试验条件是有差异的。试验次数越多，所占的时空范围就越大，试验条件之间的差异也就越大。反之，试验时空范围越小，试验条件就越均匀一致。如果我们把一项试验的时空范围划为几个小的范围——区组，使得每个区组内的试验条件尽可能均匀一致，每个区组内各项处理的试验顺序随机安排。这样，每个区组内的试验误差减小，区组间试验条件的差异虽较大，但可用适当的统计方法来处理，这种安排试验的方法称为局部控制。实施局部控制时，区组如何划分，应根据具体情况确定。如果日期（时间）变动会影响试验结果，就可以把试验日期（时间）划分为区组；如果试验空间会影响试验结果，可把空间划为区组；如果全部试验用几台同型号的仪器或设备，考虑仪器或设备间差异的影响，可把仪器或设备划为区组；如果若干操作人员分做全面试验，考虑他们的操作技术、固有习惯等方面的差异，可把操作人员划分为区组；如果田间试验中土壤肥力差异较大，就按肥力划分区组等。前面曾提到重复试验可以减小随机误差，但随着重复的增多，试验规模加大，试验所占的时空范围变大，试验条件的差异也随之加大，这又会增加试验误差。为了解决这一矛盾，也可以将时空按重复数分为几个区组，实施局部控制。

以上所述重复、随机化、局部控制三个基本原则称为费雪（R. A. Fisher）三原则，是试验设计中必须遵循的原则。在实际应用中，试验设计的三原则是相辅相成、相互补充、融为一体的，从而能控制试验干扰，保证试验条件基本均匀一致，提高试验精度，减少试验误差，再结合适当的统计分析方法，就能够准确地评价试验因素的作用，正确地估计试验误差，做出可靠的推断，获得正确的试验结论。试验设计三原则的关系和作用见图 6-1。

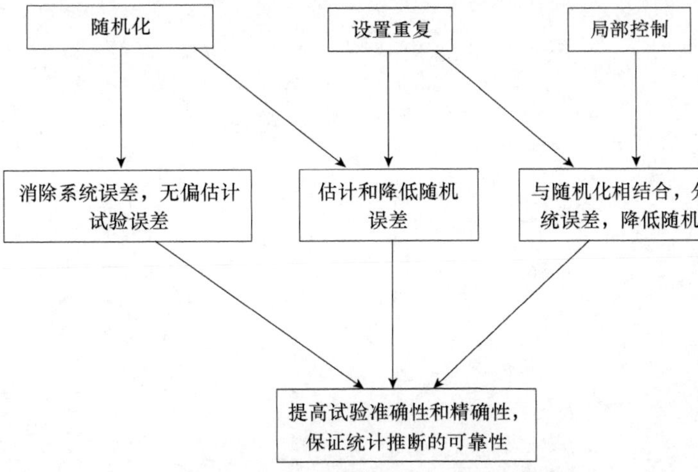

图 6-1　试验设计三原则的关系和作用

习　题

1．试验设计的主要作用有哪些？

2．正确理解试验指标、试验因素、因素水平、试验处理等基本概念，并举例说明。

3．试验设计的基本原则和作用是什么？

4．试验误差的来源有哪些？如何控制试验误差。

第 7 章　正交试验设计

前面提到的全面试验设计，它是把各因素各水平的所有可能组合都拿来做试验。这种试验设计的优点是能够掌握各因素及其不同水平对试验结果的影响，信息量大而全面；但缺点是随着试验因素和水平数目的增大，试验次数急剧增长，若加之重复，试验规模就会很大，往往在实践中难以实施。例如，三因素三水平全面试验，共有 3^3=27 个处理，若每个处理重复 3 次，则有 81 次试验；四因素四水平全面试验，则有 4^4=256 个处理，如重复 3 次，共有 768 次试验，这在实际研究工作中是做不到的。所以，全面试验设计是在一个因素和两个因素水平数较少的情况下适用，对于三个及三个以上的多因素试验，一般采用部分实施试验，以减少试验次数，缩短试验周期。部分实施试验法中最常用的是正交试验设计。

正交试验设计（orthogonal experimental design）又称正交设计或多因素优选设计，是一种合理安排、科学分析各试验因素的有效数理统计方法。它是借助一种规格化的"正交表"，从全面试验设计众多组合中选出若干个代表性较强的试验组合，科学地安排试验，然后对试验结果进行综合比较、统计分析，探求各因素水平的最佳组合，从而得到最优或较优试验方案的一种试验设计方法。正交试验设计的特点是用不太多的试验次数，找出试验因素的最佳水平组合，了解试验因素的重要性程度及交互作用情况，减少试验的盲目性，避免资金浪费等。它能以较少的试验次数找到较好的试验（生产）方案，由正交试验寻找出的优化参数（条件）与全面试验所找出的最优条件具有一致的趋势。正交试验设计的基本工具是正交表，它是根据均衡分布的思想，运用组合数学理论构造出的一种数学表格，利用正交表设计试验，使试验具备均衡分散和综合可比性。此法应用方便，准确性高，在多因素条件下应用有很大的优越性。20 世纪 40 年代，正交试验设计法首先应用于农业中，20 世纪 50 年代推广到工业领域，并取得显著的效果。我国从 20 世纪 60 年代开始应用这一方法，20 世纪 70 年代得到了推广。

7.1　正交表的结构与性质

7.1.1　正交试验设计的基本思想

下面通过一个例子来说明正交试验设计的基本思想。

【例 7-1】 在黑曲霉 AS3.396 发酵生物合成果胶酶的研究中，欲对麸皮用量、硫酸铵用量、发酵时间试验条件进行优化，确定发酵工艺条件。以果胶酶活力为试验指标，各因素所取水平见表 7-1。

表 7-1　因素水平

水平	试验因素		
	麸皮用量/%	硫酸铵用量/%	发酵时间/d
	A	B	C
1	3	1	3
2	5	2	4
3	7	3	5

这是一个三因素三水平试验，通常可以采用下列方法来安排试验。

1）单因素轮换法　即每次只改变一个因素的水平，而将其他因素的水平固定，依此类推，逐个研究各个因素的影响（图 7-1）。例如，在研究 A 因素时，需将 B、C 两因素固定在某一水平上，如固定在 B_1、C_1，试验方案为 B_1C_1（A_1、A_2、A_3），结果若发现 A_3 最好，则 A 固定于 A_3 上，C_1 不变，再考察 B 因素，试验方案为 A_3C_1（B_1、B_3、B_3），结果若是 B_2 最好，则 B 固定于 B_2，A 固定于 A_3，再考察因素 C，其试验方案为 A_3B_2（C_1、C_2、C_2），结果若是 C_3 最好，那么就认为 $A_3B_2C_3$ 是最佳方案。对于本例题，单因素轮换法共需要安排 7 个试验就可以获得优化的试验方案，7 个试验点的分布如图 7-1 中实心点所示。该方法的优点是试验次数少，但缺点是试验点代表性很差，有时采用不同的轮换方法会得出不同的结论；此外，无法考察因素间的交互作用，无法估计试验误差，试验结果的可靠性差。

2）全面试验设计法　即将所有因素所有水平组合均拿来进行试验。对于三因素三水平的试验，共有 3^3=27 个水平组合（表 7-2），所有水平组合都进行试验，需要做 27 次试验，见图 7-2 立方体上的 27 个实心点。该方法提供的试验信息全面，无一遗漏，但试验次数太多。

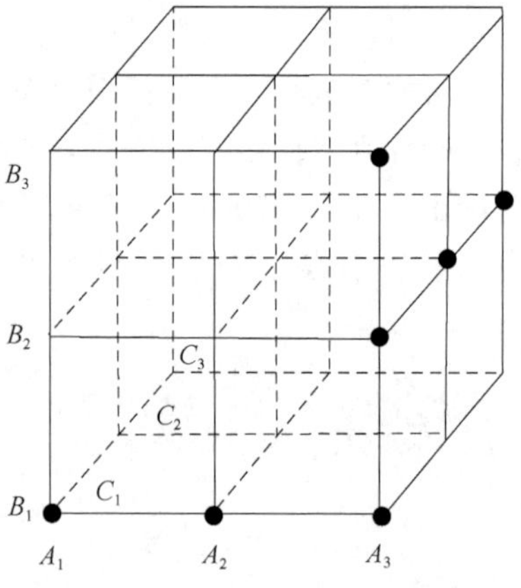

图 7-1　单因素轮换法试验点的分布

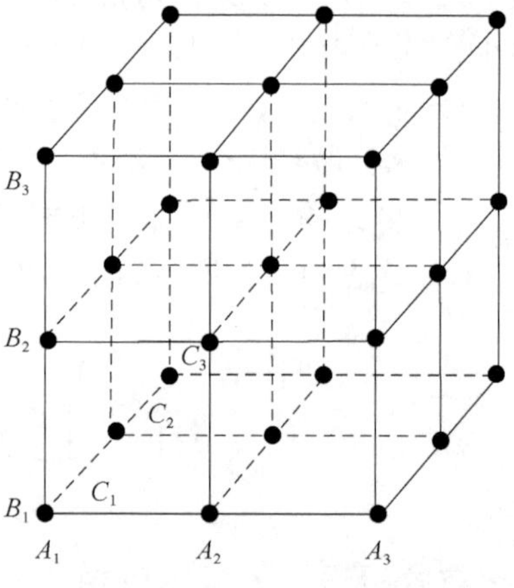

图 7-2　全面试验设计法试验点的分布

表 7-2　三因素三水平全面试验组合

因素 A	因素 B	因素 C		
		C_1	C_2	C_3
A_1	B_1	$A_1B_1C_1$	$A_1B_1C_2$	$A_1B_1C_3$
	B_2	$A_1B_2C_1$	$A_1B_2C_2$	$A_1B_2C_3$
	B_3	$A_1B_3C_1$	$A_1B_3C_2$	$A_1B_3C_3$

续表

因素 A	因素 B	因素 C		
		C_1	C_2	C_3
A_2	B_1	$A_2B_1C_1$	$A_2B_1C_2$	$A_2B_1C_3$
	B_2	$A_2B_2C_1$	$A_2B_2C_2$	$A_2B_2C_3$
	B_3	$A_2B_3C_1$	$A_2B_3C_2$	$A_2B_3C_3$
A_3	B_1	$A_3B_1C_1$	$A_3B_1C_2$	$A_3B_1C_3$
	B_2	$A_3B_2C_1$	$A_3B_2C_2$	$A_3B_2C_3$
	B_3	$A_3B_3C_1$	$A_3B_3C_2$	$A_3B_3C_3$

3）正交试验设计法　从全面试验设计组合中选取有代表性的试验点来进行试验（图 7-3），克服了以上设计方法的缺点。可以看出，在 9 个平面中，每个平面上有 3 个点，每个平面的每行每列都有一个且只有一个点，共 9 个点。可见正交试验的试验点分布是很均匀的，试验次数也只有全面试验的 1/3。试验点的均衡分布使得正交试验在一定程度上能够反映出全面试验的基本情况。

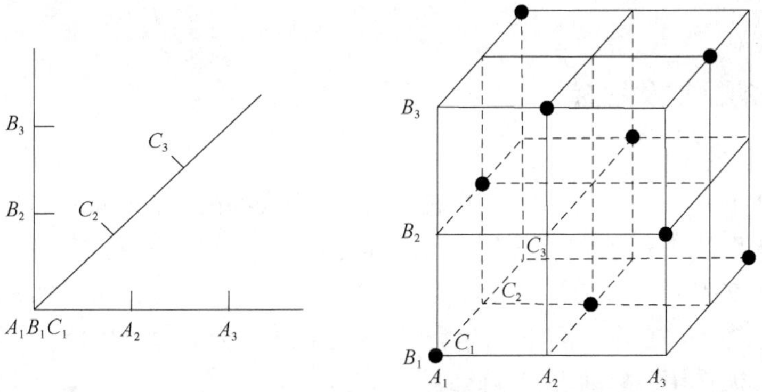

图 7-3　正交试验设计法试验点的分布

7.1.2　正交表的结构

正交表有许多，表 7-3 是一个 9 行 4 列的正交表，记为 $L_9(3^4)$。其中"L"为正交表的符号，是 *Latin* 的第一个字母；L 右下角的数字"9"表示正交表有 9 行，用此正交表安排试验包含 9 个处理（水平组合）；括号内的底数"3"表示因素的水平数；括号内 3 的指数"4"表示正交表有 4 列，可以最多安排 4 个三水平因素。这是一个三水平正交表。

表 7-4 是 $L_8(2^7)$ 正交表，有 8 行 7 列，可以安排 7 个二水平因子的试验，是二水平正交表。

表 7-3　正交表 $L_9(3^4)$

试验号	列号			
	1	2	3	4
1	1	1	1	1
2	1	2	2	2
3	1	3	3	3
4	2	1	2	3
5	2	2	3	1
6	2	3	1	2
7	3	1	3	2
8	3	2	1	3
9	3	3	2	1

表 7-4　正交表 L_8（2^7）

试验号	列号						
	1	2	3	4	5	6	7
1	1	1	1	1	1	1	1
2	1	1	1	2	2	2	2
3	1	2	2	1	1	2	2
4	1	2	2	2	2	1	1
5	2	1	2	1	2	1	2
6	2	1	2	2	1	2	1
7	2	2	1	1	2	2	1
8	2	2	1	2	1	1	2

常用的正交表已由数学工作者制定出来了（附表 9），供正交试验设计时选用。二水平正交表除 L_8（2^7）外，还有 L_4（2^3）、L_{16}（2^{15}）等；三水平正交表有 L_9（3^4）、L_{27}（2^{13}）等。

7.1.3　正交表的类型及特点

1. 等水平正交表

一般写为 $L_n(m^k)$，其中 L 表示正交表，k 为正交表的列数，即最多可安排的因素数，m 为各因素下的水平数，n 为试验处理总次数。例如，L_8（2^7）为七因素二水平 8 个处理的正交表。等水平正交表分为标准表和非标准表两类，利用标准表可以考察因素间的交互作用，非标准表虽然也为等水平表，但却不能考察因素之间的交互作用。因此，如要考察因素之间的交互作用，不能选用非标准表安排试验。

等水平标准表：二水平表，如 L_4（2^3），L_8（2^7），L_{16}（2^{15}）
三水平表，如 L_9（3^4），L_{27}（3^{13}），L_{81}（3^{40}）
四水平表，如 L_{16}（4^5），L_{64}（4^{21}）
五水平表，如 L_{25}（5^6），L_{125}（5^{31}）

等水平非标准表：二水平表，如 L_{12}（2^{11}），L_{20}（2^{19}），L_{24}（2^{23}）
其他水平表，如 L_{18}（3^7），L_{32}（4^9），L_{50}（5^{11}）

2. 混合水平正交表

混合水平正交表一般写为 $L_n(m_1^{k_1}\times m_2^{k_2})$，其中 $m_1^{k_1}$ 表示水平为 m_1 的列有 k_1 列，$m_2^{k_2}$ 表示水平为 m_2 的列有 k_2 列，L 表示正交表，n 表示试验处理数。用这种正交表安排试验时，水平数为 m_1 的因素最多可安排 k_1 个，水平数为 m_2 的因素最多可安排 k_2 个。例如，L_8（4×2^4）表，此表可安排四水平的因素 1 个，二水平的因素 4 个，共有 8 个处理。

常用混合水平正交表：L_8（4×2^4）
L_{12}（3×2^4），L_{12}（6×2^2）
L_{16}（4×2^{12}），L_{16}（$4^2\times2^9$）
L_{16}（$4^3\times2^6$），L_{16}（$4^4\times2^3$）

$L_{18}(2\times3^7)$，$L_{18}(6\times3^6)$

$L_{20}(5\times2^8)$，$L_{20}(10\times2^2)$

混合水平正交表一般不能考察交互作用，但由标准表通过并列法（7.6 节）改造而来的混合水平正交表，如 $L_8(4\times2^4)$ 由 $L_8(2^7)$ 并列得到，$L_{16}(4\times2^{12})$、$L_{16}(4^2\times2^9)$ 等由 $L_{16}(2^{15})$ 并列得到，可以考虑交互作用，但必须回到原标准表上进行设计。

常用的正交表及其交互作用表见附表 9。

7.1.4　正交表的基本性质

1．正交性

正交表的正交性有两层含意。

（1）在正交表的任意一列中，各水平都出现，且出现的次数相等。

例如，在 $L_8(2^7)$ 正交表的任意一列中，只有 1、2 两个水平，它们均出现，且出现次数均为 4 次；在 $L_9(3^4)$ 中，有 1、2、3 三个水平，在任意一列上它们均出现，而且各出现 3 次。

（2）任两列之间各种不同水平的所有可能组合都出现，且出现的次数相等。

例如，$L_8(2^7)$ 中（1，1)，（1，2)，（2，1)，（2，2）各出现两次；$L_9(3^4)$ 中（1，1)，（1，2)，（1，3)，（2，1)，（2，2)，（2，3)，（3，1)，（3，2)，（3，3）各出现 1 次，即每个因素的一个水平与另一因素的各个水平所有可能组合次数相等，表明任意两列各个数字之间的搭配是均匀的。

由于正交表具有正交性，因此：①正交表中各列地位是平等的，列间可以互换，称为列间置换；②各行之间也可以互换，称为行间置换；③正交表同一列的不同水平间也可以置换，称为水平置换。上述三种置换得到的正交表为原正交表的等价表。

2．代表性

由于正交表具有正交性，其任一列的各个水平都出现，部分试验中包括了所有因素的所有水平；任意两列的所有水平组合都出现，使任意两个因素的所有水平信息及所有水平组合信息无一遗漏，所以这种部分试验在某种意义上是可以代表全面试验的。另外，正交试验的试验点是均衡地分布在全面试验的试验点之中的，有着很强的代表性。因此，它所寻找的最优条件与全面试验有一致的趋势。

3．综合可比性

综合可比性是指每一因素的各个水平之间具有可比性。因为正交表中每一因素的任一水平下都均衡地包含着另外因素的各个水平，当比较某个因素不同水平时，其他因素的效应彼此抵消。例如，在 A、B、C 三个因素的试验中，A 因素三个水平 A_1、A_2、A_3 的条件下各有 B、C 的三个不同水平，即

（1）$A_1B_1C_1$　（2）$A_2B_1C_2$　（3）$A_3B_1C_3$

（4）$A_1B_2C_2$　（5）$A_2B_2C_3$　（6）$A_3B_2C_1$

（7）$A_1B_3C_3$　（8）$A_2B_3C_1$　（9）$A_3B_3C_2$

在这 9 个水平组合中，A 因素各个水平下包括了 B、C 因素的三个水平，虽然搭配方式不同，但 B、C 皆处于同等地位，当比较 A 因素不同水平对试验指标的影响情况时，B 因素

不同水平的效应相互抵消，C 因素不同水平的效应也相互抵消，所以 A 因素三个水平间具有综合可比性。同样，B、C 因素三个水平间亦具有综合可比性。综合可比性是正交试验设计进行结果分析的理论基础。

在正交表的三个基本性质中，正交性是核心，是基础，代表性和综合可比性是正交性的必然结果。

7.2　正交试验设计的基本程序

对于多因素试验，正交试验设计是最简单、最常用的一种设计方法，正交试验设计包括试验方案设计和结果分析两部分，如图 7-4 所示。

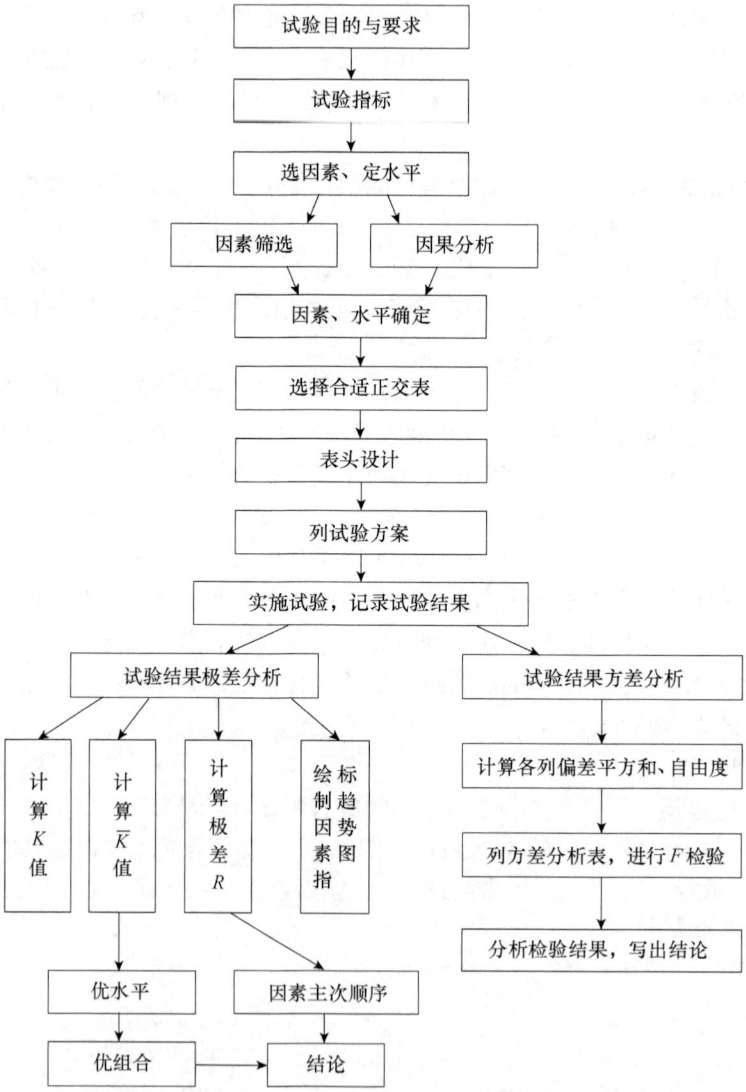

图 7-4　正交试验设计的基本程序

下面用实例来说明正交试验设计的基本过程。

【**例 7-2**】 为了提高荞麦黄酮的提取率，拟通过正交试验来寻找最佳的提取工艺条件。

7.2.1　试验方案设计

1. 明确试验目的，确定试验指标

试验设计前必须明确试验目的，即本次试验要解决什么问题。试验目的确定后，对试验结果如何衡量，即选定试验指标。试验指标可为定量指标，如强度、硬度、产量、出品率、成本等；也可为定性指标，如颜色、口感、光泽等。通常为了便于试验结果的分析，定性指标采用必要的方法进行数量化，如打分法、模糊数学处理法、加权评判法或用相关设备分析（如质构仪、色差计等）。

对本试验而言，试验目的是提高荞麦黄酮的提取率。所以以黄酮提取率为试验指标，来衡量提取工艺条件的好坏。提取率越高，表明试验效果越好。

2. 选择试验因素，确定试验水平，列出因素水平表

根据专业知识、以往的研究结论和经验，从影响试验指标的诸多因素中，通过因果分析筛选出需要考察的试验因素。一般确定试验因素时，应以对试验指标影响大的因素、尚未考察过的因素、尚未完全掌握其规律的因素为先。那些对试验指标影响较小的因素，对试验指标影响规律已完全掌握的因素，应当少选或不选，但要作为可控的条件因素参加实验，严格控制。试验要求考察的因素必须定为试验因素，不能遗漏，有时应列为主要因素，加以重点考察。

试验因素选定后，根据所掌握的信息资料和相关知识，确定每个因素的水平，一般以 2～4 个水平为宜。对主要考察的试验因素，可以多取水平，但不宜过多（≤6），否则试验次数骤增。因素的水平间距，应根据专业知识和已有的资料，尽可能把水平值取在理想范围。

对本试验分析，影响荞麦黄酮提取的因素很多，如荞麦品种、荞麦粉细度、提取方法、提取温度、提取溶剂、溶剂浓度、料液比以及提取时间等。经全面考虑，在单因素试验的基础上，选定提取温度、乙醇浓度、料液比和提取时间为本试验的试验因素，分别记作 A、B、C 和 D，进行四因素四水平正交试验，因素水平见表 7-5。

表 7-5　荞麦黄酮提取的因素水平

水平	试验因素			
	提取温度/℃ A	乙醇浓度/% B	料液比 C	提取时间/h D
1	35	55	1∶5	2
2	40	60	1∶10	3
3	45	65	1∶15	4
4	50	70	1∶20	5

3. 选择合适的正交表

正交表的选择是正交试验设计的首要问题。确定了试验因素及其水平后，根据因素、水平以及需要考察的交互作用来选择合适的正交表。正交表选得太小，试验因素可能安排不下；正交表选得过大，试验次数增多，不经济。选择正交表应注意，对于等水平试验，所选正交表的水平数与试验因素的水平数应一致，正交表的列数应大于或等于所要考察的因素数及交互作用所占的列数。对于不等水平试验，所选用混合水平正交表的某一水平的列数应大于或等于相应水平的因素个数。选择正交表的原则是在安排好试验因素和交互作用的前提下，尽量选用小号正交表，以减少试验次数。另外，为了考察试验误差，选择的正交表最好空出一列，否则要做重复试验。

若用 $L_n(m^k)$ 标记正交表，那么选择适宜的正交表即确定 n、m 和 k 值，可采用下列方法选择。

（1）按水平数 m 分析，一般正交表的水平数与试验因素的水平数一致。

（2）按列数 k 分析，正交表的列数 $k\geqslant$因素所占列数+交互作用所占列数+空列（空列根据实际情况确定是否保留）。

（3）按自由度 df 分析，试验总自由度 $df_T=n-1\geqslant$因素自由度 $df_{因素}$ + 交互作用自由度 $df_{交互}$ + 误差自由度 $df_{误差}$。

本例为四因素四水平试验，由于试验仅考察四个因素而不考察交互作用，因此应选择具有 4 列的正交表。由附表 9 可以查出，具有四水平且最少有 4 列的最小正交表为 $L_{16}(4^5)$ 正交表。所以，本试验选 $L_{16}(4^5)$ 为适宜正交表。若要考察交互作用，则应选用大的正交表。

4. 表头设计

所谓表头设计就是指将试验因素和交互作用合理地安排到所选正交表的各列中去的过程。若在试验中，不考虑试验因素间的交互作用，各因素可以任意安排；若要考察因素间的交互作用，各因素应按相对应的正交表的交互作用列表来进行安排，以防止设计“混杂”。

避免混杂是表头设计中的一个重要原则。所谓混杂，是指在正交表的同一列上，安排了两个或两个以上的因素或交互作用。这样，就无法区分同一列中这些不同因素或交互作用对试验指标的作用效果。在表头设计中，为了避免混杂，那些主要因素、重点考察的因素、涉及交互作用较多的因素应该优先安排，而一些次要因素、涉及交互作用少的因素和不涉及交互作用的因素则可放在后面安排。

本例为四因素四水平试验，不需要考察因素之间的交互作用，所以因素可以任意安排到正交表的各列中，其表头设计如表 7-6 所示。

表 7-6　表头设计

列号	1	2	3	4	5
因素	A	B	C	D	空列

5. 编制试验方案

在表头设计的基础上，将所选正交表中各列（不包含欲考察的交互作用列和空列）的不同水平数字换成对应各因素相应水平值，便形成了试验方案。

本例的试验方案见表 7-7。

表 7-7　荞麦黄酮提取的试验方案及结果

序号	提取温度/℃ *A*	乙醇浓度/% *B*	料液比 *C*	提取时间/h *D*	空列	黄酮提取率/ （mg/g 荞麦粉）
1	1（35）	1（55）	1（1∶5）	1（2）	1	0.6245
2	1	2（60）	2（1∶10）	2（3）	2	0.8177
3	1	3（65）	3（1∶15）	3（4）	3	0.8550
4	1	4（70）	4（1∶20）	4（5）	4	0.9042
5	2（40）	1	2	3	4	0.7720
6	2	2	1	4	3	0.6619
7	2	3	4	1	2	0.9249
8	2	4	3	2	1	0.9085
9	3（45）	1	3	4	2	0.8738
10	3	2	4	3	1	0.9208
11	3	3	1	2	4	0.6536
12	3	4	2	1	3	0.8219
13	4（50）	1	4	2	3	0.9374
14	4	2	3	1	4	0.9305
15	4	3	2	4	1	0.8468
16	4	4	1	3	2	0.6661

试验方案设计完成后，随后就可以按照试验方案实施试验。在试验实施过程中，必须严格按照各号试验的处理组合进行，不能随意改动。试验因素必须严格控制，试验条件应尽量保持一致。另外需要说明的是，试验方案中的试验号并不是实际进行试验的顺序，一般最好同时进行。如果条件只允许一个一个组合来进行试验，为了排出外界干扰，应使试验号随机化，即采用抽签或查随机数字表的方法来确定试验顺序。无论用什么顺序进行试验，一般都应进行重复试验，以减少随机误差对试验结果的影响。

试验实施后，将试验结果填入相应位置。本例试验结果见表 7-7。

7.2.2　试验结果分析

正交试验结果分析的方法目前有极差分析法、方差分析法、贡献率分析法等，常用的是极差分析法和方差分析法。通过结果分析，可以解决以下问题。

（1）分清各因素及其交互作用对试验指标影响的主次顺序，分清哪个是主要因素，哪个是次要因素。

（2）可以判断因素及其交互作用对试验指标影响的显著程度。

（3）可以得到试验因素的优水平和试验范围内的优组合，即试验因素取什么水平时，试验指标最好。

（4）可以分析因素与试验指标之间的关系，即当因素变化时，试验指标是如何变化的。找出指标随因素变化的规律和趋势，为进一步试验指明方向。

（5）可以了解各因素之间的交互作用情况。

（6）估计试验误差的大小。

7.3　正交试验设计的极差分析

极差分析又称直观分析，是正交试验设计结果分析中直观的、常用的分析方法。极差分析法简称为 R 法，包括计算和判断两个步骤，见图 7-5。

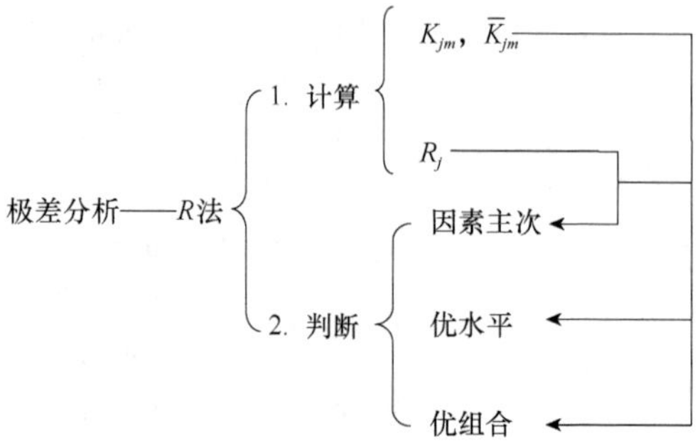

图 7-5　极差分析示意图

其中，K_{jm} 为第 j 列因素第 m 水平所对应的试验指标和，$\bar{K}_{jm}$ 为 K_{jm} 平均值。由 $\bar{K}_{jm}$ 大小可以判断第 j 列因素优水平和优组合。

R_j 为第 j 列因素的极差，即第 j 列因素水平下的最大平均值与最小平均值的差值。

$$R_j = max(\bar{K}_{j1}, \bar{K}_{j2}, \bar{K}_{j3}, \cdots, \bar{K}_{jm}) - min(\bar{K}_{j1}, \bar{K}_{j2}, \bar{K}_{j3}, \cdots, \bar{K}_{jm})$$

R_j 反映了第 j 列因素水平波动时，试验指标的变动幅度。R_j 越大，说明该因素水平变化时对试验指标的影响越大。根据 R_j 大小，可以判断试验因素对试验指标影响的主次顺序。

7.3.1　单指标正交试验设计的极差分析

只考察一个试验指标的正交试验，称为单指标正交试验。下面对例 7-2 试验结果进行分析，以说明单指标正交试验结果的极差分析过程。

1. 计算 K_{jm}，$\bar{K}_{jm}$，确定试验因素的优水平和优组合

分析 A 因素对试验指标的影响。由表 7-7 可以看出，A_1 的影响反映在第 1、2、3、4 号试验中，A_2 的影响反映在第 5、6、7、8 号试验中，A_3 的影响反映在第 9、10、11、12 号试验中，A_4 的影响反映在 13、14、15、16 号试验中。那么 A 因素

第 1 水平 $K_{A_1}=0.6245+0.8177+0.8550+0.9042=3.2014$，$\bar{K}_{A_1}=K_{A_1}/4=0.80035$

第 2 水平 $K_{A_2}=0.7720+0.6619+0.9249+0.9085=3.2673$，$\bar{K}_{A_2}=K_{A_2}/4=0.81683$

第 3 水平 $K_{A_3}=0.8738+0.9208+0.6536+0.8219=3.2701$，$\bar{K}_{A_3}=K_{A_3}/4=0.81753$

第 4 水平 $K_{A_4}=0.9374+0.9305+0.8468+0.6661=3.3808$，$\bar{K}_{A_4}=K_{A_4}/4=0.84520$

根据正交设计的特性，对 A_1、A_2、A_3、A_4 来说，4 组试验的试验条件是完全一样的（综合可比性），可进行直接比较。如果因素 A 对试验指标无影响，那么 $\bar{K}_{A_1}$、$\bar{K}_{A_2}$、$\bar{K}_{A_3}$、$\bar{K}_{A_4}$ 应该相等，但由上面的计算结果可见，$\bar{K}_{A_1}$、$\bar{K}_{A_2}$、$\bar{K}_{A_3}$、$\bar{K}_{A_4}$ 实际上不相等，说明 A 因素的水平变动对试验结果是有影响的。因此，根据 $\bar{K}_{A_1}$、$\bar{K}_{A_2}$、$\bar{K}_{A_3}$、$\bar{K}_{A_4}$ 的大小可以判断 A_1、A_2、A_3、A_4 对试验指标的影响大小。由于试验指标为黄酮提取率，而 $\bar{K}_{A_4} > \bar{K}_{A_3} > \bar{K}_{A_2} > \bar{K}_{A_1}$，因此可断定 A_4 为 A 因素的优水平。

同理，可以计算并确定 B_2、C_4、D_2 分别为 B、C、D 因素的优水平。4 个因素的优组合为 $A_4B_2C_4D_2$，即提取温度为 50℃、乙醇浓度为 60%、料液比 1：20、提取时间 3h。此组合不包括在 16 次试验中，按照确定的组合进行验证试验，荞麦黄酮提取量为 0.951mg/g，高于其他组合。

2. 计算极差 *R*，确定因素的主次顺序

由极差定义公式，可得$R = max(\bar{K}_{jm}) - min(\bar{K}_{jm})$，计算各列（因素、交互作用及空列）极差 R_j。

根据极差 R_j 的大小，可以判断各因素对试验指标的影响主次顺序。本例极差 R_j 计算结果见表 7-8，比较各 R 值大小，可见 $R_C > R_A > R_B > R_D$，所以各因素对试验指标影响的主次顺序是 $C > A > B > D$，即料液比对试验指标的影响最大，为重要因素，其次是提取温度和乙醇浓度，而提取时间的影响较小。

3. 绘制因素与指标趋势图

为了更为直观地看出因素对试验指标的影响规律和趋势，以因素水平为横坐标，试验指标平均值 $\bar{K}_{jm}$ 为纵坐标，绘制因素与指标趋势图（图 7-6）。由因素与指标趋势图可以看出试验指标随着因素水平的变化而变化的趋势，为进一步试验指明方向。

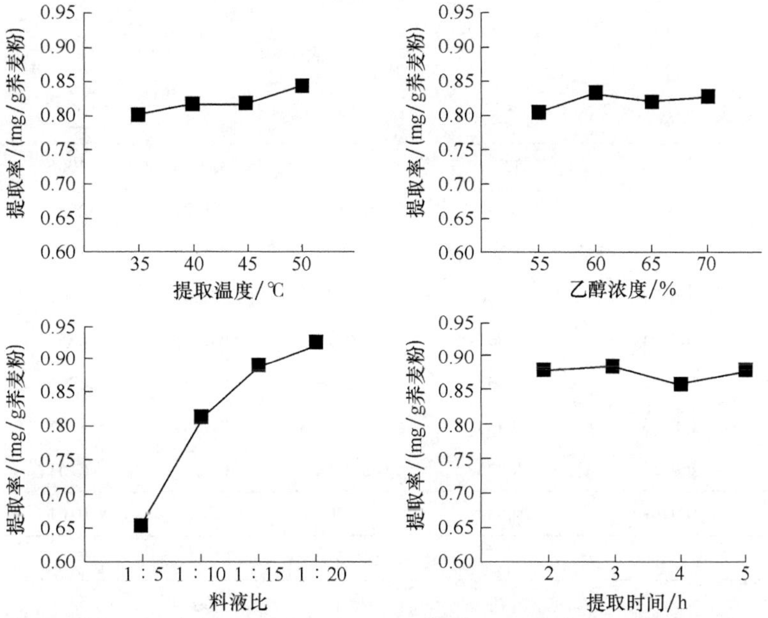

图 7-6　因素指标趋势图

以上为正交试验极差分析的基本程序与方法。极差分析过程中的计算可以在表中完成，如表 7-8 所示。

表 7-8　试验结果极差分析

序号	提取温度/℃ *A*	乙醇浓度/% *B*	料液比 *C*	提取时间/h *D*	空列	黄酮提取率/（mg/g 荞麦粉）
1	1（35）	1（55）	1（1：5）	1（2）	1	0.6245
2	1	2（60）	2（1：10）	2（3）	2	0.8177
3	1	3（65）	3（1：15）	3（4）	3	0.8550
4	1	4（70）	4（1：20）	4（5）	4	0.9042

续表

序号	提取温度/℃ A	乙醇浓度/% B	料液比 C	提取时间/h D	空列	黄酮提取率/（mg/g 荞麦粉）
5	2（40）	1	2	3	4	0.7720
6	2	2	1	4	3	0.6619
7	2	3	4	1	2	0.9249
8	2	4	3	2	1	0.9085
9	3（45）	1	3	4	2	0.8738
10	3	2	4	3	1	0.9208
11	3	3	1	2	4	0.6536
12	3	4	2	1	3	0.8219
13	4（50）	1	4	2	3	0.9374
14	4	2	3	1	4	0.9305
15	4	3	2	4	1	0.8468
16	4	4	1	3	2	0.6661
K_1	3.2014	3.2077	2.6061	3.3018	3.3006	
K_2	3.2673	3.3309	3.2584	3.3172	3.2825	
K_3	3.2701	3.2803	3.5678	3.2139	3.2762	
K_4	3.3808	3.3007	3.6873	3.2867	3.2603	
$\bar{K}_1$	0.8004	0.8019	0.6515	0.8255	0.8252	
$\bar{K}_2$	0.8168	0.8327	0.8146	0.8293	0.8206	
$\bar{K}_3$	0.8175	0.8201	0.8920	0.8035	0.8191	
$\bar{K}_4$	0.8452	0.8252	0.9218	0.8217	0.8151	
极差 R	0.0449	0.0308	0.2703	0.0258	0.0101	
因素主次顺序	$C>A>B>D$					
优水平	A_4	B_2	C_4	D_2		
优组合	$A_4B_2C_4D_2$					

4. 几点说明

（1）在实际科研和生产中，优化条件的确定是灵活的。对于主要的影响因素，一定要选优水平，而对于次要因素，则应权衡利弊，综合考虑（如生产率、成本、劳动条件等）来选取优水平。

（2）极差分析所找到的优化工艺条件并不一定在所实施的正交试验方案中，为了考察优化条件的再现性，应追加验证性试验，从而进一步判断所找出的生产工艺条件是否最优。

（3）由极差分析得出的优化工艺条件，只有在试验所考察的范围内有意义。超出了试验范围，情况有可能发生变化。欲扩大使用范围时，必须再做扩大范围的试验以确定试验结果。

（4）在试验研究中，有时通过一轮试验不一定能选出优化条件，特别是在缺乏有关资料的情况下，往往需要探索多次。这时要充分利用因素与指标趋势图，确定下一步试验的研究方向。

（5）极差分析的各项计算都可以在表中直接进行。这样，使得试验方案设计与结果分析融于一表，使试验设计形成了一个统一的整体，简明、直观，便于分析。

（6）极差分析中，应计算空列的 R 值，以确定误差影响，判断各因素影响的可靠性。各因素的效应是否真正对试验有影响，须将其因素 R 值与空列 R 值相比较。因为在有空列的正交试验中，空列的 R 值 R_e 代表了试验误差（当然其中包括一些交互作用的影响）对试验指标的影响情况，所以各因素指标的 R 值只有大于空列 R_e，才能表示其因素效应的存在。如果空列的极差值 R_e 大于某个因素的 R 值，试验误差的影响大于此因素的影响，表明有可能试验过程中的误差较大，或者试验因素、水平选择不理想，应进一步讨论。

7.3.2　多指标正交试验设计的极差分析

在实际生产和科研中，一个试验往往要同时考察几个指标，如液体葡萄糖生产工艺试验中同时考察产率、还原糖含量、透明度、色泽等多个指标，这种正交试验称为多指标试验。

对于多指标试验，试验方案的设计和实施与单指标试验相同。试验结果分析时，可以对考察指标一一分析，然后综合评价，确定出优化条件；或者对多指标采用权重法综合分析，将其转化为综合性单指标，然后进行分析。下面通过一个例子来介绍多指标正交试验结果的极差分析。

【例 7-3】 通过正交试验确定油炸方便面的生产工艺条件。

1. 试验方案设计

（1）确定试验指标。本试验的目的是探讨方便面生产的最佳工艺条件，以提高方便面的质量。根据相关标准，评价方便面质量好坏的主要指标是脂肪含量、水分含量和复水时间。所以，本研究以脂肪含量、水分含量和复水时间作为试验指标。对于方便面产品，脂肪含量越低越好，水分含量越高越好，复水时间越短越好。

（2）定因素、选水平、列因素水平表。根据专业知识和实践经验，确定试验因素和水平，见表 7-9。

表 7-9　因素水平

水平	试验因素			
	湿面筋/%	改良剂用量/%	油炸时间/s	油炸温度/℃
	A	B	C	D
1	28	0.05	70	150
2	32	0.075	75	155
3	36	0.10	80	160

（3）选择正交表、进行表头设计、编制试验方案。本试验为四因素三水平试验，不考虑交互作用，故选 $L_9(3^4)$ 正交表安排试验。表头设计和试验方案见表 7-10。

按照试验方案实施试验，记录每一项试验指标，试验结果见表 7-10。

表 7-10　正交试验方案及结果分析

	试验号	湿面筋/% A	改良剂用量/% B	油炸时间/s C	油炸温度/℃ D	脂肪/%	水分/%	复水时间/s
	1	1（28）	1（0.05）	3（80）	2（155）	24.8	2.1	3.5
	2	1	2（0.075）	1（70）	1（150）	22.5	3.8	3.7
	3	1	3（0.10）	2（75）	3（160）	23.6	2.0	3.0
	4	2（32）	1	2	1	23.8	2.8	3.0
	5	2	2	3	3	22.4	1.7	2.2
	6	2	3	1	2	19.3	2.7	2.8
	7	3（36）	1	1	3	18.4	2.5	3.0
	8	3	2	2	2	19.0	2.0	2.7
	9	3	3	3	1	20.7	2.3	3.6
脂肪	K_1	70.90	67.00	60.20	67.00			
	K_2	65.50	63.90	66.40	63.10			
	K_3	58.10	63.60	67.90	64.40			
	$\bar{K}_1$	23.63	22.33	20.07	22.33			
	$\bar{K}_2$	21.83	21.30	22.13	21.03			
	$\bar{K}_3$	19.37	21.20	22.63	21.47			
	极差 R	4.27	1.13	2.57	1.30			
水分	K_1	7.90	7.40	9.00	8.90			
	K_2	7.20	7.50	6.80	6.80			
	K_3	6.80	7.00	6.10	6.20			
	$\bar{K}_1$	2.63	2.47	3.00	2.97			
	$\bar{K}_2$	2.40	2.50	2.27	2.27			
	$\bar{K}_3$	2.27	2.33	2.03	2.07			
	极差 R	0.37	0.17	0.97	0.90			
复水时间	K_1	10.20	9.50	9.50	10.30			
	K_2	8.00	8.60	8.70	9.00			
	K_3	9.30	9.40	9.30	8.20			
	$\bar{K}_1$	3.40	3.17	3.17	3.43			
	$\bar{K}_2$	2.67	2.87	2.90	3.00			
	$\bar{K}_3$	3.10	3.13	3.10	2.73			
	极差 R	0.73	0.30	0.27	0.70			

2. 结果分析

（1）计算各因素各水平下每一试验指标的数据和 K 以及平均值 $\bar{K}$，并计算极差 R，结果见表 7-10。

（2）画因素与各指标的关系趋势图（图 7-7）。

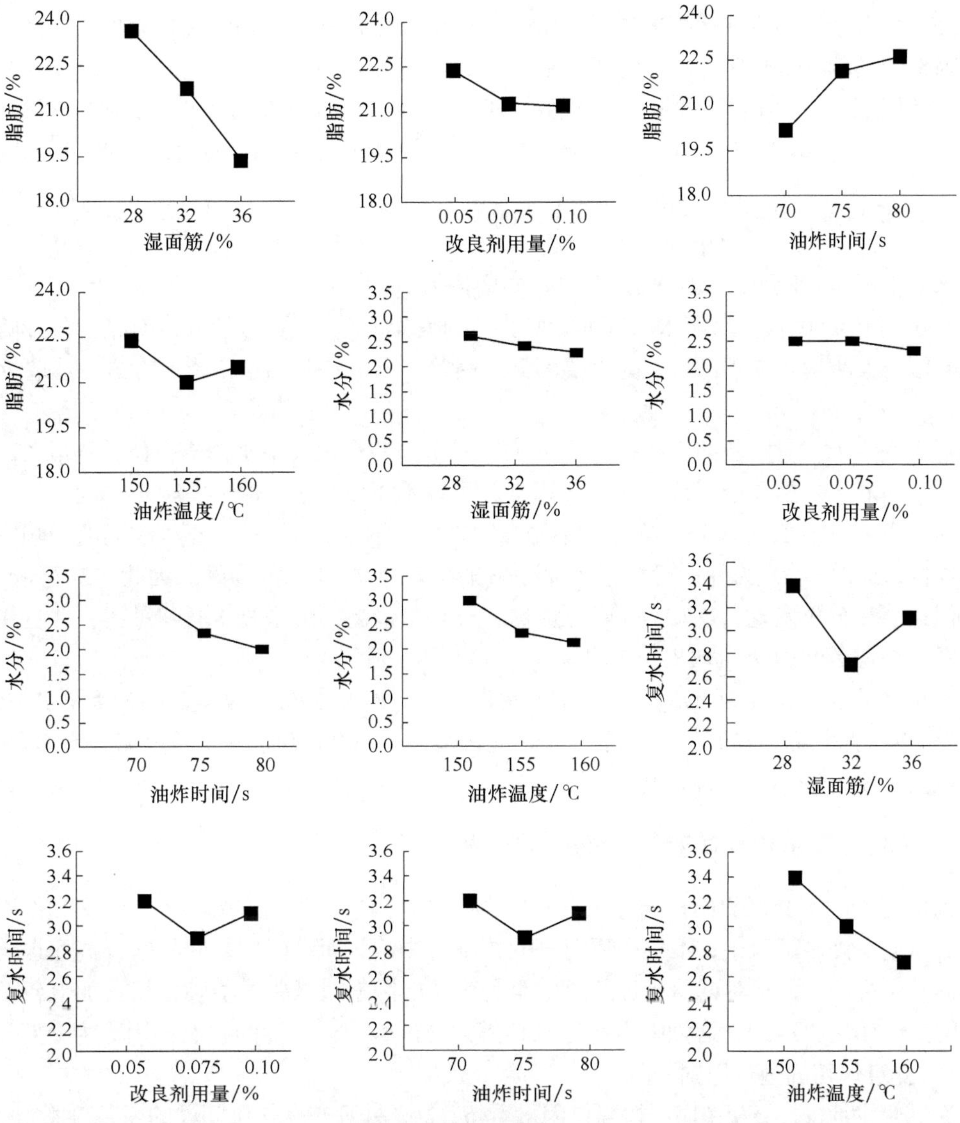

图 7-7　因素与指标趋势图

（3）根据极差大小确定各指标下的因素主次顺序。

试验指标	主次顺序
脂肪含量	$A>C>D>B$
水分含量	$C>D>A>B$
复水时间	$A>D>B>C$

（4）初选优化工艺条件。根据各指标不同水平的平均值确定各因素的优化水平组合。

试验指标	优组合
脂肪含量	$A_3B_3C_1D_2$
水分含量	$A_1B_2C_1D_1$
复水时间	$A_2B_2C_2D_3$

（5）综合平衡确定最优工艺条件。由于三个指标单独分析得到的优化条件不一致，必须根据因素的影响主次顺序，综合考虑，确定出最佳工艺条件。

对于因素 A，其对脂肪含量影响大小排第一位，此时取 A_3；对复水时间影响也排第一位，取 A_2；而对水分影响排第三位，为次要因素，因此 A 可取 A_2 或 A_3，但取 A_2 时，复水时间比取 A_3 缩短了 14% $\left(\left|\dfrac{K_3-K_2}{K_3}\right|=\left|\dfrac{9.3-8.0}{9.3}\right|\right)$，而脂肪含量增加了 11.3% $\left(\left|\dfrac{K_3-K_2}{K_2}\right|=\left|\dfrac{58.1-65.5}{65.5}\right|\right)$，且由水分指标看，取 A_2 比 A_3 水分高，故 A 因素取 A_2。

对于因素 B 而言，对复水时间的影响大小排在第三位，取 B_2 较好；对脂肪的影响和对水分的影响大小均排在第四位，为次要因素。因此应以复水时间这一指标考虑，选取 B 因素为 B_2。

对于因素 C，对脂肪的影响排在第二位；对水分的影响大小排在第一位，均取 C_1 为好；对复水时间的影响排在第四位，为次要因素，可以不予以考虑，故 C 因素选取 C_1。

对于因素 D，其对水分影响的大小排在第二位，取 D_1 为好；对复水时间的影响大小也在第二位，此时取 D_3 为好；对粗脂肪的影响排在第三位，取 D_2 为好。因此，D 可取 D_1 或 D_3。但进一步分析发现，D 取 D_1 时，虽然水分含量最高，可是复水时间最大，并且脂肪含量最高，综合考虑 D 因素取 D_3。

本试验的优化组合为 $A_2B_2C_1D_3$，即面粉湿面筋含量为 32%，改良剂用量为 0.075%，油炸时间 70s，油炸温度 160℃。可以看出，此优化组合不在 9 次试验中，需追加试验加以验证。

以上分析方法称为综合平衡法。

7.3.3　有交互作用正交试验设计的极差分析

前面讨论的正交试验设计与结果分析问题，都是因素间没有（或不考虑）交互作用的情况。实际上在许多试验中，不仅因素对试验指标有影响，而且因素之间的联合搭配也会对试验指标产生影响。因素对试验指标的总效果是由每个因素对试验的单独作用再加上各个因素之间的搭配作用决定的。这种因素间的联合搭配对试验指标产生的影响作用称为交互作用。

1. 交互作用的处理原则

在试验设计中，交互作用一律当作因素看待，这是处理交互作用问题的一条总原则。作为因素，各级交互作用都可以安排在能考察交互作用的正交表的相应列上，它们对试验指标的影响情况可以清楚分析，而且计算非常方便。但交互作用又与因素不同，表现在如下几方面。

（1）用于考察交互作用的列不影响试验方案及其实施。

（2）一个交互作用并不一定只占正交表一列，而是占有 $(m-1)^p$ 列。即设计表头时，交互作用所占正交表的列数与因素的水平 m 和交互作用级数 p 有关。

显然，二水平因素的各级交互作用列均占一列；对于三水平因素，一级交互作用各占 2 列，二级交互作用各占 4 列……可见，m 和 p 越大，交互作用所占列数就越多。

一般来说，在多因素试验中，为突出正交试验设计的优点，必须在满足试验要求的条件下，忽略某些交互作用，有选择地、合理地安排和考察某些交互作用。一般处理原则是：①忽略高级交互作用。实际上高级交互作用一般都较小，可以忽略。②有选择地考察一级交互作用。试验设计时，因素间的一级交互作用也不必全面考虑，通常只考察那些作用效果较明显的，或试验要求必须考察的。

（3）对于有交互作用的正交试验，进行表头设计时，各因素及其交互作用不能任意安排，必须严格按交互作用列表来安排。这是有交互作用正交试验设计的一个重要特点，也是关键的一步。

在表头设计中，为了避免混杂，那些主要因素、重点要考察的因素、涉及交互作用较多的因素，应该优先安排；次要因素、不涉及交互作用的因素后安排。

2. 正交试验设计与结果分析

在实际研究中，对于既考察因素主效应又考察因素间交互作用的正交试验，除表头设计和结果分析与前面介绍略有不同外，其他基本相同。

【例 7-4】　天然产物开发小组欲从某种野生植物的种子中提取功能成分，为了提高提取量，拟采用正交试验寻求理想的提取工艺条件。

1）*试验方案设计*

（1）确定试验指标。根据本试验目的，选取功能成分的提取量为试验指标。

（2）选因素、定水平，制定因素水平表。根据以往经验和相关专业知识，选取加酸量、加水量、反应时间、添加剂 4 个因素为试验因素，因素水平见表 7-11。

表 7-11　因素水平

水平	试验因素			
	加酸量/mL A	加水量/mL B	反应时间/h C	添加剂 D
1	25	20	1	无
2	20	40	2	有

（3）选正交表。根据实践经验，A、B、C 三个因素之间存在交互作用，所以必须将 $A\times B$、$A\times C$、$B\times C$ 与试验因素一并加以考察。

由所占列数来选择正交表，本例试验因素为二水平因素，因此 $A\times B$、$A\times C$、$B\times C$ 各占正交表的一列，连同 4 个因素，共需 7 列，所以选择 $L_8(2^7)$ 最为合适。

如果根据自由度来选择正交表，由于本试验有 4 个二水平的因素和 3 个一级交互作用需要考察，那么

$$df_{因素}=df_A+df_B+df_C+df_D=(2-1)+(2-1)+(2-1)+(2-1)=4$$

$$df_{交互作用}=df_{A\times B}+df_{A\times C}+df_{B\times C}=1+1+1=3 \quad （说明\ df_{A\times B}=df_A\times df_B）$$

对于误差自由度，一般要求 $df_{误差}=df_e\geqslant 1$，如果结果分析时不考虑误差的影响，df_e 也可以取 0。

由于 $df_T=a-1=df_{因素}+df_{交互作用}+df_e$，因此 $a=df_{因素}+df_{交互作用}+df_e+1\geqslant 4+3+1+0=8$，可选用 $L_8(2^7)$ 来安排试验方案。

（4）表头设计。对于具有交互作用的试验，在进行表头设计时，各个试验因素及其交互作用不能任意安排，必须严格按照相应正交表的交互作用表来安排因素。表 7-12 为正交表 $L_8(2^7)$ 的交互作用表。

表 7-12　$L_8(2^7)$ 的交互作用表

列号	1	2	3	4	5	6	7
1	（1）	3	2	5	4	7	6
2		（2）	1	6	7	4	5
3			（3）	7	6	5	4
4				（4）	1	2	3
5					（5）	3	2
6						（6）	1
7							（7）

表中括号内的数字表示因素在正交表中所占的列，两个括号列纵横所交叉的数字，即为这两个括号列所表示因素的交互作用列。例如，将 A 因素放在第 1 列，B 因素放在第 2 列，那么

查表可知，第 1 列与第 2 列因素的交互作用列是第 3 列，于是将 A 与 B 的交互作用 $A\times B$ 应放在第 3 列，这样第 3 列就不能再安排其他因素，以免出现“混杂”。然后将 C 放在第 4 列，那么 $A\times C$、$B\times C$ 应分别放在第 5 列、第 6 列，D 因素安排在第 7 列，此设计没有剩余空列，无法用于试验误差的估计。表头设计结果见表 7-13。

表 7-13　表头设计

列号	1	2	3	4	5	6	7
因素	A	B	$A\times B$	C	$A\times C$	$B\times C$	D

有时，为了满足试验的某些要求，或为了减少试验次数，可以允许一级交互作用出现混杂，可以允许次要因素与高级交互作用的混杂，但一般不允许因素与一级交互作用的混杂。

（5）列出试验方案。根据表头设计，将 A、B、C、D 各列对应的数字“1”“2”换成各因素的具体水平值，列出试验方案。安排交互作用的各列对试验方案及试验的具体实施不产生任何影响。本例试验方案见表 7-14。

表 7-14　二水平正交试验方案及结果分析

试验号	加酸量/mL A	加水量/mL B	$A\times B$	反应时间/h C	$A\times C$	$B\times C$	添加剂 D	提取量/（g/100g）
1	1（25）	1（20）	1	1（1）	1	1	1（无）	1.10
2	1	1	1	2（2）	2	2	2（有）	1.33
3	1	2（40）	2	1	1	2	2	1.13
4	1	2	2	2	2	1	1	1.06
5	2（20）	1	2	1	2	1	2	1.03
6	2	1	2	2	1	2	1	0.80
7	2	2	1	1	2	2	1	0.75
8	2	2	1	2	1	1	2	0.56
K_1	4.62	4.26	3.74	4.01	3.59	3.75	3.71	
K_2	3.14	3.50	4.02	3.75	4.17	4.01	4.05	
$\bar{K}_1$	1.155	1.065	0.935	1.003	0.898	0.938	0.928	
$\bar{K}_2$	0.785	0.875	1.005	0.938	1.043	1.003	1.013	
R	0.370	0.190	0.070	0.065	0.145	0.065	0.085	
主次顺序	$A>B>A\times C>D>A\times B>C$、$B\times C$							
优水平	A_1	B_1		C_1			D_2	
优组合	$A_1B_1C_2D_2$							

2）试验结果的极差分析

（1）计算。对于有交互作用的正交试验结果进行极差分析时，交互作用与因素同样看待，分别计算 K、$\bar{K}$ 和 R 值，计算方法与前面介绍的相同。例 7-4 计算结果见表 7-14。

（2）确定因素的主次顺序。根据计算的 R 值大小，将试验因素和交互作用对试验指标的影响大小排出主次顺序。本例因素和交互作用对提取量的影响主次顺序为 $A>B>A\times C>D>$

$A\times B > C$、$B\times C$。

（3）确定各因素的优水平。根据各因素各水平的 $\bar{K}$ 值及试验指标的性质，确定出各因素的优水平为 A_1、B_1、C_1 和 D_2。

（4）确定优组合。在有交互作用的情况下，不能只根据各因素的单独作用来确定优组合，还要考虑交互作用影响较大因素的优搭配，综合考虑交互作用的优搭配和因素优水平，最终确定出优化组合。

对于试验指标影响大的交互作用，应列出二元表，计算两个因素不同搭配所对应的试验指标平均值，以找出其优化搭配。在本例中，A 的影响最大，为主要因素，B、$A\times C$ 影响次之，$A\times B$、C、$B\times C$ 影响较小，可以不考虑。所以，B 因素可直接选取 B 的优水平 B_1，不必考虑搭配问题。D 因素选取 D_2 为优水平。而交互作用 $A\times C$ 对试验指标的影响排在第三位，为较重要因素，必须考虑其搭配问题，为此列出 A、C 二元表，见表 7-15。

表 7-15　因素 A、C 搭配二元表

因素	C_1	C_2
A_1	$\frac{1.10+1.13}{2}=1.115$	$\frac{1.33+1.06}{2}=1.195$
A_2	$\frac{1.03+0.75}{2}=0.890$	$\frac{0.80+0.56}{2}=0.680$

由二元表可以看出，A_1C_2 所对应的试验指标值（提取量）最大，为优搭配。

综上分析，本例的优化水平组合为 $A_1B_1C_2D_2$，即加酸量为 25mL，加水量为 20mL，在有添加剂存在的条件下，反应 2h，野生植物的功能成分提取量最高。

以上为二水平试验需要考察交互作用的正交试验设计过程，而对于三水平正交试验设计，其试验方案设计以及结果分析大致相同，不同点仅在于表头设计，下面通过实例说明其表头设计。

【例 7-5】 为了提高苹果籽油的提取率，以超声波法为辅助手段，采用正交试验设计方法来寻找苹果籽油的提取优化工艺条件。

根据相关专业知识，在单因素试验的基础上，选取粒度大小、料液比、超声波功率、提取时间为试验因素，因素水平见表 7-16。

表 7-16　因素水平

水平	试验因素			
	粒度大小/目 A	料液比 B	超声波功率/W C	提取时间/min D
1	40	1∶6	144	15
2	50	1∶8	192	30
3	60	1∶10	240	45

这是一个四因素三水平的试验，不仅要求考察因素的主效应，而且要求考察 A、B、C 三个因素的一级交互作用 $A\times B$、$A\times C$ 以及 $B\times C$ 的影响。下面根据列、自由度来分析说明正交表的选取。

根据所占列数来选择正交表。在本例中，试验因素共有 4 个，所以应占正交表的 4 列。由于试验因素为三水平因素，那么 $A\times B$、$A\times C$、$B\times C$ 的交互作用应各占 $(b-1)^p=(3-1)^1=2$ 列。连同 4 个因素以及交互作用，共需 4+3×2=10 列。在三水平标准正交表中，列数大于等于 10 的较小正交表以 $L_{27}(3^{13})$ 为最佳，所以选择 $L_{27}(3^{13})$ 正交表安排试验。

如果根据自由度来选择正交表，由于本试验有 4 个三水平的因素和 3 个交互作用需要考察，那么

$$df_{因素}=df_A+df_B+df_C+df_D=(3-1)+(3-1)+(3-1)+(3-1)=8$$

$$df_{交互作用}=df_{A\times B}+df_{A\times C}+df_{B\times C}=4+4+4=12$$

对于误差自由度，一般要求 $df_{误差}=df_e\geqslant 1$，由于 $df_T=a-1=df_{因素}+df_{交互作用}+df_e$，因此 $a=df_{因素}+df_{交互作用}+df_e+1\geqslant 8+12+1+1=22$，选择 L_{27}（3^{13}）来安排试验方案。

对于三水平因素，其每一个一级交互作用需要占正交表的两列（$b-1=3-1=2$）。表头设计时应利用正交表对应的交互作用表来安排。正交表 L_{27}（3^{13}）的交互作用表见附表 9。例如，将 A 因素放在第 1 列，B 因素放在第 2 列，那么 A 与 B 的交互作用 $A\times B$ 占第 3、4 列。然后将 C 放在第 5 列，那么 $A\times C$ 占第 6、7 列，$B\times C$ 占第 8、11 列，D 因素可以任意安排在其他列上。本试验表头设计结果见表 7-17。

表 7-17　表头设计

列号	1	2	3	4	5	6	7	8	9	10	11	12	13
因素	A	B	$A\times B$	$A\times B$	C	$A\times C$	$A\times C$	$B\times C$	空列	空列	$B\times C$	空列	D

需要说明的是，在实际研究工作中，是否需要考虑交互作用，要根据试验目的和具体研究而定。一般情况下，如果试验的主要目的是寻找事物内部的规律性，这时应选用较大的正交表，考察因素间的交互作用；如果试验的主要目的只是寻找最佳工艺，客观条件不允许做太多试验，则可以不考虑因素间的交互作用，选用较小的正交表。

7.3.4　混合水平正交试验设计的极差分析

在研究工作中，有时各因素的水平数不等，在这种情况下，进行正交试验设计有三种方法：①直接选用合适的混合型正交表；②采用拟水平法；③采用拟因素法。

1．试验方案设计

使用混合型正交表进行试验设计，确定试验指标、选择试验因素、选取水平、制定因素水平表等与等水平正交试验设计相同，但在正交表选择、表头设计时要注意正交表同试验因素及各因素下的水平数相一致。

2．试验结果分析

试验结果分析与等水平正交试验基本相似，但应注意两点。

（1）$\bar{K}_{jm}=K_{jm}/$该因素下的水平重复数。

（2）计算极差 R 的折算值 R'。当因素水平不等时，不能直接比较 R 来判断因素对试验指标的影响主次顺序。这是因为，若两个因素对试验指标有影响时，一般来说，水平数多的因素极差可能会大一些。所以要对原极差 R 进行折算，根据折算极差 R'做出比较。

极差折算公式为

$$R'=dR\sqrt{r}$$

式中，R'为折算后的极差；R 为因素原极差；r 为该因素每个水平的重复次数；d 为折算系数，与因素的水平数有关，可从表 7-18 中查得。

表 7-18　极差分析时的折算系数

水平数（m）	2	3	4	5	6	7	8	9	10
折算系数（d）	0.71	0.52	0.45	0.40	0.37	0.35	0.34	0.32	0.31

【例 7-6】　某油炸膨化食品的体积与油炸温度、物料含水量及油炸时间有关，为确保产品质量，通过正交试验设计寻求理想的工艺参数。

根据本试验的目的，确定试验指标为油炸膨化食品的体积，体积越大越好。根据相关知识，制定因素水平表，如表 7-19 所示。

本试验有一个四水平因素，两个二水平因素，因此宜选用 $L_8(4\times2^4)$ 正交表安排试验，表头设计时，把 A 因素放在正交表的第一列，其余两个因素可随意安排在四个二水平列中，如依次放在第二、三列上，这样就完成了表头设计。把安排因素的各列的水平数字换成相应因素的具体水平值，即得试验方案。试验方案及结果分析见表 7-20。

表 7-19　因素水平

水平	试验因素		
	油炸温度/℃ A	物料含水量/% B	油炸时间/s C
1	210	2.0	30
2	220	4.0	40
3	230		
4	240		

表 7-20　试验方案及结果分析

试验号	油炸温度/℃ A	物料含水量/% B	油炸时间/s C	空列	空列	体积/（cm^3/100g）
1	1（210）	1（2.0）	1（30）	1	1	210
2	1	2（4.0）	2（40）	2	2	208
3	2（220）	1	1	2	2	215
4	2	2	2	1	1	230
5	3（230）	1	2	1	2	251
6	3	2	1	2	1	247
7	4（240）	1	2	2	1	238
8	4	2	1	1	2	230
K_1	418	914	902	921	925	
K_2	445	915	927	908	904	
K_3	498					
K_4	468					
$\bar{K}_1$	209.0	228.5	225.5	230.3	231.3	
$\bar{K}_2$	222.5	228.8	231.8	227.0	226.0	
$\bar{K}_3$	249.0					
$\bar{K}_4$	234.0					
极差 R	40	0.25	6.25	3.25	5.25	
调整 R'	25.46	0.36	8.88	4.62	7.46	
主次顺序	$A>C>B$					
优组合	$A_3B_2C_2$ 或 $A_3B_1C_2$					

根据 R' 大小确定因素对试验指标的影响主次顺序为 $A>C>B$，即油炸温度对油炸食品的体积影响最大，其次是油炸时间，而物料含水量影响最小。根据各因素各水平的 $\bar{K}$ 值及试验指标的性质确定优组合为 $A_3B_2C_2$ 或 $A_3B_1C_2$，即理想工艺参数为油炸温度 230℃，油炸时间 40s，物料含水量对体积的影响很小，可视具体情况选取 2%或 4%。$A_3B_1C_2$ 组合在试验组合中出现，对应体积最大。

7.4　正交试验设计的方差分析

极差分析法简单明了，通俗易懂，便于推广普及。但这种方法有缺陷，不能将试验中由试验条件改变引起的数据波动同试验误差引起的数据波动区分开来，无法估计试验误差的大小；此外，对于各因素对试验结果影响的重要程度，无法给出精确的数量估计，不能提出一个标准来判断所考察因素的作用是否显著，方差分析可弥补极差分析的不足。

7.4.1　正交试验设计方差分析的基本步骤

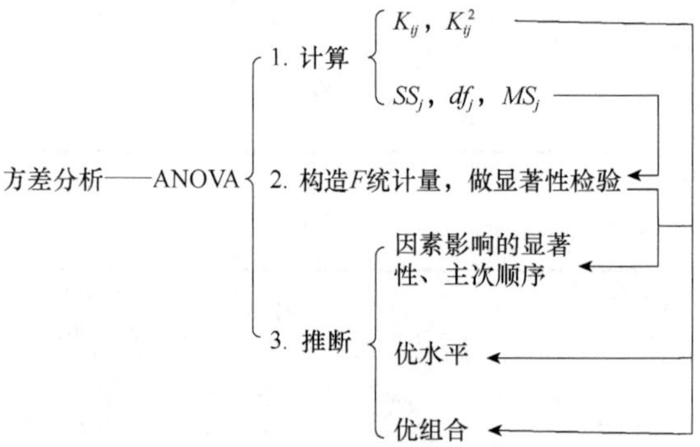

图 7-8　方差分析示意图

方差分析的基本思想是将数据的总变异分解为试验因素引起的变异和误差引起的变异两部分，然后构造 F 统计量，进行 F 检验，以判断各个试验因素的作用是否显著。正交试验设计结果的方差分析思想、步骤与前面单因素试验、二因素试验的方差分析相同，如图 7-8 所示。

其中 SS_j、df_j、MS_j 分别代表第 j 列因素的偏差平方和、自由度、均方（方差）。

1. 资料整理

设正交表为 $L_n(m^k)$ 表，则每个水平的重复数为 $r=\dfrac{n}{m}$，试验结果为 x_1，x_2，…，x_n，资料整理如表 7-21 所示。

表 7-21　L_n（m^k）正交表及计算表

表头设计	A	B	…	…	试验数据
列号	1	2	…	k	x_i
1	1	…	…	…	x_1
2	1	…	…	…	x_2
⋮	⋮				⋮
n	m	…	…	…	x_n
K_{1j}	K_{11}	K_{12}	…	K_{1k}	
K_{2j}	K_{21}	K_{22}	…	K_{2k}	$T=\sum_{i=1}^{n}x_i$，$C=\dfrac{T^2}{n}$
⋮	⋮	⋮		⋮	
K_{mj}	K_{m1}	K_{m2}	…	K_{mk}	
K_{1j}^2	K_{11}^2	K_{12}^2	…	K_{1k}^2	$Q_T=\sum_{i=1}^{n}x_i^2$
K_{2j}^2	K_{21}^2	K_{22}^2	…	K_{2k}^2	$SS_T=Q_T-C$
⋮	⋮	⋮		⋮	
K_{mj}^2	K_{m1}^2	K_{m2}^2	…	K_{mk}^2	$Q_j=\dfrac{1}{r}\sum_{i=1}^{m}K_{ij}^2$
SS_j	SS_1	SS_2	…	SS_k	$SS_j=Q_j-C$

2. 计算平方和、自由度

根据方差分析的基本原理计算平方和、自由度。

令

$$T=\sum_{i=1}^{n}x_i\ ,\quad C=\frac{T^2}{n}\ ,\quad \overline{x}=\frac{1}{n}\sum_{i=1}^{n}x_i$$

则总偏差平方和为

$$SS_T=\sum_{i=1}^{n}(x_i-\overline{x})^2=\sum_{i=1}^{n}x_i^2-\frac{\left(\sum_{i=1}^{n}x_i\right)^2}{n}=\sum_{i=1}^{n}x_i^2-\frac{T^2}{n}=Q_T-C$$

总偏差平方和 SS_T 是所有数据与其总平均值的偏差平方和，反映试验数据的总波动情况。

列偏差平方和

$$SS_j=r\sum_{i=1}^{m}(\overline{K}_{ij}-\overline{x})^2=\frac{1}{r}\sum_{i=1}^{m}K_{ij}^2-\frac{\left(\sum_{i=1}^{n}x_i\right)^2}{n}=Q_j-C$$

式中，K_{ij} 为第 j 列因素第 i 个水平所对应试验数据之和；n 为试验总次数；m 为第 j 列因素水平数；r 为第 j 列因素每个水平出现的次数，即重复数。

列偏差平方和是第 j 列中各水平对应的试验数据平均值与总平均值的偏差平方和，反映了该列水平在变动时所引起的试验数据的波动情况。若该列有试验因素，SS_j 称为该因素的偏差平方和；若该列安排了交互作用，就称 SS_j 为交互作用的偏差平方和；若该列没有安排试验因素，为空列，则 SS_j 表示了由于试验误差和未被考察的因素（交互作用）所引起的波动。在正交试验方差分析中，通常将空列的偏差平方和看作试验误差的偏差平方和 SS_e，用于显著性检验。

当 $m=2$，即试验因素为二水平时

$$\begin{aligned}SS_j&=\frac{1}{r}(K_{1j}^2+K_{2j}^2)-\frac{T^2}{n}\\&=\frac{2}{n}(K_{1j}^2+K_{2j}^2)-\frac{1}{n}(K_{1j}+K_{2j})^2\\&=\frac{1}{n}(K_{1j}-K_{2j})^2\quad(j=1,2,\cdots,k)\end{aligned}$$

总自由度 df_T 等于正交试验总次数减 1，即 $df_T=n-1$。

第 j 列因素的自由度 df_j 等于该列因素的水平数减 1，即 $df_j=m-1$，m 为因素的水平数。所以

$$SS_T=\sum_{j=1}^{k}SS_j=\sum_{k_{因素}}SS_j+\sum_{k_{交互作用}}SS_j+\sum_{k_{空列}}SS_j$$

$$df_T=\sum_{j=1}^{k}df_j=\sum_{k_{因素}}df_j+\sum_{k_{交互作用}}df_j+\sum_{k_{空列}}df_j$$

式中，$k_{因素}$、$k_{交互作用}$、$k_{空列}$分别为试验因素、试验考察的交互作用和空列在正交表中所占的列数。

总偏差平方和 SS_T 等于正交表所有列的偏差平方和之和，即试验因素、试验考察的交互作用以及空列偏差平方和之和；其自由度等于各列自由度之和，即试验因素、试验考察的交互作用以及空列自由度之和。

3. 计算方差

由方差的定义式计算

$$MS_{因素}=\frac{SS_{因素}}{df_{因素}},\quad MS_{误差}=\frac{SS_{误差}}{df_{误差}}$$

4. 构造 F 统计量，列方差分析表，做显著性检验

$$F_{因素}=\frac{MS_{因素}}{MS_{误差}}$$

方差分析结果见表 7-22。

表 7-22　正交试验结果方差分析表

变异来源	偏差平方和	自由度	方差	F	临界值 F_a	显著性
因素 A	SS_A	df_A	$\frac{SS_A}{df_A}$	$\frac{MS_A}{MS_e}$	（查表）	
因素 B	SS_B	df_B	$\frac{SS_B}{df_B}$	$\frac{MS_B}{MS_e}$	（查表）	
⋮	⋮	⋮	⋮	⋮		
误差 e	SS_e	df_e	$\frac{SS_e}{df_e}$			
总和	SS_T	df_T				

若计算出的 F 值 $F>F_\alpha$，则拒绝原假设，认为该因素或交互作用对试验结果有显著影响；若 $F\leqslant F_\alpha$，则认为该因素或交互作用对试验结果无显著影响。

正交试验方差分析时应注意以下几个问题。

（1）误差平方和等于所有空列偏差平方和之和，误差自由度等于所有空列自由度之和。即

$$SS_e=\sum_{K_{空}}SS_j \qquad df_e=\sum_{K_{空}}df_j$$

所以进行方差分析时，选用的正交表要留出空列，无空列时，要设计重复试验。

（2）误差自由度不应小于 2，否则 F 检验时灵敏度太低。

（3）为了增大误差项自由度 df_e，在进行显著性检验之前，先把各因素及交互作用的方差（$MS_{因}$）与误差项方差（MS_e）进行比较，当 $MS_{因}$（或 $MS_{交}$）$\leqslant 2MS_e$ 时，将这些因素（或交互作用）的偏差平方和归入误差偏差平方和得 SS_e^{Δ}，其对应自由度归入误差项自由度得 df_e^{Δ}，这样使误差项 df_e 增大，提高 F 检验的灵敏度。

5. 最优条件的确定

不考虑交互作用时，通过比较各因素下 K_{ij} 值的大小，结合试验指标性质，可确定各因素的优水平、优组合，即最优条件。若因素之间有交互作用，则必须列二元表，比较有交互作用的因素各水平组合下试验数据的大小，确定其最优水平组合。各因素及交互作用对试验指标的影响主次顺序按 F 或 MS 值的大小排列，F 或 MS 值越大说明该因素或交互作用对试验指标影响越大。

7.4.2　二水平正交试验结果的方差分析

【例 7-7】 在双歧杆菌酸奶研制中，为确定最佳发酵条件，用 L_8（2^7）正交表安排正交

试验，试验因素与水平见表 7-23，试验方案及结果见表 7-24。试对试验结果进行方差分析。

表 7-23　因素水平

水平	试验因素					
	葡萄糖/% A	生长促进剂/% B	接种量/% C	厌氧处理 D	基质浓度/% E	生长促进剂 2#/% F
1	2	1	3	充氮气	10	0.25
2	0	0	5	不充气	12	0

表 7-24　试验方案结果及计算表

试验号	葡萄糖/% A	生长促进剂/% B	接种量/% C	空列	厌氧处理 D	基质浓度% E	生长促进剂 2#/% F	试验数据 x_i
1	1（2）	1（1）	1（3）	1	1（充氮气）	1（10）	1（0.25）	7.580
2	1	1	1	2	2（不充气）	2（12）	2（0）	2.477
3	1	2（0）	2（5）	1	1	2	2	2.699
4	1	2	2	2	2	1	1	7.568
5	2（0）	1	2	1	2	1	2	2.477
6	2	1	2	2	1	2	1	7.531
7	2	2	1	1	2	2	1	6.602
8	2	2	1	2	1	1	2	2.000
K_{1j}	20.324	20.065	18.659	19.358	19.810	19.625	29.281	T=38. 934
K_{2j}	18.610	18.869	20.275	19.576	19.124	19.309	9.653	
$K_{1j}-K_{2j}$	1.714	1.196	−1.616	−0.218	0.686	0.316	19.628	
SS_j	0.367	0.179	0.326	0.006	0.059	0.012	48.157	

1．计算

（1）计算各列各水平的 K 值。计算各列各水平对应数据之和 K_{1j}、K_{2j} 及 $K_{1j}-K_{2j}$。

（2）计算各列偏差平方和及其自由度。

$$SS_j = \frac{(K_{1j}-K_{2j})^2}{n}$$

$$SS_A = SS_1 = \frac{1}{8}\times 1.714^2 = 0.367$$

$$SS_B = SS_2 = \frac{1}{8}\times 1.196^2 = 0.179$$

$$SS_C = SS_3 = \frac{1}{8}\times(-1.616)^2 = 0.326$$

$$SS_e = SS_4 = \frac{1}{8}\times(-0.218)^2 = 0.006$$

$$\cdots$$

$$df_A = df_B = df_C = df_D = df_E = df_F = 1$$

$$df_e = df_4 = 1$$

（3）计算方差。

$$MS_A = \frac{SS_A}{df_A} = \frac{0.367}{1} = 0.367 \qquad MS_B = \frac{SS_B}{df_B} = \frac{0.179}{1} = 0.179$$

$$\cdots$$

$$MS_e = \frac{SS_e}{df_e} = \frac{0.006}{1} = 0.006$$

2. 显著性检验

根据以上计算进行显著性检验，列出方差分析表，结果见表 7-25。

表 7-25　方差分析表

变异来源	偏差平方和	自由度	方差	F	F_α	显著性
A	0.367	1	0.367	40.778	$F_{0.05(1,2)}$=18.51	*
B	0.179	1	0.179	19.889	$F_{0.01(1,2)}$=98.50	*
C	0.326	1	0.326	36.222		*
D	0.059	1	0.059	6.556		
E^Δ	0.012	1	0.012			
F	48.157	1	48.157	5350.778		**
误差 e	0.006	1	0.006			
误差 e^Δ	0.018	2	0.009			
总和	49.107	7				

Δ 表示当 $MS_{因素} \leq MS_e$ 时，将其因素影响归并到误差影响中，下同

由方差分析结果可以看出，因素 F 的影响极显著，因素 A、B、C 的影响显著，因素 D、E 的影响不显著。各因素对试验指标影响的主次顺序为 $F>A>C>B>D>E$。

3. 优化条件的确定

对于显著性因素，通过比较各水平对应的 K 值大小及试验指标性质确定最优水平。本例试验指标要越大越好，因此因素 F 应选 F_1；因素 A 应选 A_1；因素 B 应选 B_1；因素 C 应选 C_2。对于不显著因素 D 和 E，可视其情况而定，考虑到酸奶生产中不便安装厌氧充氮装置，故以选 D_2 为好。由于因素 E 对试验指标的影响微乎其微，从降低成本考虑，以选 E_1 为好。这样，最优工艺条件为 $A_1B_1C_2D_2E_1F_1$，即理想发酵条件为葡萄糖浓度为 2%，生长调节剂浓度为 1%，接种量为 5%，发酵过程不充气，基质浓度为 10%，生长调节剂 2#浓度为 0.25%。此组合不包括在 8 次试验中，应追加试验加以验证。

7.4.3　三水平正交试验结果的方差分析

【例 7-8】 自溶酵母提取物是一种多用途食材。为探讨啤酒酵母的最适自溶条件，安排三因素三水平正交试验。试验指标为自溶液中蛋白质含量（%）。试验因素水平表见表 7-26，试验方案及结果分析见表 7-27。试对试验结果进行方差分析。

表 7-26　因素水平

水平	试验因素		
	温度/℃	pH	加酶量/%
	A	B	C
1	50	6.5	2.0
2	55	7.0	2.4
3	58	7.5	2.8

表 7-27　试验方案及结果分析

处理号	温度/℃ A	pH B	加酶量/% C	空列	蛋白质含量/%
1	1（50）	1（6.5）	1（2.0）	1	6.25
2	1	2（7.0）	2（2.4）	2	4.97
3	1	3（7.5）	3（2.8）	3	4.54
4	2（55）	1	2	3	7.53
5	2	2	3	1	5.54
6	2	3	1	2	5.50
7	3（58）	1	3	2	11.40
8	3	2	1	3	10.90
9	3	3	2	1	8.95
K_{1j}	15.76	25.18	22.65	20.74	T=65.58
K_{2j}	18.57	21.41	21.45	21.87	
K_{3j}	31.25	18.99	21.48	22.97	
K_{1j}^2	248.38	634.03	513.02	430.15	
K_{2j}^2	344.84	458.39	460.10	478.30	
K_{3j}^2	976.56	360.62	461.39	527.62	

1．计算

计算各列各水平对应数据之和 K_{1j}、K_{2j}、K_{3j} 及其平方值 K_{1j}^2、K_{2j}^2、K_{3j}^2。

计算各列偏差平方和及自由度。

根据

$$SS_j = \frac{1}{r}\sum_{i=1}^{m} K_{ij}^2 - C$$

$$C = \frac{T^2}{n} = \frac{65.58^2}{9} = 477.86$$

$$SS_A = SS_1 = \frac{1}{3}(K_{11}^2 + K_{21}^2 + K_{31}^2) - C = \frac{1}{3}(248.38 + 344.84 + 976.56) - 477.86 = 45.40$$

$$SS_B = SS_2 = \frac{1}{3}(K_{12}^2 + K_{22}^2 + K_{32}^2) - C = \frac{1}{3}(634.03 + 458.39 + 360.62) - 477.86 = 6.49$$

$$SS_C = SS_3 = \frac{1}{3}(K_{13}^2 + K_{23}^2 + K_{33}^2) - C = \frac{1}{3}(513.02 + 460.1 + 461.39) - 477.86 = 0.31$$

$$SS_{空列} = SS_e = \frac{1}{3}(K_{14}^2 + K_{24}^2 + K_{34}^2) - C = \frac{1}{3}(430.15 + 478.3 + 527.61) - 477.86 = 0.83$$

自由度　$df_A = df_B = df_C = df_e = 3 - 1 = 2$

计算方差

$$MS_A = \frac{SS_A}{df_A} = \frac{45.40}{2} = 22.70 \qquad MS_B = \frac{SS_B}{df_B} = \frac{6.49}{2} = 3.245$$

$$MS_C = \frac{SS_C}{df_C} = \frac{0.31}{2} = 0.155 \qquad MS_e = \frac{SS_e}{df_e} = \frac{0.83}{2} = 0.415$$

2. 显著性检验

根据以上计算进行显著性检验，列出方差分析表，结果见表 7-28。

表 7-28　方差分析表

变异来源	偏差平方和	自由度	方差	F	临界值 F_{α}	显著性
温度 A	45.40	2	22.700	79.65	$F_{0.05(2,4)}=6.94$	**
pH B	6.49	2	3.245	11.39	$F_{0.01(2,4)}=18.0$	*
加酶量 C^{Δ}	0.31	2	0.155			
误差 e	0.83	2	0.415			
误差 e^{Δ}	1.14	4	0.285			
总和	53.03	8				

由方差分析结果可以看出，因素 A 对试验指标的影响极显著，因素 B 影响显著，而因素 C 的影响不显著。因素影响主次顺序为 $A>B>C$。

3. 优化条件的确定

本试验指标越大越好。对因素 A、B 分析，确定优水平为 A_3、B_1；因素 C 的水平改变对试验结果几乎无影响，从经济角度考虑，选 C_1。优水平组合为 $A_3B_1C_1$，即温度为 58℃、pH 为 6.5、加酶量为 2.0%时，酵母自溶液中蛋白质含量最高。此组合不在 9 次试验中，应追加试验加以验证。

7.4.4　考虑交互作用正交试验结果的方差分析

【例 7-9】 用石墨炉原子吸收分光光度法测定食品中的铅，为了提高测定灵敏度，希望吸光度越大越好，今欲研究影响吸光度的因素，确定最佳测定条件，试验方案及结果见表 7-29。

表 7-29　试验方案及结果计算表

试验号	灰化温度/℃ A	原子化温度/℃ B	$A\times B$	灯电流/mA C	$A\times C$	$B\times C$	空列	吸光度 $x_i'=10x_i$
1	1	1	1	1	1	1	1	2.42
2	1	1	1	2	2	2	2	2.24
3	1	2	2	1	1	2	2	2.66
4	1	2	2	2	2	1	1	2.58
5	2	1	2	1	2	1	2	2.36
6	2	1	2	2	1	2	1	2.40
7	2	2	1	1	2	2	1	2.79
8	2	2	1	2	1	1	2	2.76
K_{1j}	9.90	9.42	10.21	10.23	10.24	10.12	10.19	
K_{2j}	10.31	10.79	10.00	9.98	9.97	10.09	10.02	
$K_{1j}-K_{2j}$	−0.41	−1.37	0.21	0.25	0.27	0.03	0.17	
SS_j	0.0210	0.2346	0.0055	0.0078	0.0091	0.0001	0.0036	

1. 计算

计算各列各水平对应数据之和 K_{1j}、K_{2j} 及 $K_{1j}-K_{2j}$，计算结果列于表 7-29 中。

计算各列偏差平方和及自由度。

由 $SS_j=\frac{1}{n}(K_{1j}-K_{2j})^2$，可计算

$$SS_A=SS_1=\frac{1}{8}(K_{11}-K_{21})^2=\frac{1}{8}(9.90-10.31)^2=\frac{1}{8}\times(-0.41)^2=0.0210$$

$$SS_B=SS_2=\frac{1}{8}(K_{12}-K_{22})^2=\frac{1}{8}(9.42-10.79)^2=\frac{1}{8}\times(-1.37)^2=0.2346$$

同理，

$$SS_{A\times B}=SS_3=\frac{1}{8}(K_{13}-K_{23})^2=\frac{1}{8}\times 0.21^2=0.0055$$

$$SS_C=SS_4=\frac{1}{8}\times 0.25^2=0.0078$$

$$SS_{A\times C}=SS_5=\frac{1}{8}\times 0.27^2=0.0091$$

$$SS_{B\times C}=SS_6=\frac{1}{8}\times 0.03^2=0.0001$$

$$SS_e=SS_7=\frac{1}{8}\times 0.17^2=0.0036$$

自由度

$$df_A=df_B=df_{A\times B}=df_C=df_{A\times C}=df_{B\times C}=2-1=1$$

$$df_e=df_7=2-1=1$$

计算方差

$$MS_A=\frac{SS_A}{df_A}=\frac{0.0210}{1}=0.0210 \qquad MS_B=\frac{SS_B}{df_B}=\frac{0.2346}{1}=0.2346$$

$$MS_{A\times B}=\frac{SS_{A\times B}}{df_{A\times B}}=\frac{0.0055}{1}=0.0055 \qquad MS_C=\frac{SS_C}{df_C}=\frac{0.0078}{1}=0.0078$$

$$MS_{A\times C}=\frac{SS_{A\times C}}{df_{A\times C}}=\frac{0.0091}{1}=0.0091 \qquad MS_{B\times C}=\frac{SS_{B\times C}}{df_{B\times C}}=\frac{0.0001}{1}=0.0001$$

$$MS_e=\frac{SS_e}{df_e}=\frac{0.0036}{1}=0.0036$$

2. 显著性检验

列方差分析表，结果见表 7-30。

表 7-30　方差分析表

变异来源	偏差平方和	自由度	方差	F	临界值 F_α	显著性
A	0.0210	1	0.0210	6.77	$F_{0.05(1,3)}=10.13$	
B	0.2346	1	0.2346	75.68	$F_{0.01(1,3)}=34.12$	**
$A\times B^{\Delta}$	0.0055	1	0.0055			
C	0.0078	1	0.0078	2.52		
$A\times C$	0.0091	1	0.0091	2.94		
$B\times C^{\Delta}$	0.0001	1	0.0001			
误差 e	0.0036	1	0.0036			
误差 e^{Δ}	0.0092	3	0.0031			
总和	0.2818					

由表 7-30 方差分析结果可以看出，因素 B 的影响极显著，因素 A、C 及交互作用 $A\times B$、$A\times C$、$B\times C$ 的影响均不显著。由 F 可以判断，各因素对试验指标的影响主次顺序为 B、A、$A\times C$、C、$A\times B$、$B\times C$。

3．优化条件的确定

由于交互作用 $A\times B$、$A\times C$、$B\times C$ 的影响均不显著，因此确定因素优水平时，可以不考虑交互作用的影响。本试验试验指标越大越好，因此对有显著影响的因素 B，通过比较 K_{1B} 和 K_{2B} 的大小确定优水平为 B_2；对于不显著的因素，视具体情况而定。A 根据 K_{1A} 和 K_{2A} 的大小，取 A_2 为优水平，C 取 C_1 或 C_2。优化组合为 $A_2B_2C_1$ 或 $A_2B_2C_2$。

7.4.5　混合型正交试验的方差分析

混合型正交试验方差分析与等水平正交试验方差分析没有本质区别，只是在用公式计算时，要注意各水平数的差别。

【例 7-10】 对例 7-6 试验结果进行方差分析。

1．计算

计算各列各水平的 K 值，见表 7-31。

表 7-31　例 7-6 试验结果方差分析计算表

试验号	油炸温度/℃ A	物料含水量/% B	油炸时间/s C	空列	空列	膨化产品体积 x_i' $x_i'=(x_i-200)/10$
1	1（210）	1（4.0）	1（30）	1	1	1.0
2	1	2（2.0）	2（40）	2	2	0.8
3	2（220）	1	1	2	2	1.5
4	2	2	2	1	1	3.0
5	3（230）	1	2	1	2	5.1
6	3	2	1	2	1	4.7
7	4（240）	1	2	2	1	3.8
8	4	2	1	1	2	3.0
K_{1j}	1.8	11.4	10.2	12.1	12.5	$T=22.9$
K_{2j}	4.5	11.5	12.7	10.8	10.4	
K_{3j}	9.8					
K_{4j}	6.8					
K_{1j}^2	3.24	129.96	104.04	146.41	156.25	
K_{2j}^2	20.25	132.25	161.29	116.64	108.16	
K_{3j}^2	96.04					
K_{4j}^2	46.24					

计算偏差平方和与自由度。

对于四水平列，根据 $SS_j=\dfrac{1}{r}\sum_{i=1}^{m}K_{ij}^2-C$ 计算

$$SS_A = SS_1 = \frac{1}{2}(3.24+20.25+96.04+46.24)-\frac{22.9^2}{8}$$
$$=17.3338$$
$$df_A = df_1 = 4-1=3$$

对于二水平列，根据 $SS_j=\frac{1}{n}(K_{1j}-K_{2j})^2=\frac{1}{8}(K_{1j}-K_{2j})^2$ 计算

$$SS_B = SS_2 = \frac{1}{8}(11.4-11.5)^2 = 0.00125$$
$$SS_C = SS_3 = \frac{1}{8}(10.2-12.7)^2 = 0.78125$$
$$SS_4 = \frac{1}{8}(12.1-10.8)^2 = 0.21125$$
$$SS_5 = \frac{1}{8}(12.5-10.4)^2 = 0.55125$$
$$SS_e = SS_{空列} = SS_4 + SS_5 = 0.21125+0.55125=0.7625$$

自由度为 $df_B=df_C=2-1=1$，$df_e=df_4+df_5=1+1=2$。

2. 显著性检验

根据上述计算，进行显著性检验，列方差分析表见表 7-32。

表 7-32　方差分析表

变异来源	偏差平方和	自由度	均方	F	临界值 F_α	显著性
油炸温度 A	17.3338	3	5.7779	22.694	$F_{0.05(3,3)}=9.28$，$F_{0.01(3,3)}=29.46$	*
物料含水量 B^Δ	0.00125	1	0.00125			
油炸时间 C	0.78125	1	0.78125	3.069	$F_{0.05(1,3)}=10.13$，$F_{0.01(1,3)}=34.12$	
误差 e	0.7625	2	0.38125			
误差 e^Δ	0.76375	3	0.2546			
总和	18.879	7				

由方差分析结果可以看出，油炸温度对膨化产品的体积影响显著，油炸时间影响不显著，物料含水量对试验结果无影响，各因素作用的主次顺序为 $A>C>B$。

3. 优化条件的确定

通过比较因素 A 的各水平 K 值，可确定其优水平为 A_3；因素 B 没有影响，可根据情况确定优水平；因素 C 对试验结果影响不显著，为缩短加工时间，应选 C_1。因此，优化工艺条件为 $A_3B_1C_1$ 或 $A_3B_2C_1$。

7.4.6　正交重复试验设计的方差分析

在正交试验设计时，常常会遇到下列情况：①正交表的各列都已列满，没有空列，只有设计重复试验，才能计算试验误差；②虽然正交表有空列，但为了提高试验的精确度和可靠性，往往也要设计重复试验。所谓重复试验，就是指在相同的试验条件下，将同一处理试验重复若干次，从而得到同一条件下的若干次试验数据。

重复试验结果的方差分析与无重复试验的方差分析没有本质上的区别，除误差平方和、自由度的计算有所不同外，其余各项计算基本相同。

下面通过一个实例来说明有重复试验结果的方差分析。

【例 7-11】 在粒粒橙果汁饮料生产中，脱囊衣处理是关键工艺。为寻找最优工艺条件，进行四因素四水平正交试验。试验因素水平见表 7-33。为了提高试验的可靠性，每个处理重复 3 次。脱囊衣质量根据囊衣是否脱除彻底、破坏率高低、汁胞饱满度等感官指标综合评分，满分为 10 分。试验方案及结果见表 7-34。

表 7-33　因素水平

水平	试验因素			
	NaOH/% A	$Na_5P_3O_{10}$/% B	处理时间/min C	处理温度/℃ D
1	0.3	0.2	1	30
2	0.4	0.3	2	40
3	0.5	0.4	3	50
4	0.6	0.5	4	60

表 7-34　试验方案及结果

处理号	NaOH/% A	$Na_5P_3O_{10}$/% B	处理时间/min C	处理温度/℃ D	空列	试验指标 Ⅰ	Ⅱ	Ⅲ	和
1	1（0.3）	1（0.2）	1（1）	1（30）	1	2	2	2	6.0
2	1	2（0.3）	2（2）	2（40）	2	4	4.5	4	12.5
3	1	3（0.4）	3（3）	3（50）	3	5.5	6	6	17.5
4	1	4（0.5）	4（4）	4（60）	4	6	6.5	6.7	19.2
5	2（0.4）	1	2	3	4	6.3	6.5	6.7	19.5
6	2	2	1	4	3	5.1	4.8	4.6	14.5
7	2	3	4	1	2	7	7.4	7.2	21.6
8	2	4	3	2	1	8	8.5	8.7	25.2
9	3（0.5）	1	3	4	2	7	7.1	7.3	21.4
10	3	2	4	3	1	8.4	8.5	8.9	25.8
11	3	3	1	2	4	6.5	6.3	6.1	18.9
12	3	4	2	1	3	7	7.3	7.1	21.4
13	4（0.6）	1	4	2	3	5	4.5	4.7	14.2
14	4	2	3	1	4	6	6.5	6.7	19.2
15	4	3	2	4	1	8.5	8.5	8.7	25.7
16	4	4	1	3	2	7	6.5	6.9	20.4
K_{1j}	55.2	61.1	59.8	68.2	82.7		$T=303$		
K_{2j}	80.8	72.0	79.1	70.8	75.9				
K_{3j}	87.5	83.7	83.3	83.2	67.6				
K_{4j}	79.5	86.2	80.8	80.8	76.8				
K_{1j}^2	3047.04	3733.21	3576.04	4651.24	6839.29				
K_{2j}^2	6528.64	5184.00	6256.81	5012.64	5760.81				
K_{3j}^2	7656.25	7005.69	6938.89	6922.24	4569.76				
K_{4j}^2	6320.25	7430.44	6528.64	6528.64	5898.24				

1. 计算

（1）计算各列各水平 K 值。

$$K_{11}=6.0+12.5+17.5+19.2=55.2$$
$$K_{21}=19.5+14.5+21.6+25.2=80.8$$
$$\cdots$$
$$K_{45}=19.2+19.5+18.9+19.2=76.8$$

（2）计算各列偏差平方和及其自由度。

$$SS_j=\frac{1}{rs}\sum_{i=1}^{m}K_{ij}^2-\frac{T^2}{ns}=\frac{1}{4\times 3}\sum_{i=1}^{m}K_{ij}^2-\frac{303^2}{16\times 3}=\frac{1}{12}\sum_{i=1}^{m}K_{ij}^2-1912.69$$

$$SS_A=SS_1=\frac{1}{12}(3047.04+\cdots+6320.25)-1912.69=49.99$$

同理可计算

$$SS_B=SS_2=33.42，SS_C=29.01，SS_D=13.54$$

那么，空列平方和

$$SS_{e_1}=SS_{空列}=9.65$$

重复试验误差平方和

$$SS_{e_2}=\sum_{i=1}^{16}\sum_{t=1}^{3}x_{it}^2-\frac{1}{3}\sum_{i=1}^{16}\left(\sum_{t=1}^{3}x_{it}\right)^2$$
$$=(2^2+2^2+\cdots+6.9^2)-\frac{1}{3}(6^2+12.5^2+\cdots+20.4^2)$$
$$=2050.32-2048.31=2.01$$
$$SS_e=SS_{e_1}+SS_{e_2}=9.65+2.01=11.66$$
$$df_A=df_B=df_C=df_D=df_{e_1}=4-1=3$$
$$df_e=df_{e_1}+df_{e_2}=3+32=35$$
$$df_{e_2}=n(s-1)=16\times(3-1)=32$$

2. 显著性检验

列方差分析表，进行显著性检验，如表 7-35 所示。

表 7-35　方差分析表

变异来源	偏差平方和	自由度	均方	F	临界值 F_α	显著性
A	49.99	3	16.66	50.48	$F_{0.05(3,35)}=2.83$	**
B	33.42	3	11.14	33.76	$F_{0.01(3,35)}=4.40$	**
C	29.01	3	9.67	29.30		**
D	13.54	3	4.51	13.67		**
误差 e_1	9.65	3				
误差 e_2	2.01	32				
误差 e	11.66	35	0.33			
总和	137.62	47				

3. 最优条件的确定

4 个因素的作用极显著。因素作用的主次顺序为 $A>B>C>D$。本试验试验指标越大越好，因此通过比较 K 值，可确定各因素的优水平为 A_3、B_4、C_3、D_3，最优水平组合 $A_3B_4C_3D_3$。

7.5　正交试验设计的灵活应用

前几节介绍了正交试验设计的基本方法，但是在科研与生产实践中，常常会遇到错综复杂的问题。

（1）虽然正交表很多，但用前述方法，根据选定的因素及试验要求，有时找不到合适的正交表，如 4×3^3 试验、$3^2\times4\times2^5$ 试验；有时即使可以找到对口正交表，但也不太合适，如 3×2^2 试验，若选用 L_{12}（3×2^4）安排试验，可以看出，这是全面试验组合次数，不合适。

（2）实际试验中常会遇到因素多、水平不等，同时又要求考察交互作用的复杂情况。要考察交互作用，必须用标准表，而标准表都是等水平的，这与实际需要是相矛盾的。

（3）有些实际试验有某些特殊要求，在方案设计时，需要特殊考虑，否则就可能扩大试验的时空范围，增加试验次数，延长试验周期，甚至根本无法实施试验。例如，试验因素设计，有些必须在前道工序，有些在下道工序；有些因素更换水平困难，费时费力，要求尽量减少更换次数，有些因素更换水平容易，更换次数可以适当多一些；有些要求精度较高，有些要求精度较低等。这些都需要在设计试验方案时予以充分考虑，并要求设计出的试验方案满足这种实际需要。

为了解决上述问题，必须针对不同的问题，在满足试验要求及尽量减少试验次数的前提下，灵活运用正交试验设计。人们通过理论研究和实践，创造了一些行之有效的设计方法。

（1）在保证正交表正交性的前提下，适当改造正交表以适应实际需要。主要的设计方法有并列法、赋闲列法、部分追加法、裂区法、套表法、Yates 法等。

（2）在保证实际需要，即在不改变选定因素及其水平以及试验要求的前提下，适当调整因素及其水平，以便找到合适的对口正交表。主要的设计方法有拟水平法、组合因素法、直积法等。

（3）综合改造正交表与调整因素水平两个方面形成综合设计方法，主要有拟因素法。

7.5.1　并列设计法

并列设计法简称并列法，其是由标准表构造水平数不同的正交表的一种方法，它是安排水平数不同正交试验的常用方法。

下面介绍如何用并列法将标准表改造成混合水平表。

以 L_{16}（2^{15}）为例来说明正交表的并列设计法。

首先从 L_{16}（2^{15}）中任取两列，如取第 1、2 两列，它们的水平搭配组合共有 4 种形式：（1，1）、（1，2）、（2，1）、（2，2）。现给每一搭配组合赋予一个新的水平数字，即

$$(1,\ 1)\to1,\ (1,\ 2)\to2,\ (2,\ 1)\to3,\ (2,\ 2)\to4$$

于是 2 水平的第 1、2 列就变成了具有 4 水平的新列，再将第 1、2 列的交互作用列，即第 3 列从正交表中划去。经过上述改造，$L_{16}(2^{15})\Rightarrow L_{16}(4^1\times2^{12})$，这是一个完全的正交表，具有标准正交表的性质。并列后的正交表的表头设计、极差分析、方差分析与等水平正交表相同。

【例 7-12】为了研究塑料薄膜袋贮藏棕李的贮藏效果和贮藏过程中维生素 C 的变化规律，欲安排四因素多水平正交试验，试验因素水平见表 7-36。试验指标为维生素 C 含量（mg/100g）。因素 A 取 4 个水平，因素 B、C、D 取两个水平，要求考察交互作用 $A\times B$、$A\times C$、$B\times C$，这是一个考虑交互作用的混合水平正交试验问题。

表 7-36　因素水平

水平	试验因素			
	包装方式 A	贮藏温度 B	处理时间 C	膜剂 D
1	封口，内放 C_2H_4 吸收剂	4℃	采后 2 天	无钙膜剂
2	不封口，内放 CO_2 吸收剂	室温	采后 10 天	含钙膜剂
3	封口，不放吸收剂			
4	不封口，不放吸收剂			

本试验是 $4^1\times2^3$ 试验，只有一个因素是四水平，其余因素为二水平，显然若选用 $L_8(4\times2^4)$ 正交，则无法安排下交互作用，而选用二水平标准表，就得采用并列法对正交表进行改造。首先选取正交表，以自由度来推算

$$df_A=4-1=3,\ df_B=df_C=df_D=2-1=1$$
$$df_{A\times B}=df_{A\times C}=(4-1)\times(2-1)=3$$
$$df_{B\times C}=(2-1)\times(2-1)=1$$

那么总自由度

$$df_T=3+3\times1+2\times3+1=13$$

故可选取 $L_{16}(2^{15})$ 正交表设计试验。对 $L_{16}(2^{15})$ 进行并列改造，形成混合型正交表 $L_{16}(4^1\times2^{12})$。所以，在表头设计时，应按照 $L_{16}(2^{15})$ 的交互作用表来安排交互作用列。在本例中，表头设计时，首先将四水平因素 A 放在四水平列上［原 $L_{16}(2^{15})$ 的第 1、2、3 列］，因素 B 放在第 2 列上［原 $L_{16}(2^{15})$ 的第 4 列］，则 $A\times B$ 交互作用列应在第 5、6、7 列，再将因素 C 放在第 8 列，则 $A\times C$ 交互作用列应在第 9、10、11 列，$B\times C$ 交互作用列在第 12 列。最后因素 D 放在第 13 列上，第 14、15 列为空列，用于估计试验误差，这样就形成了表 7-37 所示的表头设计。

表 7-37　$4^1\times2^3$ 试验表头设计

列号	1	2	3	4	5	6	7	8	9	10	11	12	13	14	15
因素		A		B		$A\times B$		C		$A\times C$		$B\times C$	D	空列	空列

试验方案及结果见表 7-38。

方差分析结果见表 7-39。

表 7-38　试验方案及结果计算表

试验号	试验因素													试验结果
	A	B	$A\times B$			C	$A\times C$			$B\times C$	D	空列	空列	
	1′	4	5	6	7	8	9	10	11	12	13	14	15	
1	1	1	1	1	1	1	1	1	1	1	1	1	1	0.41
2	1	1	1	1	1	2	2	2	2	2	2	2	2	0.25
3	1	2	2	2	2	1	1	1	1	2	2	2	2	0.37
4	1	2	2	2	2	2	2	2	2	1	1	1	1	0.30
5	2	1	1	2	2	1	1	2	2	1	1	2	2	0.13
6	2	1	1	2	2	2	2	1	1	2	2	1	1	0.25
7	2	2	2	1	1	1	1	2	2	2	2	1	1	0.08
8	2	2	2	1	1	2	2	1	1	1	1	2	2	0.31
9	3	1	2	1	2	1	2	1	2	1	2	1	2	0.33
10	3	1	2	1	2	2	1	2	1	2	1	2	1	0.58
11	3	2	1	2	1	1	2	1	2	2	1	2	1	0.39
12	3	2	1	2	1	2	1	2	1	1	2	1	2	0.51
13	4	1	2	2	1	1	2	2	1	1	2	2	1	0.29
14	4	1	2	2	1	2	1	1	2	2	1	1	2	0.48
15	4	2	1	1	2	1	2	2	1	2	1	1	2	0.35
16	4	2	1	1	2	2	1	1	2	1	2	2	1	0.44
K_{1j}	1.33	2.72	2.73	2.75	2.72	2.35	3.00	2.98	3.07	2.72	2.95	2.71	2.74	$T=5.47$
K_{2j}	0.77	2.75	2.74	2.72	2.75	3.12	2.47	2.49	2.40	2.75	2.52	2.76	2.73	$C=\frac{T^2}{n}$
K_{3j}	1.81													
K_{4j}	1.56													$SS_T=\sum_{i=1}^{16} x_i^2$
SS_j	0.15	5.63×10^{-5}	6.25×10^{-6}	5.63×10^{-5}	5.63×10^{-5}	3.71×10^{-2}	1.76×10^{-2}	1.50×10^{-2}	2.81×10^{-2}	5.63×10^{-5}	1.16×10^{-2}	1.56×10^{-4}	6.25×10^{-6}	$-C=0.257$

表 7-39　方差分析表

变异来源	偏差平方和	自由度	方差	F	F_α	显著性
A	$SS_A=SS_3=0.15$	3	0.05	1497.01	$F_{0.05(3,7)}=4.35$ $F_{0.01(3,7)}=8.45$	**
B^Δ	$SS_B=SS_4=5.63\times10^{-5}$	1	5.63×10^{-5}			
$A\times B^\Delta$	$SS_{A\times B}=SS_5+SS_6+SS_7=1.19\times10^{-4}$	3	3.97×10^{-5}			
C	$SS_C=SS_8=0.0371$	1	0.0371	1110.78	$F_{0.05(1,7)}=5.59$ $F_{0.01(1,7)}=12.25$	**
$A\times C$	$SS_{A\times C}=SS_9+SS_{10}+SS_{11}=0.0606$	3	0.0202	604.79		**
$B\times C^\Delta$	$SS_{B\times C}=SS_{12}=5.63\times10^{-5}$	1	5.63×10^{-5}			
D	$SS_D=SS_{13}=0.0116$	1	0.0116	347.31		**
误差 e	$SS_e=SS_{14}+SS_{15}=1.63\times10^{-4}$	2	8.15×10^{-5}			
误差 e^Δ	$SS_e+SS_B+SS_{A\times B}+SS_{B\times C}=2.34\times10^{-4}$	7	3.34×10^{-5}			
总和	$SS_T=0.257$					

方差分析结论如下。

（1）因素 A、C、D 及交互作用 $A\times C$ 的影响极显著，因素 B、交互作用 $A\times B$ 和 $B\times C$ 对试验结果无影响。因素的主次顺序为 $A>C>A\times C>D>B$、$B\times C>A\times B$。

（2）本试验要求试验指标越大越好，通过比较 K_i 的大小，可确定 A 的优水平为 A_3，C、D 的优水平分别为 C_2、D_1，最优水平组合为 $A_3BC_2D_1$。因素 B 根据实际情况选 B_1 或 B_2 均可。

7.5.2　拟水平法

拟水平法是将水平数较少的因素列入水平数多的正交表内的一种设计方法。它是把水平数少的因素虚拟一个或几个水平，使之与正交表相应列的水平数相等，这种虚拟水平称为拟水平，其设计方法称为拟水平法。

采用拟水平法安排试验，正交表的正交性会遭到部分破坏，结果分析时应引起高度注意。极差分析时按照混合水平正交表进行分析；而方差分析时，要考虑拟水平导致的试验误差。下面通过一个实例来说明拟水平法。

【例 7-13】 在用高效液相色谱法测定食品中的胡萝卜素研究中，欲通过 $L_9(3^4)$ 确定柱层析的净化条件，以回收率为试验指标，试验因素水平见表 7-40。

表 7-40　因素水平

水平	试验因素		
	活化温度/℃ A	柱高/cm B	过柱体积/mL C
1	100	8	15
2	120	12	20
3	140		25

可以看出，A、C 均为三水平，而因素 B 由于试验条件的限制，只能取二水平。可选用 $L_{18}(2\times3^7)$ 安排试验，试验是全面试验设计，但试验次数太多，不划算。若对因素 B 的水平进行虚拟，使其变成三水平，就可直接用 $L_9(3^4)$ 安排试验，显著减少了试验次数。试验方案及结果见表 7-41。

表 7-41　试验方案及结果计算表

试验号	试验因素					回收率/%
	A	B		C	空列	
	1	2	2′（虚拟列）	3	4	
1	1	1	1	1	1	90.5
2	1	2	2	2	2	90
3	1	3	2	3	3	95
4	2	1	1	2	3	85
5	2	2	2	3	1	92
6	2	3	2	1	2	75
7	3	1	1	3	2	100
8	3	2	2	1	3	80
9	3	3	2	2	1	90
K_1	275.5	275.5	275.5	245.5	272.5	T=797.5
K_2	252.0	262.0	522.0	265.0	265.0	
K_3	270.0	260.0		287.0	260.0	
$\overline{K}_1$	91.8	91.8	91.8	81.8	90.8	
$\overline{K}_2$	84.0	87.3	87.0	88.3	88.3	
$\overline{K}_3$	90.0	86.7		95.7	86.7	
R	7.8		4.8	13.9	4.1	
调整 R'	7.1		5.9	12.5	3.8	
优水平	A_1		B_1	C_3		
主次顺序	$C>A>B$					
优组合	$A_1B_1C_3$					

（1）极差分析。拟水平试验的极差分析方法与一般正交试验的极差分析方法基本相同，以混合型水平正交试验进行处理。对本例而言，9 次试验中，B_1 重复 3 次，B_2 重复 6 次。极差分析结果见表 7-41。

（2）方差分析。拟水平试验的方差分析步骤与一般正交试验的方差分析基本相同，主要区别在于拟水平列的偏差平方和及自由度的计算。

对拟水平列，其偏差平方和为

$$SS_B = SS_{2'} = \frac{K_{12'}^2}{3} + \frac{K_{22'}^2}{6} - \frac{T^2}{9} = \frac{275.5^2}{3} + \frac{522^2}{6} - \frac{797.5^2}{9} = 46.72$$

自由度为

$$df_B = df_{2'} = 2-1 = 1$$

但原正交表的第 2 列为三水平列，其偏差平方和应是

$$SS_2 = \frac{K_{12}^2}{3} + \frac{K_{22}^2}{3} + \frac{K_{32}^2}{3} - \frac{T^2}{9} = \frac{275.5^2}{3} + \frac{262^2}{3} + \frac{260^2}{3} - \frac{797.5^2}{9} = 47.39$$

自由度应为

$$df_2 = 3-1 = 2$$

但经拟水平改造后，偏差平方和、自由度均有丢失，故将其丢失部分归并入误差，用于

试验总误差估计。

$$SS_{拟}=SS_2-SS_{2'}=47.39-46.72=0.67$$

$$df_{拟}=df_2-df_{2'}=2-1=1$$

其余列的偏差平方和、自由度计算同前。

$$SS_A=SS_1=\frac{1}{3}(K_{11}^2+K_{21}^2+K_{31}^2)-\frac{T^2}{9}=100.72$$

$$SS_C=SS_3=287.39$$

$$SS_{空列}=SS_4=26.39$$

那么

$$SS_e=SS_{空列}+SS_{拟}=26.39+0.67=27.06,\quad df_e=df_{空列}+df_{拟}=2+1=3$$

方差分析结果见表 7-42。

表 7-42　方差分析表

变异来源	偏差平方和	自由度	均方	F	临界值 F_α	显著性
活化温度 A	100.72	2	50.36	5.58	$F_{0.05(2,3)}=9.55$	
柱高 B	46.72	1	46.72	5.18	$F_{0.01(2,3)}=30.82$	
过柱体积 C	287.39	2	143.69	15.93	$F_{0.05(1,3)}=10.13$	*
误差 e	27.06	3	9.02		$F_{0.01(1,3)}=34.12$	
总和	461.89					

结果表明，因素 C 影响显著，因素 A、B 影响不显著，因素影响主次顺序为 $C>A>B$，优化组合为 $A_1B_1C_3$。

最后需要说明的是，应用拟水平法时，所拟因素和水平一般以不超过两个为宜。另外，正交表作拟水平改造后，其列间交互作用反映的关系并不会改变。

7.5.3　拟因素设计法

拟因素设计法是综合运用并列法和拟水平法，将水平数较多的因素安排在水平数较少的正交表中的方法。它不仅可以解决不等水平多因素试验问题，同时还可以考察交互作用，并能大大减少试验次数。拟因素设计法常用于把三水平因素安排在二水平正交表中的多因素试验。

1. 问题的提出

【例 7-14】 在运用麦芽进行双醪浸出糖化工艺的研究中，欲通过正交试验探索糖化醪糖化工艺条件，试验因素与水平见表 7-43。

表 7-43　因素水平

水平	试验因素					
	酶渗出时间/min A	蛋白质休止期/（℃/min） B	糖化时间/min C	糖化温度/℃ D	过滤温度/℃ E	过滤前保温期/min F
1	0	50/45	50	61	72	0
2	10	50/90	90	65	78	10
3	30	45/90		69		30

要求考虑交互作用 $C\times D$ 和 $E\times F$，试验指标为麦芽汁浸出率。

这是一个 $3^4\times2^2$ 六因素试验，显然，没有对口的混合水平正交表可直接使用。如果用拟水平法，则应选 $L_{27}(3^{13})$ 正交表，试验次数较多。此外，有时还会遇到更复杂的试验，如 $4^1\times3^2\times2^5$ 试验，这是利用上述任何一个设计方法都不能完成的正交设计任务。拟因素设计法正是解决这类复杂多因素试验问题的一个行之有效的方法。

2. 正交表的选择

在进行拟因素设计之前，应先根据实际试验问题选择合适的正交表。对本例而言，我们先计算一下自由度。

$$df_A = df_B = df_D = df_F = 3-1=2$$
$$df_C = df_E = 2-1=1$$
$$df_{C\times D} = df_{E\times F} = (2-1)\times(3-1)=2$$

因素、交互作用的总自由度

$$df_T = 4\times2+2\times1+2\times2=14$$

所以，试验次数应大于 $df_T+1=15$，为此，我们选择 $L_{16}(2^{15})$ 正交表，用拟因素设计法来安排试验。

3. 正交表的改造与表头设计

拟因素设计法先依据所选正交表的交互作用表，利用前述的并列法把两个二水平列并成一个四水平列，然后再利用拟水平法，把三水平因素（如 A）的某一水平（通常认为是较重要的水平如 A_2）重复一次，使 A 变成四水平因素，它的水平是 A_1、A_2、A_2、A_3，然后将这个四水平因素 A 放入新并成的四水平列中去。这是并列法与拟水平法的综合，相当于把两个二水平列并成四水平列，再安排三水平因素。

具体来说，对于二水平表 $L_{16}(2^{15})$，将第 2、3 列按下列规则改为一个三水平列：

$$(1,1)\to1,\ (1,2)\to2,\ (2,1)\to2,\ (2,2)\to3$$

按上述规则将 $L_{16}(2^{15})$ 第 4、5 两列，第 6、7 两列及第 10、11 两列分别改造为三水平列。然后在改造后的正交表上进行表头设计，步骤如下。

（1）先将因素 A 安排第 2、3 两列改造成的新列 1′上，把因素 D 安排在第 4、5 两列改造成的新列 2′上，把因素 F 安排在第 6、7 两列改造成的新列 3′上。这时，第 2、3 列，第 4、5 列及第 6、7 列的交互作用列都是第 1 列。因此，在第 1 列中既混有因素 A 的影响，也混有因素 D、F 的影响，还有误差的影响。为了避免混杂，这一列不能再安排因素，也不能考察交互作用和估计试验误差，我们把这一列称为赋闲列。一般情况下，在用二水平正交表作拟因素设计时，把任何两列改造成一个新的四水平列后，这两列的交互作用列都应该赋闲，以免引起混杂。因此，设法使改造后若干新列共有一个赋闲列，就可以减少不起作用的列，即减少赋闲列的列数，从而提高正交表各列的使用效率，这是拟因素表头设计应遵循的一条原则。在本例中，之所以选第 2、3 列，第 4、5 列，第 6、7 列，第 10、11 列进行改造，就是因为从使用表可知，它们的交互作用都是第 1 列。这样，就使它们共有一个赋闲列——第 1 列。

（2）将因素 C、E 分别放在第 8、9 列上，于是交互作用 $C\times D$ 占第 12、13 两列，$E\times F$ 占第 14、15 两列。

（3）最后把不需要考察交互作用的因素 B 放在第 10、11 两列改造成的新列 4′上。这样就完成了表头设计，见表 7-44。

表 7-44　表头设计

列号	1	2	3	4	5	6	7	8	9	10	11	12	13	14	15
		（1′）		（2′）		（3′）				（4′）					
因素	赋闲	*A*		*D*		*F*		*C*	*E*	*B*		*C*×*D*		*E*×*F*	

在进行表头设计时，一般应先安排需要考察交互作用的因素，最后安排不需要考察交互作用的因素。对本列，如果不先安排 *D*、*F* 而先安排 *B*，就会发生混杂。

本列试验方案见表 7-45。

表 7-45　试验方案

试验号	试验因素					
	A	*D*	*F*	*C*	*E*	*B*
	1′	2′	3′	8	9	4′
1	1（0）	1（61）	1（0）	1（50）	1（72）	1（50/45）
2	1	1	1	2（90）	2（78）	2（50/90）
3	1	2（65）	2（10）	1	1	1
4	1	2	2	2	2	2
5	2（10）	1	2	1	1	2
6	2	1	2	2	2	1
7	2	2	1	1	1	2
8	2	2	1	2	2	1
9	2	2	2	1	2	2
10	2	2	2	2	1	3（45/90）
11	2	3（69）	3（30）	1	2	2
12	2	3	3	2	1	3
13	3（30）	2	3	1	2	3
14	3	2	3	2	1	2
15	3	3	2	1	2	3
16	3	3	2	2	1	2

试验结果及计算见表 7-46。

4. 试验结果的方差分析

（1）计算偏差平方和及自由度。

$$SS_j=\frac{(K_{1j}-K_{2j})^2}{3\times 16}\qquad df_j=2-1=1$$

$$SS_{赋闲}=SS_1=5.01$$

$$SS_A=SS_2+SS_3=5.40+4.75=10.15$$

$$SS_D=SS_4+SS_5=0.54+0.68=1.22$$

表 7-46　试验数据及计算表

试验号	试验因素																			试验数据			合计
	赋闲		A		D			F			C	E	B			C×D		E×F					
	1	2	(1′)	3	4	(2′)	5	6	(3′)	7	8	9	10	(4′)	11	12	13	14	15	$x_i'=x_i-75$			
1	1	1	(1)	1	1	(1)	1	1	(1)	1	1	1	1	(1)	1	1	1	1	1	0.3	−1.4	−0.3	−1.4
2	1	1	(1)	1	1	(1)	1	1	(1)	1	2	2	2	(2)	2	2	2	2	2	2.8	2.9	2.9	8.6
3	1	1	(1)	1	2	(2)	2	2	(2)	2	1	1	1	(1)	1	2	2	2	2	1.6	1.7	1.8	5.1
4	1	1	(1)	1	2	(2)	2	2	(2)	2	2	2	2	(2)	2	1	1	1	1	2.6	1.6	3.9	8.1
5	1	2	(2)	2	1	(1)	1	2	(2)	2	1	1	2	(2)	2	1	1	2	2	3.1	3.0	3.0	9.1
6	1	2	(2)	2	1	(1)	1	2	(2)	2	2	2	1	(1)	1	2	2	1	1	2.9	2.9	3.4	9.2
7	1	2	(2)	2	2	(2)	2	1	(1)	1	1	1	2	(2)	2	2	2	1	1	2.2	2.4	2.4	7.0
8	1	2	(2)	2	2	(2)	2	1	(1)	1	2	2	1	(1)	1	1	1	2	2	3.7	3.3	3.7	10.7
9	2	1	(2)	2	1	(2)	2	1	(2)	2	1	2	1	(2)	2	1	2	1	2	3.1	2.7	2.9	8.7
10	2	1	(2)	2	1	(2)	2	1	(2)	2	2	1	2	(3)	1	2	1	2	1	2.8	3.2	3.2	9.2
11	2	1	(2)	2	2	(3)	1	2	(3)	1	1	2	1	(2)	2	2	1	2	1	3.2	3.5	2.9	9.6
12	2	1	(2)	2	2	(3)	1	2	(3)	1	2	1	2	(3)	1	1	2	1	2	2.8	3.1	2.3	8.2
13	2	2	(3)	1	1	(2)	2	2	(3)	1	1	2	2	(3)	1	1	2	2	1	2.5	3.2	2.9	8.6
14	2	2	(3)	1	1	(2)	2	2	(3)	1	2	1	1	(2)	2	2	1	1	2	3.1	3.5	3.0	9.6
15	2	2	(3)	1	2	(3)	1	1	(2)	2	1	2	2	(3)	1	2	1	1	2	2.5	3.6	3.0	9.1
16	2	2	(3)	1	2	(3)	1	1	(2)	2	2	1	1	(2)	2	1	2	2	1	3.2	3.0	2.7	8.9
K_{1j}	56.4	56.1		56.6	61.6		61.3	60.8		60.9	55.8	55.7	60.4		58.7	60.9	64	58.5	59.2	T=128.3 C=342.94 SS_T=45.47			
K_{2j}	71.9	72.2		71.7	66.7		67	67.5		67.4	72.5	72.6	67.9		69.6	67.4	64.3	69.8	69.1				
$\lvert K_{1j}-K_{2j}\rvert$	15.5	16.1		15.1	5.1		5.7	6.7		6.5	16.7	16.9	7.5		10.9	6.5	0.3	11.3	9.9				
SS_j	5.01	5.40		4.75	0.54		0.68	0.94		0.88	5.81	5.95	1.17		2.48	0.88	0.0019	2.66	2.04				

$$SS_F=SS_6+SS_7=0.94+0.88=1.82$$

$$SS_C=SS_8=5.81$$

$$SS_E=SS_9=5.95$$

$$SS_B=SS_{10}+SS_{11}=1.17+2.48=3.65$$

$$SS_{C\times D}=SS_{12}+SS_{13}=0.88+0.0019=0.88$$

$$SS_{E\times F}=SS_{14}+SS_{15}=2.66+2.04=4.70$$

$$SS_{e_2}=\sum_{i=1}^{16}\sum_{j=1}^{3}x_{ij}'^{2}-\frac{1}{s}\sum_{i=1}^{16}\left(\sum_{j=1}^{3}x_{ij}'\right)^2=388.41-382.12=6.29$$

$$df_A=df_B=df_D=df_F=2$$

$$df_C=df_E=df_{赋闲}=1$$

$$df_{C\times D}=df_{E\times F}=2$$

$$df_{e_2}=n(s-1)=16\times(3-1)=32$$

（2）列出方差分析表进行显著性检验。根据上述计算结果，列出方差分析表，见表 7-47。

表 7-47　方差分析表

变异来源	偏差平方和	自由度	方差	F	F_α	显著性
A	10.15	2	5.08	25.40	$F_{0.05(1,32)}=4.15$	**
B	3.65	2	1.83	9.15	$F_{0.01(1,32)}=7.50$	**
C	5.81	1	5.81	29.05	$F_{0.05(2,32)}=3.29$	**
D	1.22	2	0.61	3.05	$F_{0.01(2,32)}=5.34$	
E	5.95	1	5.95	29.75		**
F	1.82	2	0.91	4.55		*
$C\times D$	0.88	2	0.44	2.20		
$E\times F$	4.70	2	2.35	11.75		**
误差 e_2	6.29	32	0.20			

方差分析结果表明，因素 A、B、C、E 和交互作用 $E\times F$ 均极显著，因素 F 显著，因素 D 和交互作用 $C\times D$ 不显著，因素的主次顺序为 $E>C>A>E\times F>B>F>D>C\times D$。

5. 最优水平选取

方差分析为显著的因素，通过比较各水平下的平均值确定最优水平。对于二水平因素 C、E，完全和一般二水平正交表的分析一样，可直接比较各水平下的平均值得出优水平为 C_2、E_2。对于三水平因素，由于改造后的正交表失去了正交性，因此需要对各水平下的平均值进行校正，然后才能比较。下面以因素 A 为例说明。

因素 A 的三个水平对应的数据平均值分别记为

$$\overline{K}_{1A}=\frac{K_{1A}}{4}，\ \overline{K}_{2A}=\frac{K_{2A}}{8}，\ \overline{K}_{3A}=\frac{K_{3A}}{4}$$

式中，K_{1A}、K_{2A}、K_{3A} 分别为第 2、3 列改造成的新列（1′）中的“1”“2”“3”水平对应的数据之和。

观察经改造后的正交表，易发现正交性受到破坏。由于正交性是综合可比性的基础，失去了正交性，也就失去了水平间的可比性，因此不能直接比较 $\overline{K}_{1A}$、$\overline{K}_{2A}$、$\overline{K}_{3A}$。然而，如果我们把改造后的正交表分为上、下两部分（赋闲列中的数字“1”所对应的 8 个试验为上部分，数字“2”对应的 8 个试验为下部分），则各部分分别具有正交性。因而表的上部分和下部分具有综合可比性，即 $\bar{K}_{1A}$ 与 $\bar{K}_{2A,上}$ 可比，$\bar{K}_{2A,下}$ 与 $\bar{K}_{3A}$ 可比，可以用

$$\bar{K}_{1A}=\frac{K_{1A}}{4} \text{和} K_{2A,上}=\frac{K_{2A,上}}{4}$$

来比较 A_1 与 A_2 效果。其中 $K_{2A,上}$ 为表的上半部分中新列（1′）的“2”水平对应数据之和。

同样，可以用

$$\bar{K}_{2A,下}=\frac{K_{2A,下}}{4} \text{和} \bar{K}_{3A}=\frac{K_{3A}}{4}$$

来比较 A_2 和 A_3 的效果。其中，$K_{2A,下}$ 为表的下半部分中新列（1′）的“2”水平对应数据之和。因为

$$\bar{K}_{2A}=\frac{K_{2A}}{8}=\frac{K_{2A,上}+K_{2A,下}}{8}=\frac{\bar{K}_{2A,上}}{2}+\frac{\bar{K}_{2A,下}}{2}$$
$$=\bar{K}_{2A,上}-\frac{\bar{K}_{2A,上}-\bar{K}_{2A,下}}{2}=\bar{K}_{2A,下}+\frac{\bar{K}_{2A,上}-\bar{K}_{2A,下}}{2}$$

我们称 $W=\frac{\bar{K}_{2A,上}-\bar{K}_{2A,下}}{2}$ 为修正项。

由于 $\bar{K}_{1A}$ 与 $\bar{K}_{2A,上}$ 可比，因此它们同减去一个数 W 后仍然可比，即 $\bar{K}_{1A}-W$ 和 $\bar{K}_{2A,上}-W$ 可比。同理，由于 $\bar{K}_{2A,下}$ 与 $\bar{K}_{3A}$ 可比，可推得 $\bar{K}_{2A,下}+W$ 与 $\bar{K}_{3A}+W$ 可比。这样一来，$\bar{K}_{1A}-W$、$K_{2A,上}-W=\bar{K}_{2A,下}+W$、$\bar{K}_{3A}+W$ 三者就可以直接比较了。我们记为

$$\bar{K}_{1A,校}=\bar{K}_{1A}-W \qquad \bar{K}_{3A,校}=\bar{K}_{3A}+W$$

综上所述，在拟因素设计中，对于三水平列一般有

$$W\text{(修正项)}=\frac{\bar{K}_{2,上}-\bar{K}_{2,下}}{2}，\ \bar{K}_{1,校}=\bar{K}_1-W，\ \bar{K}_2=\frac{\bar{K}_{2,上}+\bar{K}_{2,下}}{2}，\ \bar{K}_{3,校}=\bar{K}_3+W$$

$\bar{K}_{1,校}$、$\bar{K}_2$、$\bar{K}_{3,校}$ 直接可比。其中 $\bar{K}_1$、$\bar{K}_2$、$\bar{K}_3$ 分别为需要校正的因素所在列（新列）的“1”“2”“3”水平所对应数据之平均值。

对本例中的三水平因素 A、D、F、B 各水平对应数据的平均值进行校正和比较，结果见表 7-48。

表 7-48　校正表

试验号	试验因素				试验结果（合计）
	A	D	F	B	
	（1′）	（2′）	（3′）	（4′）	
1	1	1	1	1	−1.4
2	1	1	1	2	8.6
3	1	2	2	1	5.1
4	1	2	2	2	8.1
5	2	1	2	2	9.1
6	2	1	2	1	9.2
7	2	2	1	2	7.0

续表

试验号	试验因素				试验结果（合计）
	A	D	F	B	
	（1′）	（2′）	（3′）	（4′）	
8	2	2	1	1	10.7
9	2′	2′	2′	2′	8.7
10	2′	2′	2′	3	9.2
11	2′	3	3	2′	9.6
12	2′	3	3	3	8.2
13	3	2′	3	3	8.6
14	3	2′	3	2′	9.6
15	3	3	2′	3	9.1
16	3	3	2′	2′	8.9
$\bar{K}_1$	5.10	6.38	6.23	5.90	
$\bar{K}_{2,上}$	9.00	7.73	7.88	8.20	
$\bar{K}_{2,下}$	8.93	9.03	8.98	9.20	
$\bar{K}_3$	9.05	8.95	9.00	8.78	
$W=\dfrac{\bar{K}_{2,上}-\bar{K}_{2,下}}{2}$	0.035	−0.65	−0.55	−0.50	
$\bar{K}_{1,校}=\bar{K}_1-W$	5.07	7.03	6.78	6.40	
$\bar{K}_2=\dfrac{\bar{K}_{2,上}+\bar{K}_{2,下}}{2}$	8.97	8.38	8.43	8.70	
$\bar{K}_{3,校}=\bar{K}_3+W$	9.09	8.30	8.45	8.28	
优水平	A_3	D_2	F_3	B_2	
优组合	$A_3B_2C_2D_2E_2F_3$				

本例的最优水平组合为 $A_3B_2C_2D_2E_2F_3$。由于因素 D 作用不显著，因此可以根据实际情况（如方便操作、节约费用等）任取一个水平。

7.5.4　分割设计法

在科研和生产试验中，常常要经过几个工序才能完成，试验中所考察的因素又分别属于不同的工序。这些工序有的重复起来较容易，而有的重复起来较困难。如果不加区别，按常规的正交试验设计方法，让它们都重复相同的次数，往往会造成时间、人力、物力的浪费，有时甚至使试验无法进行。对这类试验，我们可按工序重复的难易程度，把因素分类，安排试验时，在保持正交表正交性的前提下，尽量使重复困难的工序少做试验，而让重复容易的工序多做试验，这就是分割设计法（简称“分割法”）的基本思想。下面通过一个实例说明分割法的具体设计方法。

【例 7-15】 在微波法加工烧鸡的研究中，可将整个加工工艺分为腌制、油炸上色、微波加热三道工序。为确定最优工艺条件，安排了正交试验，试验因素水平见表 7-49。要求考察 A 与 E、B 与 E 的交互作用 $A\times E$、$B\times E$，以成品的色泽、口感、质地等综合评定试验效果。

表 7-49　因素水平

水平	试验因素					
	腌制方法 A	油炸温度/℃ B	上色液 C	油炸用油 D	加热时间/min E	功率级别 F
1	湿腌法	180	蜂蜜	豆油	6	6
2	干腌法	200	黄酒	菜油	10	8
3						10

本试验所考察的因素分属不同的加工工序，因素 A 属于第一道工序，因素 B、C、D 属于第二道工序，因素 E、F 属于第三道工序。三道工序比较起来，第一道腌制工序一般需 4～12h，周期较长，较难重复，第二道工序中的 B、C、D 也不便于频繁改变，而第三道工序的因素 E、F 比较容易重复实施。因此，可以把重复难的因素 A 作为一次因素，把重复较难的因素 B、C、D 作为二次因素，把重复较容易的因素 E、F 作为三次因素，用分割法来安排试验。

1. 试验方案的设计

在分割法试验中，由于同一类（次）因素的试验单元并不独立，这就会出现误差，称为因素分次误差。在分组安排各次因素时，必须将因素分次误差考虑到表头设计中去。对试验结果进行方差分析时，各次的因素要用相应次的误差进行显著性检验。所以分割法的表头设计，因素的分次误差要分别占有一些列才较为合适。

分割法设计时，因素的分次不是任意的，试验分割一次，因素就应分次一回。因此，一个分二次因素的试验是分割一次，分三次因素的试验是分割两次……在正交表中，每两个组可进行一次分割，如 1 组与 2 组、2 组与 3 组、3 组与 4 组能分别分割一次。但考虑到第 1 组只有一列，它与第 2 组进行分割后则估计第一次分割的误差项就没有位置了，故行不通。所以，一般第 1 组与第 2 组不进行分割。因此选择正交表时，必须要求正交表的组数大于所要考察的因素分次数。例如，因素的次数分为三组，至少应选有 4 个组的正交表。

分割法安排试验的原则是：逐次安排下各种因素，同次的因素要安排在同一组内，不同次的因素要安排在不同组内，这样才能分割。

本例为 $3^1 \times 2^5$ 试验，考察交互作用 $A \times E$ 和 $B \times E$。所要考察的因素及交互作用的总自由度为

$$(3-1)+5\times(2-1)+2=9$$

因为因素的分次数为 3，应选具有 4 个组的正交表，所以考虑选用 $L_{16}(2^{15})$ 表，采用拟因素法安排试验。

按照分割法的设计原则，可分三个步骤。

第一步：安排一次因素 A。把第 1 组和第 2 组合并，将 A 安排在第 2 列上，第 3 列用于估计一次误差。为了估计一次误差，安排完一次因素后，即使有空列，第 1 组和第 2 组都不能安排二次因素。

第二步：安排二次因素 B、C、D。将 B、C、D 依次安排在第 3 组的第 4、5、6 列中，第 7 列用于估计二次误差。

第三步：安排三次因素 E、F。把 E 安排在第 4 组的第 9 列上，则 $A \times E$ 在第 8 列，$B \times E$ 在第 13 列。F 为三水平因素，采用拟因素法安排在第 10、11 列上，第 10、11 列的交互作用列为第 1 列，故第 1 列赋闭。第 12、14、15 列用于估计三次误差。

表头设计及试验方案见表 7-50。

表 7-50　分割法试验方案及结果

试验号	试验因素															试验结果
	赋闲	A		B	C	D		$A\times E$	E	F			$B\times E$			
	1	2	3	4	5	6	7	8	9	10	11	12	13	14	15	
1	1	1	1	1	1	1	1	1	1	1	1	1	1	1	1	9.8
2	1	1	1	1	1	1	1	2	2	2	2	2	2	2	2	9.7
3	1	1	1	2	2	2	2	1	1	1	1	2	2	2	2	8.5
4	1	1	1	2	2	2	2	2	2	2	2	1	1	1	1	8.7
5	1	2	2	1	1	2	2	1	1	2	2	1	1	2	2	9.8
6	1	2	2	1	1	2	2	2	2	1	1	2	2	1	1	9.6
7	1	2	2	2	2	1	1	1	1	2	2	2	2	1	1	8.4
8	1	2	2	2	2	1	1	2	2	1	1	1	1	2	2	8.6
9	2	1	2	1	2	1	2	1	2	1	2	1	2	1	2	7.0
10	2	1	2	1	2	1	2	2	1	2	1	2	1	2	1	7.2
11	2	1	2	2	1	2	1	1	2	1	2	2	1	2	1	6.5
12	2	1	2	2	1	2	1	2	1	2	1	1	2	1	2	6.0
13	2	2	1	1	2	2	1	1	2	2	1	1	2	2	1	7.4
14	2	2	1	1	2	2	1	2	1	1	2	2	1	1	2	7.5
15	2	2	1	2	1	1	2	1	2	2	1	2	1	1	2	6.0
16	2	2	1	2	1	1	2	2	1	1	2	1	2	2	1	6.2
组	1	2			3						4					
因素分次	A			B	C	D				E	F					

本试验若按照正常的正交试验设计方法，需要做 16 次独立的试验。而采用分割法，可以缩短试验周期，下面我们来分析一下。

本试验 16 个试验单元是分三道程序做二次分割来完成的。

第一道程序：对 A 因素（腌制方法），在 A_1 水平（湿法腌制）下做两次试验，A_2 水平（干法腌制）下做两次试验，共试验 4 次，然后把每次试验后的样品分成两份（第一次分割），共分成 8 份，供第二步试验使用。

第二道程序：第 2 组中两次因素 B、C、D 的水平组合共有 8 种，将第一道程序试验后分成 8 份的样品，每份各进行一次试验，试验完毕，每份对象再分成 2 份（第二次分割），就分成了 16 份，供第三步试验使用。

第三道程序：按三次因素 E、F 的水平组合，将第二道工序试验后又分成 2 份的 16 份样品，每份各进行一次试验。

这样，对难重复的一次因素 A，在试验中每个水平各重复了 2 次；较难重复的二次因素 B、C、D，每个试验水平各重复了 4 次；容易重复的三次因素 E（因素 F 由于采用拟因素设计，各水平重复数不同），每个水平重复了 8 次。从而缩短了试验周期，达到了减少人力、物力、财力的目的。

分割法安排试验，程序往往较多，试验周期较长，为了消除由于时间先后顺序而引起的系统误差的干扰，试验顺序要随机化。本试验结果见表 7-51。

表 7-51 方差分析表

因素	变异来源	偏差平方和	自由度	方差	F	F_σ	显著性
一次因素	A^Δ	$SS_A=SS_2=7.9\times10^{-4}$	1				
一次误差	e_{11}	$SS_{e_{11}}=SS_3=3.1\times10^{-2}$	1				
二次因素	B	$SS_B=SS_4=5.2$	1	5.2	$F_B=183.10$	$F_{0.05(1,2)}=18.51$	**
	C^Δ	$SS_C=SS_5=5.8\times10^{-3}$	1			$F_{0.01(1,2)}=98.50$	
	D	$SS_D=SS_6=7.6\times10^{-2}$	1	0.076	$F_D=2.68$	$F_{0.1(1,2)}=8.53$	
二次误差	e_{12}	$SS_{e_{12}}=SS_7=5.1\times10^{-2}$	1				
	$e_{12}{}^\Delta$	$SS_{e_{12}}^\Delta=SS_{e_{12}}+SS_C=5.68\times10^{-2}$	2	0.0284			
三次因素	E^Δ	$SS_E=SS_9=7.3\times10^{-4}$	1			$F_{0.05(1,7)}=5.59$	
	F^Δ	$SS_F=SS_{10}+SS_{11}=4.7\times10^{-2}$	2			$F_{0.01(1,7)}=12.25$	
	$A\times E^\Delta$	$SS_{A\times E}=SS_8=7.3\times10^{-4}$	1			$F_{0.1(1,7)}=3.59$	
	$B\times E$	$SS_{B\times E}=SS_{13}=0.1$	1	0.1	$F_{B\times E}=5.43$		*
三次误差	e_{13}	$SS_{e_{13}}=SS_{12}+SS_{14}+SS_{15}=8.0\times10^{-2}$	3				
	$e_{13}{}^\Delta$	$SS_{e_{13}}^\Delta=SS_{e_{13}}+SS_E+SS_F+SS_{A\times E}=0.129$	7	0.0184			

2. 试验结果分析

分割法试验结果的方差分析，其主要特点在于对各次因素要分别用同次误差来进行检验，因为被分割的试验对象的各次试验，并不是完全独立进行的。本例正交表的第 3 列提供了一次误差，可以用来检验因素 A 的显著性；第 7 列提供了二次误差，可以用来检验因素 B、C、D 的显著性；第 12、14、15 列提供了三次误差，可用来检验因素 E、F 和交互作用 $A\times E$、$B\times E$ 的显著性。方差分析结果见表 7-51。

方差分析结果表明，因素 B 极显著，交互作用 $B\times E$ 较显著，其他因素及交互作用均不显著。

7.5.5 组合因素法

把两个水平较少的因素“组合”成一个水平较多的因素，安排到多水平正交表中去的设计方法，称为组合因素法，简称组合法。

【例 7-16】 为了提高改性淀粉的特性，做四因素混合水平试验，A、B 为二水平因素，C、D 为三水平因素，不考虑因素间的交互作用，采用组合法设计试验。

本试验是四因素的混合水平试验，A、B 为二水平因素，C、D 为三水平因素。显然，没有合适的混合正交表可选。若用拟水平法设计，需将 A、B 两因素全部拟水平，所拟因素多。如果利用组合法可将其安排在 $L_9(3^4)$ 正交表上，减少试验次数。下面利用组合法进行设计。

选择正交表，由于有三水平因素和二水平因素，因此考虑选择三水平正交表来安排。根据自由度 $df_A+df_B+df_C+df_D=1+1+2+2=6$，所选正交表的行数应满足 $n-1\geqslant6$，即 $n\geqslant7$，故选择 $n=9$ 的三水平正交表。

用组合法将两个二水平因素“组合”成一个三水平因素。其组合方法如下：两个二水平因素共有4对组合，从中任选3对，将这3对看成一个组合因素的三个水平。例如，把二水平因素 A 和 B 组合一个三水平因素 $\overline{AB}$。从 A 和 B 水平组合中任选三个，如选11、12、21，分别看作 $\overline{AB}$ 的1、2、3水平（表7-52）。再将三水平因素 $\overline{AB}$ 和 C、D 分别安排在 $L_9(3^4)$ 的1、2、4列，即可完成表头设计（表7-53）。

表7-52　组合说明

因素（二水平）			组合因素（三水平）
A	B		$\overline{AB}$
1	1	→	1
1	2	→	2
2	1	→	3
2	2		不考虑

试验结果分析时，非组合因素的各项计算与分析同前述基本方法。对于组合因素 $\overline{AB}$，极差分析时，当 A、B 间交互作用可忽略时，因素 A、B 的各项计算和判断如下：

$$R_A = \overline{K}_{\overline{AB}_1} - \overline{K}_{\overline{AB}_3}$$

$$R_B = \overline{K}_{\overline{AB}_1} - \overline{K}_{\overline{AB}_2}$$

表7-53　组合法表头设计

因素	$\overline{AB}$	C	空列	D
列号	1	2	3	4

当 A、B 间有明显交互作用时，不能确定 A、B 因素的主次和优水平，而只能确定它们的优搭配，因此并不影响最优组合分析。

方差分析时，由于正交表不再具有正交性，二水平因素 A、B 的偏差平方和计算与前述有所不同，下面给以说明。

根据正交设计的综合可比性可知，如果将组合因素 $\overline{AB}$ 安排在 $L_9(3^4)$ 第1列，对于因素 A、B，三组试验的水平组合分别为 A_1B_1、A_1B_2、A_2B_1，前两组因素 A 均取第一水平 A_1，因此它们的差异除误差影响外，反映了因素 B 的水平变化对指标的影响；而在第一组与第三组中，因素 B 均取相同水平 B_2，故差异除误差外，反映了因素 A 的水平变化对指标的影响。综上可以用部分数据来计算因素 A 与 B 的偏差平方和：

$$SS_A = 3(\overline{T}_{11} - \overline{T}_{B_1})^2 + 3(\overline{T}_{13} - \overline{T}_{B_1})^2 = \frac{(T_{11} - T_{13})^2}{6}，\ df_A = 2-1 = 1$$

$$SS_B = 3(\overline{T}_{11} - \overline{T}_{A_1})^2 + 3(\overline{T}_{12} - \overline{T}_{A_1})^2 = \frac{(T_{11} - T_{12})^2}{6}，\ df_B = 2-1 = 1$$

式中，$\overline{T}_{B_1} = \dfrac{\overline{T}_{11} + \overline{T}_{13}}{2} = \dfrac{T_{11} + T_{13}}{6}$，$\overline{T}_{A_1} = \dfrac{\overline{T}_{11} + \overline{T}_{12}}{2} = \dfrac{T_{11} + T_{12}}{6}$。

注意 $SS_A + SS_B \neq SS_1$。

误差平方和仍然可用空列的平方和表示，即 $SS_e = SS_3$，其 $df_e = 3-1 = 2$。

对例7-16采用组合法设计的试验方案及结果见表7-54。

表7-54　组合法设计的方案及结果

试验号	A	B	$\overline{AB}$	C	空列	D	试验结果
	1′	1″	1	2	3	4	y_i
1	1	1	1	1	1	1	5
2	1	1	1	2	2	2	8
3	1	1	1	3	3	3	15

续表

试验号	A	B	$\overline{AB}$	C	空列	D	试验结果
	1′	1″	1	2	3	4	y_i
4	1	2	2	1	2	3	10
5	1	2	2	2	3	1	7
6	1	2	2	3	1	2	17
7	2	1	3	1	3	2	8
8	2	1	3	2	1	3	5
9	2	1	3	3	2	1	14
T_1	28	28	28	23	27	26	T=89
T_2		34	34	20	32	33	$\sum_{i=1}^{9} y_i^2 = 1037$
T_3	27		27	46	30	30	
SS	0.17	6.00	9.56	134.89	4.22	8.22	SS_T=156.89

初步方差分析见表 7-55，由表 7-55 可以看出，$MS_A < MS_e$，故因素 A 必然不显著，所以第一列可以认为是用拟水平法仅安置了因素 B，从而可以按拟水平法重新计算因素 B 的平方和，

$$SS_B = \frac{(28+27)^2}{6} + \frac{34^2}{3} - \frac{89^2}{9} = 9.39\text{，} df_B = 2-1=1$$

而把 SS_A=0.17 并入误差平方和中，则得最终方差分析表 7-56。

表 7-55　初步方差分析表

变异来源	偏差平方和	自由度	均方	F
A	0.17	1	0.17	
B	6.00	1	6.00	
C	134.89	2	67.45	
D	8.22	2	4.11	
误差 e	4.22	2	2.11	

表 7-56　最终方差分析表

变异来源	偏差平方和	自由度	均方	F
B	9.39	1	9.39	6.43
C	134.89	2	67.45	46.20
D	8.22	2	4.11	2.82
误差 e^{Δ}	4.39	3	1.46	
总和	156.89	8		

当 α=0.10 时，$F_{0.10(1,3)}$=5.54，$F_{0.10(2,3)}$=5.46；当 α= 0.05 时，$F_{0.05(1,3)}$=10.1，$F_{0.05(2,3)}$=9.55；当α= 0.01 时，$F_{0.01(1,3)}$=34.1，$F_{0.01(2,3)}$=30.8。所以可以看出，因素 C 在 α= 0.01 时的影响是显著的，因素 B 在α= 0.10 时的影响是显著的，A、D 因素没有显著影响。

最佳水平组合的选取：对于因素 B，可以按拟水平法选取，对于因素 C，可从分析表中选取。本试验指标要求越大越好，所以综合考虑选取优组合为 B_2C_3，A、D 根据情况选取。

7.5.6　赋闲列法

赋闲列法就是在一张 q 水平正交表中安排若干个水平数不等的因素的一种试验设计方法。这里介绍用二水平正交表来安排三水平因素的试验。

由于三水平因素的自由度 df=2，故在二水平正交表中三水平因素应占两列，为此可任取两列来安排三水平因素，但这两列的交互作用不能再安排其他因素或交互作用，也

不能用于误差估计，此列完全赋闲，称为赋闲列。例如，将 $L_8(2^7)$ 的第 2、3 两列取来安排三水平因素 A，则其交互作用列——第 1 列为赋闲列，如表 7-57 所示；第 2、3 两列有 4 个数对，类似于拟水平法对应的 3 个数对，如（1，1）→1，（1，2）→2，（2，1）→3，（2，2）→2。用赋闲列法设计试验，正交表已不具有正交性，试验结果分析时应予以注意。

表 7-57　赋闲列法表头设计

因素	赋闲		A	B	C		
列号	1	2	3	4	5	6	7

7.6　SPSS 软件在正交试验设计结果分析中的应用

正交试验结果的分析方法常用的主要有极差分析和方差分析两种。极差分析法简单明了，通俗易懂，通常通过手工计算就可以完成。因此，本节主要介绍利用 SPSS 软件中的一般线性模型功能（general linear model，GLM）进行正交试验结果的方差分析。

7.6.1　无重复正交试验结果的方差分析

要进行无重复正交试验结果的方差分析，那么在设计试验时，正交表就必须要留有空列来估计试验误差。下面通过例题来说明用 SPSS 软件分析无重复正交试验结果的方法。

【例 7-17】　某化工厂为了提高产品的转化率，研究了反应温度 A、反应时间 B 和用碱量 C 三个因素对产品转化率的影响，根据具体情况，每个因素设置三个不同水平进行试验。拟通过正交试验找出各因素水平的适宜组合，并确定各因素对转化率影响的主次顺序。试验方案及结果见表 7-58。

表 7-58　试验方案及结果

试验号	反应温度/℃ A	反应时间/min B	用碱量/% C	空列	转化率/%
1	1（80）	1（90）	1（5）	1	31
2	1	2（120）	2（6）	2	54
3	1	3（150）	3（7）	3	38
4	2（85）	1	2	3	53
5	2	2	3	1	49
6	2	3	1	2	42
7	3（90）	1	3	2	57
8	3	2	1	3	62
9	3	3	2	1	64

1. 操作步骤

（1）打开 SPSS 软件，定义变量，输入数据，如图 7-9 所示。

图 7-9　数据输入界面

（2）点击“分析→一般线性模型→单变量”，进入“单变量”对话框，如图 7-10 和图 7-11A 所示。

图 7-10　SPSS 软件方差分析数据输入编辑窗口

（3）将左边“转化率”变量选入右边“因变量”，“A”“B”和“C”选入“固定因子”，“空列”用于估算试验误差，如图 7-11B 所示。

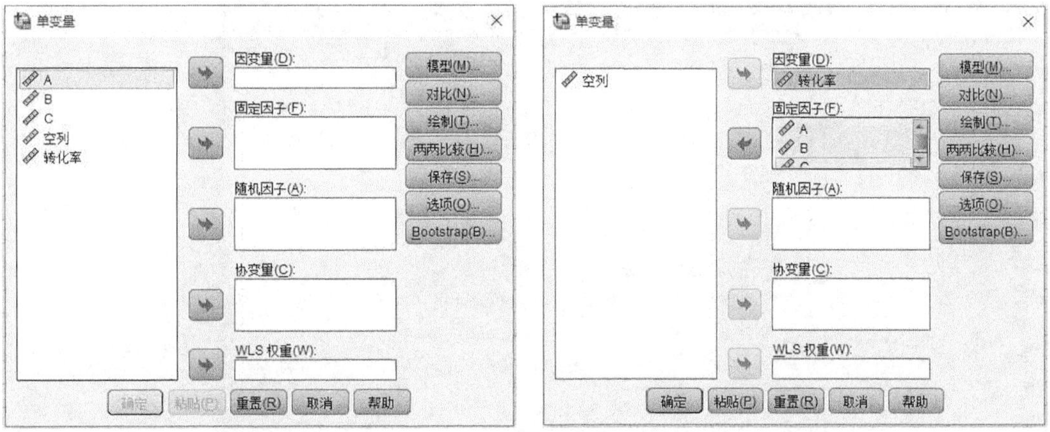

A　　　　　　B

图 7-11　“单变量”对话框

（4）点击“单变量”对话框中的“模型”，打开“单变量：模型”子对话框，如图 7-12 所示。在此对话框中选择“设定”，将左边“A”“B”和“C”通过中间箭头选入右侧栏中，然后点击“继续”，返回“单变量”对话框。

图 7-12　“单变量：模型”子对话框

（5）点击“单变量”对话框中的“两两比较”，打开“两两比较”子对话框，如图 7-13 所示。将左栏中“A”“B”和“C”选入右栏中，再勾选“Duncan（D）”，然后点击“继续”返回到“单变量”对话框。

（6）点击“确定”，完成设置，输出统计分析结果。结果整理见表 7-59。

2. 结果分析

由表 7-59 正交试验方差分析结果可知，F_A=34.333，F_B=6.333，F_C=13.000，因素 A 的显著性概率 P=0.028 小于 0.05，因素 B 和 C 的显著性概率均大于 0.05，表明因素 A 对试验结果有显著影响，因素 B 和 C 对试验结果影响不显著。根据 F 大小可判断因素影响的主次顺序为 $A>C>B$。

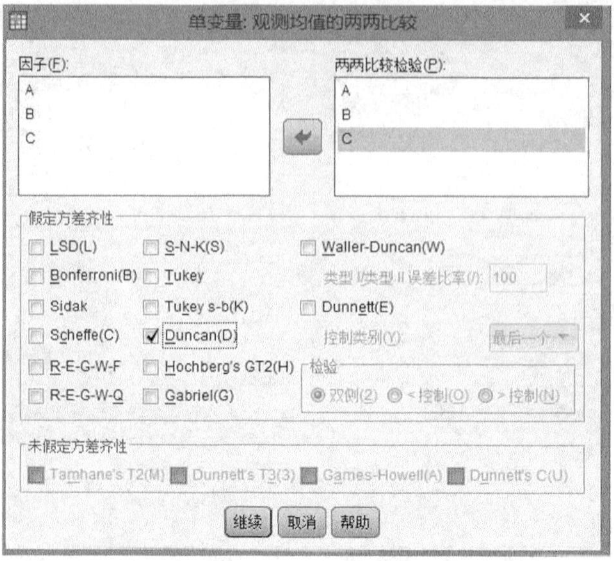

图 7-13 “单变量：两两比较”子对话框

表 7-59　正交试验方差分析结果

变异来源	平方和	自由度	均方	F	Sig.
反应温度 A	618	2	309	34.333	0.028
反应时间 B	114	2	57	6.333	0.136
用碱量 C	234	2	117	13.000	0.071
误差 e	18	2	9		
总和	984	8			

表 7-60　因素 A 对转化率影响的 Duncan 多重比较结果

A	N	子集	
		1	2
1	3	41.00	
2	3	48.00	
3	3		61.00
Sig.		0.104	1.000

Duncan 法多重比较结果（表 7-60～表 7-62）显示，因素 A 的第 3 水平最好；因素 B 三个水平之间差异不显著，但第 2 水平对应转化率较高；因素 C 虽然在 0.05 水平不显著，但在 0.1 水平显著，其对应的第 2 水平转化率最高，因此组合 $A_3B_2C_2$ 为优化试验组合。对于因素 B，其为次要影响因素，且三个处理差异不显著，所以也可根据方便性、经济性等选取优水平。

表 7-61　因素 B 对转化率影响的 Duncan 多重比较结果

B	N	子集
		1
1	3	47.00
3	3	48.00
2	3	55.00
Sig.		0.076

表 7-62　因素 C 对转化率影响的 Duncan 多重比较结果

C	N	子集	
		1	2
1	3	45.00	
3	3	48.00	48.00
2	3		57.00
Sig.		0.345	0.067

7.6.2　有重复正交试验结果的方差分析

【例 7-18】 为了提高炒青绿茶的品质，研究了采摘期 A、鲜叶处理方法 B、制茶工艺 C 和贮存环境 D 4 个因素对茶叶感官质量的影响，每个因素选取 3 个水平，选用正交表 $L_9(3^4)$ 安排试验，每个水平组合试验重复 2 次。试验方案及结果见表 7-63，试对试验结果进行方差分析。

表 7-63　绿茶品质试验结果

试验号	采摘期 A	鲜叶处理方法 B	制茶工艺 C	贮存环境 D	品质评分 1	品质评分 2
1	1	1	1	1	78.9	78.1
2	1	2	2	2	77.0	77.0
3	1	3	3	3	77.5	78.5
4	2	1	2	3	80.1	80.9
5	2	2	3	1	77.6	78.4
6	2	3	1	2	78.0	79.0
7	3	1	3	2	76.7	76.3
8	3	2	1	3	81.3	82.7
9	3	3	2	1	79.5	78.5

1. 操作步骤

（1）打开 SPSS 软件，定义变量，输入数据，如图 7-14 所示。注意重复试验结果整理成一列输入。

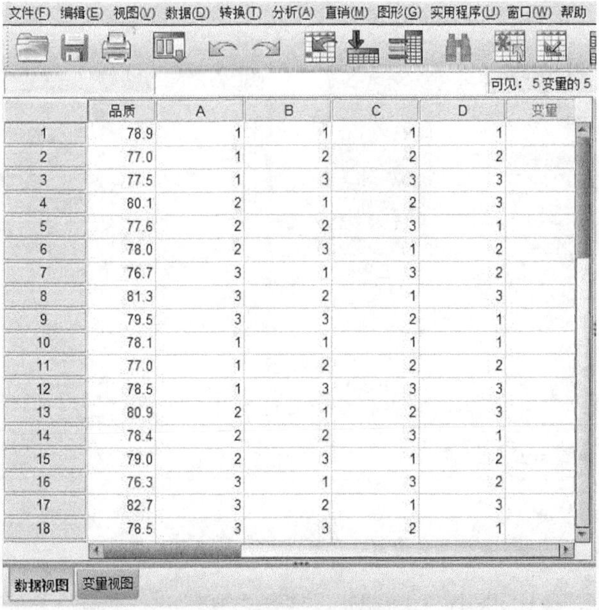

图 7-14　数据输入界面

（2）点击“分析→一般线性模型→单变量”，进入“单变量”对话框，如图 7-15 和图 7-16A 所示。

图 7-15　SPSS 软件数据编辑窗口

（3）将左边“品质”变量选入右边“因变量”，“A”“B”“C”和“D”选入“固定因子”，如图 7-16B 所示。

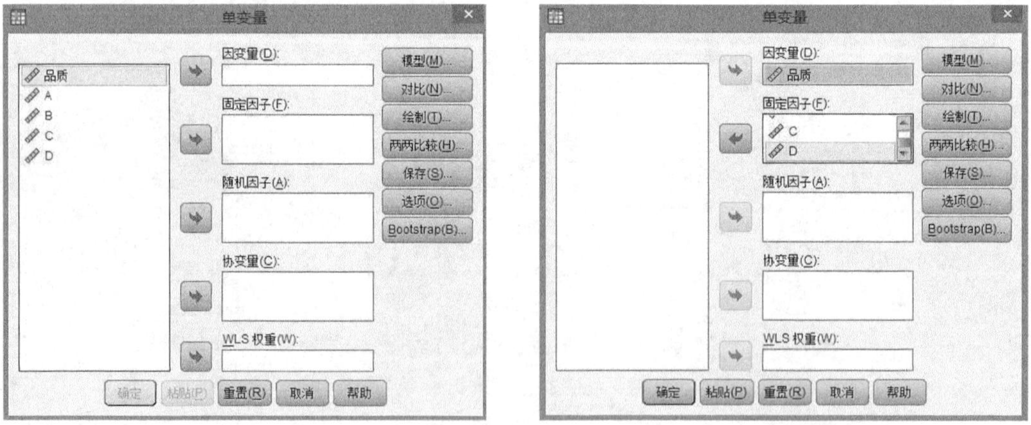

A　　　　　　　　　　B

图 7-16　“单变量”对话框

（4）点击“单变量”对话框中的“模型”，打开“单变量：模型”子对话框，如图7-17 所示。在此对话框中选择“设定”，将左边“A”“B”“C”和“D”通过中间的箭头选入右侧栏中，然后点击“继续”，返回到“单变量”对话框。

（5）点击“单变量”对话框中的“两两比较”，打开“单变量：观测均值的两两比较”子对话框，如图 7-18 所示。将左栏中“A”“B”“C”和“D”选入右栏中，再勾选“Duncan（D）”，然后点击“继续”返回到“单变量”对话框。

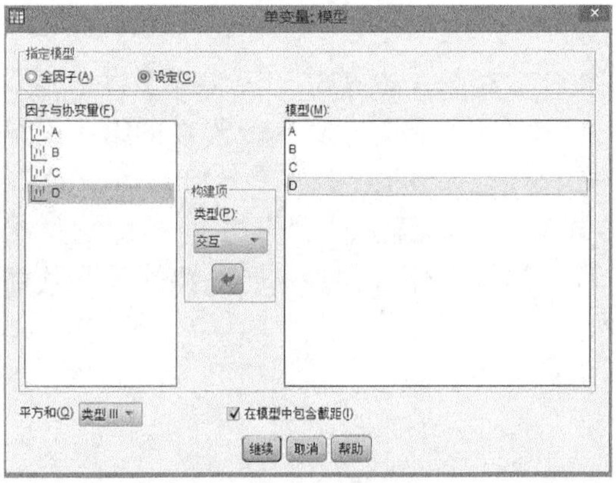

图 7-17　“单变量：模型”子对话框

图 7-18　“单变量：观测均值的两两比较”子对话框

（6）点击“确定”，完成设置，输出统计分析结果。统计分析结果整理见表 7-64。

表 7-64　正交试验方差分析初步结果

变异来源	平方和	自由度	均方	F	显著性概率
采摘期 A	6.333	2	3.167	8.097	0.010
鲜叶处理方法 B	1.000	2	0.500	1.278	0.325
制茶工艺 C	14.333	2	7.167	18.324	0.001
贮存环境 D	24.333	2	12.167	31.108	0.000
误差 e	3.520	9	0.391		
总和	49.520	17			

2. 结果分析

正交试验初步方差分析结果（表 7-64）显示，F_A=8.097，F_B=1.278，F_C=18.324，F_D=31.108，因素 A、因素 C、因素 D 对茶叶品质影响的显著性概率均小于 0.05（P_A= 0.010，P_C= 0.001，P_D= 0.000），因素 B 影响的显著性概率大于 0.05（P_B= 0.325），表明贮存环境、制茶工艺、采摘期三个因素对茶叶品质有显著影响，而鲜叶处理方法对茶叶品质影响不显著。进一步分析可以看出 MS_B=0.500＜$2MS_e$= 0.782，所以为提高显著检验精度，可考虑将 B 因素的影响归并入误差，并重新进行分析，结果见表 7-65。可以看出，因素 A、因素 C 和因素 D 对绿茶品质有极显著影响，因素 B 对茶叶品质影响不显著。因素影响的主次顺序是 D>C>A>B。

表 7-65　正交试验方差分析最终结果

变异来源	平方和	自由度	均方	F	显著性概率
采摘期 A	6.333	2	3.167	7.706	0.008
制茶工艺 C	14.333	2	7.167	17.441	0.000

续表

变异来源	平方和	自由度	均方	F	显著性概率
贮存环境 D	24.333	2	12.167	29.609	0.000
误差 e	4.520	11	0.411		
总和	49.520	17			

表 7-66　采摘期 A 对绿茶品质影响的 Duncan 多重比较结果

A	N	子集	
		1	2
1	6	77.8333	
2	6		79.0000
3	6		79.1667
Sig.		1.000	0.661

多重比较结果（表 7-66～表 7-68）显示，采摘期 A 的第 3 水平最好，制茶工艺 C 的第 1 水平最好，贮存环境 D 的第 3 水平最好，即 $A_3C_1D_3$ 为最佳试验组合。鲜叶处理方法 B 的影响是次要的，可根据其操作方便性、经济性等选取其优水平。

表 7-67　制茶工艺 C 对绿茶品质影响的 Duncan 多重比较结果

C	N	子集		
		1	2	3
3	6	77.5000		
2	6		78.8333	
1	6			79.6667
Sig.		1.000	1.000	1.000

表 7-68　贮存环境 D 对绿茶品质影响的 Duncan 多重比较结果

D	N	子集		
		1	2	3
2	6	77.3333		
1	6		78.5000	
3	6			80.1667
Sig.		1.000	1.000	1.000

7.6.3　有交互作用正交试验结果的方差分析

【例 7-19】 为降低冬枣贮藏过程中的腐烂率，提高冬枣贮藏保鲜质量，研究了贮藏条件对腐烂率的影响。试验因素有贮藏时间 A、贮藏环境相对湿度 B 和氧气浓度 C 三个，每个因素选取 2 个水平，要求考虑这三个因素及其交互作用 $A \times B$、$A \times C$、$B \times C$、$A \times B \times C$ 对腐烂率的影响。选用 $L_8(2^7)$ 正交表安排试验，试验结果见表 7-69，试对试验结果进行统计分析。

表 7-69　冬枣贮藏试验结果

试验号	贮藏时间 A	贮藏环境相对湿度 B	$A \times B$	氧气浓度 C	$A \times C$	$B \times C$	$A \times B \times C$	腐烂率/%
1	1	1	1	1	1	1	1	7.7
2	1	1	1	2	2	2	2	6.1
3	1	2	2	1	1	2	2	6.0
4	1	2	2	2	2	1	1	17.7
5	2	1	2	1	2	1	2	17.3
6	2	1	2	2	1	2	1	10.5

续表

试验号	贮藏时间 A	贮藏环境相对湿度 B	$A\times B$	氧气浓度 C	$A\times C$	$B\times C$	$A\times B\times C$	腐烂率/%
7	2	2	1	1	2	2	1	13.3
8	2	2	1	2	1	1	2	16.2
K_1	37.5	41.6	43.3	44.3	40.4	58.9	49.2	
K_2	57.3	53.2	51.5	50.5	54.4	35.9	45.6	
$\bar{K}_1$	9.38	10.40	10.83	11.08	10.10	14.73	12.30	
$\bar{K}_2$	14.33	13.30	12.88	12.63	13.60	8.98	11.40	
R	4.95	2.90	2.05	1.55	3.50	5.75	0.90	

这是一个无重复的三因素二水平正交试验。极差结果分析表明，影响冬枣腐烂率的因素主次顺序为 $B\times C>A>A\times C>B>A\times B>C>A\times B\times C$，由于交互作用 $B\times C$ 影响最大，为主要因素，而 $A\times B$、C、$A\times B\times C$ 影响较小，可以忽略，可用于试验误差估计来进行方差分析。

1. 操作步骤

（1）打开 SPSS 软件，定义变量，输入数据，如图 7-19 所示。“AB”“AC”“BC”和“ABC”在此仅分别表示交互作用 $A\times B$、$A\times C$、$B\times C$ 和 $A\times B\times C$。

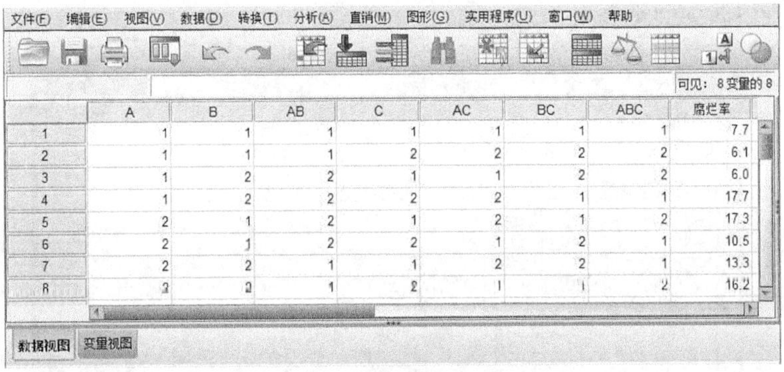

图 7-19　数据输入界面

（2）点击“分析→一般线性模型→单变量”，进入单变量对话框，如图 7-20 和图 7-21A 所示。

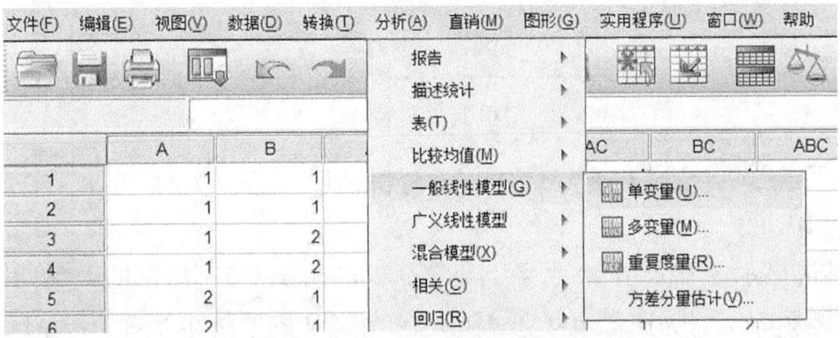

图 7-20　SPSS 软件数据编辑窗口

（3）将左边“腐烂率”变量选入右边“因变量”，“A”“B”“AC”和“BC”选入“固定因子”，将极差较小的 *A*B、*C* 和 *ABC* 三列用于估算试验误差，不必选入。如图 7-21B 所示。

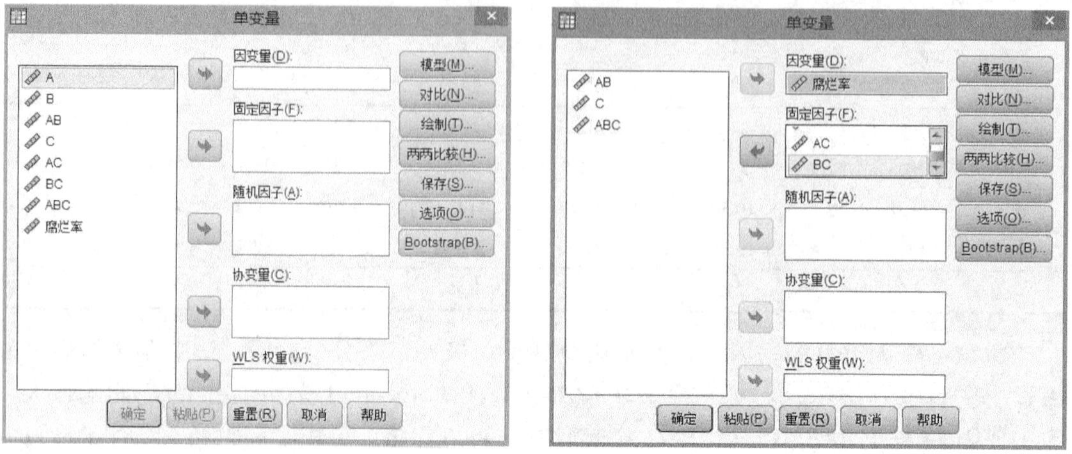

A　　　　　　　　B

图 7-21　“单变量”对话框

（4）点击“单变量”对话框中的“模型”，打开“单变量：模型”子对话框，如图 7-22 所示。在此对话框中选择“设定”，将左边“A”“B”“AC”和“BC”选入右侧栏中，然后点击“继续”，返回到“单变量”对话框。

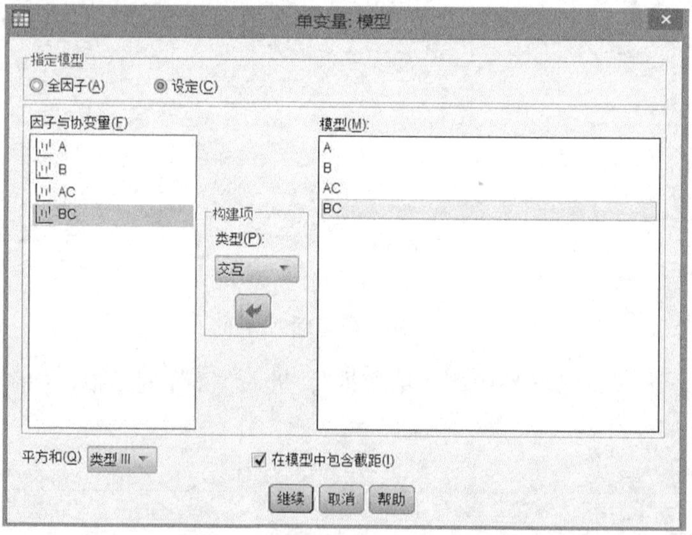

图 7-22　“单变量：模型”子对话框

（5）点击“确定”，完成设置，输出统计分析结果，见表 7-70。

2. 结果分析

表 7-70 结果显示 *A* 在 α=0.10 水平上显著，$B\times C$ 在 α=0.05 水平上显著，其余因素影响均不显著。因素影响的主次顺序是 $B\times C > A > A\times C > B$。*A* 因素优水平为 A_1，对于 *B*、*C* 因素作二元表来选取优组合，如表 7-71 所示。因试验指标腐烂率要越小越好，故选定 B_1C_2 为优组

合。综上分析，$A_1B_1C_2$为贮藏冬枣的理想条件。

表 7-70　正交试验结果的方差分析

变异来源	平方和	自由度	均方	F	显著性概率
贮藏时间 A	49.005	1	49.005	9.913	0.051
贮藏环境相对湿度 B	16.820	1	16.820	3.403	0.162
$A\times C$	24.500	1	24.500	4.956	0.112
$B\times C$	66.125	1	66.125	13.377	0.035
误差 e	14.830	3	4.943		
总和	171.280	7			

表 7-71　因素 B 和 C 的二元表

B	C	
	1	2
1	$\frac{7.7+17.3}{2}=12.5$	$\frac{6.1+10.5}{2}=8.3$
2	$\frac{6.0+13.3}{2}=9.65$	$\frac{17.7+16.2}{2}=16.95$

习　　题

1．什么是正交试验设计，有哪些特点？

2．简述正交试验设计的基本步骤。

3．什么是表头设计？进行表头设计时应注意哪些问题？

4．某试验考察 A、B、C 三个因素，每个因素均有三个水平，且要求考察交互作用 $A\times B$、$A\times C$、$B\times C$，试选择正交表，完成表头设计。

5．某试验考察 A、B、C、D、E 5 个因素，每个因素均取两个水平，且要求考察交互作用 $A\times B$、$A\times C$、$B\times E$、$D\times E$，试完成表头设计。

6．为了提高某化工产品的转化率，选择反应温度 A、加碱量 B、催化剂种类 C 为试验因素，试验方案及结果见下表，试做极差分析。

处理号	反应温度/℃ A	加碱量/kg B	催化剂种类 C	空列	转化率/%
1	1（80）	1（35）	1（甲）	1	31
2	1	2（48）	2（乙）	2	54
3	1	3（55）	3（丙）	3	38
4	2（85）	1	2	3	53
5	2	2	3	1	49
6	2	3	1	2	42
7	3（90）	1	3	2	57
8	3	2	1	3	62
9	3	3	2	1	64

7. 利用 $L_8(2^7)$ 正交表来优化果汁生产工艺条件，以出汁率为指标，试验方案及结果见表，试做方差分析。

试验号	A (1)	B (2)	A×B (3)	C (4)	空列 (5)	D (6)	E (7)	出汁率/%
1	1	1	1	1	1	1	1	86
2	1	1	1	2	2	2	2	95
3	1	2	2	1	1	2	2	91
4	1	2	2	2	2	1	1	94
5	2	1	2	1	2	1	2	91
6	2	1	2	2	1	2	1	96
7	2	2	1	1	2	2	1	83
8	2	2	1	2	1	1	2	88

8. 正交试验结果方差分析与极差分析优缺点是什么?

9. 正交试验方差分析中误差平方和的计算应注意什么?

第 8 章　均匀试验设计

8.1　均匀试验设计的基本概念

均匀试验设计法（uniform experimental design）是一种部分试验设计方法，也称均匀设计（uniform design，UD），它是由方开泰教授和王元教授在 1978 年共同提出的。与其他试验设计方法相比，均匀设计更适合于水平数较多的多因素试验设计，不仅能大大减少试验次数，而且能保证试验点均匀分散在整个试验范围内，从而能有效地进行后续的回归分析和寻优，这是传统的“优选法”和“正交设计”所不具有的特点。“优选法”是基于单变量的最优化方法，即假定所研究的问题中只有一个因素起作用，这种情况在实际问题中几乎是没有的。“正交设计”的基础是拉丁方理论，适合于设计多因素的试验，其试验次数相对于全面试验中各因素各水平的所有组合数来说是大大地减少了，但在因素水平数较多时，正交设计的试验次数规模依然较大，特别是对于试验成本较高的科学或工业试验来说，仍需要寻找能使试验次数进一步减少的试验设计方法，这也是均匀设计最初被提出的动因。

试验设计方法虽然有很多种，但本质上都是在试验范围内挑选有代表性的试验点。正交设计是根据正交性准则来挑选代表点，使得这些点能反映试验范围内各因素和试验指标的关系。正交设计所挑选的代表点有均匀分散、整齐可比两个特点。“均匀分散”使得试验点有代表性；“整齐可比”便于试验数据的分析。若在一项试验中有 s 个因素，每个因素各有 q 个水平，用正交试验设计法安排试验，为了保证“整齐可比”的特点，由于任意两个因素的所有水平之间要两两相遇一次，因此至少要做 q^2 次试验。当 q 较大时，q^2 将更大，使试验工作量非常巨大。若要进一步减少试验的次数，只有去掉“整齐可比”的要求。均匀设计就是只考虑试验点在试验范围内充分“均匀分散”而不考虑“整齐可比”，因此它的试验点的分布均匀性比正交设计试验点的均匀性更好，使试验点具有更好的代表性。由于这种方法不再考虑正交设计中为“整齐可比”而设置的试验点，因而大大减少了试验次数，这是均匀试验设计法的最大优势。

采用均匀设计，每个因素的每个水平仅做一次试验，因而试验次数与最高水平数相等。当水平数增加时，试验数仅随水平数的增加而增加。例如，当因素的水平数 q=8 时，若采用正交设计，试验次数至少为 q^2=64，而采用均匀设计仅需做 8 次试验。

此外，正交设计中的“整齐可比”原则使试验结果的分析十分方便，易于估计各因素的主效应和部分交互效应，从而可分析各因素对试验指标的影响大小和变化规律。由于均匀设计不再考虑正交试验的整齐可比性，因此其试验结果的处理要采用回归分析方法——线性回归或多项式回归分析，对于交互关系较多的还需用逐步回归等筛选变量的技巧，这样导致了计算量将会很大，常常需要借助计算机来完成。回归分析时可对所建立的模型中各因素进行回归显著性检验，根据因素偏回归平方和的大小确定该因素对回归的重要性，当因素间无相关关系时，因素偏回归平方和的大小也体现了它对试验指标影响的重要性。

8.2 均匀设计表

均匀设计与正交试验设计相似，也是利用一套精心设计的表格来安排试验的。均匀设计所用的表格称为均匀设计表（table of uniform design），它是根据数论在多维数值积分中的应用原理构造的，是均匀设计的基本工具，分为等水平和不等水平两种。

8.2.1 等水平均匀设计表

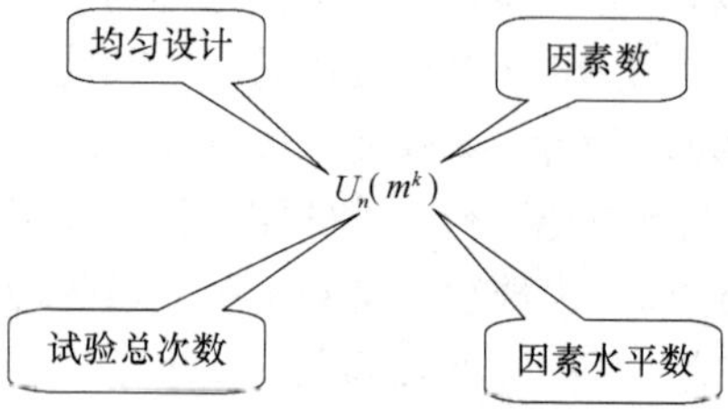

图 8-1 U_n（m^k）的意义

等水平均匀设计表用 U_n（m^k）或 U_n^*（m^k）表示。各符号的意义如图 8-1 所示。

表 8-1～表 8-3 为均匀设计表。U_8^*（8^5）表示要做 8 次试验，每个因素有 8 个水平，可最多安排 5 个因素。附表 10 为常用均匀设计表。均匀设计表符号右上角加“*”和不加“*”代表两种不同类型的均匀设计表，加“*”的均匀设计表有更好的均匀性，试验设计时优先选用。

表 8-1 U_8^*（8^5）

试验号	列号				
	1	2	3	4	5
1	1	2	4	7	8
2	2	4	8	5	7
3	3	6	3	3	6
4	4	8	7	1	5
5	5	1	2	8	4
6	6	3	6	6	3
7	7	5	1	4	2
8	8	7	5	2	1

表 8-2 U_9（9^5）

试验号	列号				
	1	2	3	4	5
1	1	2	4	7	8
2	2	4	8	5	7
3	3	6	3	3	6
4	4	8	7	1	5
5	5	1	2	8	4
6	6	3	6	6	3
7	7	5	1	4	2
8	8	7	5	2	1
9	9	9	9	9	9

每个均匀设计表都附有一个使用表，它指示我们如何从设计表中选用适当的列，同时说明由这些列所组成的试验方案的均匀度。表 8-4、表 8-5 和表 8-6 分别是 U_8^*（8^5）、U_9（9^5）和 U_9^*（9^4）的使用表。例如，由表 8-4 可见，选用 U_8^*（8^5）设计 8 水平试验时，若有两个因素，应选用 1、3 两列来安排试验；若有三个因素，应选用 1、3、4 三列；使用表中的最后一列表示衡量均匀性的偏差（discrepancy），偏差值越小，表示均匀性越好。例如，通过表 8-5 和表 8-6 可以知道，选用 U_9（9^5）或 U_9^*（9^4）设计

表 8-3 U_9^*（9^4）

试验号	列号			
	1	2	3	4
1	1	3	7	9
2	2	6	4	8
3	3	9	1	7
4	4	2	8	6
5	5	5	5	5
6	6	8	2	4
7	7	1	9	3
8	8	4	6	2
9	9	7	3	1

9 水平试验时，若有三个因素，对于 $U_9(9^5)$ 应选用 1、3、4 三列来安排试验，其偏差 D=0.3102；对于 $U_9^*(9^4)$ 则应选用 2、3、4 三列来安排试验，其偏差 D=0.1980，偏差值小，均匀度好，应优先考虑采用。

表 8-4　$U_8^*(8^5)$ 的使用表

因素数	列号				偏差 D
2	1	3			0.1445
3	1	3	4		0.2000
4	1	2	3	5	0.2709

当试验数 n 为奇数时，通常 U_n 表比 U_n^* 表能安排更多的因素。当因素个数 s 较大且水平数为奇数时，超过 U_n^* 表的使用范围时可采用 U_n 表。

表 8-5　$U_9(9^5)$ 的使用表

因素数	列号				偏差 D
2	1	3			0.1944
3	1	3	4		0.3102
4	1	2	3	5	0.4066

表 8-6　$U_9^*(9^4)$ 的使用表

因素数	列号			偏差 D
2	1	2		0.1574
3	2	3	4	0.1980

等水平均匀设计表具有以下特点。

（1）每个因素的每个水平做一次且仅做一次试验。

（2）任两个因素的试验点绘制在平面网格上，每行、每列有且仅有一个试验点。如表 $U_8^*(8^5)$ 的第 1 列和第 3 列点构成图 8-2A。

性质（1）和（2）反映了均匀设计试验安排的“均衡性”。

（3）均匀设计表任两列组成的试验方案一般并不等价。例如，用表 $U_8^*(8^5)$ 的 1、3 和 1、5 列组合试验点分别画图，得图 8-2A 和图 8-2B。可以看出，A 中试验点的分布比 B 的均匀性好。因此，使用均匀设计表时不能随意选列，而应当选择均匀性比较好的列。具体设计时应按等水平均匀设计表的使用表来安排试验因素，使用表可以帮助我们在进行均匀设计时进行选列来安排各个因素。

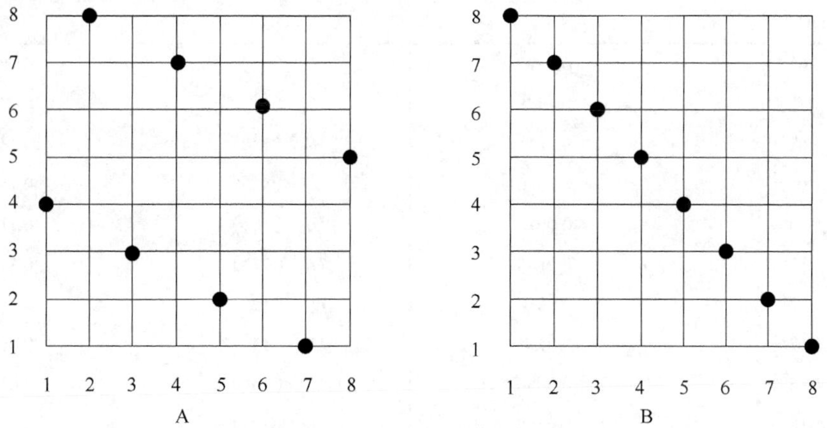

图 8-2　均匀设计试验点的散布情况

（4）等水平均匀设计表的试验次数与该表的水平数相等。当因素的水平数增加时，均匀设计的试验次数按水平数的增加而增加。例如，当水平数从 8 水平增加到 9 水平时，试验数 n 也从 8 增加到 9。而对于等水平正交试验，当水平增加时，试验次数按水平数的平方比例在增加。当水平数从 8 增加到 9 时，试验次数将从 64 增加到 81。可见，均匀设计中增加因素水平时，仅使试验工作量稍有增加，这是均匀设计的最大优点。

（5）水平数为奇数的均匀设计表和水平数为偶数的设计表之间具有确定的关系。将奇数表划去最后一行，就得到水平数比原奇数表少 1 的偶数表；相应的，试验次数也减少，而使用表不变。例如，U_9（9^5）划去最后一行，就得到了 U_8^*（8^5），其使用表不变（但相应的偏差值会改变）。所以，试验次数 n 为奇数时，U_n 表通常比 U_n^* 表能安排更多的因素；而 U_n^* 表比 U_n 表有更好的均匀性，应优先选用。

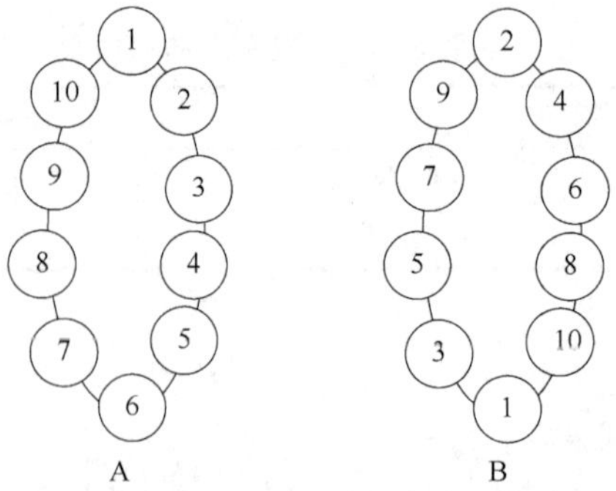

图 8-3　均匀设计表 U_9（9^5）前两列因素水平的次序

（6）均匀设计表中各列的因素水平不能像正交表那样可以任意改变次序，而只能按照原来的顺序进行平滑。即将原来最后一个水平与第一个水平衔接起来，组成 1 个封闭圈，然后从任一处开始定为第一水平，按顺时针或逆时针方向，排出第二水平、第三水平，依此类推。如图 8-3A 和 B，分别表示均匀设计表 U_{10}^*（10^8）第一列和第二列的因素水平的平滑。

（7）当试验次数相同时，均匀设计比正交设计均匀性要好得多。这是由于试验数给定时，正交设计的水平数会相对很少，导致偏差会增大。当水平数相同时，正交设计的偏差会较小，但两者相差不大，如表 8-7 所示，但此时相应的正交设计的试验次数会很多。当偏差相近时，均匀设计的试验次数比正交设计可节省四至十几倍。

表 8-7　水平数相同时正交设计与均匀设计偏差的比较

正交设计 OD	偏差 D	均匀设计 UD	偏差 D
L_{36}（6^2）	0.1597	U_6^*（6^2）	0.1875
L_{49}（7^2）	0.1378	U_7^*（7^2）	0.1582
L_{64}（8^2）	0.1211	U_8^*（8^2）	0.1445
L_{81}（9^2）	0.1080	U_9^*（9^2）	0.1574
L_{100}（10^2）	0.0975	U_{10}^*（10^2）	0.1125
L_{121}（11^2）	0.0888	U_{11}^*（11^2）	0.1136
L_{144}（12^2）	0.0816	U_{12}^*（12^2）	0.1163
L_{169}（13^2）	0.0754	U_{13}^*（13^2）	0.0962
L_{225}（15^2）	0.0656	U_{15}^*（15^2）	0.0833
L_{324}（18^2）	0.0548	U_{18}^*（18^2）	0.0779

8.2.2　不等水平均匀设计表

不等水平均匀设计表用于安排因素水平不相同的均匀试验，其一般形式为 U_n（$m_1^{k_1}\times$

$m_2^{k_2} \times m_3^{k_3}$)，式中 n 为试验总次数，m_1、m_2、m_3 为列的水平数，k_1、k_2、k_3 分别代表水平数为 m_1、m_2、m_3 的列的数目。

不等水平均匀设计表是从等水平的均匀设计表利用拟水平的方法得到的，现举例说明。

例如，某试验考察 A、B、C 三个因素，其中 A 因素设定 9 个水平，B 和 C 因素仅设定 3 个水平，这个试验直接用等水平均匀表设计当然不行，但可采用拟水平法对等水平均匀设计表进行改造。

首先初步选定 $U_9^*(9^4)$ 表来设计试验（表 8-3）。根据其使用表（表 8-6）选择 $U_9^*(9^4)$ 的第 2、3、4 列分别安排 A、B、C 三因素。由于因素 B、C 仅为三水平，所以将 B、C 列的水平做如下改造，

$$\{1, 2, 3\}\to 1, \{4, 5, 6\}\to 2, \{7, 8, 9\}\to 3$$

这样，便得到了混合水平设计表 $U_9(9\times 3^2)$，见表 8-8。该表的均衡性很好，没有重复试验，B 和 C 列恰恰构成双因素的全面试验方案。

但不一定每次拟水平设计的均衡性都好。例如，某试验考察 A、B、C 三个因素，A、B 为 5 个水平，C 为 2 个水平，用均匀设计安排试验。假设选用 $U_{10}(10^{10})$ 均匀设计表来安排，由使用表可知应选 1、5、7 三列。现将第 1、5 列的水平做如下改造：

$$(1, 2)\to 1, (3, 4)\to 2, (5, 6)\to 3, (7, 8)\to 4, (9, 10)\to 5$$

第 7 列的水平做如下改造：

$$(1, 2, 3, 4, 5)\to 1, (6, 7, 8, 9, 10)\to 2$$

这样，便得到表 8-9 所示的混合水平均匀设计表。

表 8-8 $U_9(9\times 3^2)$

试验号	列号		
	2（A）	3（B）	4（C）
1	3	（7）3	（9）3
2	6	（4）2	（8）3
3	9	（1）1	（7）3
4	2	（8）3	（6）2
5	5	（5）2	（5）2
6	8	（2）1	（4）2
7	1	（9）3	（3）1
8	4	（6）2	（2）1
9	7	（3）1	（1）1

表 8-9 $U_{10}(5^2\times 2^1)$

试验号	列号		
	1（A）	5（B）	7（C）
1	（1）1	（5）3	（7）2
2	（2）1	（10）5	（3）1
3	（3）2	（4）2	（10）2
4	（4）2	（9）5	（6）2
5	（5）3	（3）2	（2）1
6	（6）3	（8）4	（9）2
7	（7）4	（2）1	（5）1
8	（8）4	（7）4	（1）1
9	（9）5	（1）1	（8）2
10	（10）5	（6）3	（4）1

由表 8-9 可以看出，其均衡性不理想。在第 1 列和第 7 列的水平组合中，有两个（2，2），但没有（2，1）；有两个（4，1），但没有（4，2）。但同样的试验，若选用 $U_{10}(10^{10})$ 表的 1、2、5 三列进行拟水平改造，可以获得表 8-10 的均匀表 $U_{10}(5^2\times 2^1)$，表 8-10 具有很好的均衡性。由此可见，用拟水平法构造混合水平均匀设计表时，为使生成的混合水平表有较好的均衡性，不能按使用表的指示选择列，应当通过比较确定选用哪些列去生成混合水平表。

表 8-10　U_{10}（$5^2 \times 2^1$）

试验号	列号			试验号	列号		
	1（A）	2（B）	5（C）		1（A）	2（B）	5（C）
1	（1）1	（2）1	（5）1	6	（6）3	（1）1	（8）2
2	（2）1	（4）2	（10）2	7	（7）4	（3）2	（2）1
3	（3）2	（6）3	（4）1	8	（8）4	（5）3	（7）2
4	（4）2	（8）4	（9）2	9	（9）5	（7）4	（1）1
5	（5）3	（10）5	（3）1	10	（10）5	（9）5	（6）2

为了使用方便，附表 11 给出了常用的混合水平表的构造方法，按照附表的指示，生成的混合水平均匀设计表的均衡性为最好。当要构造的混合水平表在附表中查不到时，只好按使用表的指示去构造。当然，这样得到的混合水平表，其均衡性并不一定是最好的。

8.3　均匀试验设计的基本方法

均匀试验设计的基本步骤与正交试验设计一样，包括试验方案设计与结果分析两部分。

8.3.1　试验方案设计

1. 根据试验目的确定试验指标

由试验研究出发，根据试验目的选定可以衡量试验效果的变量作为指标，即试验指标。

2. 选择试验因素

根据专业知识、以往研究结论和经验，筛选可能对试验指标有影响的变量作为试验因素。

3. 确定因素水平

进行均匀设计时，试验范围要尽可能宽一些，以防止最佳条件的遗漏。每个因素的水平可适当多取一些，使试验点分布更均匀，若某个或某些因素多取水平有困难，可以少取几个水平，各因素的水平数可以不一样。

4. 选择均匀设计表

选择均匀设计表是均匀设计关键的一步，应根据欲研究的因素数和试验次数来选择。均匀设计方案没有整齐可比性，试验结果的分析需用多元回归分析法进行，找出描述多个因素（x_1，x_2，…，x_k）与响应值 y 间的回归关系。若各因素 x 与响应值 y 之间的关系是线性的，那么回归方程为

$$y = b_0 + b_1x_1 + b_2x_2 + b_3x_3 + \cdots + b_mx_m$$

要求出这 m 个（不包括 b_0，b_0 可由这 m 个回归系数求出）回归系数 b_i（i=1，2，…，m），就要列出 m 个方程。为了对求得的方程进行检验，还要增加一次试验，共需 m+1 次试验，应选择试验次数 n 大于或等于 m+1 的均匀设计表。由于方程是线性的，方程个数 m 就是因素个数 k。

当各因素与响应值的关系为非线性时，或因素间存在交互作用时，可建立多元高次方程。例如，各因素与响应值均为二次关系时，回归方程为

$$y = b_0 + \sum_{i=1}^{k} b_i x_i + \sum_{i=1, j=1, i \neq j}^{T} b_T x_i x_j + \sum_{i=1}^{k} b_i x_i^2$$

$$T = \frac{k(k-1)}{2}$$

其中，x_ix_j 反映因素间的交互效应，x_i^2 反映因素二次项的影响。回归方程中的回归系数（不计常数项 b_0）总计为

$$m = k + k + \frac{k(k-1)}{2}$$

式中，k 为因素个数，最后一项为交互作用项个数。这就是说，为了求得二次项和交互作用项，必须选用试验次数大于回归方程系数总数的均匀设计表。如考察三个因素时，若各因素与响应值为线性关系，回归方程系数与因素个数相同，即 m=3，可选用试验次数为 5 的 U_5（5^4）表安排试验；当各因素的二次项对响应值也有影响时，回归方程的系数是因素数的 2 倍，即 m=2k=6，试验次数应大于 m，所以至少应选用 U_7（7^6）表安排试验；如果因素之间的交互作用也要考虑，回归方程的系数个数 m 可由公式计算得 m=9，试验次数应大于 9，所以至少选用 U_{10}（10^{10}）表安排试验。由此可见，因素的多少和因素次方的大小直接影响试验工作量。为了尽量减少试验次数，在安排试验之前，应该根据专业知识判断一下各因素对响应值影响的大致情况，各因素之间是否存在交互作用，删去影响不显著的因素和影响小的交互作用项及二次项，以便减少回归方程的系数，从而减少试验次数。

若各个因素的水平不全部相等时，则选用混合水平均匀设计表设计试验。

5. 制定试验方案

均匀设计表选定以后，若为等水平表，则根据因素个数在使用表上查出可安排因素的列号，再根据各因素的重要程度，依次排在表上。通常先安排重要的，希望首先了解的因素；若为混合水平均匀设计表，则按水平把各因素分别安排在具有相应水平的列中。各因素所在列确定后，将安排有因素的各列水平代码换成相应因素的具体水平值，即得到试验设计方案。

有时均匀设计表的水平数多于设置的水平数，如 U_{12}（12^{11}）的水平数为 12，而因素只设置 6 个水平就足够了，这时可采用拟水平的方法安排试验，将设置的每个水平重复一次排入所用的均匀设计表中。

尚须指出，在均匀设计中，均匀设计表中的空列（没有安排因素的列，应删除）既不能用于考察交互作用，也不能用于试验误差估计。

8.3.2　试验结果分析

由于均匀设计的试验点没有整齐可比性，因此试验结果的分析不能采用方差分析法，常采用直观分析法和回归分析法。

1. 直观分析法

如果试验目的只是为了寻找一个较优的工艺条件，而又缺乏计算工具时，可以采用直观分析法。即从已做的试验点中挑一个试验指标最好的试验点，该点相应的因素水平组合即为欲寻找的较优工艺条件。由于均匀设计的试验点充分均匀分布，因此由已做的试验点中筛选出的优化工艺条件与在整个试验范围内通过全面试验寻找的优化工艺条件逼近。这个方法虽然看起来粗糙，但大量实践证明，它是十分有效的方法。

2. 回归分析法

在条件允许的情况下，均匀设计的试验结果分析最好采用回归分析法。通过对试验结果进行回归分析，可解决如下问题。

（1）建立了反映各试验因素与试验指标之间关系的回归方程。

（2）由标准回归系数的绝对值大小、偏回归平方和大小或偏回归系数显著性检验结果，可判断出试验因素对试验指标影响的主次顺序。

（3）根据回归方程的极值点可以得出优化工艺条件。

有关回归分析方法参见第 5 章的内容。

8.4 均匀试验设计的应用实例

【例 8-1】 用发酵法生产肌苷，培养基由葡萄糖、尿素、酵母粉、玉米浆、硫酸铵、磷酸氢二钠、氯化钾、硫酸镁和硫酸钙等成分组成，现欲通过均匀试验确定最佳培养基配方。

8.4.1 试验方案设计

（1）确定试验指标。根据本试验的研究目的，选择发酵产生的肌苷量（mg/mL）作为试验指标，试验指标越大越好。

（2）确定试验因素。根据专业知识和有关资料，选定葡萄糖浓度、尿素浓度、酵母浓度、硫酸铵浓度和玉米浆浓度 5 种成分作为该研究的试验因素。

（3）确定试验次数。本试验考察因素共有 5 个，考虑到有的因素与试验指标之间可能存在二次关系，所以至少要进行 10 次试验。

（4）确定因素水平，选均匀设计表。每个因素取 10 个水平，应选 $U_{10}(10^{10})$ 均匀设计表，因素水平表见表 8-11。

表 8-11 因素水平

水平	葡萄糖/% x_1	尿素/% x_2	酵母/% x_3	硫酸铵/% x_4	玉米浆/% x_5
1	8.5	0.25	1.5	1.00	0.55
2	9.0	0.30	1.6	1.05	0.60
3	9.5	0.35	1.7	1.10	0.65
4	10.0	0.40	1.8	1.15	0.70
5	10.5	0.45	1.9	1.20	0.75
6	11.0	0.50	2.0	1.25	0.80
7	11.5	0.55	2.1	1.30	0.85
8	12.0	0.60	2.2	1.35	0.90
9	12.5	0.65	2.3	1.40	0.95
10	13.0	0.70	2.4	1.45	1.00

（5）列出试验方案。根据表 $U_{10}(10^{10})$ 的使用表，当有 5 个因素时，应安排在 1、2、3、5、7 列，因此 x_1、x_2、x_3、x_4 和 x_5 分别安排在第 1、2、3、5、7 列上。再把每列的代码换成

相对应因素的水平值，即得试验方案，见表 8-12。试验结果列于表 8-12 中最后一列。

表 8-12　均匀试验方案及结果

序号	葡萄糖/% x_1	尿素/% x_2	酵母/% x_3	硫酸铵/% x_4	玉米浆/% x_5	肌苷量/(mg/mL) y
1	1（8.5）	2（0.30）	3（1.7）	5（1.20）	7（0.85）	20.87
2	2（9.0）	4（0.40）	6（2.0）	10（1.45）	3（0.65）	17.15
3	3（9.5）	6（0.50）	9（2.3）	4（1.15）	10（1.00）	21.09
4	4（10.0）	8（0.60）	1（1.5）	9（1.40）	6（0.80）	23.60
5	5（10.5）	10（0.70）	4（1.8）	3（1.10）	2（0.60）	23.48
6	6（11.0）	1（0.25）	7（2.1）	8（1.35）	9（0.95）	23.40
7	7（11.5）	3（0.35）	10（2.4）	2（1.05）	5（0.75）	17.87
8	8（12.0）	5（0.45）	2（1.6）	7（1.30）	1（0.55）	26.17
9	9（12.5）	7（0.55）	5（1.9）	1（1.00）	8（0.90）	26.79
10	10（13.0）	9（0.65）	8（2.2）	6（1.25）	4（0.70）	14.80

8.4.2　试验结果分析

1. 直观分析

对表 8-12 中 10 次试验结果进行直观比较，可见第 9 次试验的产肌苷量最高，表明第 9 号试验所对应条件为较优工艺条件，即培养基中葡萄糖浓度为 12.5%、尿素浓度为 0.55%、酵母浓度为 1.9%、硫酸铵浓度为 1.00%、玉米浆浓度为 0.90%时，发酵所产生的肌苷量较高，达到 26.79mg/mL。

2. 回归分析

对表 8-12 数据进行回归分析，回归方程、（偏）回归系数的显著性检验，见表 8-13 和表 8-14，标准回归系数见表 8-14。

表 8-13　回归方程的显著性检验

变异来源	自由度	平方和	均方	F	P
回归	8	139.2781	17.4098	3551.35	0.013
剩余	1	0.0049	0.0049		
总变异	9	139.2830			

表 8-14　（偏）回归系数的显著性检验

项	回归系数	标准回归系数	标准误差	t	P	显著性
常数	75.022		3.421	21.932	0.029	*
x_1	12.882	4.957	0.294	43.886	0.015	*
x_2	−4.852	−0.187	0.180	−26.953	0.024	*
x_4	−106.321	−4.091	3.339	−31.840	0.020	*
x_5	−120.996	−4.656	2.216	−54.600	0.012	*

续表

项	回归系数	标准回归系数	标准误差	t	P	显著性
x_1^2	−0.563	−4.667	0.014	−41.335	0.015	*
x_3^2	−3.089	−0.929	0.023	−134.105	0.005	**
x_4^2	39.665	3.745	1.361	29.133	0.022	*
x_5^2	84.048	5.030	1.424	59.021	0.011	*

由表 8-14 得回归方程为

$$y=75.022+12.882\,x_1-4.852\,x_2-106.321x_4-120.996\,x_5-0.563\,x_1^2-3.089\,x_3^2+39.665\,x_4^2+84.048\,x_5^2$$

由表 8-13 可以看出，$F=3551.35>F_{0.05(8,1)}=238.88$，$P=0.013$，表明回归方程显著。回归系数显著性检验表明各系数对 y 的影响达到显著或极显著水平。根据标准化回归系数或 t 检验的显著程度可判断，各因素主效应对指标影响的主次顺序为 x_5（玉米浆浓度）$>x_1$（葡萄糖浓度）$>x_4$（硫酸铵浓度）$>x_2$（尿素浓度）$>x_3$（酵母浓度）。由回归方程式可以看出，x_2 只有一次项，x_3 只有二次项，且二者的回归系数均为负值，所以在实验范围内，x_2、x_3 取最低水平时 y 具有最大值，即 $x_2=0.25$、$x_3=1.5$。

对回归方程求偏导，得最优化条件为 $x_1=11.44$、$x_2=0.25$、$x_3=1.5$、$x_4=1.34$、$x_5=0.72$。即培养基优化配方为：葡萄糖 11.44%，尿素 0.25%，酵母 1.5%，硫酸铵 1.34%，玉米浆 0.72%。

将上述优化条件代入回归方程，得 y=25.753，小于第 8 号、第 9 号试验的实测结果。建议对其三个试验组合进行进一步验证，以确定最优化条件。

【例 8-2】 在猕猴桃籽油超声波提取试验中，考察超声时间、超声强度、溶剂用量（液固比）3 个因素对提取率的影响，将各因素均取 6 个水平，采用 $U_6^*(6^4)$ 均匀设计表，根据使用表选择 1、2、3 列安排试验。试验方案及结果见表 8-15。

表 8-15　猕猴桃籽油超声波提取试验方案 $U_6^*(6^3)$ 及结果

试验号	超声时间/min	超声强度/%	液固比	提取率/ %
	x_1	x_2	x_3	y
1	1（10）	2（60）	3（6）	26.34
2	2（20）	4（80）	6（12）	29.55
3	3（30）	6（100）	2（4）	26.93
4	4（40）	1（50）	5（10）	27.48
5	5（50）	3（70）	1（2）	25.77
6	6（60）	5（90）	4（8）	28.74

（1）建立回归方程。对表 8-15 试验数据进行回归分析，得回归方程为

$$y=21.7+0.0112\,x_1+0.0363\,x_2+0.375x_3$$

（2）回归方程显著性检验。回归方程显著性检验结果见表 8-16。由于 $F=30.497>F_{0.05(3,2)}=19.164$，表明回归方程显著，提取率与超声时间、超声强度、溶剂用量之间具有良好的线性关系。

表 8-16　回归方程显著性检验结果

变异来源	自由度	平方和	均方	F	显著性
回归	3	10.1755	3.3918	30.4974	*
剩余	2	0.2224	0.1112		
总计	5	10.3979	2.0796		

（3）回归系数显著性检验。回归系数显著性检验结果见表 8-17。

表 8-17　回归系数显著性检验结果

项	系数	标准误差	t	P
常数	21.7	0.772128	28.13899	0.001261
x_1	0.0112	0.008252	1.359015	0.307105
x_2	0.0363	0.008252	4.397321	0.048021
x_3	0.375	0.041259	9.097607	0.011868

由表 8-17 可以看出，x_1 的影响不显著，删除 x_1，重新建立回归方程，得

$$y=22.0+0.038x_2+0.366x_3$$

经显著性检验，所有变量对提取率的影响显著，回归方程为优化方程。

（4）通过以上分析，各因素对提取率影响的主次顺序为 x_3（液固比）＞x_2（超声强度）＞x_1（超声时间）。根据回归方程和实际经验得出较佳的工艺条件为：超声时间 20～30min，超声强度 100%（250W），溶剂用量（液固比）为 8～10。由于优化条件处于试验范围的边界（超声强度 100%），所以应该进一步调整试验范围，继续新一轮试验。

（5）试验优化的验证：按以上优化的提取条件取 x_1=30min、x_2=100%、x_3=10，回归方程的预测值为 30.17%，进行 3 次验证试验得到的平均提取率为 30.08%，与回归方程预测值接近，说明优化的工艺条件具有良好的重现性。

8.5　均匀试验设计应注意的几个问题

1　试验次数为奇数时的均匀设计表的变化

奇数均匀试验设计表中的最后一行各因素都是高水平，各个因素的水平数值可能都是最大值或最小值。如果不注意这个问题，在某些试验中，如在化学反应试验中，可能会出现反应十分剧烈，反应速度特别快，以至于根本无法进行正常操作，甚至会发生意外。也可能出现反应太慢，甚至不起反应而得不到试验结果。为避免发生这些情况，在因素水平表排列顺序不变的条件下，可考虑将均匀设计表中某些列从上到下的水平号码做适当的调整。也就是将原来最后一个水平与第一个水平衔接起来，组成一个封闭圈，然后从任意一处开始定为第一水平，按原方向或相反方向，排出第二水平、第三水平，也可以改变因素水平的原来排列顺序。

2．选用的均匀设计表试验次数应大于回归模型中回归系数的个数

均匀设计的试验结果必须用回归分析的方法来处理，所以选用均匀设计表时应考虑试验结果处理时将使用的回归模型。回归模型的一般形式为

$$y=\beta_0+\sum_{i=1}^{m}\beta_i x_i+\sum_{i=1,\,j=1}^{T}\beta_T x_i x_j+\sum_{i=1}^{m}\beta_i x_i^2$$

此时一般很难确定上式中哪些项应考虑，哪些项可不考虑。回归项的取舍决定一旦发生错误，其不良后果一般是比较严重的。所以，科学的统计方法是采用逐步回归的方法来进行

回归，在计算机程序中自动地根据回归系数的显著性检验结果来决定每一项的取舍问题。

当研究中存在实际试验次数小于回归建模时的方程个数，或多个因变量对多个自变量同时回归分析等一般最小二乘回归分析法无法解决的问题时，考虑采用偏最小二乘法有效地克服回归建模的许多实际问题。

3. 最优条件在试验范围边界上的问题

若试验优化后发现个别因素的最优条件在其试验范围的边界上，那么一般来说这是一个试验范围不足的信号，这一点，在初次大范围的试验结束并进行了首次试验优化后就应该发现，无论如何也不应该在全部试验都结束了才察觉到它，否则所找到的最优试验条件则是真正的“局部最优”条件。

出现了这种现象，解决的办法一般是在进一步试验中大力缩小该因素另外一端的范围而适当加宽不足一边的试验范围。之所以是适当加宽，因为进一步优化的基础是试验者承认了先前的那个试验范围条件下建立的模型，而偏偏个别因素最优值在边界上，实在是有进一步探询的必要。否定先前的模型是没有根据的，放弃模型不用更是不应该的，欲发现真正的最优试验条件，调整试验范围是必需的。

4. 模型好坏的判断标准的问题

F检验给出的显著性与否是判断回归模型是否有效的依据，一般情况下，回归平方和与剩余平方和的比值越大，则模型的可信度越高，表现在复相关系数或相关系数上，R^2 数值就越大，但是建模的过程中，我们不能简单地追求高的回归平方和与剩余平方和的比值（或大的 R^2 值），模型的建立一定要根据专业的知识进行，数理统计中一个重要的概念是自由度，若选进方程中的项过多，使误差自由度为 1 甚至为 0，虽然 R^2 更加接近于 1，模型看上去很完美，但这时有关结论的可靠性是很差的。一般应保持误差自由度（即剩余平方和自由度）≥5，这也就是为什么主张选用 n 值大一些的设计表进行设计或“试验次数选为因素数的 3 倍左右为宜”的观点。

8.6　SPSS 软件在均匀试验设计结果分析中的应用

【例 8-3】 对例 8-2 数据进行分析，建立因变量 y 与 x_1、x_2、x_3 之间的关系。

1. 操作步骤

（1）在“变量视图”界面定义变量名称，分别为 x_1、x_2、x_3 和 y，在“数据视图”界面输入各个变量的实际水平值以及试验结果值，如图 8-4 所示。

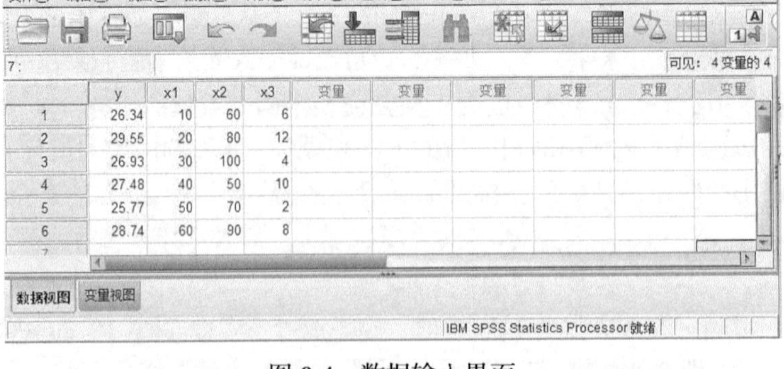

图 8-4　数据输入界面

（2）点击“分析→回归→线性”（图 8-5），打开“线性回归”子对话框，如图 8-6 所示。

图 8-5 “线性回归”对话框

（3）将左边“y”选入右边“因变量”栏，将“x_1、x_2、x_3”选入右边“自变量”栏内，在“方法”中选择“进入”，如图 8-6 所示。

（4）点击“统计量”，打开“线性回归：统计量”子对话框，勾选“估计”“置信区间”“模型拟合度”“R 方变化”“Durbin-Watson（U）”，然后点击“继续”返回，如图 8-7 所示。

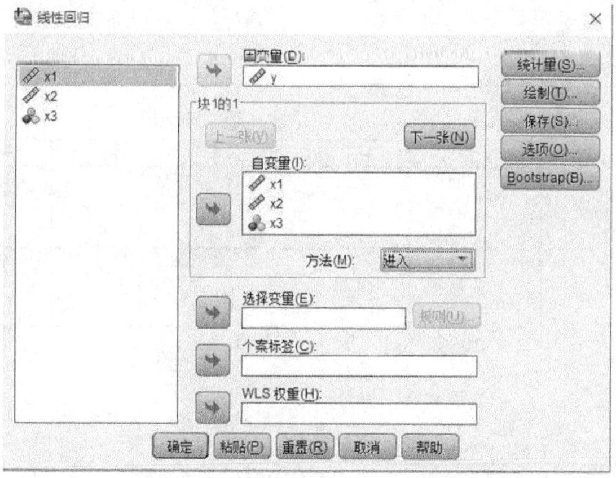

图 8-6 “线性回归”子对话框

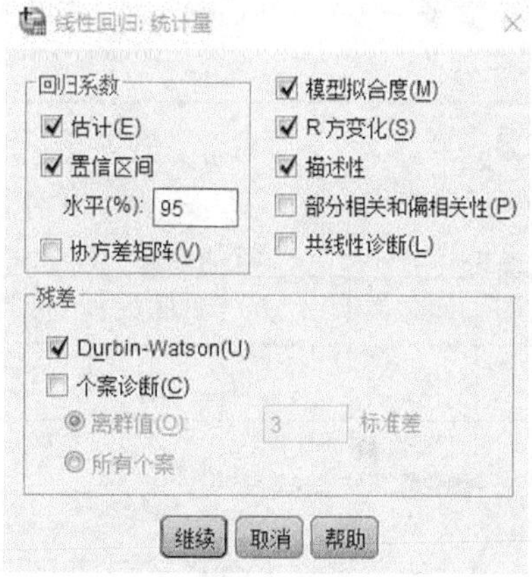

图 8-7 “统计量”对话框

（5）点击“继续”，得回归分析结果，见表 8-18 和表 8-19。

2. 结果分析

由表 8-18 和表 8-19 可以看出，自变量 x_3、x_2、x_1 与因变量 y 之间存在显著的线性关系，回归方程为 y=21.727+0.011x_1+0.036x_2+0.375x_3。由回归系数显著性检验可以看出，x_3、x_2 对 y

的影响显著，x_1 对 y 的影响不显著，应剔除重新回归。所以在“线性回归”子对话框中去掉 x_1，重新进一步回归，结果见表 8-20，优化回归方程为 y=22.045+0.038x_2+0.366x_3，回归系数显著性检验表明 x_3 对 y 的影响极显著，x_2 对 y 的影响显著，回归方程有效。也可在“线性回归”子对话框中选用“逐步”回归分析方法一次完成分析，结果如图 8-8 所示。

表 8-18　回归方程显著性检验结果[a]

变异来源	平方和	自由度	均方	F	Sig.
回归	10.175	3	3.392	30.497	0.032[b]
残差	0.222	2	0.111		
总计	10.398	5			

a. 因变量：y；b. 预测变量：（常量），x_3，x_2，x_1

表 8-19　偏回归系数及其显著性检验

	非标准化系数		标准系数	t	Sig.
	B	标准误差			
（常量）	21.727	0.772		28.139	0.001
x_1	0.011	0.008	0.145	1.359	0.307
x_2	0.036	0.008	0.471	4.397	0.048
x_3	0.375	0.041	0.974	9.098	0.012

表 8-20　简化后偏回归系数及其显著性检验

	非标准化系数		标准系数	t	Sig.
	B	标准误差			
（常量）	22.045	0.833		26.455	0.000
x_2	0.038	0.009	0.495	4.141	0.026
x_3	0.366	0.046	0.950	7.945	0.004

模型汇总

模型	R	R方	调整R方	标准估计的误差
1	.851[a]	.724	.655	.84758
2	.979[b]	.959	.931	.37764

a. 预测变量：(常量)，×3

b. 预测变量：(常量)，×3，×2

Anova[a]

模型		平方和	df	均方	F	Sig.
1	回归	7.524	1	7.524	10.474	.032[b]
	残差	2.874	4	.718		
	总计	10.398	5			
2	回归	9.970	2	4.985	34.955	.008[c]
	残差	.428	3	.143		
	总计	10.398	5			

a. 因变量：y

b. 预测变量：(常量)，×3

c. 预测变量：(常量)，×3，×2

系数[a]

模型		非标准化系数		标准系数	t	Sig.
		B	标准误差	试用版		
1	(常量)	25.173	.789		31.903	.000
	×3	.328	.101	.851	3.236	.032
2	(常量)	22.045	.833		26.455	.000
	×3	.366	.046	.950	7.945	.004
	×2	.038	.009	.495	4.141	.026

a. 因变量：y

图 8-8　逐步回归分析结果截图

习　题

1．均匀设计和正交设计相比，有哪些优点？

2．某试验要考察 A、B、C、D 4 个因素，每个因素有 4 个水平，试用均匀设计法安排试验方案。若 A 因素为 8 个水平，如何安排？

3．在某化工合成工艺中，为了提高产品产量，试验选用三个因素，每个因素取三个水平，因素水平表见下表。用 $U_7(7^4)$ 安排试验，三个因素依次安排在第 1、2、3 列，试验结果 0.6146，0.3506，0.7537，0.8195，0.0970，0.7114，0.4186。

（1）写出试验计划。

（2）试分别建立 y 关于三个变量的一次、二次回归方程，比较分析哪一方程较好。

（3）找出优化水平组合。

水平	原料配比/% x_1	吡啶总量/mL x_2	反应时间/h x_3
1	1.0	10	0.5
2	1.4	13	1.0
3	1.8	16	1.5
4	2.2	19	2.0
5	2.6	22	2.5
6	3.0	25	3.0
7	3.4	28	3.5

第9章　回归试验设计

前面介绍的回归分析，通常称为古典回归分析，它是一种被动地处理已有试验数据的统计分析方法。数据分析时，运算相对比较复杂，并且对所求得回归方程的精度也很少考虑。这样不仅盲目地增加了试验次数，而且试验数据往往不能提供充分的信息。

回归试验设计，也称为响应面设计（response surface design），就是在试验因子空间选择适当的试验点，以较少的试验处理（次数）建立一个有效的回归方程，从而解决生产中的优化问题。它是在多元线性回归的基础上用主动收集数据的方法获得具有较好性质的回归方程的一种试验设计方法。目前，回归试验设计有回归正交设计、回归旋转设计、回归 D-最优设计等。回归正交设计是回归设计中最简单、最基本、最常用和最有代表性的设计方法，它是回归分析与正交设计有机结合而形成的一种试验设计方法，分为一次回归正交设计和二次回归正交设计。

9.1　一次回归正交设计

当研究的因变量（响应变量）与各自变量之间呈线性关系，在进行回归试验设计时可采用一次回归正交设计。一次回归正交设计是解决在回归模型中，变量的最高次数为一次的（不包括交叉项的次数）多元回归问题。其数学模型为

$$y_i = \beta_0 + \beta_1 z_{i1} + \beta_2 z_{i2} + \cdots + \beta_p z_{ip} + \varepsilon_i \quad (i = 1, 2, \cdots, k) \tag{9-1}$$

对应回归方程为

$$y_i = b_0 + b_1 z_{i1} + b_2 z_{i2} + \cdots + b_p z_{ip}$$

式中，b_0，b_1，b_2，…，b_p 是 β_0，β_1，β_2，…，β_p 参数的估计值。

9.1.1　一次回归正交设计的原理

数学模型（9-1）是表示因变量 y 与自变量 z_1，z_2，…，z_p 间相互关系的数学结构式，其结构矩阵 $\boldsymbol{Z}$ 为

$$\boldsymbol{Z} = \begin{bmatrix} 1 & z_{11} & z_{12} & \cdots & z_{1p} \\ 1 & z_{21} & z_{22} & \cdots & z_{2p} \\ 1 & z_{31} & z_{32} & \cdots & z_{3p} \\ \vdots & \vdots & \vdots & & \vdots \\ 1 & z_{n1} & z_{n2} & \cdots & z_{np} \end{bmatrix}$$

所以，多元线性回归时正规方程组的系数矩阵 $\boldsymbol{A}$ 为

$$
A = Z'Z = \begin{bmatrix} N & \sum_i z_{i1} & \sum_i z_{i2} & \cdots & \sum_i z_{ip} \\ & \sum_i z_{i1}^2 & \sum_i z_{i1} z_{i2} & \cdots & \sum_i z_{i1} z_{ip} \\ & & & \ddots & \vdots \\ & \text{对称} & & & \sum_i z_{ip}^2 \end{bmatrix}
$$

根据矩阵运算规律可知，当系数矩阵 A 为对角矩阵时，可以大大简化其逆矩阵的计算，同时还能使得回归系数间不存在相关性。欲使矩阵 A 为对角阵，需使

$$
\left.\begin{array}{l} \sum_i z_{ij} = 0 \\ \sum_i z_{ij} z_{it} = 0 \\ j \neq t \end{array}\right\} (j = 1, 2, \cdots, p;\ t = 1, 2, \cdots, p;\ i = 1, 2, \cdots, n)
$$

即结构矩阵 Z 中的任一列的和为零，任两列相应元素的乘积之和为零。从数学意义上讲，也就是使结构矩阵 Z 具有正交性。这一点可与前面所讲正交表的特性相联系，下面用 $L_8(2^7)$ 正交表分析说明。表 9-1 为二水平正交表 $L_8(2^7)$，当用“−1”代换表中第二水平符号“2”时，正交表的每一列之和以及任两列乘积之和均为零，满足了以上正交性要求，同时，“−1”代换符号“2”，正交表的本质并无差别，不影响试验设计。由此可见，要使结构矩阵成为有正交性的矩阵，安排试验时要选用二水平正交表来实施。

表 9-1　$L_8(2^7)$ 正交表

变换前的 $L_8(2^7)$ 正交表

	1	2	3	4	5	6	7
1	1	1	1	1	1	1	1
2	1	1	1	2	2	2	2
3	1	2	2	1	1	2	2
4	1	2	2	2	2	1	1
5	2	1	2	1	2	1	2
6	2	1	2	2	1	2	1
7	2	2	1	1	2	2	1
8	2	2	1	2	1	1	2

⇨

变换后的 $L_8(2^7)$ 正交表

	1	2	3	4	5	6	7
1	1	1	1	1	1	1	1
2	1	1	1	−1	−1	−1	−1
3	1	−1	−1	1	1	−1	−1
4	1	−1	−1	−1	−1	1	1
5	−1	1	−1	1	−1	1	−1
6	−1	1	−1	−1	1	−1	1
7	−1	−1	1	1	−1	−1	1
8	−1	−1	1	−1	1	1	−1

9.1.2　一次回归正交设计的步骤

1. 确定因素水平范围

确定每个因素的变化范围，即因素的上水平和下水平。因素 j 的上水平记作 z_{2j}，下水平记作 z_{1j}，上、下水平的平均值记作零水平 z_{0j}，即

$$
z_{0j} = \frac{z_{2j} + z_{1j}}{2} \tag{9-2}
$$

将上水平（或下水平）与零水平之差称为变动区间（步长），记作 Δ_j。

$$
\Delta_j = z_{2j} - z_{0j} \text{ 或 } \Delta_j = \frac{z_{2j} + z_{1j}}{2} \tag{9-3}
$$

2. 因素编码

所谓编码就是对自然因素 z_j 的各个实际水平值进行适当的线性变换，其线性变换公式为

$$x_j = \frac{z_j - z_{0j}}{\Delta_j} \tag{9-4}$$

式中，z_j 为自然空间取值（实际水平值），x_j 为编码空间取值。

对于各个自然因素进行编码后，建立 y 对 z_1，z_2，…，z_p 的回归问题就转化为建立 y 对 x_1，x_2，…，x_p 的回归问题。在以 z_1，z_2，…，z_p 为坐标轴的因子空间中选择适当试验点的回归问题就转化为以 x_1，x_2，…，x_p 为坐标的编码空间中选择适当试验点的回归设计问题。这样，试验方案的设计、方程的回归以及其统计检验，都相应转化为在编码空间中进行，简化了计算手续，运算更为简便。

正是由于对因素的编码，使回归设计有了正交性，为简化数据分析创造了条件。对试验因素编码是回归正交设计中极为重要的环节。表 9-2 为因素水平编码表。

表 9-2　因素水平编码表

水平	因素			
	z_1	z_2	…	z_p
下水平（−1）	z_{11}	z_{12}	…	z_{1p}
上水平（+1）	z_{21}	z_{22}	…	z_{2p}
变化区间 Δ_j	Δ_1	Δ_2	…	Δ_p
零水平（0）	z_{01}	z_{02}	…	z_{0p}

例如，某试验的第一个因素上水平值 z_{21}=12，下水平值 z_{11}=6，那么零水平 z_{01}=9，各水平的编码值为

$$x_{11} = (z_{11} - z_{01})/\Delta_1 = (6-9)/3 = -1$$

$$x_{01} = (z_{01} - z_{01})/\Delta_1 = (9-9)/3 = 0$$

$$x_{21} = (z_{21} - z_{01})/\Delta_1 = (12-9)/3 = +1$$

经过上述编码变换后就建立如下的对应关系

下水平　$z_{11}(6) \rightarrow x_{11}(-1)$

零水平　$z_{01}(9) \rightarrow x_{01}(0)$

上水平　$z_{21}(12) \rightarrow x_{21}(+1)$

对因素各水平编码的目的，是为了使供试因素各水平在编码空间是“平等”的，即它们的取值都在［+1，−1］区间内变化，而不受因素原单位和取值的影响。

3. 选择适宜正交表，列出试验方案

一次回归正交设计是运用二水平正交表设计试验的，其正交表的选择和方案设计与正交试验设计相似，首先根据因素个数和交互作用情况选择合适的正交表，随后将各因素及交互作用分别安排到正交表的相应列上，然后将各因素的每一水平真实值填入相应的编码中，这样就得到了一次回归正交设计的试验方案。

在二水平正交表设计方案的基础上，增加零水平重复试验的主要作用：一是在于对试验结果进行统计分析时能够了解经 F 检验显著的一次回归方程在被研究区域内部（零水平处）的拟合情况；二是可以提供剩余自由度来估计误差，以便进行显著性检验。所谓零水平重复试验，就是指所有供试因素的水平编码值均取零时的处理组合重复进行若干次试验。至于零水平重复试验应取多少次，一般主要根据对试验的要求和实际情况而定。

试验方案设计好后，按方案进行试验，填写试验结果再进行计算和分析。

例如，三因素试验，把三个变量（因素）放在正交表 L_8（2^7）的第 1、2、4 列上，得到一张如表 9-3 所示的试验方案。

表 9-3　试验方案

试验号	x_1 1	x_2 2	x_3 4	y_i 试验结果	试验号	x_1 1	x_2 2	x_3 4	y_i 试验结果
1	1 (z_{21})	1 (z_{22})	1 (z_{23})	y_1	7	−1	−1	1	y_7
2	1	1	−1 (z_{13})	y_2	8	−1	−1	−1	y_8
3	1	−1 (z_{12})	1	y_3	9	0 (z_{01})	0 (z_{02})	0 (z_{03})	y_9
4	1	−1	−1	y_4	10	0	0	0	y_{10}
5	−1 (z_{11})	1	1	y_5	11	0	0	0	y_{11}
6	−1	1	−1	y_6					

4. 回归系数的计算与显著性检验

如果采用二水平正交表编制 p 元一次回归正交设计，具有 N 次试验，其试验结果为 y_i（i=1，2，…，N），则一次回归的数学模型可表示为

$$y_i = \beta_0 + \sum_{j=1}^{p} \beta_j x_{ij} + \sum_{k<j} \beta_{kj} x_{ik} x_{ij} + \varepsilon_i \tag{9-5}$$

$$(i=1, 2, \cdots, N;\ j=1, 2, \cdots, p;\ k=1, 2, \cdots, p)$$

式中，x_{ij} 表示第 i 次试验中第 j 个变量的编码值；$x_{ik}x_{ij}$ 表示第 i 次试验中第 j 个变量与第 k 个变量的交互之积（交互作用项）。

那么，回归方程为

$$\hat{y} = b_0 + \sum_{j=1}^{p} b_j x_{ij} + \sum_{k<j} b_{kj} x_{ik} x_{ij}$$

其结构矩阵 $\boldsymbol{X}$ 为

$$\boldsymbol{X} = \begin{bmatrix} 1 & x_{11} & \cdots & x_{1p} & x_{11}x_{12} & \cdots & x_{1(p-1)}x_{1p} \\ 1 & x_{21} & \cdots & x_{2p} & x_{21}x_{22} & \cdots & x_{2(p-1)}x_{2p} \\ \vdots & \vdots & & \vdots & \vdots & & \vdots \\ 1 & x_{N1} & \cdots & x_{Np} & x_{N1}x_{N2} & \cdots & x_{N(p-1)}x_{Np} \end{bmatrix} \tag{9-6}$$

由于一次回归正交设计的结构矩阵具有正交性，因而它的系数矩阵（信息矩阵）为对角阵，即

$$\boldsymbol{A} = \boldsymbol{X}'\boldsymbol{X} = \begin{bmatrix} N & & & & & 0 \\ & \sum x_{i1}^2 & & & & \\ & & \ddots & & & \\ & & & \sum x_{ip}^2 & & \\ & & & & \sum (x_{i1}x_{i2})^2 & \\ & & & & & \ddots \\ 0 & & & & & & \sum (x_{i(p-1)}x_{ip})^2 \end{bmatrix}$$

令

$$a_1 = \sum x_{i1}^2,\ \cdots,\ a_p = \sum x_{ip}^2,\ a_{12} = \sum (x_{i1}x_{i2})^2,\ \cdots,\ a_{(p-1)p} = \sum (x_{i(p-1)}x_{ip})^2$$

那么逆矩阵（相关矩阵）$\boldsymbol{c}$ 为

$$c = A^{-1} = \begin{bmatrix} N^{-1} & & & & & & 0 \\ & a_1^{-1} & & & & & \\ & & \ddots & & & & \\ & & & a_p^{-1} & & & \\ & & & & a_{12}^{-1} & & \\ & & & & & \ddots & \\ 0 & & & & & & a_{(p-1)p}^{-1} \end{bmatrix}$$

常数项矩阵 $\boldsymbol{B}$ 为

$$\boldsymbol{B} = \boldsymbol{X'Y} = \begin{bmatrix} \sum_i y_i \\ \sum_i x_{i1} y_i \\ \sum_i x_{i2} y_i \\ \vdots \\ \sum_i x_{ip} y_i \\ \sum_i x_{i1} x_{i2} y_i \\ \vdots \\ \sum_i x_{i(p-1)} x_{ip} y_i \end{bmatrix} = \begin{bmatrix} B_0 \\ B_1 \\ B_2 \\ \vdots \\ B_p \\ B_{p1} \\ \vdots \\ B_{(p-1)p} \end{bmatrix} \tag{9-7}$$

参数 β 的最小二乘估计 $b = \boldsymbol{A}^{-1}\boldsymbol{B}$，即回归系数

$$b_0 = \frac{B_0}{N} = \frac{1}{N}\sum y_i,\quad b_j = \frac{B_j}{a_j} = \frac{1}{a_j}\sum x_{ij} y_i,\quad b_{kj} = \frac{B_{kj}}{a_{kj}} = \frac{1}{a_{kj}}\sum x_{ik} x_{ij} y_i$$

$$(i=1,\ 2,\ \cdots,\ N;\ j=1,\ 2,\ \cdots,\ p;\ k=1,\ 2,\ \cdots,\ p) \tag{9-8}$$

由以上分析可以看出，由于按正交表来安排试验和对变量进行了线性代换，系数矩阵的逆矩阵 $\boldsymbol{c}$ 运算简单，回归系数之间不存在相关性，因此简化了统计运算。

对回归方程进行显著性检验，与多元线性回归方程显著性检验相同，一般采用 F 检验，仍需计算 $SS_{总}$、$SS_{回}$、$SS_{剩}$ 等。由于试验设计具有正交性，消除了回归系数间的相关性，故回归平方和为各项偏回归平方和之和。

回归系数计算可列表 9-4，回归方程、回归系数的检验见表 9-5。

表 9-4　一次回归正交设计计算表*

试验号	x_0	x_1	x_2	…	x_p	$x_1 x_2$	…	$X_{p-1}x_p$	试验结果
1	1	x_{11}	x_{12}	…	x_{1p}	$x_{11}x_{12}$	…	$x_{1(p-1)}x_{1p}$	y_1
2	1	x_{21}	x_{22}	…	x_{2p}	$x_{21}x_{22}$	…	$x_{2(p-1)}x_{2p}$	y_2
⋮	⋮	⋮	⋮		⋮	⋮		⋮	⋮
N	1	x_{N1}	x_{N2}	…	x_{Np}	$x_{N1}x_{N2}$	…	$x_{N(p-1)}x_{Np}$	y_N

续表

试验号	x_0	x_1	x_2	…	x_p	x_1x_2	…	$x_{p-1}x_p$	试验结果
$B_j=\sum x_j y$	$\sum_i y_i$	$\sum_i x_{i1}y_i$	$\sum_i x_{i2}y_i$	…	$\sum_i x_{ip}y_i$	$\sum_i x_{i1}x_{i2}y_i$		$\sum_i x_{i(p-1)}x_{ip}y_i$	
$a_j=\sum x_j^2$	N	N	N		N	N		N	
$b_j=\frac{B_j}{a_j}$	$\frac{B_0}{N}$	$\frac{B_1}{N}$	$\frac{B_2}{N}$	…	$\frac{B_p}{N}$	$\frac{B_{12}}{N}$	…	$\frac{B_{(p-1)p}}{N}$	
$Q_j=\frac{B_j^2}{a_j}$		$\frac{B_1^2}{N}$	$\frac{B_2^2}{N}$	…	$\frac{B_p^2}{N}$	$\frac{B_{12}^2}{N}$	…	$\frac{B_{(p-1)p}^2}{N}$	

*不包括零点重复试验的设计——非整体设计时 a_j 均等于 N

表 9-5　一次回归方程、系数检验方差分析表

变异来源	平方和	自由度	均方	F
x_1	$Q_1=B_1^2/N$	1	Q_1	$\frac{Q_1}{SS_{剩}/df_{剩}}$
x_2	$Q_2=B_2^2/N$	1	Q_2	$\frac{Q_2}{SS_{剩}/df_{剩}}$
⋮	⋮	⋮	⋮	⋮
x_p	$Q_p=B_p^2/N$	1	Q_p	$\frac{Q_p}{SS_{剩}/df_{剩}}$
x_1x_2	$Q_{12}=B_{12}^2/N$	1	Q_{12}	$\frac{Q_{12}}{SS_{剩}/df_{剩}}$
x_1x_3	$Q_{13}=B_{13}^2/N$	1	Q_{13}	$\frac{Q_{13}}{SS_{剩}/df_{剩}}$
⋮	⋮	⋮	⋮	⋮
$x_{p-1}x_p$	$Q_{(p-1)p}=B_{(p-1)p}^2/N$	1	$Q_{(p-1)p}$	$\frac{Q_{(p-1)p}}{SS_{剩}/df_{剩}}$
回归	$SS_{回}=Q_1+Q_2+\cdots+Q_{(p-1)p}$	$df_{回}=p(p+1)/2$	$SS_{回}/df_{回}$	$\frac{SS_{回}/df_{回}}{SS_{剩}/df_{剩}}$
剩余	$SS_{剩}=SS_{总}-SS_{回}$	$df_{剩}=df_{总}-df_{回}$	$SS_{剩}/df_{剩}$	
总和	$SS_{总}=\sum_i y_i^2-\frac{B_0}{N}$	$df_{总}=N-1$		

由表 9-4 可知，各变量的偏回归平方和 $Q_j=b_jB_j=Nb_j^2$，即 Q_j 和 b_j 的平方成正比，b_j 的绝对值越大，Q_j 也就越大。这就是说，在正交设计所求得的回归方程中，每一个回归系数 b_j 的绝对值大小，刻划了对应变量（因子）在方程中的作用大小。根据回归系数绝对值的大小可判断这些变量在方程中的作用大小，回归系数的符号反映了这种作用的性质。由于一次正交回归设计消除了回归系数间的相关性，因此对于经 F 检验不显著的回归项（变量）可以直接从回归方程中剔除，不需要再进行回归计算来建立回归方程，它们的影响可并入试验误差中。

5. 拟合情况的检验

上述对回归方程的检验，只能说明相对于平均剩余平方和（$SS_{剩}/df_{剩}$）而言，变量部分的影响显著与否。即使回归方程检验显著，也只能说明回归方程在试验点上与试验结果拟合得很好，但不能保证在整个被研究区域内部也拟合得很满意。为此，对回归方程的拟合情况还需进行检验。为了检验回归方程拟合情况，需在零水平（z_{01}，z_{02}，…，z_{0p}）处理上安排一些重复试验，求其算术平均值 $\overline{y}_0$，随后与回归方程的常数项 b_0 做 t 检验来进行拟合情况判断，其中 b_0 为零水平（编码值 $x_j=0$）时的回归值（$\hat{y}_0=b_0$）。若所求得的回归方程有实际意义，那么由回归方程得出的零水平处试验指标的回归值 b_0 应与零水平时的试验值 y_{0i}（实际观测值）的算术平均值 $\overline{y}_0$ 没有显著差异，所以只需检验 $\overline{y}_0$ 与 b_0 间是否有差异就可判断出在所研究的整个区域内部回归方程拟合是否适宜。此差异性的检验属于两个正态总体均值的差异检验，用前述的 t 检验法即可完成。

设零水平试验重复 M 次，试验结果分别为 y_{01}，y_{02}，…，y_{0M}，其算术平均数为

$$\overline{y}_0=\sum_{i=1}^{M}y_{0i}/M \tag{9-9}$$

则零水平重复试验的偏差平方和（纯误差平方和）及相应自由度为

$$SS_0=\sum_{i=1}^{M}(y_{0i}-\overline{y}_0)^2=\sum_{i=1}^{M}y_{0i}^2-\frac{1}{M}\left(\sum_{i=1}^{M}y_{0i}\right)^2 \tag{9-10}$$

$$df_0=M-1 \tag{9-11}$$

t 值计算公式为

$$t=\frac{|b_0-\overline{y}_0|}{\sqrt{\dfrac{SS_r+SS_0}{df_r+df_0}}\sqrt{\dfrac{1}{N}+\dfrac{1}{M}}} \tag{9-12}$$

式中，N 次总试验不包括 M 次零水平上的重复试验。

在给定的显著水平 α 下，若有 $t<t_{\alpha(df_{总}+df_0)}$，那么认为 b_0 与 $\overline{y}_0$ 无显著差异，即在整个区域内部一次回归方程的预测值与实际观测值拟合得较好，所建立的一次回归模型是恰当的；若 $t>t_\alpha$，表明用一次回归方程来描述还不够恰当，在这种情况下必须改变回归模型，重新补做试验，试建立二次或更高次回归方程。

对回归方程的拟合情况分析，亦可通过 F 检验法进行回归方程的失拟检验，引入失拟平方和 SS_{Lf} 和自由度 df_{Lf} 的概念。通常剩余平方和 $SS_{剩}(SS_r)$ 包含误差平方和 SS_e 与失拟平方和 SS_{Lf}，但是在没有重复试验时，SS_e 无法从 $SS_{剩}$ 中分离出来。为了考察回归方程的拟合情况，回归设计时需要在零水平处理上重复试验 M 次，M 的大小没有严格的限制，但是为了提高显著性检验的灵敏度，通常应使 $M\geqslant3$。

在零水平上重复试验 M 次，那么重复试验的偏差平方和 SS_0（零水平）即为试验误差平方和 SS_e。

$$SS_e=SS_0=\sum_{i=1}^{M}(y_{0i}-\overline{y}_0)^2=\sum_{i=1}^{M}y_{0i}^2-\frac{1}{M}\left(\sum_{i=1}^{M}y_{0i}\right)^2 \tag{9-13}$$

$$df_e=df_0=M-1 \tag{9-14}$$

那么，失拟平方和 SS_{Lf} 为

$$SS_{Lf}=SS_r-SS_e \tag{9-15}$$

$$df_{Lf}=df_r-df_e \tag{9-16}$$

当仅在零水平进行重复试验时，失拟平方和及其自由度为

$$SS_{Lf}=(b_0-\overline{y}_0)^2 \tag{9-17}$$

$$df_{Lf}=1 \tag{9-18}$$

那么

$$F_{Lf}=\frac{SS_{Lf}/df_{Lf}}{SS_e/df_e}\sim F_\alpha(df_{Lf},df_e) \tag{9-19}$$

式中，SS_{Lf}表示各点试验值的均值 $\overline{y}_i$（零点为 $\overline{y}_0$，其余各点因无重复皆为 y_i）与直线 $\hat{y}$ 的差值平方和。SS_{Lf}越大，表明各试验观测值的均值 $\overline{y}_i$ 偏离回归直线越远，方程拟合得越不好。

若统计量 $F_{Lf}>F_\alpha$（df_{Lf}，df_e），则表明所求得的回归方程是失拟的，即拟合得不好，这说明失拟平方和 SS_{Lf}中，除含有试验误差外，或者还含有其他条件因素及其交互作用的影响，或者还含有 x 的非线性影响，即 y 与 x 不仅存在一次关系，可能还有二次或更高次关系，这尚需进一步研究。若 $F_{Lf}<F_\alpha$（df_{Lf}，df_e），则表明该方程不失拟，失拟平方和基本上是由试验误差引起的，回归方程拟合良好。

最后要指出的是，所得到的回归方程是在编码空间求得的，它表述了编码因素 x 与试验指标 y 之间实际存在的线性关系。但根据试验要求与实际需要，通常还应由编码空间转换到自然因素空间，寻求到试验指标 y 关于自然因素 z 的回归方程。应当注意，无论用于预测、控制，还是用于调优，回归方程只在所试验的范围内有效，超出原有试验范围，就可能失去实际意义。

9.1.3　一次回归正交设计及统计分析示例

【例 9-1】 长期研究经验表明，由某种天然资源中提取蛋白质时，其提取率与反应时间和反应温度有关。根据经验，反应时间的变化范围为 20～30min，反应温度为 70～78℃，试用一次回归正交设计法建立回归方程。

1. 试验方案设计

1）确定试验因素及上、下水平　试验目的是寻求蛋白质的提取率与反应时间和反应温度的关系，试验因素为反应时间（z_1）和反应温度（z_2），试验指标为蛋白质提取率，用 y 表示。根据经验，反应时间 z_1 为 20～30min，反应温度 z_2 为 70～78℃，那么由式（9-2）和式（9-3）计算各因素的零水平 z_0 以及变化间距 Δ。

反应时间 z_1 的上水平 z_{21}=30，下水平 z_{11}=20，则零水平 $z_{01}=\dfrac{z_{11}+z_{21}}{2}=25$，变化间距 $\Delta_1=\dfrac{z_{21}-z_{11}}{2}=5$。

反应温度 z_2 的上水平 $z_{22}=78$，下水平 $z_{12}=70$，则 $z_{02}=\dfrac{z_{12}+z_{22}}{2}=74$，$\Delta_2=\dfrac{z_{22}-z_{12}}{2}=4$。

表 9-6　因素水平编码表

因素	z_1	z_2
下水平（−1）	20	70
上水平（+1）	30	78
变化区间 Δ_j	5	4
零水平 z_{0j}	25	74

2）对各因素进行编码，列出因素水平编码表　本例因素水平编码见表 9-6。

3）选择二水平正交表，设计试验方案　根据被研究因素的个数及互作情况，选择适宜正交表。本例为双因素试验，加上互作共需 3 列，可选用 $L_4(2^3)$ 正交表设计试验方案。试验方案见表 9-7，零水平处的重复试验方案见表 9-8。

表 9-7　试验方案

试验号	z_1（反应时间/min）	z_2（反应温度/℃）	z_1z_2
	x_1	x_2	x_1x_2
1	1（30）	1（78）	1
2	1	−1（70）	−1
3	−1（20）	1	−1
4	−1	1	1

表 9-8　零水平（中心点）重复试验方案

中心点试验	x_{01}（z_{01}）	x_{02}（z_{02}）
1	0（25）	0（74）
2	0	0
3	0	0
4	0	0
5	0	0

试验方案设计好后进行试验，记录试验结果。

2. 试验结果统计分析

（1）列出一次回归正交设计的计算表，如表 9-9 所示。

表 9-9　一次回归方程计算表

试验号	x_0	x_1	x_2	x_1x_2	y
1	1	1	1	1	41.5
2	1	1	−1	−1	40.9
3	1	−1	1	−1	40.0
4	1	−1	−1	1	39.3
$B_j=\sum xy$	161.7	3.1	1.3	−0.1	$SS_{总}=\sum y^2-\frac{1}{N}\left(\sum y\right)^2=2.8275$
$b_j=B_j/N$	40.425	0.775	0.325	−0.025	$df_{总}=N-1=4-1=3$
$Q_j=b_jB_j$		2.4025	0.4225	0.0025	$SS_{剩}=SS_{总}-Q_1-Q_2=0.0025,\ df_{剩}=1$ $SS_{回}=Q_1+Q_2=2.825,\ df_{回}=2$

根据以上计算，可建立如下回归方程：

$$\hat{y}=40.425+0.775x_1+0.325x_2$$

（2）回归关系的显著性检验。两个因素的交互作用，在本例中忽略，故可利用交互作用列来估计剩余平方和。回归系数显著性检验结果见表 9-10。

查 F 表，$F_{0.05(1,1)}$=161.4，$F_{0.01(1,1)}$=4052.2，$F_{0.05(2,1)}$=199.5，$F_{0.01(2,1)}$=4999.5。

经 F 检验表明，x_1、x_2 对 y 的影响达到显著水平，回归方程为 $\hat{y}=40.425+0.775x_1+0.325x_2$，此回归方程经 F 检验显著。

（3）拟合情况检验。上述回归方程显著，只说明一次回归方程在试验点上与试验结果拟合得比较好，为检验在整个区域内部回归方程是否拟合很好，需在零水平上安排重复试验，结果见表 9-11。

表 9-10 方差分析

变异来源	平方和	自由度	均方	F	显著性
x_1	2.4025	1	2.4025	961	*
x_2	0.4225	1	0.4225	169	*
回归	2.8250	2	1.4125	565	*
剩余	0.0025	1	0.0025		
总和	2.8275	3			

表 9-11 中心点试验方案及结果

中心点试验	x_{01}（z_{01}）	x_{02}（z_{02}）	y	中心点试验	x_{01}（z_{01}）	x_{02}（z_{02}）	y
1	0（25）	0（74）	40.3	4	0	0	40.2
2	0	0	40.5	5	0	0	40.6
3	0	0	40.7				$\overline{y}_0$ =40.46

根据式（9-12）计算统计量 t，其中

$$SS_0 = \sum_{i=1}^{M}(y_{0i} - \overline{y}_0)^2 = \sum_{i=1}^{5}(y_{0i} - 40.46)^2 = 0.172,\ df_0 = M - 1 = 5 - 1 = 4$$

$$t = \frac{|b_0 - \overline{y}_0|\sqrt{df_{剩} + df_0}}{\sqrt{SS_{剩} + SS_0}\sqrt{\dfrac{1}{N} + \dfrac{1}{M}}} = \frac{|40.43 - 40.46|\sqrt{1+4}}{\sqrt{0.0025 + 0.172}\sqrt{\dfrac{1}{4} + \dfrac{1}{5}}} = 0.239$$

由于 $t < t_{0.05(1+4)} = 2.571$，所以回归方程在整个研究区域内部拟合得很好。

（4）确定蛋白质提取量与反应时间和反应温度的回归关系。

$$y = 40.43 + 0.775 \times \left(\frac{z_1 - 25}{5}\right) + 0.325 \times \left(\frac{z_2 - 74}{4}\right)$$

$$y = 30.56 + 0.155z_1 + 0.081z_2$$

由回归方程可以看出，反应温度为 70～78℃，反应时间为 20～30min，蛋白质提取率与反应时间和反应温度呈正相关，随着温度的提高，反应时间的延长，蛋白质提取率呈增大趋势。

在编制试验方案与配列计算格式表时，考虑到计算试验误差与显著性检验的需要，若将零水平重复试验一并编入试验方案与计算格式表中，这种设计称为整体设计，而将二水平试验方案与零点重复试验分别考虑的设计称为非整体设计。

整体设计的试验方案是一次全面制订，因此进行试验时，可以全面考虑，统一安排，既为所有试验点同时进行试验创造了条件，也为进一步缩小试验时空范围，减少试验干扰提供了可能。与非整体设计相比，整体设计可以更充分地利用零水平试验信息，提高常数项回归系数 b_0 计算上的精度，而对一次项回归系数 b_j 的计算无任何影响。

综上分析，回归方程显著性检验的主要内容有：①回归方程的检验，主要考察整个回归方程是否显著；②回归系数的检验，主要考察试验因素对试验指标是否有显著影响；③失拟检验，主要考察事先假定的回归模型是否符合实际，这是一项容易被忽视但却是非常重要的检验。

上述三项检验，全部可采用 F 检验。进行 F 检验时，首先必须计算用于显著性检验的各项偏差平方和与自由度。试验指标 y 的总波动，一般是由以下三个方面的原因引起的：①试验因素 x 取不同水平引起 y 的波动，其大小可由回归平方和 $SS_{回}$ 反映；②试验误差引起 y 的波动，其大小可由误差平方和 SS_e 描述；③试验因素 x 的非线性效应与其他条件因素及其交互作用的影响等引起 y 的波动，其大小可由失拟平方和 SS_{Lf} 表述。

【例 9-2】 某化工产品的产量（y）与时间（z_1）、温度（z_2）、压力（z_3）和溶液浓度（z_4）有关。实际生产中，时间控制在 30～40min，温度控制在 50～60℃，压力控制在 2×10^5～6×10^5Pa，溶液浓度控制在 20%～40%。试用一次回归正交设计求其回归方程，要求考察 z_1 和 z_2 的一级交互作用。

（1）确定自然因素的变化范围，并进行编码。根据试验目的、要求及条件，试验因素有 4 个，分别为 z_1、z_2、z_3 和 z_4，各因素的变化区间及因素编码见表 9-12。

表 9-12　因素水平编码表

z_j（x_j）	z_1/min	z_2/℃	z_3/$\times10^5$Pa	z_4/%
下水平 z_{1j}（−1）	30	50	2	20
上水平 z_{2j}（+1）	40	60	6	40
零水平 z_{0j}（0）	35	55	4	30
变化间距 Δ_j	5	5	2	10
编码公式	$x_1=\dfrac{z_1-35}{5}$	$x_2=\dfrac{z_2-55}{5}$	$x_3=\dfrac{z_3-4}{2}$	$x_4=\dfrac{z_4-30}{10}$

（2）试验方案设计。根据试验要求，遵循正交表的选取一般原则选择适宜正交表进行方案设计。显然，例 9-2 选 L_8（2^7）正交表较合适，试验方案设计表如表 9-13 所示，因素 x_1、x_2、x_3、x_4 依次安排在正交表的第 1、2、4、7 列，交互项 x_1x_2 为 x_1、x_2 的交互作用安排在第 3 例，其余各列不必列出。

表 9-13　试验方案及计算格式表

	x_0	x_1（z_1）	x_2（z_2）	x_3（z_3）	x_4（z_4）	x_1x_2	y_i
1	1	1	1	1	1	1	9.7
2	1	1	1	−1	−1	1	4.6
3	1	1	−1	1	−1	−1	10.0
4	1	1	−1	−1	1	−1	11.0
5	1	−1	1	1	−1	−1	9.0
6	1	−1	1	−1	1	−1	10.0
7	1	−1	−1	1	1	1	7.3
8	1	−1	−1	−1	−1	1	2.4
9	1	0	0	0	0	0	7.9
10	1	0	0	0	0	0	8.1

续表

	x_0	x_1（z_1）	x_2（z_2）	x_3（z_3）	x_4（z_4）	x_1x_2	y_i
11	1	0	0	0	0	0	7.4
$B_j=\sum x_j y$	87.4	6.6	2.6	8.0	12.0	−16.0	
$a_j=\sum x_j^2$	11	8	8	8	8	8	
$b_j=\dfrac{B_j}{a_j}$	7.9455	0.825	0.325	1.000	1.500	−2.000	
$Q_j=SS_j=\dfrac{B_j^2}{a_j}$		5.445	0.845	8.000	18.000	32.000	

（3）计算回归系数，建立回归方程。根据回归系数计算公式，求取回归系数，建立的回归方程为

$$\hat{y}=7.9455+0.825x_1+0.325x_2+x_3+1.5x_4-2x_1x_2$$

（4）显著性检验。显著性检验所需的偏差平方和及自由度计算结果如下：

$$SS_{总}=\sum y^2-\frac{1}{11}\left(\sum y\right)^2=64.647,\ df_{总}=N-1=11-1=10$$

$$SS_e=SS_0=\sum_{i=1}^{m}(y_{0i}-\bar{y}_0)^2=\sum_{i=1}^{3}(y_{0i}-7.8)^2=0.26,\ df_e=3-1=2$$

$$SS_{回}=\sum_{i=1}^{5}Q_j=64.29\text{，}\ df_{回}=5\text{（方程中的变量数）}$$

$$SS_{Lf}=SS_{剩}-SS_e=SS_{总}-SS_{回}-SS_e=0.0973\text{，}\ df_{Lf}=df_{剩}-df_e=df_{总}-df_{回}-df_e=3$$

A．回归系数检验。一般情况下，回归方程显著并不意味着因素及其交互作用对指标 y 的影响都是显著的，我们总希望从回归方程中剔除那些次要的不显著因素及交互作用，以便更好地对 y 进行预测和控制。回归系数 b_j 的检验 F 值为

$$F_j=\frac{SS_j/df_j}{SS_{剩}/df_{剩}}\sim F_\alpha(df_j,df_{剩})\tag{9-20}$$

经 F 检验不显著的因素（交互作用项）直接从回归方程中剔掉，不必再重新回归分析。回归系数检验结果见表 9-14。

表 9-14　一次正交回归检验方差分析

变异来源	平方和	自由度	均方	F	P
x_1	5.445	1	5.445	76.20	＜0.001
x_2	0.845	1	0.845	11.82	0.018
x_3	8.000	1	8.000	111.95	＜0.001
x_4	18.000	1	18.000	252.90	＜0.001
x_1x_2	32.000	1	32.000	447.80	＜0.001
回归	64.290	5	12.858	179.93	＜0.001
剩余	0.3573	5	0.07146		

续表

变异来源	平方和	自由度	均方	F	P
失拟	0.0973	3	0.0324	0.249	0.858
误差 e	0.260	2	0.130		
总和	64.6473	10			

注：$SS_{总}=\sum_{i=1}^{n}\sum_{j=1}^{m}y_{ij}^2-\frac{1}{N}\left(\sum_{i=1}^{n}\sum_{j=1}^{m}y_{ij}\right)^2$

B．回归方程的检验。

$$F_{回}=\frac{SS_{回}/df_{回}}{SS_{剩}/df_{剩}}\sim F_{\alpha(df_{回},df_{剩})} \quad (9\text{-}21)$$

进行此项检验时，通常对 $F_{值}\leqslant 1$ 的项不进行检验，直接从回归方程中剔除；对经检验而 $\alpha>0.25$ 的项，也从方程中剔除；对 $\alpha=0.25$ 的项，根据实际需要决定是否剔除。

m 为零水平重复试验次数；N 为整体设计试验总次数：$N=m+n$。

$$SS_{回}=\sum_{j=1}^{5}SS_j,\quad df_{回}=\sum_{j=1}^{5}df_j$$

$$SS_{剩}=SS_{总}-SS_{回},\quad df_{剩}=df_{总}-df_{回}$$

$$SS_{Lf(失拟)}=SS_{剩}-SS_e,\quad df_{Lf}=df_{剩}-df_e$$

C．失拟检验。

$$F_{Lf}=\frac{SS_{Lf}/df_{Lf}}{SS_e/df_e}\sim F_{\alpha}(df_{Lf},df_e)$$

由表 9-14 分析可以看出，回归方程拟合效果很好。

一般为了提高统计检验的灵敏度，应尽量增加误差自由度 df_e，降低 $F_{\alpha(df_{回},df_{剩})}$ 和 $F_{\alpha(df_{Lf},df_e)}$。可以将从方程中剔除的因素项与交互项的平方和及其自由度并入 SS_e 与 df_e。相应的，应从 $SS_{回}$ 及其 $df_{回}$ 中减去上述剔除项的平方和及其自由度。

（5）回归方程的变换。回归方程在编码空间中经过检验符合要求后，利用编码公式将其变换成自然空间的回归方程，以满足试验要求。

将表 9-12 中的各因素编码公式代入，并整理得出回归方程为

$$y=-161.905+4.565z_1+2.865z_2+0.500z_3+0.150z_4-0.080z_1z_2$$

9.2 二次回归组合设计

在大多数工程性问题中，有许多场合需要用二次回归方程来近似地描述某个过程中变量间的关系。二次回归设计是建立在一次回归设计基础上的一种设计。

9.2.1 二次回归设计原理

当有 p 个变量时，二次回归方程的一般形式为

$$y=b_0+\sum_{j=1}^{p}b_jz_j+\sum_{j=1}^{p}b_{jj}z_j^2+\sum_{i<j}b_{ij}z_iz_j \quad (9\text{-}22)$$

式（9-22）中共有 q 个回归系数，

$$q = 1 + C_p^1 + C_p^1 + C_p^2 = 1 + 2p + \frac{p(p-1)}{2} = C_{p+2}^2$$

这就是说，要获得 p 个变量的二次回归方程，一方面，试验次数 N 当然不能小于 q，另一方面，为了计算二次回归方程的系数，每个变量所取的水平不应少于三个，因而所要做的试验次数往往是比较多的。经过分析研究，人们提出了一种"组合设计"方案。所谓"组合设计"就是在因子空间中选择几类具有不同特点的试验点，把它们适当组合起来而形成试验方案。这类设计包含三种试验点，第一类是二水平析因试验点；第二类是分布在 p 个坐标轴上的星号点；第三类是坐标原点（中心试验点）。这样，组合设计中的试验点在因子空间的分布是比较均匀的。我们以 p=2 和 p=3 的情况为例加以说明。

p=2 时，组合设计由以下点组成，试验点分布见图 9-1。

试验号	x_1	x_2	
1	1	1	前 4 个点组成 2 水平的全因素试验 2^2
2	1	−1	
3	−1	1	
4	−1	−1	
5	r	0	中间 4 个点分布在 x_1 和 x_2 轴上的星号点
6	$-r$	0	
7	0	r	
8	0	$-r$	
9	0	0	最后一个点是由 x_1 和 x_2 的零水平组成的中心试验点
…	…	…	
N	0	0	

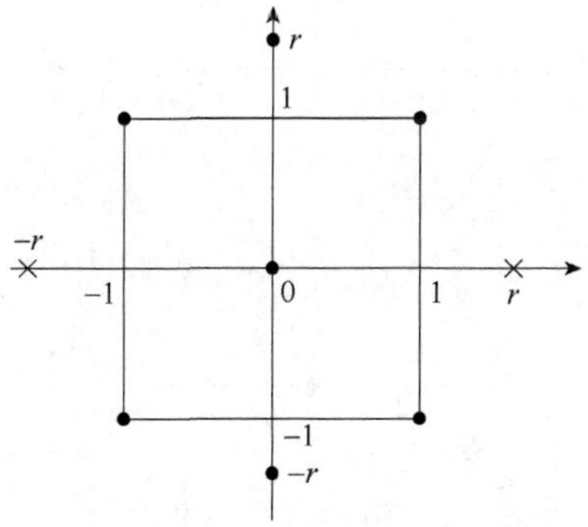

图 9-1　$p = 2$ 的二次回归组合设计试验点分布图

p=3 时，组合设计由以下点组成，试验点分布见图 9-2。

由上述分析可以看出，p 个变量的组合设计由下列 N 个点组成

$$N = m_c + m_r + m_0 \tag{9-23}$$

式中，m_c 为 2 水平（+1 和−1）全因素试验点个数 2^p，或部分实施的试验点个数 2^{p-1}、2^{p-2} 等；$m_r = 2p$ 为分布在 p 个坐标轴上的星号点，它们与中心点的距离 r 称为星号臂，r 是待定参数，

根据一定的要求（如正交性、旋转性）调节 r，就可得到各种设计（如正交设计，旋转设计）；m_0 为各变量都取零水平时中心点的重复试验次数，可以做一次，也可以重复多次，根据试验设计需求来定。

试验号	x_1	x_2	x_3	
1	1	1	1	前 8 个试验点组成二水平的全因素试验 2^3
2	1	1	−1	
3	1	−1	1	
4	1	−1	−1	
5	−1	1	1	
6	−1	1	−1	
7	−1	−1	1	
8	−1	−1	−1	
9	r	0	0	中间 6 个点为分布在 x_1，x_2，x_3 轴上的星号点
10	$-r$	0	0	
11	0	r	0	
12	0	$-r$	0	
13	0	0	r	
14	0	0	$-r$	
15	0	0	0	最后一个点是由 x_1，x_2，x_3 的零水平组成的中心试验点
…	…	…	…	
N	0	0	0	

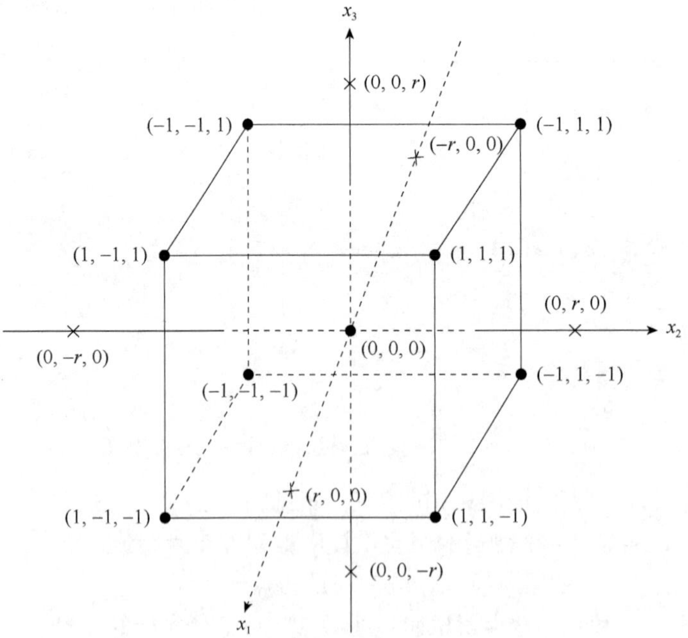

图 9-2　$p = 3$ 的二次回归组合设计试验点分布图

用组合设计安排试验，一是试验点比三水平的全因素试验要少得多，但却仍保持足够的剩余自由度；二是它在一次回归的基础上获得，这对进行试验是方便的。因为如果一次回归不显著时，那么只要在一次回归试验的基础上，再补加星号点和中心点试验即可求得二次回归方程。

9.2.2　二次回归正交组合设计

要使组合设计具有正交性，需要确定适当的星号臂 r。

现以 p=3 为例来分析。当有三个变量 x_1、x_2、x_3 时，二次回归方程为

$$\hat{y} = b_0 + b_1x_1 + b_2x_2 + b_3x_3 + b_{12}x_1x_2 + b_{13}x_1x_3 + b_{23}x_2x_3 + b_{11}x_1^2 + b_{22}x_2^2 + b_{33}x_3^2$$

其组合设计回归模型的结构矩阵见表 9-15。

表 9-15　三个变量组合设计结构矩阵

试验号	x_0	x_1	x_2	x_3	x_1x_2	x_1x_3	x_2x_3	x_1^2	x_2^2	x_3^2
1	1	1	1	1	1	1	1	1	1	1
2	1	1	1	−1	1	−1	−1	1	1	1
3	1	1	−1	1	−1	1	−1	1	1	1
4	1	1	−1	−1	−1	−1	1	1	1	1
5	1	−1	1	1	−1	−1	1	1	1	1
6	1	−1	1	−1	−1	1	−1	1	1	1
7	1	−1	−1	1	1	−1	−1	1	1	1
8	1	−1	−1	−1	1	1	1	1	1	1
9	1	r	0	0	0	0	0	r^2	0	0
10	1	$-r$	0	0	0	0	0	r^2	0	0
11	1	0	r	0	0	0	0	0	r^2	0
12	1	0	$-r$	0	0	0	0	0	r^2	0
13	1	0	0	r	0	0	0	0	0	r^2
14	1	0	0	$-r$	0	0	0	0	0	r^2
15	1	0	0	0	0	0	0	0	0	0

可以看出，二次组合设计实际是在一次回归正交设计的基础上加入星号点的试验设计，星号点试验的加入，并不破坏一次变量和交互作用列的正交性，只是 x_0 和 x_j^2 列破坏了正交性，因为

$$\begin{cases} \sum_{i=1}^{N} x_{ij}^2 = m_c + 2r^2 \neq 0 \\ \sum_{i=1}^{N} x_0 x_{ij}^2 = m_c + 2r^2 \neq 0 \quad (N = m_c + 2p + m_0) \\ \sum_{i=1}^{N} x_{ij}^2 x_{it}^2 = m_c \neq 0 \quad (t \neq j) \end{cases} \tag{9-24}$$

所以，为了使组合设计的结构矩阵具有正交性，必须使上述三式全部为零。为满足这个要求，数学家已证明，必须满足以下两个条件。

（1）$r^2 = \dfrac{\sqrt{(m_c + 2p + m_0)m_c} - m_c}{2}$　　（9-25）

臂长 r 与因素个数 p、中心点试验次数 m_0 及二水平试验点个数 m_c 有关。

（2）对 x_{ij}^2 列必须进行中心化处理，即对 x_{ij}^2 进行如下线性变换，

$$x'_{ij} = x_{ij}^2 - \frac{1}{N}\sum_{i=1}^{N} x_{ij}^2 \quad (9\text{-}26)$$

将结构矩阵做如上处理后，就可使组合设计具有正交性。所以进行组合设计时，可由式（9-26）计算 r^2 值，也可由表 9-16 查得常用 r^2 值。

表 9-16　r^2 值表

m_0	p			
	2	3	4	5（1/2 实施）
1	1.000	1.477	2.000	2.390
2	1.162	1.657	2.198	2.580
3	1.317	1.831	2.390	2.770
4	1.464	2.000	2.580	2.950
5	1.606	2.164	2.770	3.140
6	1.742	2.325	2.950	3.310
7	1.873	2.481	3.140	3.490
8	2.000	2.633	3.310	3.660
9	2.123	2.782	3.490	3.830
10	2.243	2.928	3.660	4.000

9.2.3　二次回归正交组合设计统计分析

1. 二次回归正交组合设计的步骤

二次回归正交组合设计的主要方法、步骤与一次回归设计基本一致。

（1）确定自然因素 z_j 的变化范围，并对各因素进行编码，编码方法与一次回归正交设计相似。

$$\begin{cases} z_{0j} = \dfrac{z_{1j} + z_{2j}}{2} \\ \Delta_j = \dfrac{z_{2j} - z_{0j}}{r} = \dfrac{z_{2j} - z_{1j}}{2r} \\ x_j = \dfrac{z_j - z_{0j}}{\Delta_j} \end{cases} \quad (9\text{-}27)$$

式中，z_{2j}、z_{1j} 分别是因素 z_j 的上限、下限。

按式（9-27）对 p 个因素进行编码，因素水平编码如表 9-17 所示。

表 9-17　因素水平编码表

x_j	因子			
	z_1	z_2	…	z_p
r	z_{21}	z_{22}	…	z_{2p}
1	$z_{01}+\Delta_1$	$z_{02}+\Delta_2$	…	$z_{0p}+\Delta_p$
0	z_{01}	z_{02}	…	z_{0p}
−1	$z_{01}-\Delta_1$	$z_{02}-\Delta_2$	…	$z_{0p}-\Delta_p$
$-r$	z_{11}	z_{12}	…	z_{1p}
编码公式	$x_1=\dfrac{z_1-z_{01}}{\Delta_1}$	$x_2=\dfrac{z_2-z_{02}}{\Delta_2}$	…	$x_p=\dfrac{z_p-z_{0p}}{\Delta_p}$

应当指出的是，因素 z_j 的上、下水平对应的不是+1和−1，而是$+r$ 和$-r$，每个因素不是取 3 个水平，而是取 5 个水平，如图 9-3 所示。

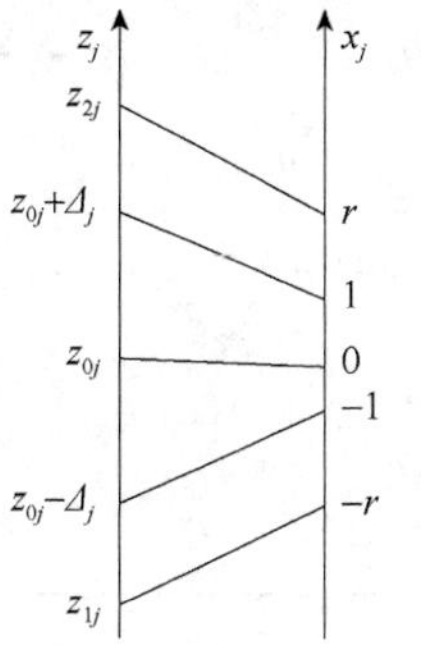

图 9-3　二次回归正交组合设计 z_j 与 x_j 的对应关系

（2）选择适当的组合设计。按给定的试验因素个数 p，选取合适的二水平正交表，确定 m_c、m_0。由 $N=m_c+2p+m_0$ 计算试验次数 N，查出相对应的 r^2，编制试验方案，并对 x_j^2 列进行中心化处理，最后配列计算格式表。

（3）回归系数的计算与检验。由于试验设计具有正交性，常数项、一次项、交互项和二次项的回归系数及偏差平方和可按式（9-28）计算：

$$\begin{cases} b_0'=\sum\limits_{i=1}^{N}y_i/N=\overline{y} \\ b_j=\sum\limits_{i=1}^{N}x_{ij}y_i\Big/\sum\limits_{i=1}^{N}x_{ij}^2=\dfrac{B_j}{s_j} \\ b_{ij}=\sum\limits_{i=1}^{N}x_{ij}x_{it}y_i\Big/\sum\limits_{i=1}^{N}(x_{ij}x_{it})^2=\dfrac{B_{ij}}{s_{ij}}\quad (t\neq j) \\ b_{jj}=\sum\limits_{i=1}^{N}x_{ij}'y_i\Big/\sum\limits_{i=1}^{N}(x_{ij}')^2=\dfrac{B_{jj}}{s_{jj}} \end{cases} \tag{9-28}$$

上述这些计算都可在类似“一次回归正交设计的计算表”上进行，这时回归方程为

$$y=b_0'+\sum_{j=1}^{p}b_jx_j+\sum_{j=1}^{p}b_{jj}x_j'+\sum_{i<j}b_{ij}x_ix_j \tag{9-29}$$

由 $x_{ij}'=x_{ij}^2-\dfrac{1}{N}\sum\limits_{i=1}^{N}x_{ij}^2$ 得

$$y=b_0+\sum_{j=1}^{p}b_jx_j+\sum_{j=1}^{p}b_{jj}x_j^2+\sum_{i<j}b_{ij}x_ix_j \tag{9-30}$$

式中，$b_0=\overline{y}-\dfrac{\sum\limits_{i=1}^{N}x_{ij}^2}{N}\sum\limits_{j=1}^{p}b_{jj}$。

当然，二次回归正交设计的回归方程、回归系数、拟合情况均需要检验，与一次回归正交设计完全类似。表 9-18 为二次回归检验方差分析表。

表 9-18　二次回归检验方差分析表

	变异来源	平方和	自由度	均方	F
一次效应	x_1	$Q_1=B_1^2/s_1$	1	Q_1	$Q_1/SS_{剩}/df_{剩}$
	⋮	⋮	⋮	⋮	⋮
	x_p	$Q_p=B_p^2/s_p$	1	Q_p	$Q_p/SS_{剩}/df_{剩}$
交互效应	x_1x_2	$Q_{12}=B_{12}^2/s_{12}$	1	Q_{12}	$Q_{12}/SS_{剩}/df_{剩}$
	⋮	⋮	⋮	⋮	⋮
	$x_{p-1}x_p$	$Q_{(p-1)p}=\dfrac{B_{(p-1)p}^2}{s_{(p-1)p}}$	1	$Q_{(p-1)p}$	$Q_{(p-1)p}/SS_{剩}/df_{剩}$
二次效应	x_1^2	$Q_{11}=B_{11}^2/s_{11}$	1	Q_{11}	$Q_{11}/SS_{剩}/df_{剩}$
	⋮	⋮	⋮	⋮	⋮
	x_p^2	$Q_{pp}=B_{pp}^2/s_{pp}$	1	Q_{pp}	$Q_{pp}/SS_{剩}/df_{剩}$
回归		$SS_{回}=Q_1+Q_2+\cdots+Q_{12}+\cdots+Q_{pp}$	$df_{回}=C_{p+2}^2-1$	$SS_{回}/df_{回}$	$\dfrac{SS_{回}/df_{回}}{SS_{剩}/df_{剩}}$
剩余		$SS_{剩}=SS_{总}-SS_{回}$	$df_{剩}=N-1-df_{回}$	$SS_{剩}/df_{剩}$	
误差		$SS_e=\sum_{i0=1}^{m_0}y_{i0}^2-\dfrac{1}{m_0}\left(\sum_{i0=1}^{m_0}y_{i0}\right)^2$	$df_e=m_0-1$	SS_e/df_e	
失拟		$SS_{Lf}=SS_{剩}-SS_e$	$df_{Lf}=df_{剩}-df_e$	SS_{Lf}/df_{Lf}	$\dfrac{SS_{Lf}/df_{Lf}}{SS_e/df_e}$
总和		$SS_{总}=\sum_{i=1}^{N}y_i^2-\dfrac{1}{N}\left(\sum_{i=1}^{N}y_i\right)^2$	$df_{总}=N-1$		

2. 应用

【例 9-3】 用二次回归正交设计分析茶叶有效成分浸出率与各参数的关系。经初步试验得知，影响浸出率的主要因素有榨汁压力（P）、加压速度（R）、物料量（W）、榨汁时间（t）4 个因素。各因素对浸出率的影响不是简单的线性关系，而且因素间存在不同程度的交互作用，因此用二次回归正交设计安排试验以建立浸出率与各参数的回归方程。

（1）选择适当的组合设计。组合设计试验次数

$$N=m_c+2p+m_0=2^4+2\times 4+3=27$$

当 $m_0=3$，$p=4$ 时，由 r^2 值表（表 9-16）查出 $r^2=2.390$，即星号臂 $r=1.546$。

（2）确定因素的变化范围，编制因素编码表。根据初步试验，各因素的变化范围：压力（P）为 5～8at（$1\text{at}=9.806\times 10^4\text{Pa}$），加压速度（$R$）为 1～8at/s，物料量（$W$）为 100～400g，榨汁时间（$t$）为 2～4min。根据式（9-27）列出因素水平编码表（表 9-19）。

表 9-19　因素水平编码表

x_j	因子			
	P/at	R/（at/s）	W/g	t/min
$+r$	8	8	400	4
1	7.47	6.764	347	3.647
0	6.5	4.5	250	3.0
−1	5.53	2.236	153	2.353
$-r$	5	1	100	2
Δ_j	0.970	2.264	97	0.647
编码公式	$x_1=\dfrac{z_1-6.5}{0.970}$	$x_2=\dfrac{z_2-4.5}{2.264}$	$x_3=\dfrac{z_3-250}{97}$	$x_4=\dfrac{z_4-3.0}{0.647}$

（3）列出试验方案，进行试验，对试验结果做统计分析。按正交组合设计安排 27 次试验，试验方案见表 9-20。表中各平方项按照 $x'_{ij}=x_{ij}^2-\dfrac{1}{N}\sum\limits_{i=1}^{N}x_{ij}^2=x_{ij}^2-0.77$ 变换。回归系数的计算见表 9-20。

各项偏差平方和以及自由度的计算

$$SS_{总}=\sum_{i=1}^{N}y_i^2-\frac{1}{N}\left(\sum_{i=1}^{N}y_i\right)^2=\sum_{i=1}^{27}y_i^2-\frac{1}{27}\left(\sum_{i=1}^{27}y_i\right)^2=241.361,\ df_{总}=27-1=26$$

$$SS_{回}=Q_1+Q_2+\cdots=206.912,\ df_{回}=7$$

$$SS_{剩}=SS_{总}-SS_{回}=241.361-206.912=34.449,\ df_{剩}=26-7=19$$

$$SS_e=\sum_{i0=1}^{m_0}y_{i0}^2-\frac{1}{m_0}\left(\sum_{i0=1}^{m_0}y_{i0}\right)^2=\sum_{i0=1}^{3}y_{i0}^2-\frac{1}{3}\left(\sum_{i0=1}^{3}y_{i0}\right)^2=6921.454-\frac{1}{3}\times(144.08)^2=1.771$$

$$df_e=m_0-1=3-1=2$$

$$SS_{Lf}=SS_{剩}-SS_e=34.449-1.771=32.678，\ df_{Lf}=19-2=17$$

二次回归方程方差分析见表 9-21。

由表 9-21 可以看出，失拟检验 $F_1=\dfrac{SS_{Lf}/df_{Lf}}{SS_{误}/df_{误}}=2.171<F_{0.25(17,2)}=3.42$，回归方程的 $F_2=\dfrac{SS_{回}/df_{回}}{SS_{剩}/df_{剩}}=16.303>F_{0.01(7,19)}=3.77$，表明所建回归方程不失拟，回归方程显著拟合效果好，具有预测意义。

方程为

$$y=45.640+0.736x_1-0.485x_2-1.851x_3+1.579x_4-0.466x_1x_2-0.906x_2x_3-2.116x'_3$$

将 $x_1=\dfrac{z_1-6.5}{0.970}$，$x_2=\dfrac{z_2-4.5}{2.264}$，$x_3=\dfrac{z_3-250}{97}$，$x_4=\dfrac{z_4-3.0}{0.647}$，$x'_3=x_3^2-0.77$ 代入，整理得回归方程为

$$y=15.857+1.713z_1+2.195z_2+0.112z_3+2.440z_4-0.212z_1z_2-4.124\times10^{-3}z_2z_3-2.25\times10^{-4}z_3^2$$

式中，z_1 为压力；z_2 为加压速度；z_3 为物料量；z_4 为榨汁时间。

表 9-20　试验方案及统计分析

处理	x_0	x_1	x_2	x_3	x_4	x_1x_2	x_1x_3	x_1x_4	x_2x_3	x_2x_4	x_3x_4	x_1'	x_2'	x_3'	x_4'	y
1	1	1	1	1	1	1	1	1	1	1	1	0.23	0.23	0.23	0.23	43.26
2	1	1	1	1	−1	1	1	−1	1	−1	−1	0.23	0.23	0.23	0.23	39.60
3	1	1	1	−1	1	1	−1	1	−1	1	−1	0.23	0.23	0.23	0.23	48.73
4	1	1	1	−1	−1	1	−1	−1	−1	−1	1	0.23	0.23	0.23	0.23	46.93
5	1	1	−1	1	1	−1	1	1	−1	−1	1	0.23	0.23	0.23	0.23	47.26
6	1	1	−1	1	−1	−1	1	−1	−1	1	−1	0.23	0.23	0.23	0.23	42.97
7	1	1	−1	−1	1	−1	−1	1	1	−1	−1	0.23	0.23	0.23	0.23	50.73
8	1	1	−1	−1	−1	−1	−1	−1	1	1	1	0.23	0.23	0.23	0.23	45.33
9	1	−1	1	1	1	−1	−1	−1	1	1	1	0.23	0.23	0.23	0.23	41.86
10	1	−1	1	1	−1	−1	−1	1	1	−1	−1	0.23	0.23	0.23	0.23	40.11
11	1	−1	1	−1	1	−1	1	−1	−1	1	−1	0.23	0.23	0.23	0.23	49.40
12	1	−1	1	−1	−1	−1	1	1	−1	−1	1	0.23	0.23	0.23	0.23	45.73
13	1	−1	−1	1	1	1	−1	−1	−1	−1	1	0.23	0.23	0.23	0.23	45.83
14	1	−1	−1	1	−1	1	−1	1	−1	1	−1	0.23	0.23	0.23	0.23	40.06
15	1	−1	−1	−1	1	1	1	−1	1	−1	−1	0.23	0.23	0.23	0.23	46.40
16	1	−1	−1	−1	−1	1	1	1	1	1	1	0.23	0.23	0.23	0.23	45.13
17	1	1.546	0	0	0	0	0	0	0	0	0	1.62	−0.77	−0.77	−0.77	48.72
18	1	−1.546	0	0	0	0	0	0	0	0	0	1.62	−0.77	−0.77	−0.77	45.48
19	1	0	1.546	0	0	0	0	0	0	0	0	−0.77	1.62	−0.77	−0.77	46.24
20	1	0	−1.546	0	0	0	0	0	0	0	0	−0.77	1.62	−0.77	−0.77	47.52
21	1	0	0	1.546	0	0	0	0	0	0	0	−0.77	−0.77	1.62	−0.77	42.53
22	1	0	0	−1.546	0	0	0	0	0	0	0	−0.77	−0.77	1.62	−0.77	43.20
23	1	0	0	0	1.546	0	0	0	0	0	0	−0.77	−0.77	−0.77	1.62	49.28
24	1	0	0	0	−1.546	0	0	0	0	0	0	−0.77	−0.77	−0.77	1.62	45.92
25	1	0	0	0	0	0	0	0	0	0	0	−0.77	−0.77	−0.77	−0.77	48.08
26	1	0	0	0	0	0	0	0	0	0	0	−0.77	−0.77	−0.77	−0.77	48.94
27	1	0	0	0	0	0	0	0	0	0	0	−0.77	−0.77	−0.77	−0.77	47.06
B_j	1232.30	15.30	−10.07	−38.47	32.80	−7.45	0.17	2.69	−14.49	−5.85	3.33	−3.95	−5.00	−24.19	−1.56	
b_j	45.64	0.74	−0.48	−1.85	1.58	−0.47	0.01	0.17	−0.91	−0.37	0.21	−0.35	−0.44	−2.12	−0.14	
Q_j		11.264	4.879	71.203	51.787	3.469	0.002	0.452	13.123	2.139	0.693	1.349	2.169	51.161	0.206	

注：二次项中心化处理公式为 $x'_{ij}=x_{ij}^2-\frac{1}{N}\sum_{i=1}^{N}x_{ij}^2=x_{ij}^2-0.77$

表 9-21　二次回归关系方差分析表

变异来源	平方和	自由度	均方	F	P
x_1	11.264	1	11.264	6.212	0.022
x_2	4.879	1	4.879	2.691	0.117
x_3	71.203	1	71.203	39.272	<0.001
x_4	51.787	1	51.787	28.563	<0.001
x_1x_2	3.469	1	3.690	1.913	0.183
$x_1x_3^{\Delta}$	0.002	1	0.002		
$x_1x_4^{\Delta}$	0.452	1	0.452		
x_2x_3	13.123	1	13.123	7.238	0.014
$x_2x_4^{\Delta}$	2.139	1	2.139		
$x_3x_4^{\Delta}$	0.693	1	0.693		
$x_1'^{\Delta}$	1.349	1	1.349		
$x_2'^{\Delta}$	2.169	1	2.169		
x_3'	51.161	1	51.161	28.233	<0.001
$x_4'^{\Delta}$	0.206	1	0.206		
回归	206.912	7	29.5589	16.303	<0.001
剩余	34.449	19	1.8131		
误差 e	1.771	2	0.8855		
失拟	32.678	17	1.9222	2.171	0.362
总和	241.361	26	9.2831		

Δ将小于或接近试验误差平方和的各项回归平方和并入剩余平方和中

注：回归系数检验临界值 $F_{0.25(1,19)}=1.41$, $F_{0.05(1,19)}=4.38$, $F_{0.01(1,19)}=8.13$；方程显著性检验临界值 $F_{0.05(7,19)}=2.54$, $F_{0.01(7,19)}=3.77$；方程拟合度检验临界值 $F_{0.25(17,2)}=3.42$，$F_{0.05(17,2)}=19.4$，$F_{0.01(17,2)}=99.4$

9.2.4　二次回归连贯设计

在一次回归正交设计的基础上补充少量星号点试验，进行二次回归设计的方法，称为二次回归连贯设计。当一次线性回归方程失拟时，可充分利用一次回归的试验信息再继续寻求二次回归方程以满足实际需要，此时可采用连贯设计。

二次回归连贯设计与二次回归正交组合设计有所不同。在连贯设计时，将一次回归正交设计中水平仅取 1 与−1 的试验点和零水平试验点，分别作为 m_c 与 m_0，再补充星号点 m_r，制订组合设计方案，寻求二次回归方程，这样可充分利用一次回归正交设计中试验的有关信息，不会造成试验资料浪费，连贯设计的因素编码仍利用一次回归正交设计的编码公式：

$$x_j = \frac{z_j - z_{0j}}{\Delta_j}$$

其中，

$$\Delta_j = \frac{z_{2j} - z_{1j}}{2}$$

因此，对应于 $x_j = r$、$-r$ 时的自然因素取值，即 z_j 的实际上限 z_{2j}'与下限 z_{1j}'应由式（9-31）

确定。

$$\begin{cases} z'_{2j}=z_{0j}+r\Delta_j=\dfrac{(1+r)z_{2j}+(1-r)z_{1j}}{2} \\ z'_{1j}=z_{0j}-r\Delta_j=\dfrac{(1-r)z_{2j}+(1+r)z_{1j}}{2} \end{cases} \tag{9-31}$$

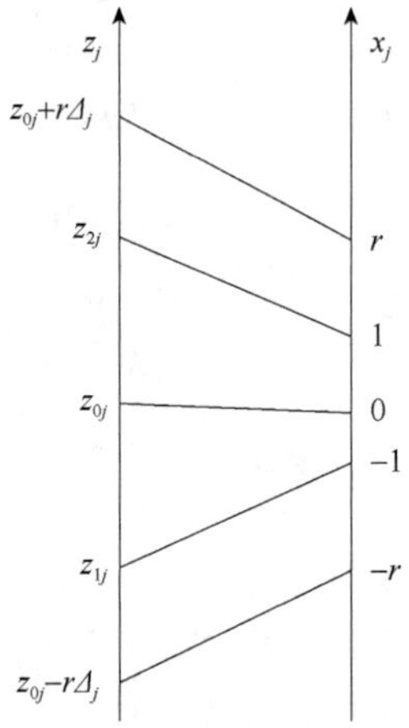

图 9-4　二次连贯设计 z_j 与 x_j 的关系示意图

显然，对于二次回归连贯设计，自然因素的实际上、下限不是在试验方案编制前预先选定的，而是根据编码因素的星号臂长 r，利用一次回归设计编码公式计算确定的，对应关系如图 9-4 所示。很显然，二次回归连贯设计将自然因素 z_j 的实际试验范围扩大 r 倍。所以，在设计时应注意实际试验范围是否容许。

二次回归连贯设计是在一次回归正交设计试验的基础上，补加一些星号点试验构成的。其设计步骤及分析与二次回归正交组合设计相同。下面用例题说明。

【例 9-4】 试建立溶液导电率与镓的浓度（z_1）、苛性碱的浓度（z_2）的线性关系。各因素试验考查范围是 z_1：30～70g/L，z_2：90～150g/L。

为建立线性回归关系，采用回归设计。选用 $L_4(2^3)$ 正交表设计试验，零水平试验重复 4 次，整体设计，设计与分析过程见表 9-22 和表 9-23。

表 9-22　因素水平编码表

z_j（x_j）	镓浓度/（g/L） z_1	苛性碱浓度/（g/L） z_2	z_j（x_j）	镓浓度/（g/L） z_1	苛性碱浓度/（g/L） z_2
z_{2j}（1）	70	150	$\Delta_j=\dfrac{z_{2j}-z_{1j}}{2}$	20	30
z_{0j}（0）	50	120	$x_j=\dfrac{z_j-z_{0j}}{\Delta_j}$	$x_1=\dfrac{z_1-50}{20}$	$x_2=\dfrac{z_2-120}{30}$
z_{1j}（−1）	30	90			

表 9-23　试验方案及计算格式表

试验号	x_0	x_1（z_1）	x_2（z_2）	x_1x_2	y
1	1	1	1	1	5.0
2	1	1	−1	−1	6.7
3	1	−1	1	−1	8.5
4	1	−1	−1	1	2.0
5	1	0	0	0	2.8
6	1	0	0	0	3.2
7	1	0	0	0	3.4
8	1	0	0	0	3.0
a_j	8	4	4	4	
B_j	34.60	1.20	4.80	−8.20	

续表

试验号	x_0	x_1（z_1）	x_2（z_2）	x_1x_2	y
b_j	4.325	0.30	1.20	−2.05	
Q_j	149.645	0.36	5.76	16.81	
F_j		0.12	1.89	5.51	
P		0.749	0.241	0.079	

注：临界值 $F_{0.25(1,4)}$=1.81，$F_{0.10(1,4)}$=4.54，$F_{0.05(1,4)}$=7.71

由表 9-23 可以看出，因素 x_1 的影响不显著，x_1 及其交互作用 x_1x_2 的影响达到基本显著（α<0.25）。$F=\dfrac{SS_{回}/df_{回}}{SS_{剩}/df_{剩}}=2.50>F_{0.25(3,4)}=2.05$。

这表明回归方程 $y=4.33+0.30x_1+1.20x_2-2.05x_1x_2$ 的置信度仅为 75%，并且由于 $F_{Lf}=\dfrac{SS_{Lf}/df_{Lf}}{SS_e/df_e}=180.08>F_{0.01(1,3)}=34.1$，显然该回归方程严重失拟，需考虑试验因素的非线性效应。所以，在此基础上补做星号试验来进行二次回归设计。

下面是在一次回归设计试验的基础上，采用二次回归连贯设计进行试验设计。

首先对试验因素在原来基础上进行编码，引入星号臂水平。由于 p=2、m_0=4，查表 9-16，r^2=1.464，那么 $r\approx$1.210。因素编码表如表 9-24 所示。

表 9-24　二次连贯设计因素水平编码表

z_j（x_j）	z_1/（g/L）	z_2/（g/L）	z_j（x_j）	z_1/（g/L）	z_2/（g/L）
z'_{2j}（r）	74.2	156.3	z'_{1j}（$-r$）	25.8	83.7
z_{2j}（1）	70	150	$\Delta_j=\dfrac{z_{2j}-z_{1j}}{2}$	20	30
z_{0j}（0）	50	120	$x_j=\dfrac{z_j-z_{0j}}{\Delta_j}$	$x_1=\dfrac{z_1-50}{20}$	$x_2=\dfrac{z_2-120}{30}$
z_{1j}（−1）	30	90			

星号点试验 m_r=2、p=4，所以，试验总次数 $n=m_c+m_r+m_0=4+4+4=12$。

在因素编码基础上，编制组合设计方案，配列计算格式表，如表 9-25 所示。

表 9-25　二次连贯设计试验方案及计算格式表

试验号		x_0	x_1（z_1）	x_2（z_2）	x_1x_2	x_1^2（x'_1）	x_2^2（x'_2）	y
m_c	1	1	1	1	1	1（0.423）	1（0.423）	5.0
	2	1	1	−1	−1	1（0.423）	1（0.423）	6.7
	3	1	−1	1	−1	1（0.423）	1（0.423）	8.5
	4	1	−1	−1	1	1（0.423）	1（0.423）	2.0
m_r	9	1	1.21	0	0	1.464（0.887）	0（−0.577）	5.9
	10	1	−1.21	0	0	1.464（0.887）	0（−0.577）	4.9
	11	1	0	1.21	0	0（−0.577）	1.464（0.887）	5.8
	12	1	0	−1.21	0	0（−0.577）	1.464（0.887）	2.9

续表

试验号		x_0	x_1（z_1）	x_2（z_2）	x_1x_2	x_1^2（x_1'）	x_2^2（x_2'）	y
m_0	5	1	0	0	0	0（−0.577）	0（−0.577）	2.8
	6	1	0	0	0	0（−0.577）	0（−0.577）	3.2
	7	1	0	0	0	0（−0.577）	0（−0.577）	3.4
	8	1	0	0	0	0（−0.577）	0（−0.577）	3.0
a_j		12	6.928	6.928	4	4.287	4.287	
B_j		54.10	2.41	8.31	−8.20	6.778	3.703	
b_j		4.51	0.35	1.20	−2.05	1.58	0.86	
Q_j		243.90	0.838	9.965	16.810	10.716	3.199	
F_j			22.76	270.54	456.38	290.92	86.85	
P			0.01	0.01	0.01	0.01	0.01	

注：二次项中心化处理公式为 $x'_{ij}=x_{ij}^2-\frac{1}{N}\sum_{i=1}^{N}x_{ij}^2=x_{ij}^2-0.577$，回归系数检验临界值 $F_{0.05(1,6)}=5.99$，$F_{0.01(1,6)}=13.75$

由表 9-25 可以看出，变量一次项、交互项以及二次项的回归系数均达到极显著水平。回归方程的显著性检验见表 9-26。拟合 $F_1=0.19<1$，回归 $F_2=225.49>F_{0.01(5,6)}=8.75$，回归方程不失拟，拟合效果好，可用于预测。回归方程为

$$y=4.51+0.35x_1+1.20x_2-2.05x_1x_2+1.58x_1'+0.86x_2'$$

将 $x_1=\dfrac{z_1-50}{20}$、$x_2=\dfrac{z_2-120}{30}$、$x_1'=x_1^2-0.577$、$x_2'=x_2^2-0.577$ 代入，整理得回归方程为

$$y=0.721+0.031z_1-0.023z_2-0.003z_1z_2+0.004z_1^2+0.001z_2^2$$

式中，z_1 为镓的浓度，z_2 为苛性碱的浓度。

表 9-26 二次回归连贯设计方差分析

变异来源	平方和	自由度	均方	F	P
x_1	0.838	1	0.838	22.60	0.0031
x_2	9.965	1	9.965	268.70	<0.001
x_1x_2	16.810	1	16.810	453.26	<0.001
x_1^2（x_1'）	10.716	1	10.716	288.91	<0.001
x_2^2（x_2'）	3.199	1	3.199	86.23	<0.001
回归	41.528	5	8.3056	223.94	<0.001
剩余	0.223	6	0.0372		
误差 e	0.200	3	0.0667		
失拟	0.023	3	0.00767	0.115	0.9470
总和	41.749	11			

9.3 回归旋转设计

前面介绍的二次回归正交设计，它具有试验规模小，计算简便和避免了回归系数间的相

关性等优点，但它与一般回归分析一样，由于各因素所取水平不同，对应的各个预测值 $\hat{y}$ 的方差也不相同，即 $\hat{y}$ 的方差强烈地依赖于试验点在因子空间中的位置，影响了不同预测值之间的直接比较。为了克服这一不足，应采用回归旋转设计。

评价一个回归方程 $\hat{y}=b_0+b_1x_1+b_2x_2+\cdots+b_kx_k$ 的“精度”可以用预测值的方差来衡量。所以

$$D(\hat{y})=D(b_0+b_1x_1+b_2x_2+\cdots+b_kx_k)$$
$$=D(b_0)+\sum_{j=1}^{k}D(b_j)x_j^2+\sum_{i<j}\text{cov}(b_i,b_j)x_ix_j$$

可见预测值 $\hat{y}$ 的方差与试验点 $x=(x_1, x_2, \cdots, x_k)$ 在空间的位置有关，而且与 $D(b_j)$ 和 $\text{cov}(b_i, b_j)$ 有关，即与结构矩阵有关，这样我们可选择一些特殊的结构矩阵，就可以得到具有各种特性的回归方程。

设利用一次回归正交设计所求得的回归方程为

$$\hat{y}=b_0+b_1x_1+b_2x_2+\cdots+b_px_p$$

则 $\hat{y}$ 的方差为

$$D(\hat{y})=D(b_0)+\sum_{j=1}^{p}D(b_j)x_j^2+\sum_{i<j}\text{cov}(b_i,b_j)x_ix_j$$
$$=D(b_0)+\sum_{j=1}^{p}D(b_j)x_j^2$$

由一次回归正交设计的性质可知 $D(b_0)=D(b_1)=\cdots=D(b_p)=\dfrac{\sigma^2}{n}$，故

$$D(\hat{y})=\frac{\sigma^2}{n}(1+\sum_{j=1}^{p}x_j^2)=\frac{\sigma^2}{n}(1+\rho^2) \tag{9-32}$$

式中，σ^2 为随机误差 ε 的方差，而 $\sum_{j=1}^{p}x_j^2=\rho^2$ 是 p 维编码空间内的一个球面，球心在原点，半径为 ρ。

式（9-32）表明，同一球面上的点，其预测值 $\hat{y}$ 的方差是相等的，这个性质称为旋转性。此性质对预报是很重要的，它可以帮助试验者在寻找最优生产过程中排除误差的干扰，因为同一球面上的点，其预测值方差是相等的，所以试验者可以直接比较各点预测值的好坏，从而找出预测值相对较优的区域，旋转性是人们常追求的优良性之一。使回归方程具有旋转性的设计称为回归旋转设计。

在旋转设计中，预测值 $\hat{y}$ 的方差仅与因素空间各试验点到试验中心的距离 ρ 有关，而与方向无关；ρ 越大，方差越大，显然一次回归正交设计具有旋转性，而二次回归正交设计不具有旋转性。回归旋转设计，一方面基本保留了回归正交设计的优点，即试验次数较少，计算简便，部分地消除了回归系数间的相关性；另一方面能使二次设计具有旋转性，有助于克服回归正交设计中二次回归预测值 $\hat{y}$ 的方差依赖于试验点在因子空间中的位置这个缺点。

9.3.1　二次旋转组合设计

一般情况下，二次回归设计不具有旋转性，为使 p 元二次回归设计具有旋转性，必须具备以下两个条件。

第一，旋转性条件。

$$\begin{cases}\sum_{i=1}^{N} x_{ij}^2 = \lambda_2 N \\ \sum_{i=1}^{N}(x_{ij}^2)^2 = 3\sum_{h<j}(x_{ih}x_{ij})^2 = 3\lambda_4 N \quad (h, j=1, 2, \cdots, p)\end{cases} \tag{9-33}$$

式中，x_{ij} 为第 j 个编码因素在第 i 次试验中的水平取值；N 为总试验次数；λ_2，λ_4 为待定参数。

第二，非退化条件。

$$\frac{\lambda_4}{\lambda_2^2} > \frac{p}{p+2} \tag{9-34}$$

式（9-34）是使信息矩阵 A 满秩或非退化，也就是说使所有回归系数具有唯一解的条件，也可以说，只有待定参数 λ_2、λ_4 满足上述条件，旋转设计才有可能。式（9-33）给出了二次旋转设计的信息矩阵 $\boldsymbol{A}=\boldsymbol{x'x}$ 应具有的结构形式，是旋转设计的必要条件。已经证明，只要使 N 个试验点至少位于两个半径不等的球面上就可以满足非退化条件，就可能获得二次旋转设计。最简单的情况就是把 N 个试验点分布在两个或三个球面上。若将 N 个试验点分布在两个球面上，其中 m_0 个点集中在半径 ρ=0 的球面上，即试验中心上，另外 $N-m_0$ 个点均匀分布在半径为 ρ（$\rho\neq 0$）的球面上，就可能获得二次旋转设计。

1. 二次旋转组合设计

对于三个因子（p=3）或更多个因子，旋转设计通常利用组合设计来实现。在组合设计中，N 个试验点是分布在三个球面上的。

$$N=m_c+2p+m_0=m_c+m_r+m_0 \tag{9-35}$$

式中，m_c 个点分布在半径为 $\rho_c=\sqrt{p}$ 的球面上；m_r=2p 个点分布在半径为 ρ_r=r 的球面上；m_0 个点集中在半径 ρ_0=0 的球面上。因此，组合设计满足非退化条件，为了使其也满足旋转性条件，只需使 m_c=r^4，或者星号臂长

$$r=\begin{cases}2^{\frac{p}{4}} & [\text{当}m_c=2^p\text{，即各因素均取二水平（}+1,-1\text{）的全面试验时}] \\ 2^{\frac{p-i}{4}} & \left[(i=1,2,\cdots\cdots)\ \ (\text{当}m_c=2^{p-i}\text{，即各因素均取二水平（}+1,-1\text{）的}\frac{1}{2^i}\text{实施时}\right] \\ a^{\frac{1}{4}} & [\text{当}m_c=a\text{，即选}L_a(2^c)\text{正交表安排}m_c\text{试验点时}]\end{cases} \tag{9-36}$$

通过式（9-36）计算出的星号点臂长，列表 9-27。

采用组合设计方案设计试验，适当地选取 m_0 可使二次旋转组合设计具有正交性或通用性，即除 b_0 和 b_{jj} 间有相关外，其他回归系数间都不存在相关。

2. 二次正交旋转组合设计

在二次旋转设计中，一次项 x_j 和交互项 x_hx_j 仍具有正交性，但常数项系数 b_0 与二次项系数 b_{jj} 之间以及 b_{jj} 列之间尚存在相关性。利用 x_j^2 项的中心化处理可以消除 x_0 与 x_j^2 的相关性，对于 x_0 与 x_j^2 项之间的相关性消除，只要使

$$\lambda_4=\lambda_2^2 \tag{9-37}$$

即可。

表 9-27　二次正交旋转组合设计参数表

因子数 p	二次旋转设计参数 m_c	m_r	r	$N/(\lambda_4/\lambda_2^2)$	N	λ_4/λ_2^2	m_0
2	4	4	1.414	16	16	1.000	8
3	8	6	1.682	23.314	23	0.986	9
4	16	8	2.000	36	36	1.000	12
5	32	10	2.378	58.627	59	1.006	17
6	64	12	2.828	100	100	1.000	24
7	128	14	3.364	177.256	177	0.998	35
8	256	16	4.000	324	324	1.000	52
5（1/2 实施）	16	10	2.000	36	36	1.000	10
6（1/2 实施）	32	12	2.378	58.627	59	1.006	15
7（1/2 实施）	64	14	2.828	100	100	1.000	22
8（1/2 实施）	128	16	3.364	177.256	177	1.000	33
8（1/4 实施）	64	16	2.828	100	100	1.000	20

注：$\dfrac{\lambda_4}{\lambda_2^2}=\dfrac{m_c p+2r^4}{(m_c+2r^2)^2}\cdot\dfrac{N}{p+2}$

由式（9-34）～式（9-37）可导出二次正交旋转设计必须进行的中心试验次数为

$$m_0=4(1+m_c^{1/2})-2p \tag{9-38}$$

根据式（9-38）选取 m_0，就可使二次旋转组合设计具有一定的正交性，当计算出 m_0 为整数时，表明 $\lambda_4=\lambda_2^2$，则旋转组合设计是完全正交的。例如，p=4、m_c=16 时，由式（9-38）计算的 m_0=12，那么这一方案是完全正交旋转设计。但当计算出 m_0 不为整数时，表明 $\lambda_4\neq\lambda_2^2$，则旋转组合设计是近似正交的。此时 m_0 四舍五入取整，二次正交旋组合设计的基本设计参数列表于表 9-27。

由旋转设计条件式（9-34）及正交设计条件式（9-38）可知，正交旋转组合设计总试验次数 $N=m_c+4(1+m_c^{1/2})$，那么，正交旋转组合设计总试验次数仅取决于 m_c。

二次正交旋转组合设计具有回归正交设计的优点，又具有旋转性，是常用的回归设计方法。但相比二次回归正交设计（一般 m_0=3）而言，二次正交旋转组合设计的中心点试验次数明显增多，此时可以考虑采用二次通用旋转组合设计。

3. 二次通用旋转组合设计

所谓“通用性”，就是试验除了仍保持其旋转性外，还具有各试验点与中心的距离 ρ 在因子空间编码值区间 $0<\rho<1$，其预测值 $\hat{y}$ 的方差基本相等的性质，即同时具有旋转性与通用性。这种设计称为通用旋转组合设计。二次通用旋转组合设计和二次正交旋转设计一样，也是通过组合设计来实现的，N 个试验点由三类试验点组合而成的

$$N=m_c+m_r+m_0=m_c+2p+m_0$$

式中，p 为因素 x_j 的个数，由于 m_c、$2p$ 是固定的，因此只有调整 N 和 m_0 来满足通用旋转设计要求，表 9-28 列出了二次通用旋转组合设计的有关参数，以供设计时查阅。

相比而言，通用旋转设计的中心点试验次数 m_0 有所减少，但在二次通用旋转组合设计中，常数项 b_0 与平方项回归系数 b_{jj}、平方项回归系数 b_{jj} 间还存在着相关，所以说通用旋转

设计是牺牲了部分正交性而达到一致精度的要求。

表 9-28　二次通用旋转组合设计的参数表

p	二次通用旋转组合设计参数			N	λ_4	m_0
	m_c	m_r	r			
2	4	4	1.414	13	0.81	5
3	8	6	1.682	20	0.86	6
4	16	8	2.000	31	0.86	7
4（1/2 实施）	8	8	1.682	20	0.86	4
5	32	10	2.378	52	0.89	10
5（1/2 实施）	16	10	2.000	32	0.89	6

9.3.2　二次旋转设计的统计分析

二次旋转设计中，最常用、最典型的是二次旋转组合设计，主要包括二次正交旋转组合设计和二次通用旋转组合设计，其设计的主要方法、步骤和二次回归正交组合设计大体相同。

（1）确定试验因素及水平，对因素进行编码。编码公式为

$$\begin{cases} z_{0j} = \dfrac{z_{2j} + z_{1j}}{2} \\ \varDelta_j = \dfrac{z_{2j} - z_{0j}}{r} \\ x_j = \dfrac{z_j - z_{0j}}{\varDelta_j} \quad (z_j = z_{0j} + x_j \varDelta_j) \end{cases} \tag{9-39}$$

式中，z_{2j}，z_{1j}，$\varDelta_j$，x_j 的意义同二次正交回归组合设计。

因素水平编码表如表 9-29 所示。

表 9-29　旋转设计的因素水平编码表

x_j	因子			
	z_1	z_2	…	z_p
r	z_{21}	z_{22}	…	z_{2p}
1	$z_{01}+\varDelta_1$	$z_{02}+\varDelta_2$	…	$z_{0p}+\varDelta_p$
0	z_{01}	z_{02}	…	z_{0p}
−1	$z_{01}-\varDelta_1$	$z_{02}-\varDelta_2$	…	$z_{0p}-\varDelta_p$
$-r$	z_{11}	z_{12}	…	z_{1p}
编码公式	$x_1=\dfrac{z_1-z_{01}}{\varDelta_1}$	$x_2=\dfrac{z_2-z_{02}}{\varDelta_2}$	…	$x_p=\dfrac{z_p-z_{0p}}{\varDelta_p}$

（2）确定组合设计参数。二次旋转组合设计中的 m_c、m_r、m_0、r 和 N 等参数需按表 9-27 或表 9-28 选择。例如，对于 p=2，二次旋转组合设计须选取 m_c=m_r=4，r = 1.414，而 m_0 可任选；但若要使方案具有正交性应选 m_0 = 8，则 N = 16（表 9-27）；若使方案具有通用旋转性，

应选 $m_0=5$，则 $N=13$（表 9-28）。按照选取的组合设计参数制订试验方案，并对 x_j^2 列进行中心化处理，最后配列计算格式表分析。

（3）回归系数的计算、回归方程的建立、显著性的检验。

对于二次回归正交旋转组合设计，由于试验方案具有正交性，试验结果的统计分析与二次回归正交组合设计试验结果的统计分析方法大体相同，可以配列计算表在计算表格中完成。而二次旋转组合设计、二次通用旋转组合设计回归系数的计算比较复杂，详见回归设计书籍。通常可借助统计软件，如 Design expert、Minitab、SAS 等完成分析。

9.4　Plackett-Burman 与 Box-Behnken 试验设计

9.4.1　Plackett-Burman 设计

Plackett-Burman 设计（Plackett-Burman design，PBD）是由 Plackett 和 Burman 于 1946 年提出的一种近饱和的二水平试验设计方法。它是建立在非完全平衡设计原理的基础上的，通过 N 个实验至多可以研究 $N-1$ 个变量（N 一般为 4 的倍数）。在实验过程中，通常会预留出虚拟变量作为误差分析。每个变量取高、低两个水平，分别以+1、−1 标记，在整个 Plackett-Burman 设计中，每个变量取高、低水平的值各 $N/2$ 次，而且在某个因子取得高（低）水平时，其他各个因子取得高、低水平各 $N/4$ 次。它是用最少试验次数来估计因子的主效应，从众多的考察因子中快速有效地筛选出最为重要的几个因素供进一步研究，是一种从多个因素中选取对试验指标有主要影响因素的试验设计方法，因此也称为筛选因子设计。在实际研究中经常会遇到要求筛选重要因素的情况，因此 Plackett-Burman 试验设计得到了广泛的应用，起到了很好的效果。

【例 9-5】 拟通过 PBD 试验筛选细菌纤维素菌株的发酵培养基组成。

（1）试验方案设计。根据影响微生物代谢生产细菌纤维素的一般影响因素及预试验，初步选取葡萄糖/蔗糖比例、酵母膏、K_2HPO_4、$MgSO_4$、$FeSO_4$、柠檬酸、$ZnSO_4$、无水乙醇为试验因子，选用 $N=12$ 的 Plackett-Burman 设计安排试验，8 个因子占据 8 列，预留 3 列用于估计误差，因素水平及编码见表 9-30，试验方案及结果见表 9-31。

表 9-30　N=12 的 PBD 试验因素水平编码表

因子	符号	编码水平	
		−1	1
葡萄糖/蔗糖比例	x_1	3∶1	1∶1
酵母膏	x_2	0.3	0.7
K_2HPO_4	x_3	0.03	0.07
$MgSO_4$	x_4	1.5	2.5
$FeSO_4$	x_5	0.03	0.07
柠檬酸	x_6	0.03	0.07
$ZnSO_4$	x_7	0.2	0.4
无水乙醇	x_8	1.0	2.0

表 9-31　PBD 试验及响应值

序号	葡萄糖/蔗糖比例 x_1	酵母膏 x_2	空列	K_2HPO_4 x_3	$MgSO_4$ x_4	空列	$FeSO_4$ x_5	柠檬酸 x_6	空列	$ZnSO_4$ x_7	无水乙醇 x_8	产量/（g/mL）y
1	−1	−1	1	1	1	−1	1	−1	1	1	−1	35.09
2	−1	1	−1	1	1	−1	−1	1	−1	1	1	29.11
3	−1	−1	1	−1	1	1	−1	1	1	−1	1	24.19
4	−1	1	−1	1	−1	1	1	−1	1	−1	1	33.13
5	−1	1	1	−1	−1	1	1	1	−1	1	−1	30.14
6	−1	−1	−1	1	−1	−1	−1	−1	−1	−1	−1	24.03
7	1	−1	−1	1	1	1	1	1	−1	−1	−1	34.75
8	1	1	−1	−1	1	1	−1	−1	1	1	−1	25.61
9	1	1	1	1	−1	−1	−1	1	1	−1	−1	26.94
10	1	−1	−1	−1	−1	−1	1	1	1	1	1	30.97
11	1	−1	1	1	−1	1	−1	−1	−1	1	1	28.01
12	1	1	1	−1	1	−1	1	−1	−1	−1	1	31.63

注：借助 Design expert、Minitab 等软件设计试验方案

（2）试验结果分析。对 PBD 试验结果进行主效应分析，结果见表 9-32，可以看出，$FeSO_4$、K_2HPO_4、$MgSO_4$、$ZnSO_4$ 对细菌纤维素产量有显著或极显著影响，为关键因子，后续可考虑采用 CCD 或 BBD 试验对关键因子水平进行优化；其他 4 个因子的影响未达到显著水平（$P>0.05$），在下一步研究中可作为条件因素考虑。

表 9-32　PBD 试验主效应分析结果

项	符号	系数	F	P	排序
葡萄糖/蔗糖比例	x_1	0.505	7.28	0.074	5
酵母膏	x_2	0.280	2.24	0.231	7
K_2HPO_4	x_3	1.921	84.79	0.003	2
$MgSO_4$	x_4	0.917	23.97	0.016	3
$FeSO_4$	x_5	3.472	343.77	0.000	1
柠檬酸	x_6	0.204	1.18	0.357	8
$ZnSO_4$	x_7	0.675	13.00	0.037	4
无水乙醇	x_8	0.360	3.70	0.150	6

9.4.2　Box-Behnken 设计

Box-Behnken 设计（Box-Behnken design，BBD）是 Box 和 Behnken 于 1960 年提出的适配响应面的三水平二阶试验设计，这种设计是将 2^k 析因子设计与不完全随机区组设计（incomplete block design）结合而发展形成的三水平因子设计法。下面以因子数 k=3 为例来说

明 Box-Behnken 设计。

将 3 个处理作为响应面研究中的三个因子 x_1、x_2、x_3，用二水平 2^2 设计中的两列替换每个区组中的两个"*"号，"*"号不出现的地方插入一列零。对剩余的两个区组重复同样操作并增加一些中心点，便可构造出 k=3 的 Box-Behnken 设计，如图 9-5 所示。同理，类似地可以构造出不同因子个数的 Box-Behnken 设计。

区组	处理		
	x_1	x_2	x_3
Ⅰ	*	*	
Ⅱ	*		*
Ⅲ		*	*

区组	因子		
	x_1	x_2	x_3
Ⅰ	−1	−1	0
	1	−1	0
	−1	1	0
	1	1	0
Ⅱ	−1	0	−1
	1	0	−1
	−1	0	1
	1	0	1
Ⅲ	0	−1	−1
	0	1	−1
	0	−1	1
	0	1	1
中心点	0	0	0
	⋮	⋮	⋮
	0	0	0

图 9-5 三因子的 Box-Behnken 设计构造示意图

可以看出，Box-Behnken 设计中每个因子水平仅取−1、0、1 三个水平，它不像二水平因子设计将试验点选取在立方体的顶点上，而是位于距中心点等距的球体上（半径 $\sqrt{2}$）。它是一种符合旋转性或几乎可旋转的球面设计，又是一种圆形设计，即试验点都位于等距离的端点上。这些试验点避免了因各个变量取上下极端水平时（如二次正交回归设计的星号臂）常因实际条件限制而无法进行试验的缺陷（图 9-6）。Box-Behnken 设计通常在试验次数方面是非常有效的，相比三水平全面析因设计，试验次数明显减少。Box-Behnken 设计的试验次数 $N=\dfrac{4k(k-1)}{2}+m_0$，m_0 为中心点试验次数，需视因子数及区组来决定。当因子数 k=3、4、5，m_0=3、3、6 时，试验次数 N 分别为 15、27、46。所以，对于 k=3 的试验，采用的 BBD 设计是十分经济的；当 k=4 有 27 个设计点，比二阶设计要求的最小次数 $C_{4+2}^2=15$ 多出 12 次；当 k=5 时，比要求的最小次数 $C_{5+2}^2=21$ 多出 25 次。因此当 k>5 时，一般不推荐采用 Box-Behnken 设计。

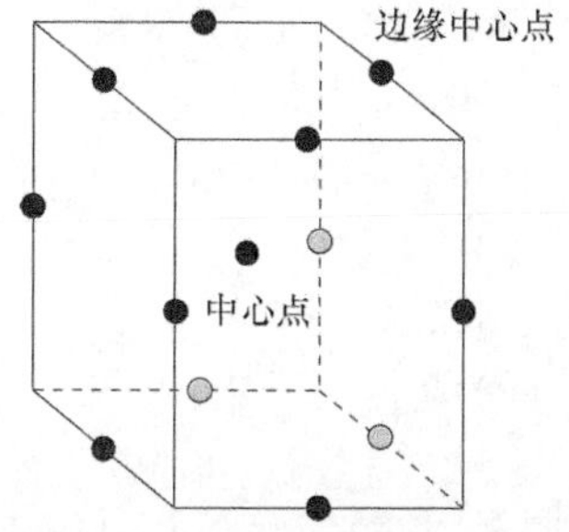

图 9-6 三因子 Box-Behnken 试验设计示意图

Box-Behnken 设计的重要特点在于试验次数较少，且可估计一次、二次与一级交互作用的多项式模型，是一种较有效率的响应面设计方法，近年来在食品科学研究领域有着广泛的应用。

【例 9-6】 为考察超声波预处理对鹰嘴豆蛋白酶解效果的影响，拟通过 Box-Behnken 设计试验优化超声波预处理条件，分析超声波参数对多肽抗氧化活性的影响规律。

1. 试验方案设计

（1）确定因素水平范围，对因素水平进行编码。根据单因素试验结果，选择超声波功率、超声时间和超声温度为试验因素，Box-Behnken 设计因素水平及编码见表 9-33。

表 9-33 Box-Behnken 试验因素水平编码表

	超声波功率/W z_1	超声时间/min z_2	超声温度/℃ z_3
上水平+1	750	60	60
零水平 0	600	40	50
下水平−1	450	20	40
变化间距 Δ_j	150	20	10
编码公式	$x_{i1}=\frac{z_{i1}-600}{150}$	$x_{i2}=\frac{z_{i2}-40}{20}$	$x_{i3}=\frac{z_{i3}-50}{10}$

（2）设计 Box-Behnken 试验方案，实施试验，记录试验结果。由于 $p=3$，根据 Box-Behnken 设计思想，设计试验方案见表 9-34，试验总次数 N=17。

表 9-34 三因素 Box-Behnken 设计的试验方案及结果

试验号	超声波功率/W x_1	超声时间/min x_2	超声温度/℃ x_3	水解度/%
1	−1	−1	0	8.07
2	1	−1	0	21.54
3	−1	1	0	17.99
4	1	1	0	15.24
5	−1	0	−1	18.34
6	1	0	−1	24.27
7	−1	0	1	18.37
8	1	0	1	21.17
9	0	−1	−1	14.99
10	0	1	−1	14.62
11	0	−1	1	11.71
12	0	1	1	16.81
13	0	0	0	26.58
14	0	0	0	26.89
15	0	0	0	25.44
16	0	0	0	27.35
17	0	0	0	24.55

2. 试验结果分析

由于 Box-Behnken 设计中的二次项不具有正交性（表 9-35），因此不能直接配用计算表格进行运算，可应用数据处理软件（如 SPSS、Excel 等）做多元线性回归分析，也可以借用 SAS、Design expert、Minitab 等软件直接进行 BBD 试验数据处理，分析结果如下。

表 9-35　三因子 Box-Behnken 试验二次回归模型分析数据表

试验号	x_1	x_2	x_3	x_1x_2	x_1x_3	x_2x_3	x_1^2	x_2^2	x_3^2	y
1	−1	−1	0	1	0	0	1	1	0	8.07
2	1	−1	0	−1	0	0	1	1	0	21.54
3	−1	1	0	−1	0	0	1	1	0	17.99
4	1	1	0	1	0	0	1	1	0	15.24
5	−1	0	−1	0	1	0	1	0	1	18.34
6	1	0	−1	0	−1	0	1	0	1	24.27
7	−1	0	1	0	−1	0	1	0	1	18.37
8	1	0	1	0	1	0	1	0	1	21.17
9	0	−1	−1	0	0	1	0	1	1	14.99
10	0	1	−1	0	0	−1	0	1	1	14.62
11	0	−1	1	0	0	−1	0	1	1	11.71
12	0	1	1	0	0	1	0	1	1	16.81
13	0	0	0	0	0	0	0	0	0	26.58
14	0	0	0	0	0	0	0	0	0	26.89
15	0	0	0	0	0	0	0	0	0	25.44
16	0	0	0	0	0	0	0	0	0	27.35
17	0	0	0	0	0	0	0	0	0	24.55

（1）建立回归方程。

$$y=26.162+2.431\,x_1+1.044\,x_2-0.520\,x_3-2.223x_1^2-8.229x_2^2-3.401\,x_3^2-4.055\,x_1x_2$$
$$-0.782\,x_1x_3+1.367\,x_2x_3$$

（2）回归关系的显著性检验。

回归方程、回归系数的显著性检验以及拟合度检验结果见表 9-36。可以看出，模型极显著（$P<0.001$），失拟项不显著（$P=0.8314$），说明该模型拟合良好，可用于分析和预测。对回归系数显著性检验可知，一次项 x_1、二次项 x_1^2、x_2^2、x_3^2、交互项 x_1x_2 对水解度的影响极显著，x_2、x_2 和 x_3 之间的交互作用 x_2x_3 对水解度的影响显著，而 x_3、x_1 和 x_3 的交互作用对水解度的影响不显著。

表 9-36　回归关系显著性检验结果

变异来源		平方和	自由度	均方	F	P	显著性
模型		515.898	9	57.322	62.94	0.0000	**
一次项	x_1	47.288	1	47.288	51.92	0.0002	**
	x_2	8.715	1	8.715	9.57	0.0175	*
	x_3	2.163	1	2.163	2.38	0.1672	

续表

变异来源		平方和	自由度	均方	F	P	显著性
二次项	x_1^2	20.817	1	20.817	22.86	0.0020	**
	x_2^2	285.087	1	285.087	313.04	0.0000	**
	x_3^2	48.702	1	48.702	53.48	0.0002	**
交互项	x_1x_2	65.772	1	65.772	72.22	0.0001	**
	x_1x_3	2.449	1	2.449	2.69	0.1450	
	x_2x_3	7.480	1	7.480	8.21	0.0241	*
残差		6.375	7	0.911			
失拟		1.139	3	0.380	0.29	0.8314	
纯误差 e		5.236	4	1.309			
合和		522.273	16				

*显著（$P<0.05$），**极显著（$P<0.01$）

（3）回归方程的优化。去除不显著变量，得简化模型为

$$y=26.162+2.431x_1+1.044x_2-2.223x_1^2-8.229x_2^2-3.401x_3^2-4.055x_1x_2+1.367x_2x_3$$

（4）优化参数。利用复合函数极值法进一步分析表明，当 $x_1=0.68$、$x_2=-0.11$、$x_3=-0.17$，即超声波功率 702W、超声时间 37.8min 和超声温度 48.3℃时，水解度预测值最大（26.98%）。结合实际情况、实验操作的方便性和经济性，确定优化条件，对优化参数进行验证试验。

9.5 SPSS 软件在回归试验设计结果分析中的应用

9.5.1 一次回归正交设计结果分析

【例 9-7】 以例 9-1 资料为例做一次回归正交设计试验结果统计分析。

首先将例 9-1 中的 x_1、x_2、y 列数据在 SPSS 软件数据编辑窗口输入，并计算 x_1x_2 对应数据（x_1x_2 代表 x_1 和 x_2 交互作用，等于 x_1 和 x_2 相乘，即“$x_1 \times x_2$”），如图 9-7 所示。后续操作步骤详见多元线性回归分析，分析结果见表 9-37 和表 9-38。

表 9-37 为多元逐步回归模型显著性检验结果，可以看出模型中引入 x_1、x_2 两个变量时，回归模型更为显著，预测效果提高。

表 9-38 为回归系数显著性检验结果，表明 x_1、x_2 对试验指标 y 影响极显著。综合以上信息，用逐步回归方法求得的多元回归方程式为

$$y=40.444+0.775x_1+0.325x_2$$

回归方程显著性检验表明回归方程极显著（表 9-37），各回归系数对 y 均有极显著影响（表 9-38），模型有意义。x_1 对 y 的影响大于 x_2 的影响。

9.5.2 二次回归正交设计结果分析

【例 9-8】 以例 9-3 资料为例做二次回归正交设计试验结果统计分析。

图 9-7　SPSS 软件数据编辑窗口

表 9-37　回归模型显著性检验方差分析表

模型		平方和	自由度	均方	F	Sig.
1	回归	2.403	1	2.403	28.042	0.001[b]
	残差	0.600	7	0.086		
	总计	3.002	8			
2	回归	2.825	2	1.413	47.821	0.000[c]
	残差	0.177	6	0.030		
	总计	3.002	8			

a．因变量：y；b．预测变量：（常量），x_1；c．预测变量：（常量），x_1，x_2

表 9-38　回归系数显著性检验结果

模型		非标准化系数		标准化系数	t	Sig.
		B	标准误			
1	（常量）	40.444	0.098		414.528	0.000
	x_1	0.775	0.146	0.895	5.295	0.001
2	（常量）	40.444	0.057		705.987	0.000
	x_1	0.775	0.086	0.895	9.019	0.000
	x_2	0.325	0.086	0.375	3.782	0.009

将试验方案及结果输入 SPSS 软件数据编辑窗口（图 9-8），“x_ix_j”代表 x_i 和 x_j 交互作用，“x_ix_i”代表 x_i 二次项，后续操作步骤详见多元线性回归分析，参数设置如图 9-9 所示。初步回归分析结果见表 9-39 和表 9-40。

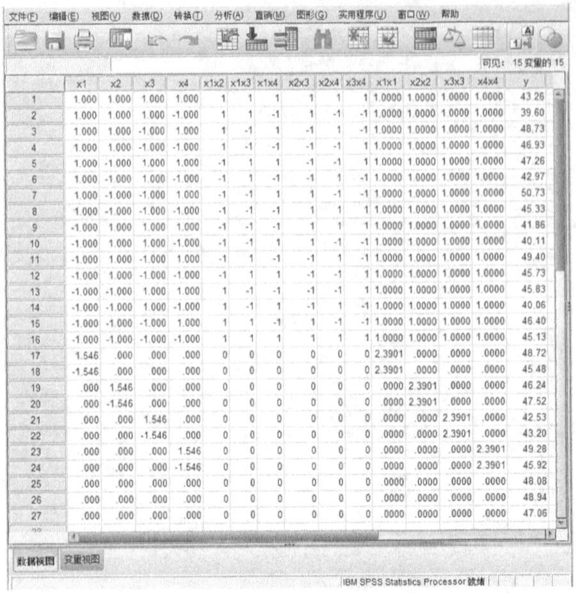

图 9-8　SPSS 软件数据输入编辑窗口

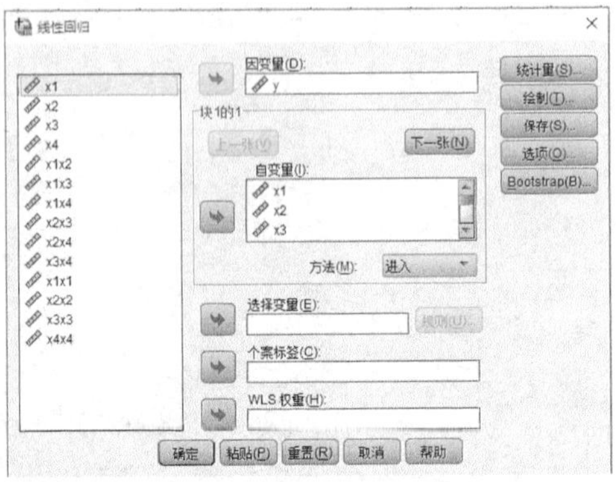

图 9-9　SPSS 软件多元回归分析参数设置窗口

表 9-39　回归方程显著性检验结果 [a]

变异来源	平方和	自由度	均方	F	Sig.
回归	213.927	14	15.281	6.684	0.001[b]
残差	27.434	12	2.286		
总计	241.361	26			

a. 因变量：y；b. 预测变量：(常量)，x_4x_4，x_3x_4，x_2x_4，x_2x_3，x_1x_4，x_1x_3，x_1x_2，x_4，x_3，x_2，x_1，x_3x_3，x_2x_2，x_1x_1

回归方程为

$$y=47.972+0.736x_1-0.485x_2-1.851x_3+1.579x_4-0.344x_1^2-0.436x_2^2-2.115x_3^2-0.134x_4^2$$
$$-0.466x_1x_2+0.011x_1x_3+0.168x_1x_4-0.906x_2x_3-0.366x_2x_4+0.208x_3x_4$$

表 9-40　回归系数及其显著性检验结果

	非标准化系数		标准化系数	t	Sig.
	B	标准误			
(常量)	47.972	0.747		64.240	0.000
x_1	0.736	0.332	0.216	2.220	0.046
x_2	−0.485	0.332	−0.142	−1.461	0.170
x_3	−1.851	0.332	−0.543	−5.581	0.000
x_4	1.579	0.332	0.463	4.759	0.000
x_1x_2	−0.466	0.378	−0.120	−1.232	0.242
x_1x_3	0.011	0.378	0.003	0.028	0.978
x_1x_4	0.168	0.378	0.043	0.445	0.664
x_2x_3	−0.906	0.378	−0.233	−2.396	0.034

续表

	非标准化系数		标准化系数	t	Sig.
	B	B			
x_2x_4	−0.366	0.378	−0.094	−0.967	0.353
x_3x_4	0.208	0.378	0.054	0.551	0.592
x_1^2	−0.344	0.447	−0.075	−0.768	0.457
x_2^2	−0.436	0.447	−0.095	−0.974	0.349
x_3^2	−2.115	0.447	−0.460	−4.731	0.000
x_4^2	−0.134	0.447	−0.029	−0.301	0.769

由以上分析过程可以看出，用 SPSS 软件进行回归试验设计结果的分析并不方便，应考虑用 Design expert、Minitab、SAS 等统计软件中的响应面分析法（response surface methodology，RSM）模块来做回归设计与分析。下面就 Design expert 软件进行回归试验设计与分析予以讨论。

【例 9-9】 以例 9-3 资料为例，用 Design expert 软件做二次回归正交设计与统计分析。

1. 试验设计

（1）打开 Design expert 7.0 软件，点击“New Design→Response Surface→Central Composite”，进入“Central Composite Design”界面，输入“中心组合设计试验”参数，完成对应试验设计。

本例题为四因素二次回归正交设计，零水平重复了 3 次试验，所以在“Numeric Factors”选择“4”，点击“Options”，在“CCD Options”界面设置必要参数，如图 9-10 所示，然后点击“OK”返回。

（2）点击“Continue”后输入试验指标，完成试验设计，得到四因子二次正交回归设计试验方案，如图 9-11 所示。

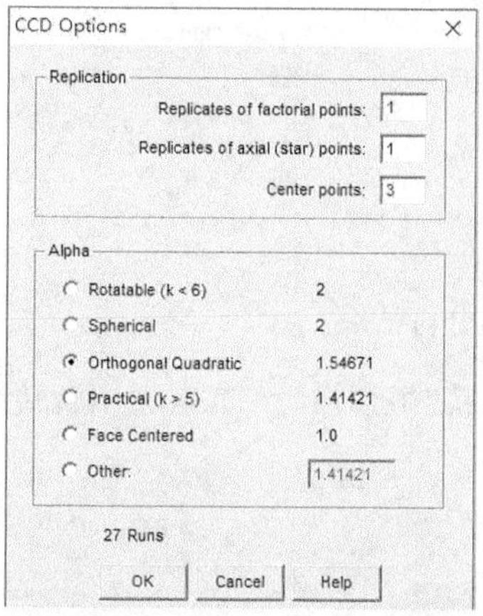

图 9-10　“CCD Options”界面

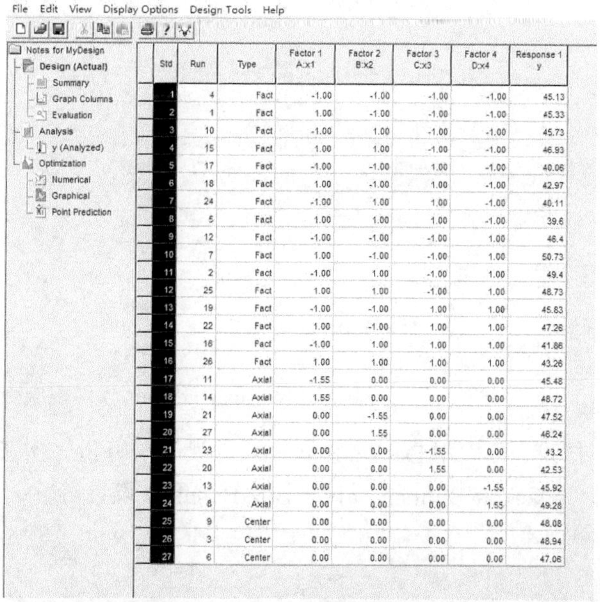

Std	Run	Type	Factor 1 A:x1	Factor 2 B:x2	Factor 3 C:x3	Factor 4 D:x4	Response 1 y
1	4	Fact	-1.00	-1.00	-1.00	-1.00	45.13
2	1	Fact	1.00	-1.00	-1.00	-1.00	45.33
3	10	Fact	-1.00	1.00	-1.00	-1.00	45.73
4	15	Fact	1.00	1.00	-1.00	-1.00	46.93
5	17	Fact	-1.00	-1.00	1.00	-1.00	40.06
6	18	Fact	1.00	-1.00	1.00	-1.00	42.97
7	24	Fact	-1.00	1.00	1.00	-1.00	40.11
8	5	Fact	1.00	1.00	1.00	-1.00	39.6
9	12	Fact	-1.00	-1.00	-1.00	1.00	46.4
10	7	Fact	1.00	-1.00	-1.00	1.00	50.73
11	2	Fact	-1.00	1.00	-1.00	1.00	49.4
12	25	Fact	1.00	1.00	-1.00	1.00	48.73
13	19	Fact	-1.00	-1.00	1.00	1.00	45.83
14	22	Fact	1.00	-1.00	1.00	1.00	47.26
15	16	Fact	-1.00	1.00	1.00	1.00	41.86
16	26	Fact	1.00	1.00	1.00	1.00	43.26
17	11	Axial	-1.55	0.00	0.00	0.00	45.48
18	14	Axial	1.55	0.00	0.00	0.00	48.72
19	21	Axial	0.00	-1.55	0.00	0.00	47.52
20	27	Axial	0.00	1.55	0.00	0.00	46.24
21	23	Axial	0.00	0.00	-1.55	0.00	43.2
22	20	Axial	0.00	0.00	1.55	0.00	42.53
23	13	Axial	0.00	0.00	0.00	-1.55	45.92
24	8	Axial	0.00	0.00	0.00	1.55	49.28
25	9	Center	0.00	0.00	0.00	0.00	48.08
26	3	Center	0.00	0.00	0.00	0.00	48.94
27	6	Center	0.00	0.00	0.00	0.00	47.06

图 9-11　四因子二次正交回归设计试验方案及结果

（3）按照试验方案做试验，输入试验结果，如图 9-11 所示。

2. 结果分析

（1）点击“Analysis”，进入“Analysis”界面，如图 9-12 所示。

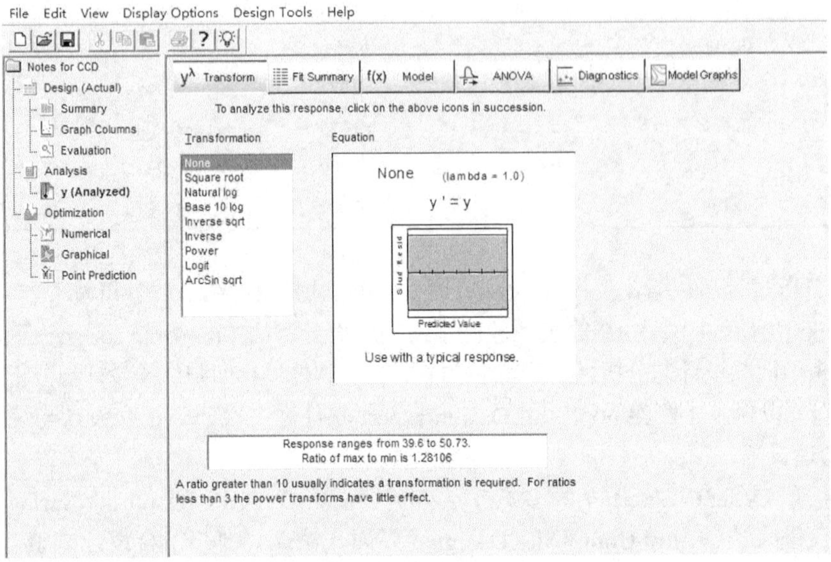

图 9-12　“Analysis”界面

（2）依次点击“Fit Summary”“Model”“ANOVA”，得到回归分析结果，如图 9-13 所示。由图 9-13 可以看出，分析结果与 SPSS 软件回归分析结果一致。

ANOVA for Response Surface Quadratic Model

Analysis of variance table [Partial sum of squares - Type III]

Source	Sum of Squares	df	Mean Square	F Value	p-value Prob > F	
Model	213.91	14	15.28	6.68	0.0011	significant
A-x1	11.26	1	11.26	4.92	0.0465	
B-x2	4.88	1	4.88	2.13	0.1699	
C-x3	71.19	1	71.19	31.12	0.0001	
D-x4	51.78	1	51.78	22.64	0.0005	
AB	3.47	1	3.47	1.52	0.2417	
AC	1.806E-003	1	1.806E-003	7.897E-004	0.9780	
AD	0.45	1	0.45	0.20	0.6645	
BC	13.12	1	13.12	5.74	0.0338	
BD	2.14	1	2.14	0.94	0.3526	
CD	0.69	1	0.69	0.30	0.5921	
A^2	1.36	1	1.36	0.59	0.4562	
B^2	2.18	1	2.18	0.95	0.3485	
C^2	51.18	1	51.18	22.37	0.0005	
D^2	0.21	1	0.21	0.091	0.7675	
Residual	27.45	12	2.29			
Lack of Fit	25.68	10	2.57	2.90	0.2836	not significant
Pure Error	1.77	2	0.89			
Cor Total	241.36	26				

Final Equation in Terms of Actual Factors:

$$
\begin{aligned}
y = &+47.97327 \\
&+0.73619 * x1 \\
&-0.48448 * x2 \\
&-1.85071 * x3 \\
&+1.57842 * x4 \\
&-0.46562 * x1 * x2 \\
&+0.010625 * x1 * x3 \\
&+0.16813 * x1 * x4 \\
&-0.90562 * x2 * x3 \\
&-0.36562 * x2 * x4 \\
&+0.20813 * x3 * x4 \\
&-0.34421 * x1^2 \\
&-0.43617 * x2^2 \\
&-2.11447 * x3^2 \\
&-0.13520 * x4^2
\end{aligned}
$$

图 9-13　Design expert 软件响应面试验分析结果

同理，可以用 Design Expert 软件设计与分析二次正交旋转组合设计、二次通用旋转组合设计、Plackett-Burman 设计、Box-Behnken 设计等。

习　　题

1. 回归正交设计为什么要进行因素编码？

2．零水平重复试验的作用是什么？

3．试对下列试验结果进行分析，建立 x 与 y 的回归方程。

试验号	x_0	x	y_i	试验号	x_0	x	y_i
1	1	−2	9	5	1	0	22
2	1	−1	15	6	1	0	21
3	1	1	22	7	1	0	23
4	1	2	27				

4．某产品的提取率（y）与时间（z_1）、温度（z_2）、真空度（z_3）和提取液浓度（z_4）有关。试验时，各因素控制范围分别为时间 10～20min，温度 40～60℃，真空度 650～750mmHg，浓度 40%～50%。试按多元线性回归正交设计进行方案设计与分析。

（1）确定因素试验水平及编码。

（2）若考察因素间的全部一级交互作用，试设计其试验方案。

（3）若仅考察时间 z_1 和温度 z_2 间的一级交互作用，试验方案及试验结果如下表所示，试建立回归方程，并做统计检验。

试验号	x_0	x_1（z_1）	x_2（z_2）	x_3（z_3）	x_4（z_4）	x_1x_2	y_i
1	1	1	1	1	1	1	10.5
2	1	1	1	−1	−1	1	5.5
3	1	1	−1	1	−1	−1	12.0
4	1	1	−1	−1	1	−1	14.0
5	1	−1	1	1	−1	−1	10.0
6	1	−1	1	−1	1	−1	12.0
7	1	−1	−1	1	1	1	8.5
8	1	−1	−1	−1	−1	1	3.0
9	1	0	0	0	0	0	8.5
10	1	0	0	0	0	0	9.4
11	1	0	0	0	0	0	8.2

5．组合设计一般由三类不同的试验点组成 $N = m_c + m_r + m_0$。

（1）试说明这三类试验点的含义及选择的一般原则。

（2）采用组合设计可使试验方案具有什么特点？

6．二次回归组合设计一般没有正交性，要使其具备正交性，通常在设计试验方案时如何处理？

7．酸豆奶是一种营养丰富、安全、经济的健康饮品，其发酵特性与果汁添加量（z_1）、接种量（z_2）、发酵温度（z_3）、菌种配比（z_4）有关，试采用二次正交旋转设计研究四因素对酸豆奶风味（y）的影响，试验因素取值范围分别为 z_1（2%～8%）、z_2（3%～7%）、z_3（35～45℃）、z_4（0.5～2.5）。

（1）确定试验因素水平及其编码。

（2）编制试验方案，配列计算格式表。

（3）若试验方案及结果如下表所示，试对试验数据做回归分析与处理。

处理	x_1	x_2	x_3	x_4	z_1	z_2	z_3	z_4	y
1	−1	−1	−1	−1	3.5	4	37.5	1.0	65
2	−1	−1	−1	1	3.5	4	37.5	2.0	70
3	−1	−1	1	−1	3.5	4	42.5	1.0	67
4	−1	−1	1	1	3.5	4	42.5	2.0	69
5	−1	1	−1	−1	3.5	6	37.5	1.0	73
6	−1	1	−1	1	3.5	6	37.5	2.0	63
7	−1	1	1	−1	3.5	6	42.5	1.0	73
8	−1	1	1	1	3.5	6	42.5	2.0	60
9	1	−1	−1	−1	6.5	4	37.5	1.0	67
10	1	−1	−1	1	6.5	4	37.5	2.0	60
11	1	−1	1	−1	6.5	4	42.5	1.0	75
12	1	−1	1	1	6.5	4	42.5	2.0	65
13	1	1	−1	−1	6.5	6	37.5	1.0	75
14	1	1	−1	1	6.5	6	37.5	2.0	63
15	1	1	1	−1	6.5	6	42.5	1.0	96
16	1	1	1	1	6.5	6	42.5	2.0	70
17	−2	0	0	0	2	5	40	1.5	58
18	2	0	0	0	8	5	40	1.5	91
19	0	−2	0	0	5	3	40	1.5	61
20	0	2	0	0	5	7	40	1.5	93
21	0	0	−2	0	5	5	35	1.5	57
22	0	0	2	0	5	5	45	1.5	87
23	0	0	0	−2	5	5	40	0.5	70
24	0	0	0	2	5	5	40	2.5	87
25	0	0	0	0	5	5	40	1.5	87
26	0	0	0	0	5	5	40	1.5	76
27	0	0	0	0	5	5	40	1.5	80
28	0	0	0	0	5	5	40	1.5	86
29	0	0	0	0	5	5	40	1.5	88
30	0	0	0	0	5	5	40	1.5	95
31	0	0	0	0	5	5	40	1.5	78
32	0	0	0	0	5	5	40	1.5	77
33	0	0	0	0	5	5	40	1.5	85
34	0	0	0	0	5	5	40	1.5	77
35	0	0	0	0	5	5	40	1.5	85
36	0	0	0	0	5	5	40	1.5	73

8. 在红枣酶法提汁过程中，选取加水倍数（x_1）、果胶酶用量（x_2）、酶解温度（x_3）为试验因素，以可溶性固形物浸出率（y）为试验指标，利用响应面方法优化酶解工艺条件，试验方案及结果见下表。试建立它们之间的回归关系。

序号	加水倍数/倍 x_1	果胶酶用量/% x_2	酶解温度/℃ x_3	浸出率 y_i
1	−1（1）	−1（0.2）	0	62.03
2	1（5）	−1	0	67.63
3	−1	1（0.6）	0	65.53
4	1	1	0	68.35
5	−1	0	−1（40）	61.65
6	1	0	−1	65.64
7	−1	0	1（60）	61.62
8	1	0	1	64.65
9	0	−1	−1	63.04
10	0	1	−1	64.57
11	0	−1	1	63.28
12	0	1	1	64.84
13	0（3）	0（0.4）	0（50）	66.34
14	0	0	0	65.54
15	0	0	0	66.50

附　　录

附表 1　标准正态分布表

$$\Phi(u)=\frac{1}{\sqrt{2\pi}}\int_{-\infty}^{u}\mathrm{e}^{-\frac{u^2}{2}}\mathrm{d}u$$

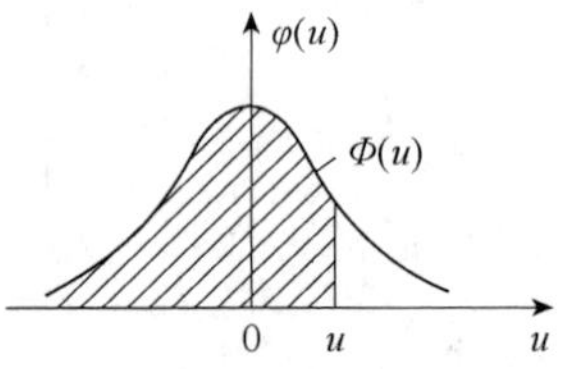

u	0.00	0.01	0.02	0.03	0.04	0.05	0.06	0.07	0.08	0.09
0.0	0.5000	0.5040	0.5080	0.5120	0.5160	0.5199	0.5239	0.5279	0.5319	0.5359
0.1	0.5398	0.5438	0.5478	0.5517	0.5557	0.5596	0.5636	0.5675	0.5714	0.5753
0.2	0.5793	0.5832	0.5871	0.5910	0.5948	0.5987	0.6026	0.6064	0.6103	0.6141
0.3	0.6179	0.6217	0.6255	0.6293	0.6331	0.6368	0.6406	0.6443	0.6480	0.6517
0.4	0.6554	0.6591	0.6628	0.6664	0.6700	0.6736	0.6772	0.6808	0.6844	0.6879
0.5	0.6915	0.6950	0.6985	0.7019	0.7054	0.7088	0.7123	0.7157	0.7190	0.7224
0.6	0.7257	0.7291	0.7324	0.7357	0.7389	0.7422	0.7454	0.7486	0.7517	0.7549
0.7	0.7580	0.7611	0.7642	0.7673	0.7704	0.7734	0.7764	0.7794	0.7823	0.7852
0.8	0.7881	0.7910	0.7939	0.7967	0.7995	0.8023	0.8051	0.8078	0.8106	0.8133
0.9	0.8159	0.8186	0.8212	0.8238	0.8264	0.8289	0.8315	0.8340	0.8365	0.8389
1.0	0.8413	0.8438	0.8461	0.8485	0.8508	0.8531	0.8554	0.8577	0.8599	0.8621
1.1	0.8643	0.8665	0.8686	0.8708	0.8729	0.8749	0.8770	0.8790	0.8810	0.8830
1.2	0.8849	0.8869	0.8888	0.8907	0.8925	0.8944	0.8962	0.8980	0.8997	0.9015
1.3	0.9032	0.9049	0.9066	0.9082	0.9099	0.9115	0.9131	0.9147	0.9162	0.9177
1.4	0.9192	0.9207	0.9222	0.9236	0.9251	0.9265	0.9279	0.9292	0.9306	0.9319
1.5	0.9332	0.9345	0.9357	0.9370	0.9382	0.9394	0.9406	0.9418	0.9429	0.9441
1.6	0.9452	0.9463	0.9474	0.9484	0.9495	0.9505	0.9515	0.9525	0.9535	0.9545
1.7	0.9554	0.9564	0.9573	0.9582	0.9591	0.9599	0.9608	0.9616	0.9625	0.9633
1.8	0.9641	0.9649	0.9656	0.9664	0.9671	0.9678	0.9686	0.9693	0.9699	0.9706
1.9	0.9713	0.9719	0.9726	0.9732	0.9738	0.9744	0.9750	0.9756	0.9761	0.9767
2.0	0.9772	0.9778	0.9783	0.9788	0.9793	0.9798	0.9803	0.9808	0.9812	0.9817
2.1	0.9821	0.9826	0.9830	0.9834	0.9838	0.9842	0.9846	0.9850	0.9854	0.9857
2.2	0.9861	0.9864	0.9868	0.9871	0.9875	0.9878	0.9881	0.9884	0.9887	0.9890
2.3	0.9893	0.9896	0.9898	0.9901	0.9904	0.9906	0.9909	0.9911	0.9913	0.9916
2.4	0.9918	0.9920	0.9922	0.9925	0.9927	0.9929	0.9931	0.9932	0.9934	0.9936
2.5	0.9938	0.9940	0.9941	0.9943	0.9945	0.9946	0.9948	0.9949	0.9951	0.9952
2.6	0.9953	0.9955	0.9956	0.9957	0.9959	0.9960	0.9961	0.9962	0.9963	0.9964

续表

u	0.00	0.01	0.02	0.03	0.04	0.05	0.06	0.07	0.08	0.09
2.7	0.9965	0.9966	0.9967	0.9968	0.9969	0.9970	0.9971	0.9972	0.9973	0.9974
2.8	0.9974	0.9975	0.9976	0.9977	0.9977	0.9978	0.9979	0.9979	0.9980	0.9981
2.9	0.9981	0.9982	0.9982	0.9983	0.9984	0.9984	0.9985	0.9985	0.9986	0.9986
3.0	0.9987	0.9987	0.9987	0.9988	0.9988	0.9989	0.9989	0.9989	0.9990	0.9990
3.1	0.9990	0.9991	0.9991	0.9991	0.9992	0.9992	0.9992	0.9992	0.9993	0.9993
3.2	0.9993	0.9993	0.9994	0.9994	0.9994	0.9994	0.9994	0.9995	0.9995	0.9995
3.3	0.9995	0.9995	0.9995	0.9996	0.9996	0.9996	0.9996	0.9996	0.9996	0.9997
3.4	0.9997	0.9997	0.9997	0.9997	0.9997	0.9997	0.9997	0.9997	0.9997	0.9998
3.5	0.9998	0.9998	0.9998	0.9998	0.9998	0.9998	0.9998	0.9998	0.9998	0.9998
3.6	0.9998	0.9998	0.9999	0.9999	0.9999	0.9999	0.9999	0.9999	0.9999	0.9999
3.7	0.9999	0.9999	0.9999	0.9999	0.9999	0.9999	0.9999	0.9999	0.9999	0.9999
3.8	0.9999	0.9999	0.9999	0.9999	0.9999	0.9999	0.9999	0.9999	0.9999	0.9999
3.9	0.999952	0.999954	0.999956	0.999958	0.999959	0.999961	0.999963	0.999964	0.999966	0.999967
4.0	0.999968	0.999970	0.999971	0.999972	0.999973	0.999974	0.999975	0.999976	0.999977	0.999978
4.1	0.999979	0.999980	0.999981	0.999982	0.999983	0.999983	0.999984	0.999985	0.999985	0.999986
4.2	0.999987	0.999987	0.999988	0.999988	0.999989	0.999989	0.999990	0.999990	0.999991	0.999991
4.3	0.999991	0.999992	0.999992	0.999993	0.999993	0.999993	0.999993	0.999994	0.999994	0.999994
4.4	0.999995	0.999995	0.999995	0.999995	0.999996	0.999996	0.999996	0.999996	0.999996	0.999996
4.5	0.999997	0.999997	0.999997	0.999997	0.999997	0.999997	0.999997	0.999998	0.999998	0.999998
4.6	0.999998	0.999998	0.999998	0.999998	0.999998	0.999998	0.999998	0.999998	0.999999	0.999999
4.7	0.999999	0.999999	0.999999	0.999999	0.999999	0.999999	0.999999	0.999999	0.999999	0.999999
4.8	0.999999	0.999999	0.999999	0.999999	0.999999	0.999999	0.999999	0.999999	0.999999	0.999999
4.9	0.9999995	0.9999995	0.9999996	0.9999996	0.9999996	0.9999996	0.9999996	0.9999997	0.9999997	0.9999997
5.0	0.9999997	0.9999997	0.9999997	0.9999998	0.9999998	0.9999998	0.9999998	0.9999998	0.9999998	0.9999998

注：$\Phi(u)$值 Excel 计算函数 NORMSDIST（u）

附表 2　正态分布的双侧分位数表

$$1-\alpha=\frac{1}{\sqrt{2\pi}}\int_{-u_\alpha}^{u_\alpha} e^{-\frac{u^2}{2}}du$$

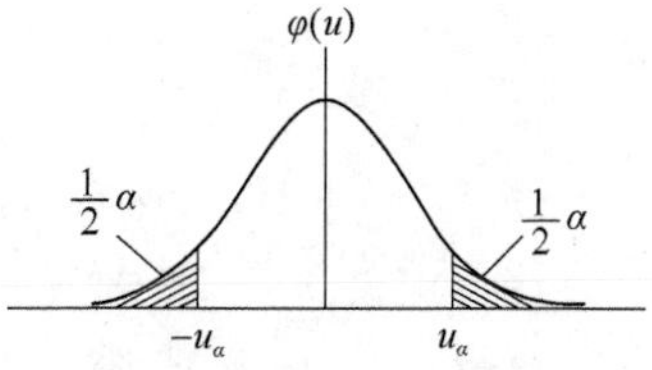

	0	0.01	0.02	0.03	0.04	0.05	0.06	0.07	0.08	0.09
0		2.576	2.326	2.170	2.054	1.960	1.881	1.812	1.751	1.695
0.1	1.645	1.598	1.555	1.514	1.476	1.440	1.405	1.372	1.341	1.311
0.2	1.282	1.254	1.227	1.200	1.175	1.150	1.126	1.103	1.080	1.058
0.3	1.036	1.015	0.994	0.974	0.954	0.935	0.915	0.896	0.878	0.860

续表

	0	0.01	0.02	0.03	0.04	0.05	0.06	0.07	0.08	0.09
0.4	0.842	0.824	0.806	0.789	0.772	0.755	0.739	0.722	0.706	0.690
0.5	0.674	0.659	0.643	0.628	0.613	0.598	0.583	0.568	0.553	0.539
0.6	0.524	0.510	0.496	0.482	0.468	0.454	0.440	0.426	0.412	0.399
0.7	0.385	0.372	0.358	0.345	0.332	0.319	0.305	0.292	0.279	0.266
0.8	0.253	0.240	0.228	0.215	0.202	0.189	0.176	0.164	0.151	0.138
0.9	0.126	0.113	0.100	0.088	0.075	0.063	0.050	0.038	0.025	0.013

注：双侧分位数 u_α 的 Excel 计算公式 $u_\alpha = \left|\text{NORMSINV}\left(\frac{\alpha}{2}\right)\right|$

附表 3　*t* 值表

自由度 *df*	概率 *P*								
	单侧	0.25	0.20	0.10	0.05	0.025	0.01	0.005	0.0005
	双侧	0.50	0.40	0.20	0.10	0.05	0.02	0.01	0.001
1		1.000	1.376	3.078	6.314	12.706	31.821	63.657	636.619
2		0.816	1.061	1.886	2.920	4.303	6.965	9.925	31.599
3		0.765	0.978	1.638	2.353	3.182	4.541	5.841	12.924
4		0.741	0.941	1.533	2.132	2.776	3.747	4.604	8.610
5		0.727	0.920	1.476	2.015	2.571	3.365	4.032	6.869
6		0.718	0.906	1.440	1.943	2.447	3.143	3.707	5.959
7		0.711	0.896	1.415	1.895	2.365	2.998	3.499	5.408
8		0.706	0.889	1.397	1.860	2.306	2.896	3.355	5.041
9		0.703	0.883	1.383	1.833	2.262	2.821	3.250	4.781
10		0.700	0.879	1.372	1.812	2.228	2.764	3.169	4.587
11		0.697	0.876	1.363	1.796	2.201	2.718	3.106	4.437
12		0.695	0.873	1.356	1.782	2.179	2.681	3.055	4.318
13		0.694	0.870	1.350	1.771	2.160	2.650	3.012	4.221
14		0.692	0.868	1.345	1.761	2.145	2.624	2.977	4.140
15		0.691	0.866	1.341	1.753	2.131	2.602	2.947	4.073
16		0.690	0.865	1.337	1.746	2.120	2.583	2.921	4.015
17		0.689	0.863	1.333	1.740	2.110	2.567	2.898	3.965
18		0.688	0.862	1.330	1.734	2.101	2.552	2.878	3.922
19		0.688	0.861	1.328	1.729	2.093	2.539	2.861	3.883
20		0.687	0.860	1.325	1.725	2.086	2.528	2.845	3.850
21		0.686	0.859	1.323	1.721	2.080	2.518	2.831	3.819
22		0.686	0.858	1.321	1.717	2.074	2.508	2.819	3.792
23		0.685	0.858	1.319	1.714	2.069	2.500	2.807	3.768
24		0.685	0.857	1.318	1.711	2.064	2.492	2.797	3.745

续表

自由度 *df*		概率 *P*							
	单侧	0.25	0.20	0.10	0.05	0.025	0.01	0.005	0.0005
	双侧	0.50	0.40	0.20	0.10	0.05	0.02	0.01	0.001
25		0.684	0.856	1.316	1.708	2.060	2.485	2.787	3.725
26		0.684	0.856	1.315	1.706	2.056	2.479	2.779	3.707
27		0.684	0.855	1.314	1.703	2.052	2.473	2.771	3.690
28		0.683	0.855	1.313	1.701	2.048	2.467	2.763	3.674
29		0.683	0.854	1.311	1.699	2.045	2.462	2.756	3.659
30		0.683	0.854	1.310	1.697	2.042	2.457	2.750	3.646
35		0.682	0.852	1.306	1.690	2.030	2.438	2.724	3.591
40		0.681	0.851	1.303	1.684	2.021	2.423	2.704	3.551
50		0.679	0.849	1.299	1.676	2.009	2.403	2.678	3.496
60		0.679	0.848	1.296	1.671	2.000	2.390	2.660	3.460
70		0.678	0.847	1.294	1.667	1.994	2.381	2.648	3.435
80		0.678	0.846	1.292	1.664	1.990	2.374	2.639	3.416
90		0.677	0.846	1.291	1.662	1.987	2.368	2.632	3.402
100		0.677	0.845	1.290	1.660	1.984	2.364	2.626	3.390
120		0.677	0.845	1.289	1.658	1.980	2.358	2.617	3.373
∞		0.674	0.842	1.282	1.645	1.960	2.326	2.576	3.291

注：双侧检验 *t* 临界值 Excel 计算函数 TINV（*α*，*df*）

附表 4　χ^2 值表

$$P\{\chi^2(n) > \chi^2_\alpha(n)\} = \alpha$$

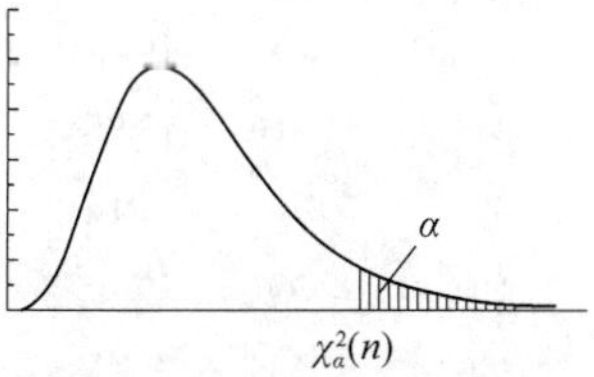

自由度 *df*	概率 *P*									
	0.995	0.990	0.975	0.950	0.900	0.100	0.050	0.025	0.010	0.005
1	0.000	0.000	0.001	0.004	0.016	2.706	3.841	5.024	6.635	7.879
2	0.010	0.020	0.051	0.103	0.211	4.605	5.991	7.378	9.210	10.597
3	0.072	0.115	0.216	0.352	0.584	6.251	7.815	9.348	11.345	12.838
4	0.207	0.297	0.484	0.711	1.064	7.779	9.488	11.143	13.277	14.860
5	0.412	0.554	0.831	1.145	1.610	9.236	11.070	12.833	15.086	16.750
6	0.676	0.872	1.237	1.635	2.204	10.645	12.592	14.449	16.812	18.548
7	0.989	1.239	1.690	2.167	2.833	12.017	14.067	16.013	18.475	20.278
8	1.344	1.646	2.180	2.733	3.490	13.362	15.507	17.535	20.090	21.955
9	1.735	2.088	2.700	3.325	4.168	14.684	16.919	19.023	21.666	23.589

续表

自由度 *df*	概率 *P*									
	0.995	0.990	0.975	0.950	0.900	0.100	0.050	0.025	0.010	0.005
10	2.156	2.558	3.247	3.940	4.865	15.987	18.307	20.483	23.209	25.188
11	2.603	3.053	3.816	4.575	5.578	17.275	19.675	21.920	24.725	26.757
12	3.074	3.571	4.404	5.226	6.304	18.549	21.026	23.337	26.217	28.300
13	3.565	4.107	5.009	5.892	7.042	19.812	22.362	24.736	27.688	29.819
14	4.075	4.660	5.629	6.571	7.790	21.064	23.685	26.119	29.141	31.319
15	4.601	5.229	6.262	7.261	8.547	22.307	24.996	27.488	30.578	32.801
16	5.142	5.812	6.908	7.962	9.312	23.542	26.296	28.845	32.000	34.267
17	5.697	6.408	7.564	8.672	10.085	24.769	27.587	30.191	33.409	35.718
18	6.265	7.015	8.231	9.390	10.865	25.989	28.869	31.526	34.805	37.156
19	6.844	7.633	8.907	10.117	11.651	27.204	30.144	32.852	36.191	38.582
20	7.434	8.260	9.591	10.851	12.443	28.412	31.410	34.170	37.566	39.997
21	8.034	8.897	10.283	11.591	13.240	29.615	32.671	35.479	38.932	41.401
22	8.643	9.542	10.982	12.338	14.041	30.813	33.924	36.781	40.289	42.796
23	9.260	10.196	11.689	13.091	14.848	32.007	35.172	38.076	41.638	44.181
25	10.520	11.524	13.120	14.611	16.473	34.382	37.652	40.646	44.314	46.928
30	13.787	14.953	16.791	18.493	20.599	40.256	43.773	46.979	50.892	53.672
31	14.458	15.655	17.539	19.281	21.434	41.422	44.985	48.232	52.191	55.003
32	15.134	16.362	18.291	20.072	22.271	42.585	46.194	49.480	53.486	56.328
33	15.815	17.074	19.047	20.867	23.110	43.745	47.400	50.725	54.776	57.648
34	16.501	17.789	19.806	21.664	23.952	44.903	48.602	51.966	56.061	58.964
35	17.192	18.509	20.569	22.465	24.797	46.059	49.802	53.203	57.342	60.275
36	17.887	19.233	21.336	23.269	25.643	47.212	50.998	54.437	58.619	61.581
37	18.586	19.960	22.106	24.075	26.492	48.363	52.192	55.668	59.893	62.883
40	20.707	22.164	24.433	26.509	29.051	51.805	55.758	59.342	63.691	66.766
50	27.991	29.707	32.357	34.764	37.689	63.167	67.505	71.420	76.154	79.490
60	35.534	37.485	40.482	43.188	46.459	74.397	79.082	83.298	88.379	91.952
70	43.275	45.442	48.758	51.739	55.329	85.527	90.531	95.023	100.425	104.215
80	51.172	53.540	57.153	60.391	64.278	96.578	101.879	106.629	112.329	116.321
90	59.196	61.754	65.647	69.126	73.291	107.565	113.145	118.136	124.116	128.299
100	67.328	70.065	74.222	77.929	82.358	118.498	124.342	129.561	135.807	140.169

注：单尾临界值、χ^2临界值 Excel 计算函数 CHIINV（α，df）

附表 5　F 分布表

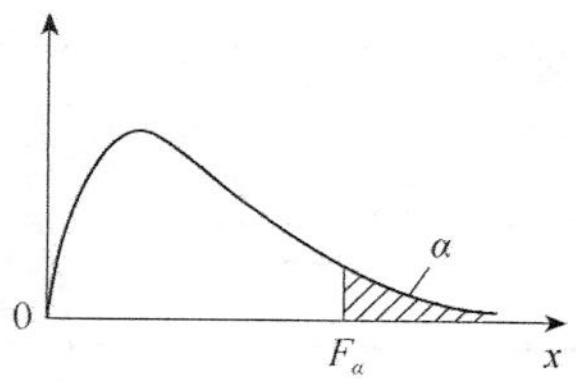

$$P\{F_{(df_1,df_2)}>F_{\alpha(df_1,df_2)}\}=\alpha$$

$\alpha=0.10$

分母自由度 df_2	分子自由度 df_1																	
	1	2	3	4	5	6	7	8	9	10	12	15	20	24	30	40	60	120
1	39.86	49.50	53.59	55.83	57.24	58.20	58.91	59.44	59.86	60.19	60.71	61.22	61.74	62.00	62.26	62.53	62.79	63.06
2	8.53	9.00	9.16	9.24	9.29	9.33	9.35	9.37	9.38	9.39	9.41	9.42	9.44	9.45	9.46	9.47	9.47	9.48
3	5.54	5.46	5.39	5.34	5.31	5.28	5.27	5.25	5.24	5.23	5.22	5.20	5.18	5.18	5.17	5.16	5.15	5.14
4	4.54	4.32	4.19	4.11	4.05	4.01	3.98	3.95	3.94	3.92	3.90	3.87	3.84	3.83	3.82	3.80	3.79	3.78
5	4.06	3.78	3.62	3.52	3.45	3.40	3.37	3.34	3.32	3.30	3.27	3.24	3.21	3.19	3.17	3.16	3.14	3.12
6	3.78	3.46	3.29	3.18	3.11	3.05	3.01	2.98	2.96	2.94	2.90	2.87	2.84	2.82	2.80	2.78	2.76	2.74
7	3.59	3.26	3.07	2.96	2.88	2.83	2.78	2.75	2.72	2.70	2.67	2.63	2.59	2.58	2.56	2.54	2.51	2.49
8	3.46	3.11	2.92	2.81	2.73	2.67	2.62	2.59	2.56	2.54	2.50	2.46	2.42	2.40	2.38	2.36	2.34	2.32
9	3.36	3.01	2.81	2.69	2.61	2.55	2.51	2.47	2.44	2.42	2.38	2.34	2.30	2.28	2.25	2.23	2.21	2.18
10	3.29	2.92	2.73	2.61	2.52	2.46	2.41	2.38	2.35	2.32	2.28	2.24	2.20	2.18	2.16	2.13	2.11	2.08
11	3.23	2.86	2.66	2.54	2.45	2.39	2.34	2.30	2.27	2.25	2.21	2.17	2.12	2.10	2.08	2.05	2.03	2.00
12	3.18	2.81	2.61	2.48	2.39	2.33	2.28	2.24	2.21	2.19	2.15	2.10	2.06	2.04	2.01	1.99	1.96	1.93
13	3.14	2.76	2.56	2.43	2.35	2.28	2.23	2.20	2.16	2.14	2.10	2.05	2.01	1.98	1.96	1.93	1.90	1.88
14	3.10	2.73	2.52	2.39	2.31	2.24	2.19	2.15	2.12	2.10	2.05	2.01	1.96	1.94	1.91	1.89	1.86	1.83
15	3.07	2.70	2.49	2.36	2.27	2.21	2.16	2.12	2.09	2.06	2.02	1.97	1.92	1.90	1.87	1.85	1.82	1.79
16	3.05	2.67	2.46	2.33	2.24	2.18	2.13	2.09	2.06	2.03	1.99	1.94	1.89	1.87	1.84	1.81	1.78	1.75
17	3.03	2.64	2.44	2.31	2.22	2.15	2.10	2.06	2.03	2.00	1.96	1.91	1.86	1.84	1.81	1.78	1.75	1.72

续表

分母自由度 df_2	分子自由度 df_1 1	2	3	4	5	6	7	8	9	10	12	15	20	24	30	40	60	120
18	3.01	2.62	2.42	2.29	2.20	2.13	2.08	2.04	2.00	1.98	1.93	1.89	1.84	1.81	1.78	1.75	1.72	1.69
19	2.99	2.61	2.40	2.27	2.18	2.11	2.06	2.02	1.98	1.96	1.91	1.86	1.81	1.79	1.76	1.73	1.70	1.67
20	2.97	2.59	2.38	2.25	2.16	2.09	2.04	2.00	1.96	1.94	1.89	1.84	1.79	1.77	1.74	1.71	1.68	1.64
21	2.96	2.57	2.36	2.23	2.14	2.08	2.02	1.98	1.95	1.92	1.87	1.83	1.78	1.75	1.72	1.69	1.66	1.62
22	2.95	2.56	2.35	2.22	2.13	2.06	2.01	1.97	1.93	1.90	1.86	1.81	1.76	1.73	1.70	1.67	1.64	1.60
23	2.94	2.55	2.34	2.21	2.11	2.05	1.99	1.95	1.92	1.89	1.84	1.80	1.74	1.72	1.69	1.66	1.62	1.59
24	2.93	2.54	2.33	2.19	2.10	2.04	1.98	1.94	1.91	1.88	1.83	1.78	1.73	1.70	1.67	1.64	1.61	1.57
25	2.92	2.53	2.32	2.18	2.09	2.02	1.97	1.93	1.89	1.87	1.82	1.77	1.72	1.69	1.66	1.63	1.59	1.56
26	2.91	2.52	2.31	2.17	2.08	2.01	1.96	1.92	1.88	1.86	1.81	1.76	1.71	1.68	1.65	1.61	1.58	1.54
27	2.90	2.51	2.30	2.17	2.07	2.00	1.95	1.91	1.87	1.85	1.80	1.75	1.70	1.67	1.64	1.60	1.57	1.53
28	2.89	2.50	2.29	2.16	2.06	2.00	1.94	1.90	1.87	1.84	1.79	1.74	1.69	1.66	1.63	1.59	1.56	1.52
29	2.89	2.50	2.28	2.15	2.06	1.99	1.93	1.89	1.86	1.83	1.78	1.73	1.68	1.65	1.62	1.58	1.55	1.51
30	2.88	2.49	2.28	2.14	2.05	1.98	1.93	1.88	1.85	1.82	1.77	1.72	1.67	1.64	1.61	1.57	1.54	1.50
40	2.84	2.44	2.23	2.09	2.00	1.93	1.87	1.83	1.79	1.76	1.71	1.66	1.61	1.57	1.54	1.51	1.47	1.42
60	2.79	2.39	2.18	2.04	1.95	1.87	1.82	1.77	1.74	1.71	1.66	1.60	1.54	1.51	1.48	1.44	1.40	1.35
120	2.75	2.35	2.13	1.99	1.90	1.82	1.77	1.72	1.68	1.65	1.60	1.55	1.48	1.45	1.41	1.37	1.32	1.26

$\alpha=0.05$

分母自由度 df_2	分子自由度 df_1 1	2	3	4	5	6	7	8	9	10	12	15	20	24	30	40	60	120	∞
1	161.45	199.50	215.71	224.58	230.16	233.99	236.77	238.88	240.54	241.88	243.91	245.95	248.01	249.05	250.10	251.14	252.20	253.25	254.31
2	18.51	19.00	19.16	19.25	19.30	19.33	19.35	19.37	19.38	19.40	19.41	19.43	19.45	19.45	19.46	19.47	19.48	19.49	19.50
3	10.13	9.55	9.28	9.12	9.01	8.94	8.89	8.85	8.81	8.79	8.74	8.70	8.66	8.64	8.62	8.59	8.57	8.55	8.53
4	7.71	6.94	6.59	6.39	6.26	6.16	6.09	6.04	6.00	5.96	5.91	5.86	5.80	5.77	5.75	5.72	5.69	5.66	5.63

续表

分母自由度 df_2	分子自由度 df_1 1	2	3	4	5	6	7	8	9	10	12	15	20	24	30	40	60	120	∞
5	6.61	5.79	5.41	5.19	5.05	4.95	4.88	4.82	4.77	4.74	4.68	4.62	4.56	4.53	4.50	4.46	4.43	4.40	4.37
6	5.99	5.14	4.76	4.53	4.39	4.28	4.21	4.15	4.10	4.06	4.00	3.94	3.87	3.84	3.81	3.77	3.74	3.70	3.67
7	5.59	4.74	4.35	4.12	3.97	3.87	3.79	3.73	3.68	3.64	3.57	3.51	3.44	3.41	3.38	3.34	3.30	3.27	3.23
8	5.32	4.46	4.07	3.84	3.69	3.58	3.50	3.44	3.39	3.35	3.28	3.22	3.15	3.12	3.08	3.04	3.01	2.97	2.93
9	5.12	4.26	3.86	3.63	3.48	3.37	3.29	3.23	3.18	3.14	3.07	3.01	2.94	2.90	2.86	2.83	2.79	2.75	2.71
10	4.96	4.10	3.71	3.48	3.33	3.22	3.14	3.07	3.02	2.98	2.91	2.85	2.77	2.74	2.70	2.66	2.62	2.58	2.54
11	4.84	3.98	3.59	3.36	3.20	3.09	3.01	2.95	2.90	2.85	2.79	2.72	2.65	2.61	2.57	2.53	2.49	2.45	2.40
12	4.75	3.89	3.49	3.26	3.11	3.00	2.91	2.85	2.80	2.75	2.69	2.62	2.54	2.51	2.47	2.43	2.38	2.34	2.30
13	4.67	3.81	3.41	3.18	3.03	2.92	2.83	2.77	2.71	2.67	2.60	2.53	2.46	2.42	2.38	2.34	2.30	2.25	2.21
14	4.60	3.74	3.34	3.11	2.96	2.85	2.76	2.70	2.65	2.60	2.53	2.46	2.39	2.35	2.31	2.27	2.22	2.18	2.13
15	4.54	3.68	3.29	3.06	2.90	2.79	2.71	2.64	2.59	2.54	2.48	2.40	2.33	2.29	2.25	2.20	2.16	2.11	2.07
16	4.49	3.63	3.24	3.01	2.85	2.74	2.66	2.59	2.54	2.49	2.42	2.35	2.28	2.24	2.19	2.15	2.11	2.06	2.01
17	4.45	3.59	3.20	2.96	2.81	2.70	2.61	2.55	2.49	2.45	2.38	2.31	2.23	2.19	2.15	2.10	2.06	2.01	1.96
18	4.41	3.55	3.16	2.93	2.77	2.66	2.58	2.51	2.46	2.41	2.34	2.27	2.19	2.15	2.11	2.06	2.02	1.97	1.92
19	4.38	3.52	3.13	2.90	2.74	2.63	2.54	2.48	2.42	2.38	2.31	2.23	2.16	2.11	2.07	2.03	1.98	1.93	1.88
20	4.35	3.49	3.10	2.87	2.71	2.60	2.51	2.45	2.39	2.35	2.28	2.20	2.12	2.08	2.04	1.99	1.95	1.90	1.84
21	4.32	3.47	3.07	2.84	2.68	2.57	2.49	2.42	2.37	2.32	2.25	2.18	2.10	2.05	2.01	1.96	1.92	1.87	1.81
22	4.30	3.44	3.05	2.82	2.66	2.55	2.46	2.40	2.34	2.30	2.23	2.15	2.07	2.03	1.98	1.94	1.89	1.84	1.78
23	4.28	3.42	3.03	2.80	2.64	2.53	2.44	2.37	2.32	2.27	2.20	2.13	2.05	2.01	1.96	1.91	1.86	1.81	1.76
24	4.26	3.40	3.01	2.78	2.62	2.51	2.42	2.36	2.30	2.25	2.18	2.11	2.03	1.98	1.94	1.89	1.84	1.79	1.73
25	4.24	3.39	2.99	2.76	2.60	2.49	2.40	2.34	2.28	2.24	2.16	2.09	2.01	1.96	1.92	1.87	1.82	1.77	1.71
26	4.23	3.37	2.98	2.74	2.59	2.47	2.39	2.32	2.27	2.22	2.15	2.07	1.99	1.95	1.90	1.85	1.80	1.75	1.69
27	4.21	3.35	2.96	2.73	2.57	2.46	2.37	2.31	2.25	2.20	2.13	2.06	1.97	1.93	1.88	1.84	1.79	1.73	1.67
28	4.20	3.34	2.95	2.71	2.56	2.45	2.36	2.29	2.24	2.19	2.12	2.04	1.96	1.91	1.87	1.82	1.77	1.71	1.65
29	4.18	3.33	2.93	2.70	2.55	2.43	2.35	2.28	2.22	2.18	2.10	2.03	1.94	1.90	1.85	1.81	1.75	1.70	1.64

续表

分母自由度 df_2	分子自由度 df_1 1	2	3	4	5	6	7	8	9	10	12	15	20	24	30	40	60	120	∞
30	4.17	3.32	2.92	2.69	2.53	2.42	2.33	2.27	2.21	2.16	2.09	2.01	1.93	1.89	1.84	1.79	1.74	1.68	1.62
40	4.08	3.23	2.84	2.61	2.45	2.34	2.25	2.18	2.12	2.08	2.00	1.92	1.84	1.79	1.74	1.69	1.64	1.58	1.51
60	4.00	3.15	2.76	2.53	2.37	2.25	2.17	2.10	2.04	1.99	1.92	1.84	1.75	1.70	1.65	1.59	1.53	1.47	1.39
120	3.92	3.07	2.68	2.45	2.29	2.18	2.09	2.02	1.96	1.91	1.83	1.75	1.66	1.61	1.55	1.50	1.43	1.35	1.25
∞	3.84	3.00	2.60	2.37	2.21	2.10	2.01	1.94	1.88	1.83	1.75	1.67	1.57	1.52	1.46	1.39	1.32	1.22	1.00

α=0.01

分母自由度 df_2	分子自由度 df_1 1	2	3	4	5	6	7	8	9	10	12	15	20	24	30	40	60	120	∞
1	4052	4999	5403	5625	5764	5859	5928	5981	6022	6056	6106	6157	6209	6235	6261	6287	6313	6339	6366
2	98.50	99.00	99.17	99.25	99.30	99.33	99.36	99.37	99.39	99.40	99.42	99.43	99.45	99.46	99.47	99.47	99.48	99.49	99.50
3	34.12	30.82	29.46	28.71	28.24	27.91	27.67	27.49	27.35	27.23	27.05	26.87	26.69	26.60	26.50	26.41	26.32	26.22	26.13
4	21.20	18.00	16.69	15.98	15.52	15.21	14.98	14.80	14.66	14.55	14.37	14.20	14.02	13.93	13.84	13.75	13.65	13.56	13.46
5	16.26	13.27	12.06	11.39	10.97	10.67	10.46	10.29	10.16	10.05	9.89	9.72	9.55	9.47	9.38	9.29	9.20	9.11	9.02
6	13.75	10.92	9.78	9.15	8.75	8.47	8.26	8.10	7.98	7.87	7.72	7.56	7.40	7.31	7.23	7.14	7.06	6.97	6.88
7	12.25	9.55	8.45	7.85	7.46	7.19	6.99	6.84	6.72	6.62	6.47	6.31	6.16	6.07	5.99	5.91	5.82	5.74	5.65
8	11.26	8.65	7.59	7.01	6.63	6.37	6.18	6.03	5.91	5.81	5.67	5.52	5.36	5.28	5.20	5.12	5.03	4.95	4.86
9	10.56	8.02	6.99	6.42	6.06	5.80	5.61	5.47	5.35	5.26	5.11	4.96	4.81	4.73	4.65	4.57	4.48	4.40	4.31
10	10.04	7.56	6.55	5.99	5.64	5.39	5.20	5.06	4.94	4.85	4.71	4.56	4.41	4.33	4.25	4.17	4.08	4.00	3.91
11	9.65	7.21	6.22	5.67	5.32	5.07	4.89	4.74	4.63	4.54	4.40	4.25	4.10	4.02	3.94	3.86	3.78	3.69	3.60
12	9.33	6.93	5.95	5.41	5.06	4.82	4.64	4.50	4.39	4.30	4.16	4.01	3.86	3.78	3.70	3.62	3.54	3.45	3.36
13	9.07	6.70	5.74	5.21	4.86	4.62	4.44	4.30	4.19	4.10	3.96	3.82	3.66	3.59	3.51	3.43	3.34	3.25	3.17
14	8.86	6.51	5.56	5.04	4.69	4.46	4.28	4.14	4.03	3.94	3.80	3.66	3.51	3.43	3.35	3.27	3.18	3.09	3.00
15	8.68	6.36	5.42	4.89	4.56	4.32	4.14	4.00	3.89	3.80	3.67	3.52	3.37	3.29	3.21	3.13	3.05	2.96	2.87
16	8.53	6.23	5.29	4.77	4.44	4.20	4.03	3.89	3.78	3.69	3.55	3.41	3.26	3.18	3.10	3.02	2.93	2.84	2.75

续表

分母自由度 df_2	分子自由度 df_1																		
	1	2	3	4	5	6	7	8	9	10	12	15	20	24	30	40	60	120	∞
17	8.40	6.11	5.18	4.67	4.34	4.10	3.93	3.79	3.68	3.59	3.46	3.31	3.16	3.08	3.00	2.92	2.83	2.75	2.65
18	8.29	6.01	5.09	4.58	4.25	4.01	3.84	3.71	3.60	3.51	3.37	3.23	3.08	3.00	2.92	2.84	2.75	2.66	2.57
19	8.18	5.93	5.01	4.50	4.17	3.94	3.77	3.63	3.52	3.43	3.30	3.15	3.00	2.92	2.84	2.76	2.67	2.58	2.49
20	8.10	5.85	4.94	4.43	4.10	3.87	3.70	3.56	3.46	3.37	3.23	3.09	2.94	2.86	2.78	2.69	2.61	2.52	2.42
21	8.02	5.78	4.87	4.37	4.04	3.81	3.64	3.51	3.40	3.31	3.17	3.03	2.88	2.80	2.72	2.64	2.55	2.46	2.36
22	7.95	5.72	4.82	4.31	3.99	3.76	3.59	3.45	3.35	3.26	3.12	2.98	2.83	2.75	2.67	2.58	2.50	2.40	2.31
23	7.88	5.66	4.76	4.26	3.94	3.71	3.54	3.41	3.30	3.21	3.07	2.93	2.78	2.70	2.62	2.54	2.45	2.35	2.26
24	7.82	5.61	4.72	4.22	3.90	3.67	3.50	3.36	3.26	3.17	3.03	2.89	2.74	2.66	2.58	2.49	2.40	2.31	2.21
25	7.77	5.57	4.68	4.18	3.85	3.63	3.46	3.32	3.22	3.13	2.99	2.85	2.70	2.62	2.54	2.45	2.36	2.27	2.17
26	7.72	5.53	4.64	4.14	3.82	3.59	3.42	3.29	3.18	3.09	2.96	2.81	2.66	2.58	2.50	2.42	2.33	2.23	2.13
27	7.68	5.49	4.60	4.11	3.78	3.56	3.39	3.26	3.15	3.06	2.93	2.78	2.63	2.55	2.47	2.38	2.29	2.20	2.10
28	7.64	5.45	4.57	4.07	3.75	3.53	3.36	3.23	3.12	3.03	2.90	2.75	2.60	2.52	2.44	2.35	2.26	2.17	2.06
29	7.60	5.42	4.54	4.04	3.73	3.50	3.33	3.20	3.09	3.00	2.87	2.73	2.57	2.49	2.41	2.33	2.23	2.14	2.03
30	7.56	5.39	4.51	4.02	3.70	3.47	3.30	3.17	3.07	2.98	2.84	2.70	2.55	2.47	2.39	2.30	2.21	2.11	2.01
40	7.31	5.18	4.31	3.83	3.51	3.29	3.12	2.99	2.89	2.80	2.66	2.52	2.37	2.29	2.20	2.11	2.02	1.92	1.81
60	7.08	4.98	4.13	3.65	3.34	3.12	2.95	2.82	2.72	2.63	2.50	2.35	2.20	2.12	2.03	1.94	1.84	1.73	1.60
120	6.85	4.79	3.95	3.48	3.17	2.96	2.79	2.66	2.56	2.47	2.34	2.19	2.03	1.95	1.86	1.76	1.66	1.53	1.38
∞	6.64	4.61	3.78	3.32	3.02	2.80	2.64	2.51	2.41	2.32	2.19	2.04	1.88	1.79	1.70	1.59	1.47	1.33	1.00

注：F 临界值 Excel 计算函数 FINV(α, df_1, df_2)

附表 6　q值表

自由度 df	α	检验极差的平均数个数，即秩次距 k																		
		2	3	4	5	6	7	8	9	10	11	12	13	14	15	16	17	18	19	20
3	0.05	4.50	5.91	6.82	7.50	8.04	8.84	8.85	9.18	9.46	9.72	9.95	10.15	10.35	10.52	10.84	10.69	10.98	11.11	11.24
	0.01	8.26	10.62	12.27	13.33	14.24	15.00	15.64	16.20	16.69	17.13	17.53	17.89	18.22	18.52	19.07	18.81	19.32	19.55	19.77
4	0.05	3.39	5.04	5.76	6.29	6.71	7.05	7.35	7.60	7.83	8.03	8.21	8.37	8.52	8.66	8.79	8.91	9.03	9.13	9.23
	0.01	6.51	8.12	9.17	9.96	10.85	11.10	11.55	11.93	12.27	12.57	12.84	13.09	13.32	13.53	13.73	13.91	14.08	14.24	14.40
5	0.05	3.64	4.60	5.22	5.67	6.03	6.33	6.58	6.80	6.99	7.17	7.32	7.47	7.60	7.72	7.83	7.93	8.03	8.12	8.21
	0.01	5.70	6.98	7.80	8.42	8.91	9.32	9.67	9.97	10.24	10.48	10.07	10.89	11.08	11.24	11.40	11.55	11.68	11.81	11.93
6	0.05	3.46	4.34	4.90	5.30	5.63	5.90	6.12	6.32	6.49	6.65	6.79	6.92	7.03	7.14	7.24	7.34	7.43	7.51	7.59
	0.01	5.24	6.33	7.03	7.56	7.97	8.32	8.61	8.87	9.10	9.30	9.48	9.65	9.81	9.95	10.08	12.21	10.32	10.43	10.54
7	0.05	3.34	4.16	4.68	5.06	5.36	5.01	5.82	6.00	6.16	6.30	6.43	6.55	6.66	6.76	6.85	9.94	7.02	7.10	7.17
	0.01	4.95	5.92	6.54	7.01	7.37	7.68	9.94	8.17	8.37	8.55	8.71	8.86	9.00	9.12	9.24	9.35	9.46	9.55	9.65
8	0.05	3.26	4.04	4.53	4.89	5.17	5.40	5.60	5.77	5.92	6.05	6.18	6.29	6.39	6.48	6.57	6.65	6.73	6.80	6.87
	0.01	4.75	5.64	6.20	6.62	4.96	7.24	7.47	7.68	7.86	8.03	8.18	8.31	8.44	8.55	8.66	8.76	8.85	8.94	9.03
9	0.05	3.20	3.95	4.41	4.76	5.02	5.24	5.43	5.59	5.74	5.87	5.98	6.09	6.19	6.28	6.36	6.44	6.51	6.58	6.64
	0.01	4.60	5.43	5.96	6.35	6.66	6.91	7.13	7.33	7.49	7.65	7.78	7.91	8.03	8.13	8.23	8.33	8.41	8.49	8.57
10	0.05	3.15	3.88	4.33	4.65	4.91	5.12	5.30	5.46	5.60	5.72	5.83	5.93	6.03	6.11	6.19	6.27	6.34	6.40	6.47
	0.01	4.48	5.27	5.77	6.14	4.43	6.67	6.87	7.05	7.21	7.36	7.48	7.60	7.71	7.81	7.91	7.99	8.08	8.15	8.23
11	0.05	3.11	3.82	4.26	4.57	4.82	5.03	5.20	5.35	5.49	5.61	5.71	5.81	5.90	5.98	6.06	6.13	6.20	6.27	6.33
	0.01	4.39	5.15	5.62	5.97	6.25	6.48	6.67	6.84	6.99	7.13	7.25	7.36	7.46	7.56	7.65	7.13	7.81	7.88	7.95
12	0.05	3.08	3.77	4.20	4.51	4.75	4.95	5.12	5.27	5.39	5.51	5.61	5.71	5.80	5.88	5.95	6.02	6.09	6.15	6.21
	0.01	4.32	5.05	5.55	5.84	6.10	6.32	6.51	6.67	6.81	6.94	7.06	7.17	7.26	7.36	7.44	7.52	7.59	7.66	7.73
13	0.05	3.06	3.73	4.15	4.45	4.69	4.88	5.05	9.19	5.32	5.45	5.53	5.63	5.71	5.79	5.86	5.93	5.99	6.05	6.11
	0.01	4.26	4.96	5.40	5.73	5.98	6.19	6.37	6.53	6.67	6.79	6.90	7.01	7.10	7.19	7.27	7.35	7.42	7.48	7.55

续表

自由度 *df*	*α*	检验极差的平均数个数，即秩次距 *k*																		
		2	3	4	5	6	7	8	9	10	11	12	13	14	15	16	17	18	19	20
14	0.05	3.03	3.70	4.11	4.41	4.64	4.83	4.99	5.13	5.25	5.36	5.46	5.55	5.64	5.71	5.79	5.85	5.91	5.97	6.03
	0.01	4.21	4.89	5.32	5.63	5.88	6.08	6.26	6.41	6.54	6.66	6.77	6.87	6.96	7.05	7.13	7.20	7.27	7.33	7.39
15	0.05	3.01	3.67	4.08	4.37	4.59	4.78	4.94	5.08	5.20	5.31	5.40	5.49	5.57	5.65	5.72	5.78	5.85	5.90	5.96
	0.01	4.17	4.84	5.25	5.56	5.80	5.99	6.16	6.31	6.44	6.55	6.66	6.76	6.84	6.93	7.00	7.07	7.14	7.20	7.26
16	0.05	3.00	3.65	4.05	4.33	4.56	4.74	4.90	5.03	5.15	5.26	5.35	5.44	5.52	5.59	5.66	5.73	5.79	5.84	5.90
	0.01	4.13	4.79	5.19	5.49	5.72	5.92	6.08	6.22	6.35	6.46	6.56	6.66	6.74	6.82	6.90	6.97	7.03	7.09	7.15
17	0.05	2.98	3.63	4.02	4.30	4.52	4.70	4.86	4.99	5.11	5.21	5.31	5.39	5.47	5.54	5.61	5.67	5.73	5.79	5.84
	0.01	4.10	4.74	5.14	5.43	5.66	5.85	6.01	6.15	6.27	6.38	6.48	6.57	6.66	6.73	6.81	6.87	6.94	7.00	7.05
18	0.05	2.97	3.61	4.00	4.28	4.49	4.67	4.82	4.96	5.07	5.17	5.27	5.35	5.43	5.50	5.57	5.63	5.69	5.74	5.76
	0.01	4.07	4.70	5.09	5.38	5.60	5.79	5.94	6.08	6.20	6.31	6.41	6.50	6.58	6.65	6.73	6.79	6.85	6.91	6.97
19	0.05	2.96	3.59	3.98	4.25	4.47	4.65	4.49	4.92	5.04	5.14	5.23	5.31	5.39	5.46	5.53	5.59	5.65	5.70	5.75
	0.01	4.05	4.67	5.05	5.33	5.55	5.73	5.89	6.02	6.16	6.25	6.34	6.43	6.51	6.58	6.65	6.72	6.78	6.84	6.89
20	0.05	2.95	3.58	3.96	4.23	4.45	4.62	4.77	4.90	5.01	5.11	5.20	5.28	5.36	5.43	5.49	5.55	5.61	5.66	5.71
	0.01	4.02	4.64	5.02	5.29	5.51	5.69	5.84	5.97	6.09	6.19	6.28	6.37	6.45	6.52	6.59	6.65	6.71	6.77	6.82
24	0.05	2.92	3.53	3.90	4.17	4.37	4.54	4.68	4.81	4.92	5.05	5.10	5.18	5.25	5.32	5.38	5.44	5.49	5.55	5.59
	0.01	3.96	4.55	4.91	5.17	5.37	5.54	5.69	5.81	5.92	6.02	6.11	6.19	6.26	6.33	6.39	6.45	6.51	6.56	6.01
30	0.05	2.89	3.49	3.85	4.10	4.30	4.45	4.60	4.72	4.82	4.92	5.00	5.08	5.15	5.21	5.27	5.33	5.38	5.43	6.47
	0.01	3.89	4.45	4.80	5.05	5.24	5.40	5.54	5.65	5.76	5.85	5.93	6.01	6.08	6.14	6.20	6.26	6.31	6.36	6.41
40	0.05	2.86	3.44	3.79	4.04	4.23	4.39	4.52	4.63	4.73	4.82	4.90	4.98	5.04	5.11	5.16	5.22	5.27	5.31	5.36
	0.01	3.82	4.37	4.70	4.93	5.11	5.26	5.39	5.50	5.60	5.69	5.76	5.83	5.90	5.96	6.02	6.07	6.12	6.16	6.21
60	0.05	2.83	3.40	3.74	3.98	4.16	4.31	4.44	4.55	4.65	4.73	4.81	4.88	4.94	5.00	5.06	5.11	5.15	5.20	5.24
	0.01	3.76	4.28	4.59	4.82	4.99	5.13	5.25	5.36	5.45	5.53	5.60	5.67	5.73	5.78	5.84	5.89	5.93	5.97	6.01
120	0.05	2.80	3.36	3.68	3.92	4.10	4.24	4.36	4.47	4.56	4.64	4.71	4.78	4.84	4.90	4.95	5.00	5.04	5.09	5.13
	0.01	3.70	4.20	4.50	4.71	4.87	5.01	5.12	5.21	5.30	5.37	5.44	5.50	5.56	5.61	5.66	5.71	5.75	5.79	5.85
∞	0.05	2.77	3.31	3.63	3.86	4.03	4.17	4.29	4.39	4.47	4.55	4.62	4.68	4.74	4.80	4.85	4.89	4.93	4.97	5.01
	0.01	3.64	4.12	4.40	4.60	4.76	4.88	4.99	5.08	5.16	5.23	5.29	5.35	5.40	5.45	5.49	5.54	5.57	5.61	5.65

附表 7　Duncan's 新复极差检验的 SSR 值

自由度 df	α	检验极差的平均数个数 k													
		2	3	4	5	6	7	8	9	10	12	14	16	18	20
1	0.05	18.00	18.00	18.00	18.00	18.00	18.00	18.00	18.00	18.00	18.00	18.00	18.00	18.00	18.00
	0.01	90.00	90.00	90.00	90.00	90.00	90.00	90.00	90.00	90.00	90.00	90.00	90.00	90.00	90.00
2	0.05	6.09	6.09	6.09	6.09	6.09	6.09	6.09	6.09	6.09	6.09	6.09	6.09	6.09	6.09
	0.01	14.00	14.00	14.00	14.00	14.00	14.00	14.00	14.00	14.00	14.00	14.00	14.00	14.00	14.00
3	0.05	4.50	4.50	4.50	4.50	4.50	4.50	4.50	4.50	4.50	4.50	4.50	4.50	4.50	4.50
	0.01	8.26	8.50	8.60	8.70	8.80	8.90	8.90	9.00	9.00	9.00	9.10	9.20	9.30	9.30
4	0.05	3.93	4.00	4.02	4.02	4.02	4.02	4.02	4.02	4.02	4.02	4.02	4.02	4.02	4.02
	0.01	6.51	6.80	6.90	7.00	7.10	7.10	7.20	7.20	7.30	7.30	7.40	7.40	7.50	7.50
5	0.05	3.64	3.74	3.79	3.83	3.83	3.83	3.83	3.83	3.83	3.83	3.83	3.83	3.83	3.83
	0.01	5.70	5.96	6.11	6.18	6.26	6.33	6.40	6.44	6.50	6.60	6.60	6.70	6.70	6.80
6	0.05	3.46	3.58	3.64	3.68	3.68	3.68	3.68	3.68	3.68	3.68	3.68	3.68	3.68	3.68
	0.01	5.24	5.51	5.65	5.73	5.81	5.88	5.95	6.00	6.00	6.10	6.20	6.20	6.30	6.30
7	0.05	3.35	3.47	3.54	3.58	3.60	3.61	3.61	3.61	3.61	3.61	3.61	3.61	3.61	3.61
	0.01	4.95	5.22	5.37	5.45	5.53	5.61	5.69	5.73	5.80	5.80	5.90	5.90	6.00	6.00
8	0.05	3.26	3.39	3.47	3.52	3.55	3.56	3.56	3.56	3.56	3.56	3.56	3.56	3.56	3.56
	0.01	4.74	5.00	5.14	5.23	5.32	5.40	5.47	5.51	5.50	5.60	5.70	5.70	5.80	5.80
9	0.05	3.20	3.34	3.41	3.47	3.50	3.51	3.52	3.52	3.52	3.52	3.52	3.52	3.52	3.52
	0.01	4.60	4.86	4.99	5.08	5.17	5.25	5.32	5.36	5.40	5.50	5.50	5.60	5.70	5.70
10	0.05	3.15	3.30	3.37	3.43	3.46	3.47	3.47	3.47	3.47	3.47	3.47	3.47	3.47	3.48
	0.01	4.48	4.73	4.88	4.96	5.06	5.12	5.20	5.24	5.28	5.36	5.42	5.48	5.54	5.55
11	0.05	3.11	3.27	3.35	3.39	3.43	3.44	3.45	3.46	3.46	3.46	3.46	3.46	3.47	3.48
	0.01	4.39	4.63	4.77	4.86	4.94	5.01	5.06	5.12	5.15	5.24	5.28	5.34	5.38	5.39
12	0.05	3.08	3.23	3.33	3.36	3.48	3.42	3.44	3.44	3.46	3.46	3.46	3.46	3.47	3.48
	0.01	4.32	4.55	4.68	4.76	4.84	4.92	4.96	5.02	5.07	5.13	5.17	5.22	5.24	5.26
13	0.05	3.06	3.21	3.30	3.36	3.38	3.41	3.42	3.44	3.45	3.45	3.46	3.46	3.47	3.47
	0.01	4.26	4.48	4.62	4.69	4.74	4.84	4.88	4.94	4.98	5.04	5.08	5.13	5.14	5.15
14	0.05	3.03	3.18	3.27	3.33	3.37	3.39	3.41	3.42	3.44	3.45	3.46	3.46	3.47	3.47
	0.01	4.21	4.42	4.55	4.63	4.70	4.78	4.83	4.87	4.91	4.96	5.00	5.04	5.06	5.07
15	0.05	3.01	3.16	3.25	3.31	3.36	3.38	3.40	3.42	3.43	3.44	3.45	3.46	3.47	3.47
	0.01	4.17	4.37	4.50	4.58	4.64	4.72	4.77	4.81	4.84	4.90	4.94	4.97	4.99	5.00
16	0.05	3.00	3.15	3.23	3.30	3.34	3.37	3.39	3.41	3.43	3.44	3.45	3.46	3.47	3.47
	0.01	4.13	4.34	4.45	4.54	4.60	4.67	4.72	4.76	4.79	4.84	4.88	4.91	4.93	4.94
17	0.05	2.98	3.13	3.22	3.28	3.33	3.36	3.38	3.40	3.42	3.44	3.45	3.46	3.47	3.47
	0.01	4.10	4.30	4.41	4.50	4.56	4.63	4.68	4.72	4.75	4.80	4.83	4.86	4.88	4.89
18	0.05	2.97	3.12	3.21	3.27	3.32	3.35	3.37	3.39	3.41	3.43	3.45	3.46	3.47	3.47
	0.01	4.07	4.27	4.38	4.46	4.53	4.59	4.64	4.68	4.71	4.76	4.79	4.82	4.84	4.85
19	0.05	2.96	3.11	3.19	3.26	3.31	3.35	3.37	3.39	3.41	3.43	3.44	3.46	3.47	3.47
	0.01	4.05	4.24	4.35	4.43	4.50	4.56	4.61	4.64	4.67	4.72	4.76	4.79	4.81	4.82

续表

自由度 df	α	检验极差的平均数个数 k													
		2	3	4	5	6	7	8	9	10	12	14	16	18	20
20	0.05	2.95	3.10	3.18	3.25	3.30	3.34	3.36	3.38	3.40	3.43	3.44	3.46	3.46	3.47
	0.01	4.02	4.22	4.33	4.40	4.47	4.53	4.58	4.61	4.65	4.69	4.73	4.76	4.78	4.79
22	0.05	2.93	3.08	3.17	3.24	3.29	3.32	3.35	3.37	3.39	3.42	3.44	3.45	3.46	3.47
	0.01	3.99	4.17	4.28	4.36	4.42	4.48	4.53	4.57	4.60	4.65	4.68	4.71	4.74	4.75
24	0.05	2.92	3.07	3.15	3.22	3.28	3.31	3.34	3.37	3.38	3.41	3.44	3.45	3.46	3.47
	0.01	3.96	4.14	4.24	4.33	4.39	4.44	4.49	4.53	4.57	4.62	4.64	4.67	4.70	4.72
26	0.05	2.91	3.06	3.14	3.21	3.27	3.30	3.34	3.36	3.38	3.41	3.43	3.45	3.46	3.47
	0.01	3.93	4.11	4.21	4.30	4.36	4.41	4.46	4.50	4.53	4.58	4.62	4.65	4.67	4.69
28	0.05	2.90	3.04	3.13	3.20	3.26	3.30	3.33	3.35	3.37	3.40	3.43	3.45	3.46	3.47
	0.01	3.91	4.08	4.18	4.28	4.34	4.39	4.43	4.47	4.51	4.56	4.60	4.62	4.65	4.67
30	0.05	2.89	3.04	3.12	3.20	3.25	3.29	3.32	3.35	3.37	3.40	3.43	3.44	3.46	3.47
	0.01	3.89	4.06	4.16	4.22	4.32	4.36	4.41	4.45	4.48	4.54	4.58	4.61	4.63	4.65
40	0.05	2.86	3.01	3.10	3.17	3.22	3.27	3.30	3.33	3.35	3.39	3.42	3.44	3.46	3.47
	0.01	3.82	3.99	4.10	4.17	4.24	4.30	4.31	4.37	4.41	4.46	4.51	4.54	4.57	4.59
60	0.05	2.83	2.98	3.08	3.14	3.20	3.24	3.28	3.31	3.33	3.37	3.40	3.43	3.45	3.47
	0.01	3.76	3.92	4.03	4.12	4.17	4.23	4.27	4.31	4.34	4.39	4.44	4.47	4.50	4.53
100	0.05	2.80	2.95	3.05	3.12	3.18	3.22	3.26	3.29	3.32	3.36	3.40	3.42	3.45	3.47
	0.01	3.71	3.86	3.98	4.06	4.11	4.17	4.21	4.25	4.29	4.35	4.38	4.42	4.45	4.48
∞	0.05	2.77	2.92	3.02	3.09	3.15	3.19	3.23	3.26	3.29	3.34	3.38	3.41	3.44	3.47
	0.01	3.64	3.80	3.90	3.98	4.04	4.09	4.14	4.17	4.20	4.26	4.31	4.34	4.38	4.41

附表 8　相关系数表

自由度 df	显著水平 α=0.05				显著水平 α=0.01			
	变量个数 M				变量个数 M			
	2	3	4	5	2	3	4	5
1	0.997	0.999	0.999	0.999	1.000	1.000	1.000	1.000
2	0.950	0.975	0.983	0.987	0.990	0.995	0.997	0.997
3	0.878	0.930	0.950	0.961	0.959	0.977	0.983	0.987
4	0.811	0.881	0.912	0.930	0.917	0.949	0.962	0.970
5	0.754	0.836	0.874	0.898	0.875	0.917	0.937	0.949
6	0.707	0.795	0.839	0.867	0.834	0.886	0.911	0.927
7	0.666	0.758	0.807	0.838	0.798	0.855	0.885	0.904
8	0.632	0.726	0.777	0.811	0.765	0.827	0.860	0.882
9	0.602	0.697	0.750	0.786	0.735	0.800	0.837	0.861
10	0.576	0.671	0.726	0.763	0.708	0.776	0.814	0.840
11	0.553	0.648	0.703	0.741	0.684	0.753	0.793	0.821

续表

自由度 *df*	显著水平 α=0.05				显著水平 α=0.01			
	变量个数 *M*				变量个数 *M*			
	2	3	4	5	2	3	4	5
12	0.532	0.627	0.683	0.722	0.661	0.732	0.773	0.802
13	0.514	0.608	0.664	0.703	0.641	0.712	0.755	0.785
14	0.497	0.590	0.646	0.686	0.623	0.694	0.737	0.768
15	0.482	0.574	0.630	0.670	0.606	0.677	0.721	0.752
16	0.468	0.559	0.615	0.655	0.590	0.662	0.706	0.738
17	0.456	0.545	0.601	0.641	0.575	0.647	0.691	0.724
18	0.444	0.532	0.587	0.628	0.561	0.633	0.678	0.710
19	0.433	0.520	0.575	0.615	0.549	0.620	0.665	0.697
20	0.423	0.509	0.563	0.604	0.537	0.607	0.652	0.685
21	0.413	0.498	0.552	0.593	0.526	0.596	0.641	0.674
22	0.404	0.488	0.542	0.582	0.515	0.585	0.630	0.663
23	0.396	0.479	0.532	0.572	0.505	0.574	0.619	0.653
24	0.388	0.470	0.523	0.562	0.496	0.565	0.609	0.643
25	0.381	0.462	0.514	0.553	0.487	0.555	0.600	0.633
26	0.374	0.454	0.506	0.545	0.479	0.546	0.590	0.624
27	0.367	0.446	0.498	0.536	0.471	0.538	0.582	0.615
28	0.361	0.439	0.490	0.529	0.463	0.529	0.573	0.607
29	0.355	0.432	0.483	0.521	0.456	0.522	0.565	0.598
30	0.349	0.425	0.476	0.514	0.449	0.514	0.558	0.591
31	0.344	0.419	0.469	0.507	0.442	0.507	0.550	0.583
32	0.339	0.413	0.462	0.500	0.436	0.500	0.543	0.576
33	0.334	0.407	0.456	0.494	0.430	0.493	0.536	0.569
34	0.329	0.402	0.450	0.488	0.424	0.487	0.530	0.562
35	0.325	0.397	0.445	0.482	0.418	0.481	0.523	0.556
40	0.304	0.373	0.419	0.455	0.393	0.454	0.494	0.526
45	0.288	0.353	0.397	0.432	0.372	0.430	0.470	0.501
50	0.273	0.336	0.379	0.412	0.354	0.410	0.449	0.479
60	0.250	0.308	0.348	0.380	0.325	0.377	0.414	0.442
100	0.195	0.241	0.274	0.299	0.254	0.297	0.327	0.351
120	0.178	0.221	0.251	0.275	0.232	0.272	0.300	0.322

附表 9　常用正交表

（1）

$L_4(2^3)$

试验号	列号			试验号	列号		
	1	2	3		1	2	3
1	1	1	1	3	2	1	2
2	1	2	2	4	2	2	1

注：任意两列间的交互作用出现于另一列

（2）

$L_8(2^7)$

试验号	列号						
	1	2	3	4	5	6	7
1	1	1	1	1	1	1	1
2	1	1	1	2	2	2	2
3	1	2	2	1	1	2	2
4	1	2	2	2	2	1	1
5	2	1	2	1	2	1	2
6	2	1	2	2	1	2	1
7	2	2	1	1	2	2	1
8	2	2	1	2	1	1	2

$L_8(2^7)$ 二列间的交互作用表

列号	1	2	3	4	5	6	7
1	（1）	3	2	5	4	7	6
2		（2）	1	6	7	4	5
3			（3）	7	6	5	4
4				（4）	1	2	3
5					（5）	3	2
6						（6）	1
7							（7）

（3）

$L_{12}(2^{11})$

试验号	列号										
	1	2	3	4	5	6	7	8	9	10	11
1	1	1	1	1	1	1	1	1	1	1	1
2	1	1	1	1	1	2	2	2	2	2	2
3	1	1	2	2	2	1	1	1	2	2	2

续表

试验号	列号										
	1	2	3	4	5	6	7	8	9	10	11
4	1	2	1	2	2	1	2	2	1	1	2
5	1	2	2	1	2	2	1	2	1	2	1
6	1	2	2	2	1	2	2	1	2	1	1
7	2	1	2	2	1	1	2	2	1	2	1
8	2	1	2	1	2	2	2	1	1	1	2
9	2	1	1	2	2	2	1	2	2	1	1
10	2	2	2	1	1	1	1	2	2	1	2
11	2	2	1	2	1	2	1	1	1	2	2
12	2	2	1	1	2	1	2	1	2	2	1

（4）

$L_{16}(2^{15})$

试验号	列号														
	1	2	3	4	5	6	7	8	9	10	11	12	13	14	15
1	1	1	1	1	1	1	1	1	1	1	1	1	1	1	1
2	1	1	1	1	1	1	1	2	2	2	2	2	2	2	2
3	1	1	1	2	2	2	2	1	1	1	1	2	2	2	2
4	1	1	1	2	2	2	2	2	2	2	2	1	1	1	1
5	1	2	2	1	1	2	2	1	1	2	2	1	1	2	2
6	1	2	2	1	1	2	2	2	2	1	1	2	2	1	1
7	1	2	2	2	2	1	1	1	1	2	2	2	2	1	1
8	1	2	2	2	2	1	1	2	2	1	1	1	1	2	2
9	2	1	2	1	2	1	2	1	2	1	2	1	2	1	2
10	2	1	2	1	2	1	2	2	1	2	1	2	1	2	1
11	2	1	2	2	1	2	1	1	2	1	2	2	1	2	1
12	2	1	2	2	1	2	1	2	1	2	1	1	2	1	2
13	2	2	1	1	2	2	1	1	2	2	1	1	2	2	1
14	2	2	1	1	2	2	1	2	1	1	2	2	1	1	2
15	2	2	1	2	1	1	2	1	2	2	1	2	1	1	2
16	2	2	1	2	1	1	2	2	1	1	2	1	2	2	1

$L_{16}(2^{15})$二列间的交互作用表

列号	1	2	3	4	5	6	7	8	9	10	11	12	13	14	15
1	（1）	3	2	5	4	7	6	9	8	11	10	13	12	15	14
2		（2）	1	6	7	4	5	10	11	8	9	14	15	12	13
3			（3）	7	6	5	4	11	10	9	8	15	14	13	12
4				（4）	1	2	3	12	13	14	15	8	9	10	11

续表

列号	1	2	3	4	5	6	7	8	9	10	11	12	13	14	15
5					(5)	3	2	13	12	15	14	9	8	11	10
6						(6)	1	14	15	12	13	10	11	8	9
7							(7)	15	14	13	12	11	10	9	8
8								(8)	1	2	3	4	5	6	7
9									(9)	3	2	5	4	7	6
10										(10)	1	6	7	4	5
11											(11)	7	6	5	4
12												(12)	1	2	3
13													(13)	3	2
14														(14)	1
15															(15)

（5）

$L_9(3^4)$

试验号	列号				试验号	列号			
	1	2	3	4		1	2	3	4
1	1	1	1	1	6	2	3	1	2
2	1	2	2	2	7	3	1	3	2
3	1	3	3	3	8	3	2	1	3
4	2	1	2	3	9	3	3	2	1
5	2	2	3	1					

注：任意两列间的交互作用出现于另外两列

（6）

$L_{27}(3^{13})$

试验号	列号												
	1	2	3	4	5	6	7	8	9	10	11	12	13
1	1	1	1	1	1	1	1	1	1	1	1	1	1
2	1	1	1	1	2	2	2	2	2	2	2	2	2
3	1	1	1	1	3	3	3	3	3	3	3	3	3
4	1	2	2	2	1	1	1	2	2	2	3	3	3
5	1	2	2	2	2	2	2	3	3	3	1	1	1
6	1	2	2	2	3	3	3	1	1	1	2	2	2
7	1	3	3	3	1	1	1	3	3	3	2	2	2
8	1	3	3	3	2	2	2	1	1	1	3	3	3
9	1	3	3	3	3	3	3	2	2	2	1	1	1
10	2	1	2	3	1	2	3	1	3	3	1	2	3
11	2	1	2	3	2	3	1	2	1	1	2	3	1
12	2	1	2	3	3	1	2	3	2	2	3	1	2
13	2	2	3	1	1	2	3	2	1	1	3	1	2
14	2	2	3	1	2	3	1	3	2	2	1	2	3

续表

试验号	列号												
	1	2	3	4	5	6	7	8	9	10	11	12	13
15	2	2	3	1	3	1	2	1	3	3	2	3	1
16	2	3	1	2	1	2	3	3	2	2	2	3	1
17	2	3	1	2	2	3	1	1	3	3	3	1	2
18	2	3	1	2	3	1	2	2	1	1	1	2	3
19	3	1	3	2	1	3	2	1	2	2	1	3	2
20	3	1	3	2	2	1	3	2	3	3	2	1	3
21	3	1	3	2	3	2	1	3	1	1	3	2	1
22	3	2	1	3	1	3	2	2	3	3	3	2	1
23	3	2	1	3	2	1	3	3	1	1	1	3	2
24	3	2	1	3	3	2	1	1	2	2	2	1	3
25	3	3	2	1	1	3	2	3	1	1	2	1	3
26	3	3	2	1	2	1	3	1	2	2	3	2	1
27	3	3	2	1	3	2	1	2	3	3	1	3	2

$L_{27}(3^{13})$ 二列间的交互作用表

列号	1	2	3	4	5	6	7	8	9	10	11	12	13
1	(1){	3	2	2	6	5	5	9	8	8	12	11	11
		4	4	3	7	7	6	10	10	9	13	13	12
2		(2){	1	1	8	9	10	5	6	7	5	6	7
			4	3	11	12	13	11	12	13	8	9	10
3			(3){	1	9	10	8	7	5	6	6	7	5
				2	13	11	12	12	13	11	10	8	9
4				(4){	10	8	9	6	7	5	7	5	6
					12	13	11	13	11	12	9	10	8
5					(5){	1	1	2	3	4	2	4	3
						7	6	11	13	12	8	10	9
6						(6){	1	4	2	3	3	2	4
							5	13	12	11	10	9	8
7							(7){	3	4	2	4	3	2
								12	11	13	9	8	10
8								(8){	1	1	2	3	4
									10	9	5	7	6
9									(9){	1	4	2	3
										8	7	6	5
10										(10){	3	4	2
											6	5	7
11											(11){	1	1
												13	12
12												(12){	1
													11

（7）

$L_{16}(4^5)$

试验号	列号				
	1	2	3	4	5
1	1	1	1	1	1
2	1	2	2	2	2
3	1	3	3	3	3
4	1	4	4	4	4
5	2	1	2	3	4
6	2	2	1	4	3
7	2	3	4	1	2
8	2	4	3	2	1
9	3	1	3	4	2
10	3	2	4	3	1
11	3	3	1	2	4
12	3	4	2	1	3
13	4	1	4	2	3
14	4	2	3	1	4
15	4	3	2	4	1
16	4	4	1	3	2

注：任意两列间的交互作用出现于其他三列

（8）

$L_{25}(5^6)$

试验号	列号					
	1	2	3	4	5	6
1	1	1	1	1	1	1
2	1	2	2	2	2	2
3	1	3	3	3	3	3
4	1	4	4	4	4	4
5	1	5	5	5	5	5
6	2	1	2	3	4	5
7	2	2	3	4	5	1
8	2	3	4	5	1	2
9	2	4	5	1	2	3
10	2	5	1	2	3	4
11	3	1	3	5	2	4
12	3	2	4	1	3	5
13	3	3	5	2	4	1
14	3	4	1	3	5	2
15	3	5	2	4	1	3
16	4	1	4	2	5	3

续表

试验号	列号					
	1	2	3	4	5	6
17	4	2	5	3	1	4
18	4	3	1	4	2	5
19	4	4	2	5	3	1
20	4	5	3	1	4	2
21	5	1	5	4	3	2
22	5	2	1	5	4	3
23	5	3	2	1	5	4
24	5	4	3	2	1	5
25	5	5	4	3	2	1

注：任意两列间的交互作用出现于其他四列

（9）

L_8（4×2^4）

试验号	列号				
	1	2	3	4	5
1	1	1	1	1	1
2	1	2	2	2	2
3	2	1	1	2	2
4	2	2	2	1	1
5	3	1	2	1	2
6	3	2	1	2	1
7	4	1	2	2	1
8	4	2	1	1	2

（10）

L_{12}（3×2^4）

试验号	列号				
	1	2	3	4	5
1	1	1	1	1	1
2	1	1	1	2	2
3	1	2	2	1	2
4	1	2	2	2	1
5	2	1	2	1	1
6	2	1	2	2	2
7	2	2	1	1	1
8	2	2	1	2	2
9	3	1	2	1	2
10	3	1	1	2	1
11	3	2	1	1	2
12	3	2	2	2	1

（11）

$L_{12}(6^1\times2^2)$

试验号	列号		
	1	2	3
1	2	1	1
2	5	1	2
3	5	2	1
4	2	2	2
5	4	1	1
6	1	1	2
7	1	2	1
8	4	2	2
9	3	1	1
10	6	1	2
11	6	2	1
12	3	2	2

（12）

$L_{16}(4^1\times2^{12})$

试验号	列号												
	1	2	3	4	5	6	7	8	9	10	11	12	13
1	1	1	1	1	1	1	1	1	1	1	1	1	1
2	1	1	1	1	1	2	2	2	2	2	2	2	2
3	1	2	2	2	2	1	1	1	1	2	2	2	2
4	1	2	2	2	2	2	2	2	2	1	1	1	1
5	2	1	1	2	2	1	1	2	2	1	1	2	2
6	2	1	1	2	2	2	2	1	1	2	2	1	1
7	2	2	2	1	1	1	1	2	2	2	2	1	1
8	2	2	2	1	1	2	2	1	1	1	1	2	2
9	3	1	2	1	2	1	2	1	2	1	2	1	2
10	3	1	2	1	2	2	1	2	1	2	1	2	1
11	3	2	1	2	1	1	2	1	2	2	1	2	1
12	3	2	1	2	1	2	1	2	1	1	2	1	2
13	4	1	2	2	1	1	2	2	1	1	2	2	1
14	4	1	2	2	1	2	1	1	2	2	1	1	2
15	4	2	1	1	2	1	2	2	1	2	1	1	2
16	4	2	1	1	2	2	1	1	2	1	2	2	1

注：$L_{16}(4^1\times2^{12})$、$L_{16}(4^2\times2^9)$、$L_{16}(4^3\times2^6)$、$L_{16}(4^4\times2^3)$ 均可由 $L_{16}(2^{15})$ 并列得到

（13）

L_{16}（$4^4×2^3$）

试验号	列号						
	1	2	3	4	5	6	7
1	1	1	1	1	1	1	1
2	1	2	2	2	1	2	2
3	1	3	3	3	2	1	2
4	1	4	4	4	2	2	1
5	2	1	2	3	2	2	1
6	2	2	1	4	2	1	2
7	2	3	4	1	1	2	2
8	2	4	3	2	1	1	1
9	3	1	3	4	1	2	2
10	3	2	4	3	1	1	1
11	3	3	1	2	2	2	1
12	3	4	2	1	2	1	2
13	4	1	4	2	2	1	2
14	4	2	3	1	2	2	1
15	4	3	2	4	1	1	1
16	4	4	1	3	1	2	2

（14）

L_{18}（$2^1×3^7$）

试验号	列号							
	1	2	3	4	5	6	7	8
1	1	1	1	1	1	1	1	1
2	1	1	2	2	2	2	2	2
3	1	1	3	3	3	3	3	3
4	1	2	1	1	2	2	3	3
5	1	2	2	2	3	3	1	1
6	1	2	3	3	1	1	2	2
7	1	3	1	2	1	3	2	3
8	1	3	2	3	2	1	3	1
9	1	3	3	1	3	2	1	2
10	2	1	1	3	3	2	2	1
11	2	1	2	1	1	3	3	2
12	2	1	3	2	2	1	1	3
13	2	2	1	2	3	1	3	2
14	2	2	2	3	1	2	1	3
15	2	2	3	1	2	3	2	1
16	2	3	1	3	2	3	1	2
17	2	3	2	1	3	1	2	3
18	2	3	3	2	1	2	3	1

附表 10 常用均匀设计表及其使用表

（1）

$U_5(5^4)$ 均匀设计表

试验号	列号			
	1	2	3	4
1	1	2	3	4
2	2	4	1	3
3	3	1	4	2
4	4	3	2	1
5	5	5	5	5

$U_5(5^4)$ 使用表

因素数	列号			
2	1	2		
3	1	2	4	
4	1	2	3	4

（2）

$U_7(7^4)$ 均匀设计表

试验号	列号			
	1	2	3	4
1	1	2	3	6
2	2	4	6	5
3	3	6	2	4
4	4	1	5	3
5	5	3	1	2
6	6	5	4	1
7	7	7	7	7

$U_7(7^4)$ 使用表

因素数	列号				D
2	1	3			0.2398
3	1	2	3		0.3721
4	1	2	3	4	0.4760

注：D 是刻划均匀度的偏差数值，偏差值 D 越小，表示均匀度越好

（3）

$U_7^*(7^4)$ 均匀设计表

试验号	列号			
	1	2	3	4
1	1	3	5	7
2	2	6	2	6
3	3	1	7	5
4	4	4	4	4
5	5	7	1	3
6	6	2	6	2
7	7	5	3	1

$U_7^*(7^4)$ 使用表

因素数	列号			D
2	1	3		0.1582
3	2	3	4	0.2132

（4）

$U_9(9^5)$ 均匀设计表

试验号	列号				
	1	2	3	4	5
1	1	2	4	7	8
2	2	4	8	5	7
3	3	6	3	3	6
4	4	8	7	1	5
5	5	1	2	8	4
6	6	3	6	6	3
7	7	5	1	4	2
8	8	7	5	2	1
9	9	9	9	9	9

$U_9(9^5)$ 使用表

因素数	列号				D
2	1	3			0.1944
3	1	3	4		0.3102
4	1	2	3	5	0.4066

（5）

$U_9^*(9^4)$ 均匀设计表

试验号	列号			
	1	2	3	4
1	1	3	7	9
2	2	6	4	8
3	3	9	1	7
4	4	2	8	6
5	5	5	5	5
6	6	8	2	4
7	7	1	9	3
8	8	4	6	2
9	9	7	3	1

$U_9^*(9^4)$ 使用表

因素数	列号			D
2	1	3		0.1574
3	2	3	4	0.1980

（6）

$U_{11}(11^{10})$ 均匀设计表

试验号	列号									
	1	2	3	4	5	6	7	8	9	10
1	1	2	3	4	5	6	7	8	9	10
2	2	4	6	8	10	1	3	5	7	9
3	3	6	9	1	4	7	10	2	5	8
4	4	8	1	5	9	2	6	10	3	7
5	5	10	4	9	3	8	2	7	1	6
6	6	1	7	2	8	3	9	4	10	5
7	7	3	10	6	2	9	5	1	8	4
8	8	5	2	10	7	4	1	9	6	3
9	9	7	5	3	1	10	8	6	4	2
10	10	9	8	7	6	5	4	3	2	1
11	11	11	11	11	11	11	11	11	11	11

$U_{11}(11^{10})$ 使用表

因素数	列号									
2	1	7								
3	1	5	7							
4	1	2	5	7						
5	1	2	3	5	7					
6	1	2	3	5	7	10				
7	1	2	3	4	5	7	10			
8	1	2	3	4	5	6	7	10		
9	1	2	3	4	5	6	7	9	10	
10	1	2	3	4	5	6	7	8	9	10

（7）

$U_{13}(13^{12})$ 均匀设计表

试验号	列号											
	1	2	3	4	5	6	7	8	9	10	11	12
1	1	2	3	4	5	6	7	8	9	10	11	12
2	2	4	6	8	10	12	1	3	5	7	9	11
3	3	6	9	12	2	5	8	11	1	4	7	10
4	4	8	12	3	7	11	2	6	10	1	5	9
5	5	10	2	7	12	4	9	1	6	11	3	8
6	6	12	5	11	4	10	3	9	2	8	1	7
7	7	1	8	2	9	3	10	4	11	5	12	6
8	8	3	11	6	1	9	4	12	7	2	10	5
9	9	5	1	10	6	2	11	7	3	12	8	4
10	10	7	4	1	11	8	5	2	12	9	6	3
11	11	9	7	5	3	1	12	10	8	6	4	2
12	12	11	10	9	8	?	6	5	4	3	2	1
13	13	13	3	13	13	13	13	13	13	13	13	13

$U_{13}(13^{12})$ 使用表

因素数	列号											
2	1	5										
3	1	3	4									
4	1	6	8	10								
5	1	6	8	9	10							
6	1	2	6	8	9	10						
7	1	2	6	8	9	10	12					
8	1	2	6	7	8	9	10	12				
9	1	2	3	6	7	8	9	10	12			
10	1	2	3	5	6	7	8	9	10	12		
11	1	2	3	4	5	6	7	8	9	10	12	
12	1	2	3	4	5	6	7	8	9	10	11	12

（8）

$U_{15}(15^8)$ 均匀设计表

试验号	列号							
	1	2	3	4	5	6	7	8
1	1	2	4	7	8	11	13	14
2	2	4	8	14	1	7	11	13
3	3	6	12	6	9	3	9	12
4	4	8	1	13	2	14	7	11
5	5	10	5	5	10	10	5	10
6	6	12	9	12	3	6	3	9
7	7	14	13	4	11	2	1	8
8	8	1	2	11	4	13	14	7
9	9	3	6	3	12	9	12	6
10	10	5	10	10	5	5	10	5
11	11	7	14	2	13	1	8	4
12	12	9	3	9	6	12	6	3
13	13	11	7	1	14	8	4	2
14	14	13	11	8	7	4	2	1
15	15	15	15	15	15	15	15	15

$U_{15}(15^8)$ 使用表

因素数	列号							
2	1	6						
3	1	3	4					
4	1	3	4	7				
5	1	2	3	4	7			
6	1	2	3	4	6	8		
7	1	2	3	4	6	7	8	
8	1	2	3	4	5	6	7	8

（9）

$U_{17}(17^8)$ 均匀设计表

试验号	列号							
	1	2	3	4	5	6	7	8
1	1	4	6	9	10	11	14	15
2	2	8	12	1	3	5	11	13
3	3	12	1	10	13	16	8	11
4	4	16	7	2	6	10	5	9
5	5	3	13	11	16	4	2	7
6	6	7	2	3	9	15	16	5

续表

试验号	列号							
	1	2	3	4	5	6	7	8
7	7	11	8	12	2	9	13	3
8	8	15	14	4	12	3	10	1
9	9	2	3	13	5	14	7	16
10	10	6	9	5	15	8	4	14
11	11	10	15	14	8	2	1	12
12	12	14	4	6	1	13	15	10
13	13	1	10	15	11	7	12	8
14	14	5	16	7	5	1	9	6
15	15	9	5	16	14	12	6	4
16	16	13	11	8	7	6	3	2
17	17	17	17	17	17	17	17	17

$U_{17}(17^8)$ 使用表

因素数	列号						
2	1	6					
3	1	5	8				
4	1	5	7	8			
5	1	2	5	7	8		
6	1	2	3	5	7	8	
7	1	2	3	4	5	7	8

附表 11　拟水平构造混合水平均匀设计表的指导表

（1）

由 $U_6(6^6)$ 构造

混合水平表（3 列）	应选列号			混合水平表（4 列）	应选列号			
$U_6(6\times3^2)$	1	2	3	$U_6(6\times3^2\times2)$	1	2	3	6
$U_6(6\times3\times2)$	1	2	3	$U_6(6^2\times3\times2)$	1	2	3	5
$U_6(6^2\times3)$	2	3	5	$U_6(6^2\times3^2)$	1	2	3	5
$U_6(6^2\times2)$	1	2	3	$U_6(6^3\times3)$	1	2	3	4
$U_6(3^2\times2)$	1	2	3	$U_6(6^3\times2)$	1	2	3	4

（2）

由 $U_8(8^6)$ 构造

混合水平表（3 列）	应选列号			混合水平表（4 列）	应选列号			
$U_8(8\times4^2)$	1	4	5	$U_8(8\times4^3)$	1	2	3	6
$U_8(8\times4\times2)$	1	2	6	$U_8(8\times4^2\times2)$	1	2	3	5

续表

混合水平表（3列）	应选列号			混合水平表（4列）	应选列号			
U_8（$8^2\times4$）	1	3	5	U_8（$8^2\times4^2$）	1	2	4	5
U_8（$8^2\times2$）	1	2	4	U_8（$8^3\times4$）	1	2	3	4
				U_8（$8^3\times2$）	1	2	3	4

（3）

由 U_{10}（10^{10}）构造

混合水平表（3列）	应选列号			混合水平表（4列）	应选列号			
U_{10}（$5^2\times2$）	1	2	5	U_{10}（10×5^3）	1	2	4	10
U_{10}（10×5^2）	3	5	9	U_{10}（$10\times5^2\times2$）	1	2	4	10
U_{10}（$10\times5\times2$）	1	2	5	U_{10}（$10^2\times5^2$）	1	3	4	5
U_{10}（$10^2\times5$）	2	3	10	U_{10}（$10^2\times5\times2$）	1	2	3	4
U_{10}（$10^2\times2$）	1	2	3	U_{10}（$10^3\times5$）	1	3	8	10
				U_{10}（$10^3\times2$）	1	2	3	5

（4）

由 U_{12}（12^{12}）构造

混合水平表（3列）	应选列号			混合水平表（4列）	应选列号			
U_{12}（$6\times4\times3$）	1	3	4	U_{12}（$12\times6\times4^2$）	1	3	4	12
U_{12}（6×4^2）	1	3	4	U_{12}（$12\times6\times4\times3$）	1	2	3	12
U_{12}（$6^2\times4$）	8	10	12	U_{12}（$12\times6^2\times2$）	1	2	5	12
U_{12}（$4^2\times3$）	1	2	3	U_{12}（$12\times6^2\times3$）	1	3	5	12
U_{12}（12×4^2）	1	4	6	U_{12}（$12\times6^2\times4$）	1	3	4	12
U_{12}（$12\times4\times2$）	1	2	3	U_{12}（12×6^3）	1	3	4	11
U_{12}（$12\times4\times3$）	1	2	3	U_{12}（12×4^3）	1	2	5	6
U_{12}（$12\times6\times4$）	4	10	11	U_{12}（$12\times4^2\times3$）	1	2	5	6
U_{12}（$12\times6\times3$）	7	9	10	U_{12}（$12^2\times6\times2$）	1	2	3	5
U_{12}（12×6^2）	1	6	9	U_{12}（$12^2\times6\times3$）	1	2	5	7
U_{12}（$12^2\times2$）	1	3	4	U_{12}（$12^2\times6\times4$）	1	3	4	7
U_{12}（$12^2\times3$）	1	3	5	U_{12}（$12^2\times6^2$）	1	8	10	11
U_{12}（$12^2\times4$）	1	4	5	U_{12}（$12^2\times4\times3$）	1	2	3	9
U_{12}（$12^2\times6$）	1	6	8	U_{12}（$12^2\times4^2$）	1	3	4	6
				U_{12}（$12^3\times2$）	1	2	3	5
				U_{12}（$12^3\times3$）	1	3	5	7
				U_{12}（$12^3\times4$）	1	4	5	6
				U_{12}（$12^3\times6$）	2	8	9	10